有 机 合 成 反 应 原 理 丛 书

杂环化反应原理

孙昌俊　刘少杰　主编

化学工业出版社

·北京·

图书在版编目（CIP）数据

杂环化反应原理/孙昌俊，刘少杰主编. —北京：化学
工业出版社，2017.6
（有机合成反应原理丛书）
ISBN 978-7-122-29417-3

Ⅰ.①杂… Ⅱ.①孙… ②刘… Ⅲ.①杂环化合物
Ⅳ.①O626

中国版本图书馆 CIP 数据核字（2017）第 066642 号

责任编辑：王湘民　　　　　　　　　　　　装帧设计：韩　飞
责任校对：边　涛

出版发行：化学工业出版社（北京市东城区青年湖南街 13 号　邮政编码 100011）
印　　装：北京虎彩文化传播有限公司
710mm×1000mm　1/16　印张 16　字数 307 千字　2017 年 6 月北京第 1 版第 1 次印刷

购书咨询：010-64518888　　　　　　　　售后服务：010-64518899
网　　址：http://www.cip.com.cn
凡购买本书，如有缺损质量问题，本社销售中心负责调换。

定　　价：88.00 元

杂环化合物是分子中含有杂环结构的有机化合物，成环的原子除碳原子外，至少含有一个杂原子。据统计，在已知有机化合物中，杂环化合物占总数的65%以上。

杂环化合物中最常见的杂原子是氮、硫、氧，可分为脂杂环、芳杂环两大类。杂环化合物中，最小的杂环为三元环，最常见的是五六元环，其次是七元环。本书主要介绍五元和六元芳香杂环化合物。

杂环化合物广泛存在于自然界，与生物学有关的重要化合物多数为杂环化合物，例如核酸、某些维生素、抗生素、激素、色素和生物碱等。此外，人们还合成了多种多样具有各种性能的杂环化合物，其中有些可做药物、杀虫剂、除草剂、染料、塑料等。杂环化合物在药物合成、新药开发中占有十分重要的地位。

杂环化合物种类很多，结构各异。一个环状化合物可能有多条不同的合成路线，但从键的形成来看，碳原子与杂原子之间结合成键比碳碳之间结合成键要容易得多。

环合反应类型很多，所用试剂更是多种多样，但却存在一些基本理论和基本规律。本书正是对杂环化合物合成的这些基本理论和基本规律进行详细介绍，包括反应类型、反应机理、适用范围，具体应用实例等。

本书有如下基本特点。

1.在编排方式上，以含一个、两个和多个杂原子的各类芳香杂环化合物为基础，分别介绍五元杂环、六元杂环化合物及其苯并衍生物的合成方法，这样以环的类型分类，更便于读者学习、参考和查阅。

2.环合反应多种多样，新反应屡见报道。本书尽量收集一些新反应，并从反应机理、影响因素、适用范围等方面进行总结，以反映现代有机合成的特点，内容比较丰富。

3.对有些反应，尽量选用一些药物或药物中间体用作具体的反应实例。同时适当选择了一些国内学者的研究成果。

4.对每一个合成的化合物，均列出了其物理常数和用途，并列出了相应的参考文献。

本书由孙昌俊、刘少杰主编。王秀菊、曹晓冉，孙琪、马岚、孙风云、孙中云、孙雪峰、张廷峰、张纪明，辛炳炜、连军、周峰岩、房士敏等人参加了部分内容的编写和资料收集、整理工作。

编写过程中得到山东大学化学院 陈再成 教授、赵宝祥教授以及化学工业出版社有关同志的大力支持，在此一并表示感谢。

本书实用性强，适合于从事化学、应化、生化、医药、农药、染料、颜料、日用化工、助剂、试剂等行业的生产、科研、教学、实验室工作者以及大专院校师生使用。

书中的不妥之处，恳请读者批评指正。

孙昌俊

2017 年 4 月于济南

符号说明

Ac	acetyl	乙酰基
AcOH	acetic acide	乙酸
AIBN	2,2'-azobisisobutyronitrile	偶氮二异丁腈
Ar	aryl	芳基
9-BBN	9-borabicyclo[3.3.1]nonane	9-硼双环[3.3.1]壬烷
Bn	benzyl	苄基
BOC	t-butoxycarbonyl	叔丁氧羰基
bp	boiling point	沸点
Bu	butyl	丁基
Bz	benzoyl	苯甲酰基
Cbz	benzyloxycarbonyl	苄氧羰基
CDI	1,1'-carbonyldiimidazole	1,1'-羰基二咪唑
m-CPBA	m-chloropetoxybenzoic acid	间氯过氧苯甲酸
cymene		异丙基甲苯
DABCO	1,4-diazabicyclo[2.2.2]octane	1,4-二氮杂二环[2.2.2]辛烷
DCC	dicyclohexyl carbodiimide	二环己基碳二亚胺
DDQ	2,3-dichloro-5,6-dicyano-1,4-benzoquinone	2,3-二氯-5,6-二氰基-1,4-苯醌
DEAD	diethyl azodicarboxylate	偶氮二甲酸二乙酯
dioxane	1,4-dioxane	1,4-二氧六环
DMAC	N,N-dimethylacetamide	N,N-二甲基乙酰胺
DMAP	4-dimethylaminopyridine	4-二甲氨基吡啶
DME	1,2-dimethoxyethane	1,2-二甲氧基乙烷
DMF	N,N-dimethylformamide	N,N-二甲基甲酰胺
DMSO	dimethyl sulfoxide	二甲亚砜
dppb	1,4-bis(diphenylphosphino)butane	1,4-双(二苯膦基)丁烷
dppe	1,4-bis(diphenylphosphino)ethane	1,4-双(二苯膦基)乙烷
ee	enantiomeric excess	对映体过量
$endo$		内型
exo		外型
Et	ethyl	乙基
EtOH	ethyl alcohol	乙醇
$h\nu$	irradition	光照
HMPA	hexamethylphosphorictriamide	六甲基磷酰三胺
HOBt	1-hydroxybenzotriazole	1-羟基苯并三唑
HOMO	highest occupied molecular orbital	最高占有轨道
i-	iso-	异
LAH	lithium aluminum hydride	氢化铝锂
LDA	lithium diisopropyl amine	二异丙基氨基锂

LHMDS	lithium hexamethyldisilazane	六甲基二硅胺锂
LUMO	lowest unoccupied molecular orbital	最低空轨道
m-	meta-	间位
mp	melting point	熔点
MW	microwave	微波
n-	normal-	正
NBA	*N*-bromo acetamide	*N*-溴代乙酰胺
NBS	*N*-brobo succinimide	*N*-溴代丁二酰亚胺
NCA	*N*-chloro acetamide	*N*-氯代乙酰胺
NCS	*N*-chloro succinimide	*N*-氯代丁二酰亚胺
NIS	*N*-iodo succinimide	*N*-碘代丁二酰亚胺
NMM	*N*-methyl morpholine	*N*-甲基吗啉
NMP	*N*-methyl-2-pyrrolidinone	*N*-甲基吡咯烷酮
TEBA	triethyl benzyl ammonium salt	三乙基苄基铵盐
o-	ortho-	邻位
p-	para-	对位
Ph	phenyl	苯基
PPA	polyphosphoric acid	多聚磷酸
Pr	propyl	丙基
Py	pyridine	吡啶
R	alkyl etc.	烷基等
Raney Ni(W-2)		活性镍
rt	room temperature	室温
t-	tert-	叔
S_N1	unimolecular nucleophilic substitution	单分子亲核取代
S_N2	bimolecular nucleophilic substitution	双分子亲核取代
TBAB	tetrabutylammonium bromide	四丁基溴化铵
TEA	triethylamine	三乙胺
TEBA	triethylbenzylammonium salt	三乙基苄基铵盐
Tf	trifluoromethanesulfonyl (triflyl)	三氟甲磺酰基
TFA	trifluoroacetic acid	三氟乙酸
TFAA	trifluoroacetic anhydride	三氟乙酸酐
THF	tetrahydrofuran	四氢呋喃
TMP	2,2,6,6-tetramethylpiperidine	2,2,6,6-四甲基哌啶
Tol	toluene or tolyl	甲苯或甲苯基
triglyme	triethylene glycol dimethyl ether	三甘醇二甲醚
Ts	tosyl	对甲苯磺酰基
TsOH	tosic acid	对甲苯磺酸
Xyl	xylene	二甲苯

目 录

第三章　含三个杂原子的五元芳香杂环化合物　**120**

第四章　含四个氮原子的五元芳香杂环化合物(四唑)的合成　**144**

第一章 含一个杂原子的五元环
化合物的合成

含一个杂原子的五元环化合物中，常见的是含氧、氮和硫原子的化合物，如呋喃、吡咯、噻吩及其苯并衍生物等，这类化合物很多都具有重要的生物学活性，在药物及其中间体的合成中占有重要的地位，许多药物分子本身就含有这些基本的结构单元。

第一节　含一个氧原子的五元杂环化合物的合成

含一个氧原子的五元芳香杂环化合物主要有呋喃、苯并呋喃、二苯并呋喃及其衍生物等。

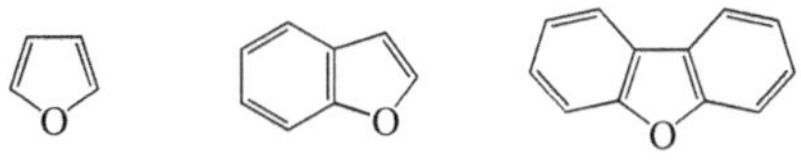

呋喃　　　苯并呋喃　　　二苯并呋喃

一、呋喃、四氢呋喃及其衍生物

自然界中有些植物和微生物中含有呋喃类化合物。如 2-呋喃甲硫醇（**1**）是咖啡香味的成分；玫瑰呋喃（**2**）是玫瑰油的成分，薄荷醇呋喃（**3**）则存在于薄荷油中。

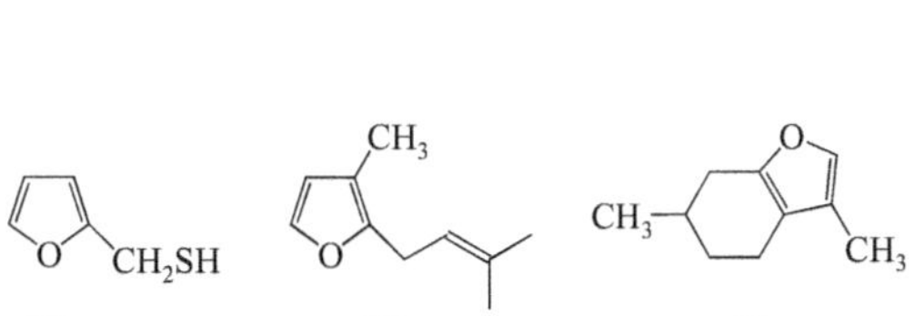

（**1**）　　　　（**2**）　　　　（**3**）

呋喃环上有六个电子，属于六电子五中心的富电子共轭体系，具有芳香性。容易发生亲电取代反应。然而，根据试剂和反应条件的不同，呋喃可以发生加成和开环反应。其主要化学反应如下。

（1）亲电取代反应　在相似条件下，呋喃发生亲电取代的反应速率比苯快 10^{11} 倍，原因可能是因为呋喃的共振能比苯低；呋喃环上每个原子的 π 电子云都大于 1。呋喃的亲电取代的反应机理与苯的一样，都属于加成-消除机理。反应选择性地发生在 α 位，若 α 位已有取代基，则可以发生在 β 位。

（2）金属化反应　正丁基锂（一般为己烷溶液）与呋喃反应，可以使其 α 位金属化；在较高温度、过量丁基锂存在时可以生成 2,5-呋喃二锂化合物。

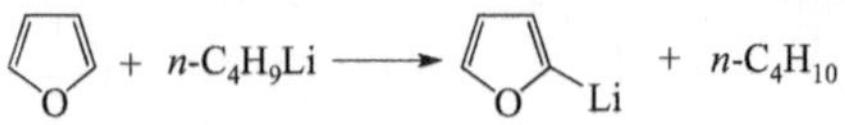

（3）加成反应　呋喃类化合物催化加氢生成四氢呋喃类化合物。在有些反应中，呋喃类似于 1,3-二烯。例如呋喃的甲醇溶液在醋酸钠存在下与溴可以发生 1,4-加成反应，最终生成 2,5-二甲氧基-2,5-二氢呋喃。

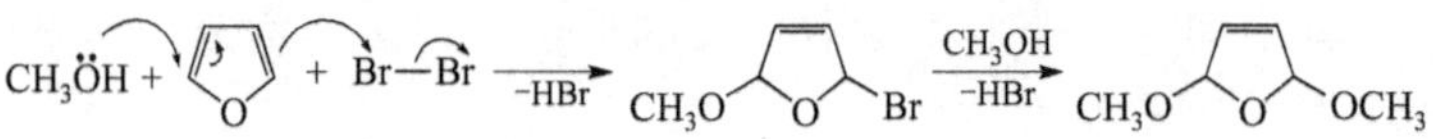

呋喃与马来酸酐可以发生 Diels-Alder 反应，主要生成稳定的内向型加成产物。

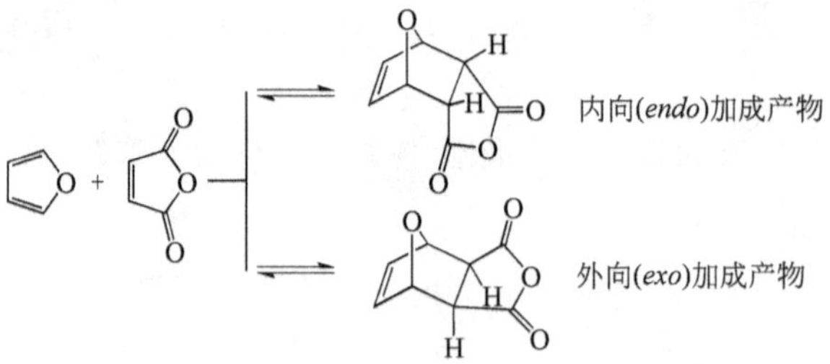

又如，呋喃与乙炔类亲双烯体丁炔二酸酯化合物的反应：

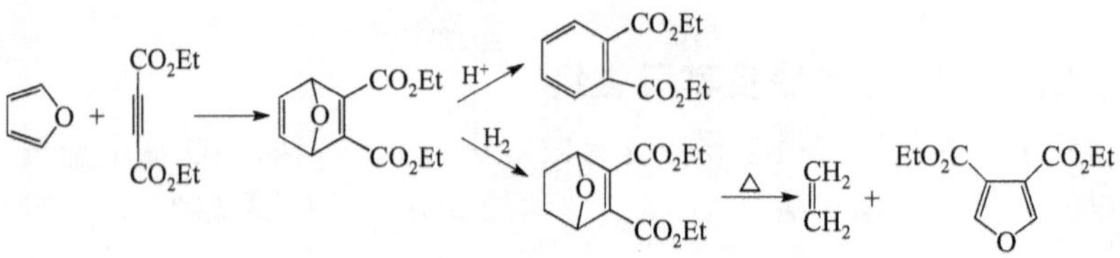

呋喃也可以发生 [2＋2] 环加成。例如：

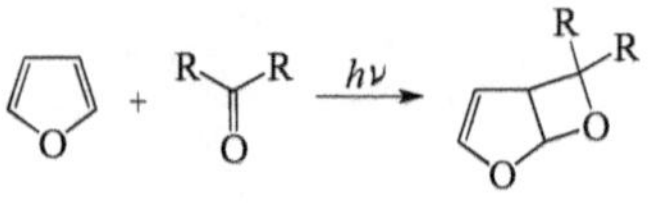

（4）开环反应　呋喃在质子酸存在下，在 2 位而不是在氧原子上发生质子化。

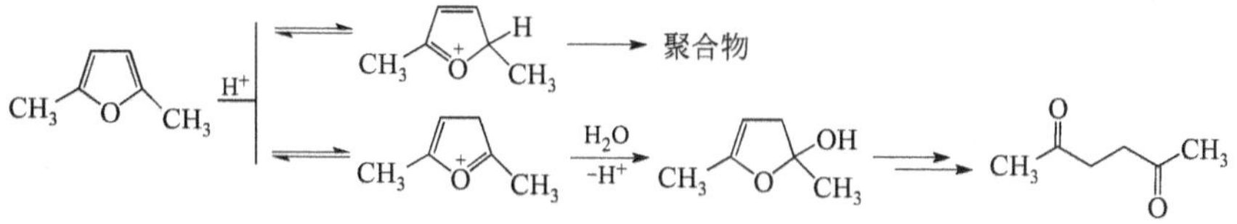

高浓度的硫酸和高氯酸会引起阳离子聚合，而在稀酸如高氯酸的 DMSO 水溶液中，2,5-二甲基呋喃则水解为 1,4-二酮。

呋喃类化合物具有重要的生物学功能，许多药物分子中含有呋喃环的结构，例如杀菌剂呋喃唑酮（Furazolidone）（**4**）、胃溃疡病治疗药物雷尼替丁（Ranitidine）（**5**）等。

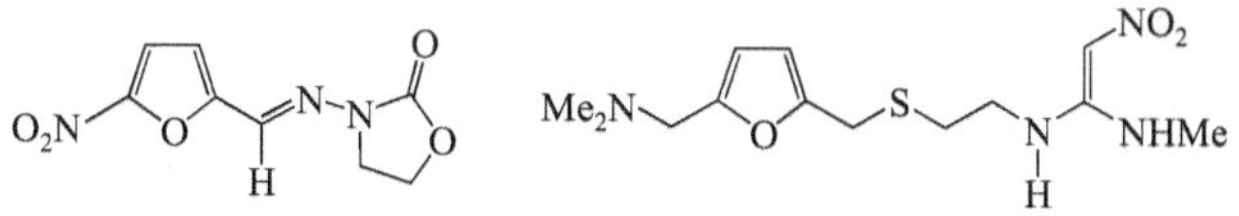

（4）　　　　　　　　（5）

呋喃类化合物是重要的化工原料，其制备很早就引起了人们的关注。

糠醛（呋喃甲醛）来源于富含戊糖的农副产品（玉米芯、棉籽皮、米糠等），这些农副产品用稀酸处理，可以得到糠醛。

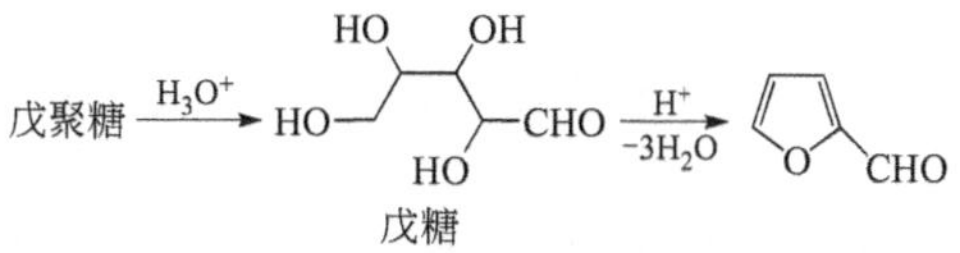

呋喃的很多衍生物可以通过糠醛的结构改造来合成。

工业上可由顺丁烯二酸酐合成四氢呋喃。

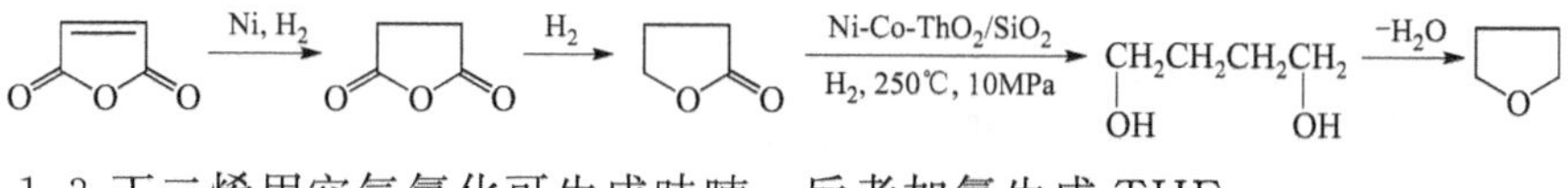

1,3-丁二烯用空气氧化可生成呋喃，后者加氢生成 THF。

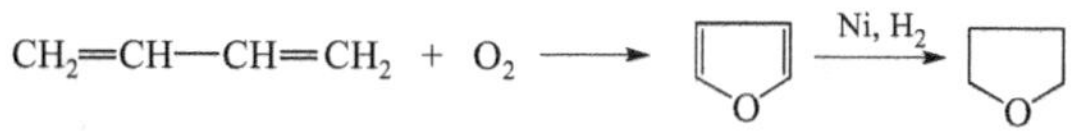

$$CH_2=CH-CH=CH_2 + O_2 \longrightarrow \text{（呋喃）} \xrightarrow{Ni, H_2} \text{（THF）}$$

关于呋喃类化合物的化学合成，主要有如下几种方法。

1. Paal-Knorr 呋喃合成法

以 1,4-二羰基化合物为原料合成呋喃衍生物，称为 Paal-Knorr 呋喃合成法。该反应首先是由 Paal C 和 Knorr L 分别于 1884 年和 1885 年报道的。几乎所有 1,4-二羰基化合物（主要是醛、酮）都能用该方法制备呋喃衍生物，反应容易进行，收率较高，但局限性是 1,4-二羰基化合物的来源有限。

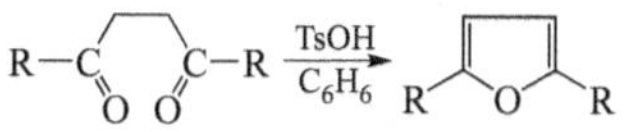

反应机理如下：

反应中，一个羰基转化成烯醇式，烯醇的氧原子与另一个羰基发生亲核加成，这是决定反应速率的一步反应，而后脱水生成呋喃衍生物。该反应适用范围很广，可以合成各种单取代、双取代、三取代、四取代的呋喃衍生物，位阻特别大的一些 1,4-二羰基化合物除外。R^1、R^2 可以是 H、烷基、芳基、羰基、氰基、磷酸酯等，R、R^3 可以是 H、烷基、芳基、烷氧基、三烷基硅基等。

可用的催化剂有硫酸、盐酸、磷酸、对甲苯磺酸、脱水剂（如乙酐、五氧化二磷等）。例如具有抗癌活性化合物 2-(4-甲氧基）苯基-5-对溴苯基呋喃（6）的合成：

(6)

又如用于老年痴呆症检测试剂合成中间体 2-对氟苯基-5-对甲氧基苯基呋喃的合成。

2-对氟苯基-5-对甲氧基苯基呋喃 ［2-(4-Fluorophenyl)-5-(4-methoxyphenyl) furan］，$C_{17}H_{13}FO_2$，268.29。有荧光的白色粉末状固体。mp 76～78 ℃。

制法 张继昌，苏坤，颜继忠，程冬萍.浙江化工，2009，40（7）：4.

于三口瓶中依次加入化合物（2）0.16 g（0.55 mmol）、对苯甲磺酸 0.03 g（0.17 mmol）、苯（10 mL），95 ℃ 回流搅拌 3 h。TLC 检测反应完成，冷却至室温。过滤除去不溶物，减压浓缩。剩余物进行柱色谱（石油醚∶乙酸乙酯为 15∶1）分离，得到有荧光的白色粉末状固体（1）0.1 g，收率 70.1%，mp 76～78 ℃。

该方法的缺点是 1,4-二羰基化合物的制备较困难（因此有很多研究工作是研究 1,4-二羰基化合物的合成方法），而且环化反应通常是在酸溶液中回流较长时间。含有对酸敏感基团的反应底物不适合于该方法。目前，很多研究工作是对反应条件的改进，如使用比较温和的 Lewis 酸作催化剂，如 $Sc(OTf)_3$、$Bi(NO_3)_3$ 等。也有应用离子液体的报道，此时不需要酸作催化剂。微波条件下的 Paal-Knorr 呋喃合成反应的报道也很多。

1,4-二羰基化合物的类似物可以是缩醛、缩酮，或以环氧代替其中一个羰基。

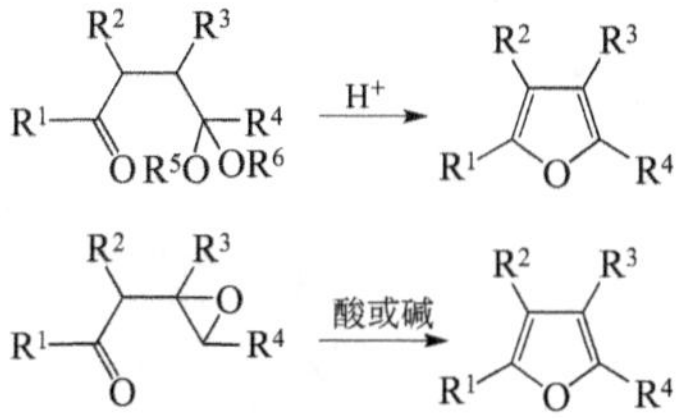

1,4-二羰基化合物与 α-卤代酸酯在碱性条件下发生 Darzens 反应生成环氧化合物，再进行 Paal-Knorr 反应则生成呋喃衍生物。例如：

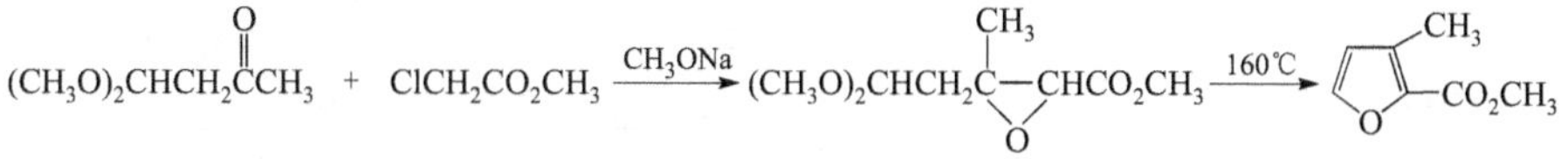

抗肿瘤药三尖杉酯碱（Harringtonine）中间体（**7**）的合成属于一种变型的 Paal-Knorr 反应（陈芬儿. 有机药物合成法：第一卷. 北京：中国医药科技出版社，1999：531）：

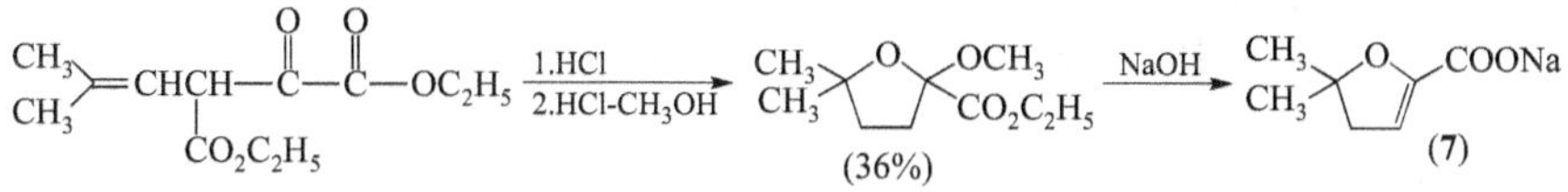

2. Feist-Benary 反应

以 α-卤代羰基化合物与 1,3-二羰基化合物为原料，在碱（不用氨）存在下反应，生成呋喃类衍生物，此反应称为 Feist-Benary 反应。

该反应的反应机理如下：

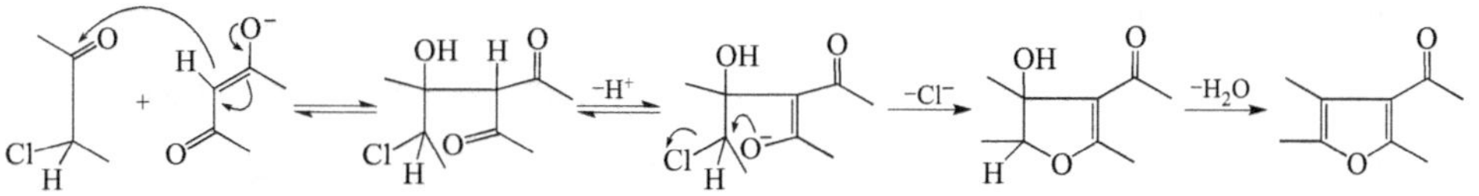

反应的第一步是羟醛缩合，形成 C-C 键，这是决定反应速率的一步反应。而后再发生分子内 S_N2 反应环合失去卤素负离子，最后脱水生成呋喃衍生物。

例如药物中间体呋喃-3-甲酸的合成：

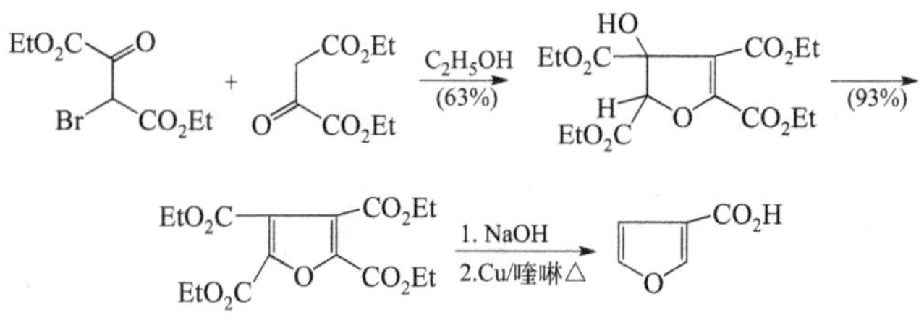

若反应停留在 β-羟基二氢化呋喃阶段（即最后没有发生脱水反应），有时这一中间体可以分离出来，此时则称为"中断的"Feist-Benary 反应。

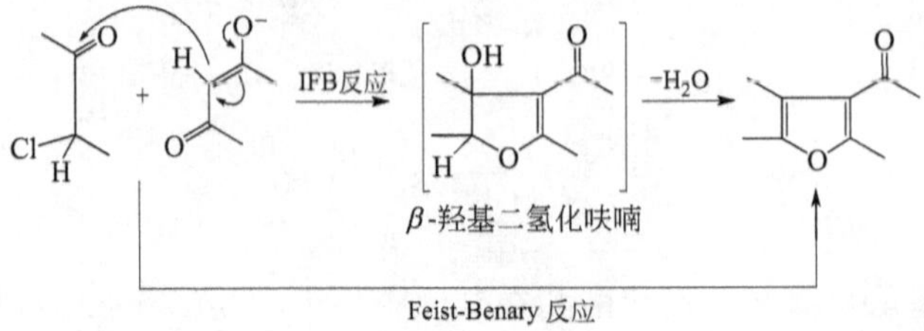

Feist-Benary 反应可以与其他反应串联进行。例如：

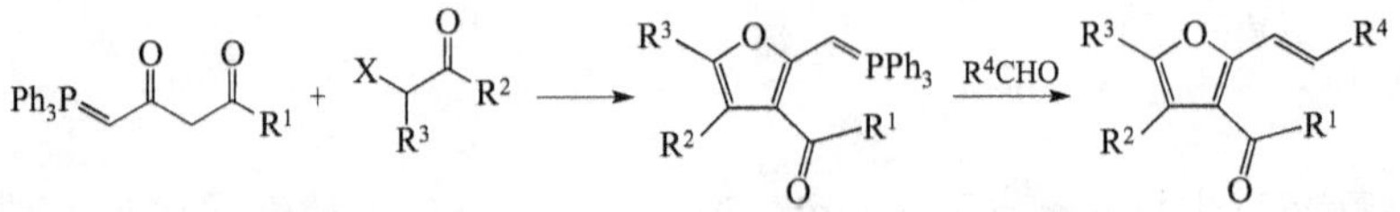

反应中的 1,3-二羰基化合物可以是 1,3-二酮、乙酰乙酸酯、1,3-醛酮等，α-卤代羰基化合物则可以是 α-卤代醛或酮，有时也可以使用 2-卤代乙酰乙酸酯类化合物。例如（Gopalan A，Magnus P. J Am Chem Soc，1980；102，1756；Gopalan A，Magnus P. J Org Chem，1984：49，2317）：

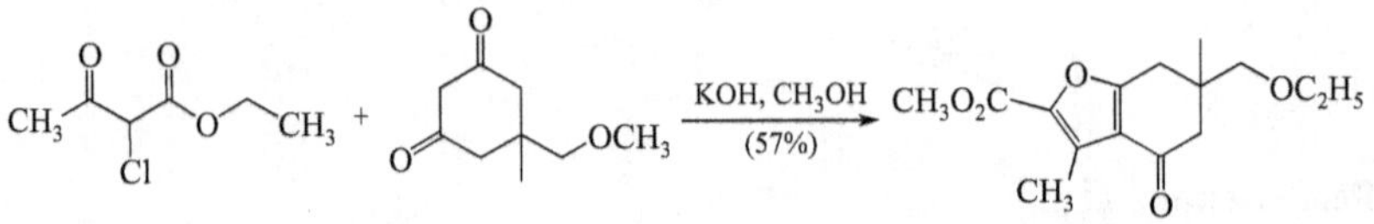

在 β-酮酸酯与 α-卤代酮的反应中，存在 C-烷基化和羟醛缩合反应的竞争，因此可能生成呋喃衍生物的混合物。然而，在某些情况下可以控制反应条件以提高反应的区域选择性。例如氯代丙酮与乙酰乙酸乙酯之间的反应，在不同条件下可以分别得到不同的产物。

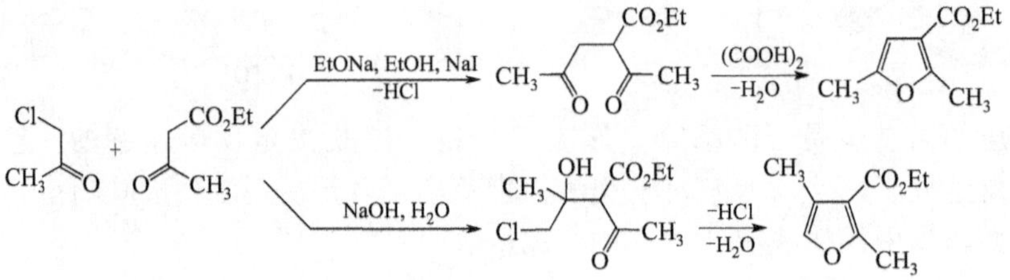

3. 合成呋喃的其他方法

通过噁唑环活泼的炔类化合物的 Diels-Alder 反应，也可以生成呋喃环。例如，4-甲基-1,3-噁唑与丁炔二酸二甲酯反应，首先生成中间体 A，而后 A 分解生成呋喃衍生物。

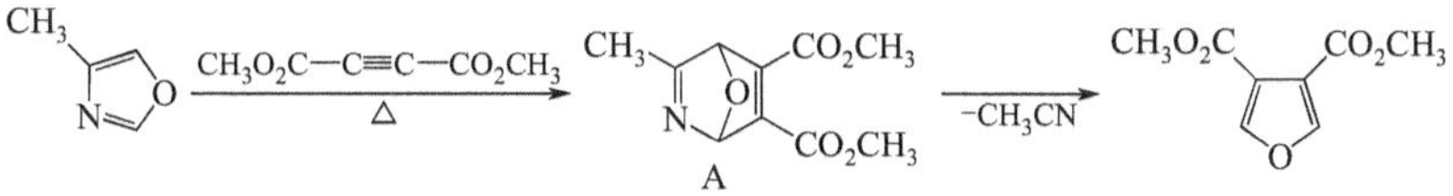

不过，A 的热分解不是 Diels-Alder 反应的逆反应，而是分解生成热力学非常稳定的乙腈和呋喃衍生物。

呋喃环上的取代或呋喃衍生物的结构修饰，可以生成新的呋喃衍生物。例如头孢呋辛酯（Cefuroxime Axetil）中间体呋喃乙醛酸的合成：

2-氧代-2-呋喃乙酸（2-Oxy-2-furylacetic acid），$C_6H_4O_4$，140.10。棕黄色结晶。mp 94～97℃。

制法　Kato Shozo，et al. JP 6，1986：1291，566.

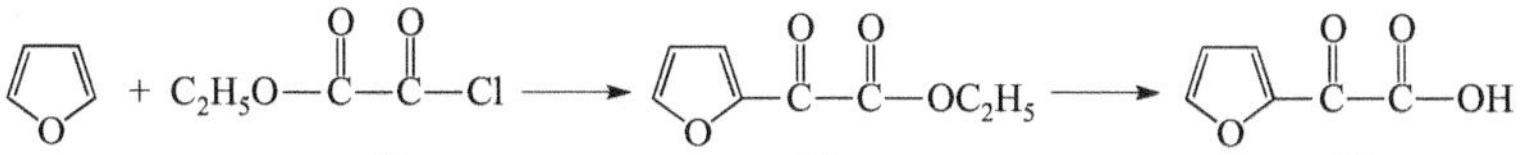

呋喃乙醛酸乙酯（3）：于安有搅拌器、温度计、回流冷凝器、滴液漏斗的反应瓶中，加入干燥的二氯甲烷 150 mL，草酰氯单乙酯（2）10.5 g（0.06 mol），慢慢滴加呋喃 45 mL 与 150 mL 二氯甲烷的溶液，约 2 h 加完。保持反应液温度在 18℃，反应 18 h。蒸出溶剂后分馏，收集 152～156℃ 的馏分，得化合物（3）6.5 g，收率 65%。

呋喃乙醛酸（1）：化合物（3）8.4 g（0.05 mol），加入 50 mL 乙醇，再加入氢氧化钠 5 g，回流反应 6 h。盐酸酸化，乙酸乙酯提取。减压蒸出溶剂，得化合物（1）6.5 g，收率 93%。

由 1,4-丁二醇合成 THF，可用硫酸、磷酸、强酸性阳离子交换树脂等作脱水剂。肝脏保护药依泊二醇（Epomediol）中间体（±）-蒎脑（8）的合成如下（陈芬儿.有机药物合成法：第一卷.北京：中国医药科技出版社，1999：953）：

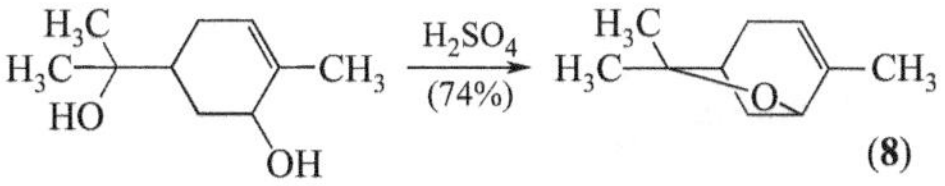

二、苯并呋喃及其衍生物

苯并呋喃有两种异构体，苯并 [b] 呋喃和异苯并 [c] 呋喃。前者又称苯并呋喃，后者又称异苯并呋喃。

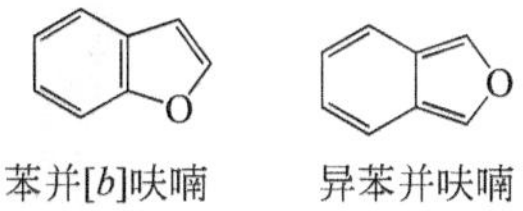

苯并[b]呋喃　　异苯并呋喃

由于异苯并呋喃在结构上缺少苯环的基本结构，实际上不如苯并呋喃重要，甚至至今也难以得到纯品的异苯并呋喃。但其衍生物可以用如下方法得到。

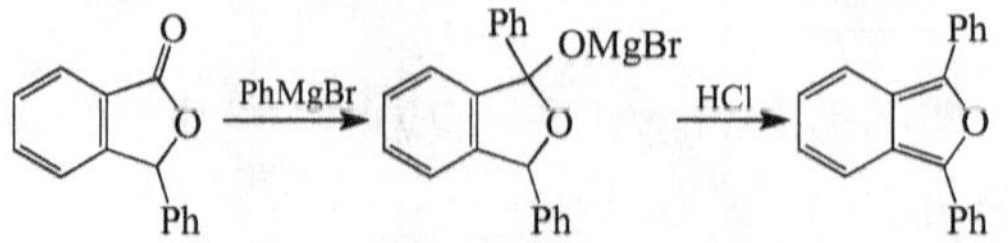

苯并呋喃又名氧茚或香豆酮，性质活泼，环上发生亲电取代主要发生在呋喃环的 α 位上。用硝酸-乙酸进行硝化反应，生成 2-硝基苯并呋喃；在 Vilsmeier 甲酰化反应中生成苯并糠醛。

一些天然产物中含有苯并呋喃的结构，在药物合成中也有重要应用。例如胺碘酮（Amiodarone）(**9**) 是临床上治疗心律不齐的药物。

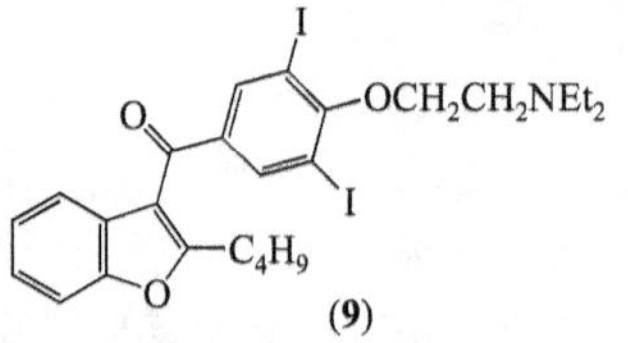

(**9**)

苯并呋喃合成方法也较多，最早是以香豆素为原料合成的。

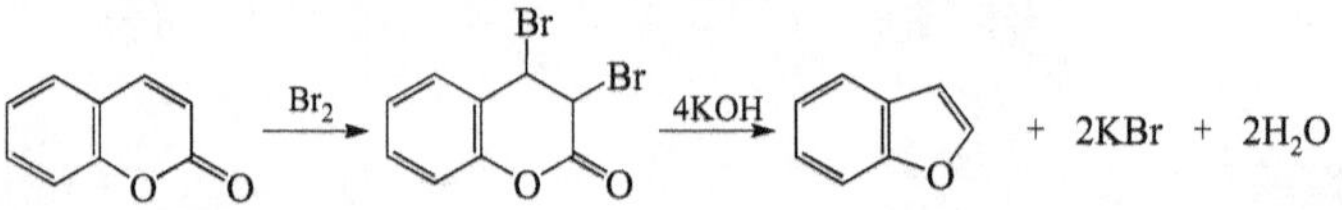

该反应称为 Perkin 重排反应，也叫香豆素-苯并呋喃转化反应。反应过程如下：

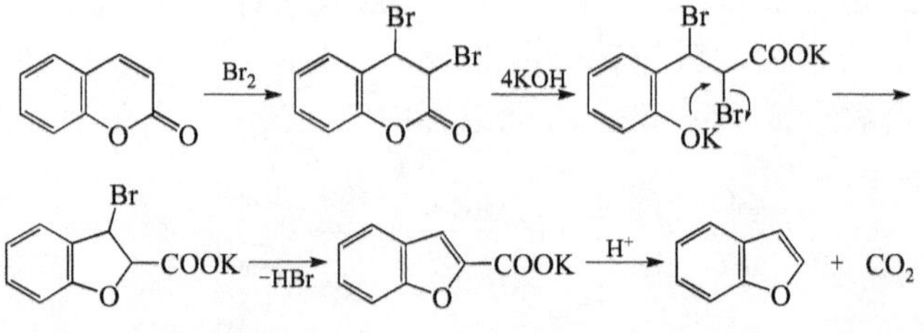

这类化合物也可以由邻位有羰基的苯酚和 α-卤代羰基化合物为起始原料来合成。例如：

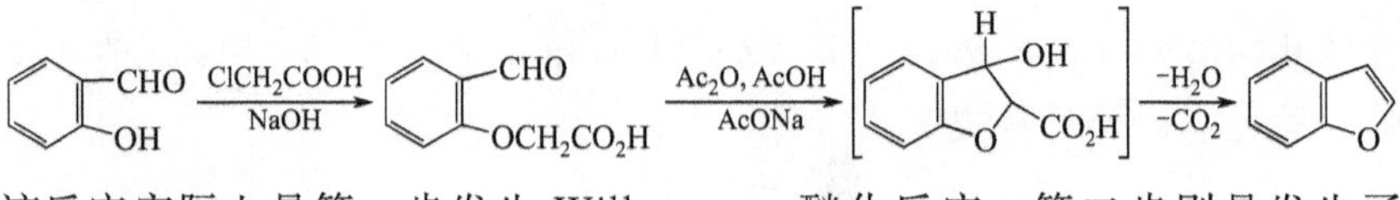

该反应实际上是第一步发生 Willanmson 醚化反应，第二步则是发生了分子内的 Perkin 缩合反应。

又如抗心律失常药盐酸胺碘酮（Amiodarone）中间体 2-丁酰基苯并呋喃

（10）的合成（陈芬儿，有机药物合成法：第一卷．北京：中国医药科技出版社．1999，718）。

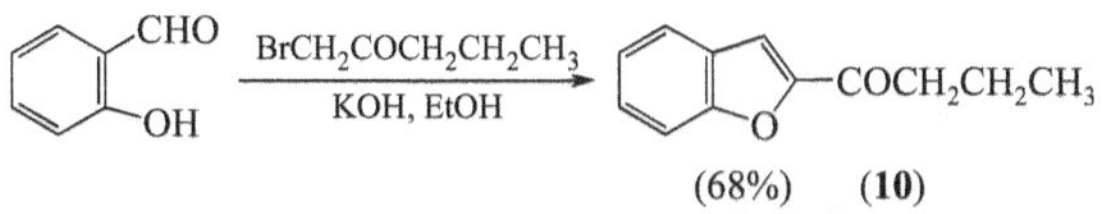

治疗痛风病药物苯溴马隆（Benzbromarone）等的中间体 2-乙酰基苯并呋喃的合成如下。

2-乙酰基苯并呋喃（2-Acetylbenzofuran），$C_{10}H_8O_2$，160.17。浅黄色片状结晶。mp 76～78℃。

制法 孙昌俊，曹晓冉，王秀菊．药物合成反应——理论与实践．北京：化学工业出版社，2007：433.

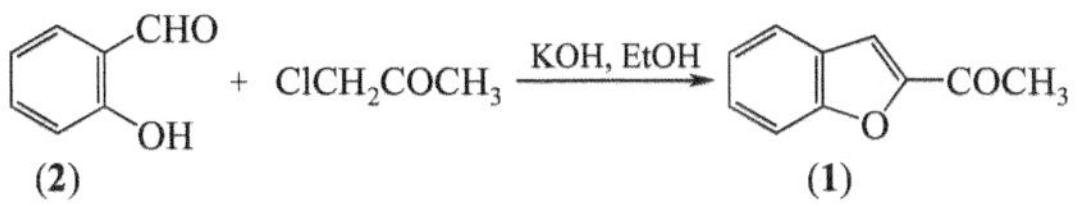

于反应瓶中加入无水乙醇 100 mL，氢氧化钾 5.6 g（0.1 mol），搅拌溶解。加入水杨醛（**2**）12.2 g（0.1 mol），加热至回流。滴加氯代丙酮 9.3 g（0.1 mol），约 30 min 加完。而后继续搅拌反应 1.5 h。冷却后过滤。滤液浓缩至约 40 mL，冷却析晶。抽滤，粗品用无水乙醇重结晶，得浅黄色片状化合物（**1**）13 g，收率 81%，mp 76～78℃（文献值 76℃）。

苯酚与 α-卤代羰基化合物反应生成醚，而后关环可以生成苯并呋喃衍生物。例如 3-甲基苯并呋喃（**11**）的合成：

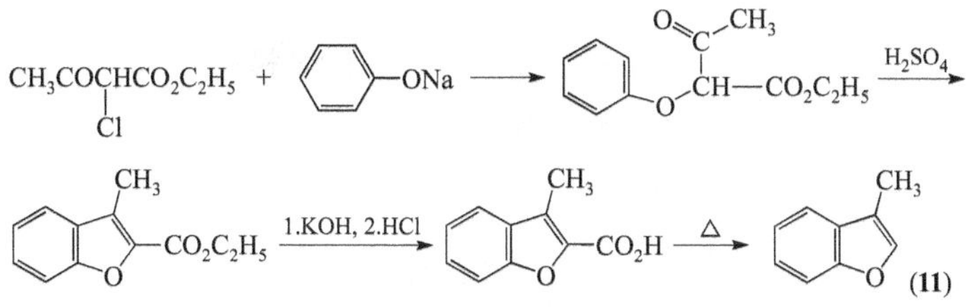

2-烷基苯酚在加热条件下可以环化脱氢生成 2-烷基苯并呋喃衍生物。

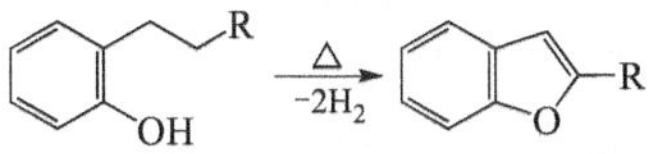

在 PdI_2-硫脲-CBr_4 共催化下，邻羟基苯基乙炔类化合物可以环化生成过渡金属中间体，而后进行羰基化反应，可以生成苯并呋喃衍生物。

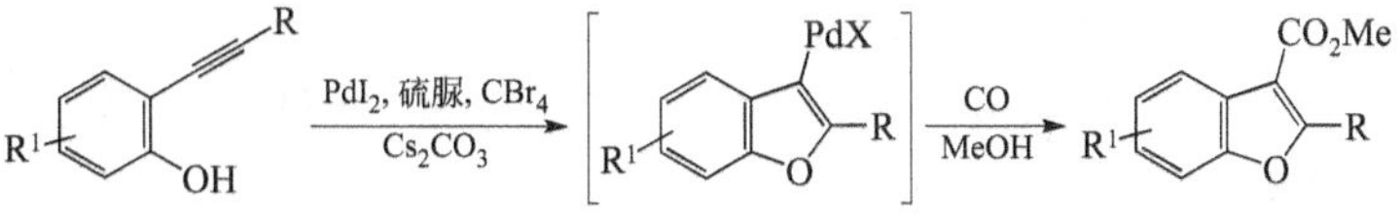

在 Pd 催化剂存在下，邻碘苯酚与炔反应也是苯并呋喃的合成方法之一，例如化合物（**12**）的合成（Larock R C，Yum E K，Doty D J，et al. J Org Chem，1995，60：3270）。

1,3-环己二酮与氯乙醛反应，可以生成四氢苯并呋喃类化合物。例如 κ 亚型阿片受体选择性激动剂伊那朵林（Enadoline）中间体 4-氧代-4,5,6,7-四氢苯并呋喃的合成。

4-氧代-4,5,6,7-四氢苯并呋喃（4-Oxy-4,5,6,7-tetrahydrobenzofuran），$C_8H_8O_2$，136.15。无色液体。

制法　仇缀百，焦平，刘丹阳. 中国医药工业杂志，2009，31（12）：554.

于反应瓶中加入碳酸氢钠 26.4 g，水 210 mL，45% 的氯乙醛水溶液 50 mL（0.28 mol），水 10 mL，冷至 5℃ 以下，滴加化合物（**2**）29.6 g（0.26 mol）溶于 230 mL 水的溶液，约 100 min 加完。室温搅拌过夜，加入乙酸乙酯 265 mL，以浓硫酸酸化至 pH1。分出有机层，水层用乙酸乙酯提取。合并有机层，水洗，无水硫酸钠干燥。过滤，浓缩。减压蒸馏，收集 85～87/300 Pa 的馏分，得无色液体（**1**）18.65 g，收率 48%。

二苯并呋喃只有一种结构，性质与二苯基醚相似。苯环上可以发生卤化、磺化、酰基化等反应，反应首先发生在 2 位，继续反应则可以生成 2,8-二取代物。

二并并呋喃硝化时发生在 3 位，继续反应生成 3,8-二硝基化合物。锂化和汞化反应均发生在 4 位，继续反应则生成 4,6-二取代产物。

二苯并呋喃的制备方法是 2,2'-二羟基联苯的酸催化脱水。二苯并呋喃为医药、兽药中间体，也用作消毒剂、防腐剂等的原料。

二苯并呋喃（Dibenzofuran），$C_{12}H_8O$，168.19。无色棱状结晶。mp 83～85℃，bp 285℃。溶于醇、醚、热苯，微溶于水。

制法　Yamato T，Heidshima C，Prakashi G K S，Olah G A. J Org Chem，1991，56：3192.

于安有磁力搅拌器、回流冷凝器的反应瓶中，加入 2,2′-二羟基联苯（**2**）500 mg，250 mg（50％）❶ 的 Nafion-H 树脂，5 mL 二甲苯，搅拌下回流反应 12 h。滤出催化剂，滤液减压浓缩，剩余物用甲醇重结晶，得棱状结晶（**1**），mp 83～85℃。

反应中使用的 Nafion-H 树脂为一种全氟磺酸树脂。商品常为钾型。使用时用无离子水煮沸 2 h 后，以 20％～25％ 的硝酸处理（连续处理 4～5 次，每次 4～5 h），水洗至中性，于 105℃ 真空干燥至少 24 h。

虽然上述反应可以生成二苯并呋喃类化合物，但起始原料来源有限，二苯并呋喃衍生物大都采用其它方法来合成。例如 2-氨基二苯醚的重氮化关环等。

第二节　含一个氮原子的五元杂环化合物的合成

含一个氮原子的五元杂环芳香化合物主要有吡咯、吲哚、咔唑及其衍生物等。这类化合物的合成方法较多，但主要还是通过 C-N 键和 C-C 键的生成来合成的。当然，这些化合物的某些衍生物可以通过杂环或芳环上的取代或其他官能团的转化来合成。这类化合物在药物及其中间体的合成中应用非常广泛。

吡咯　　吲哚　　　　咔唑

一、吡咯及其衍生物的合成

吡咯是仲胺，但由于氮原子上一对电子与芳环形成 p-π 共轭体系，其碱性极弱（$K_b = 2.5 \times 10^{-14}$）。不仅如此，吡咯氮原子上的氢有弱酸性（$K_a = 1 \times 10^{-15}$），比醇的酸性强，可与强碱或碱金属作用成盐，与 Grignard 试剂反应生成吡咯卤化镁。吡咯盐和吡咯卤化镁可用于吡咯衍生物的合成。例如：

---

❶ 无注释者均指质量分数，全书同。

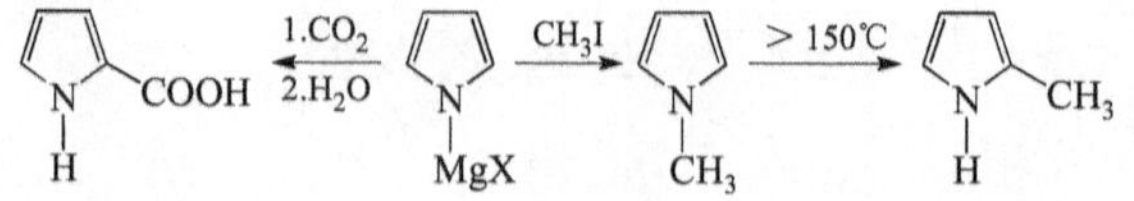

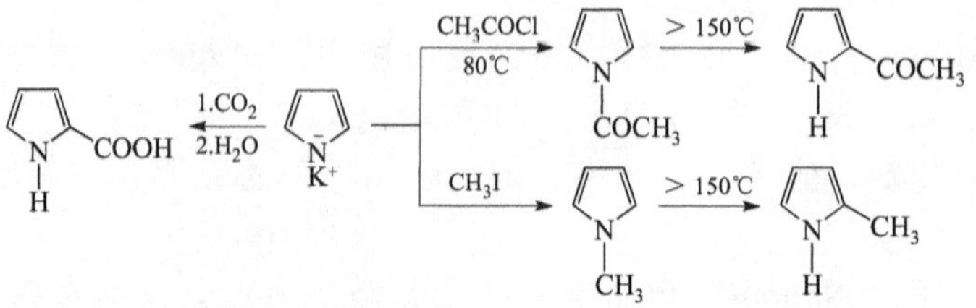

吡咯只有在高温高压下才能被 Raney Ni 还原生成四氢吡咯。吡咯的氧化首先发生在 2 位，随后是 5 位，最终生成马来酰亚胺或 N-取代马来酰亚胺。

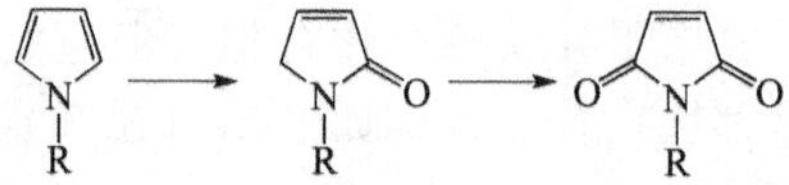

吡咯对亲电试剂的高反应活性导致吡咯与马来酸酐不发生 Diels-Alder 加成反应，而发生亲电取代反应，该反应也可以看做是吡咯对马来酸酐的 Michael 加成反应。

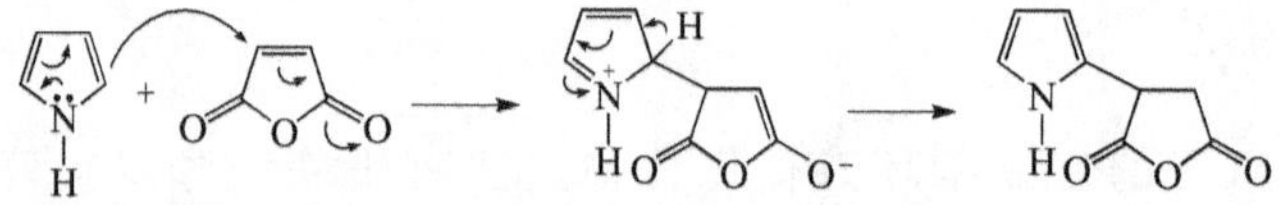

然而，某些取代的吡咯可以与乙炔类亲双烯体发生 [4＋2] 环加成反应，例如 1-乙氧羰基吡咯与丁炔二羧酸酯的反应。

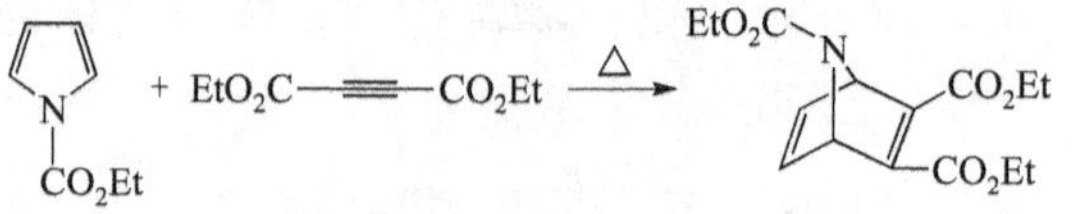

吡咯也可以发生 [2＋2] 环加成反应。例如：

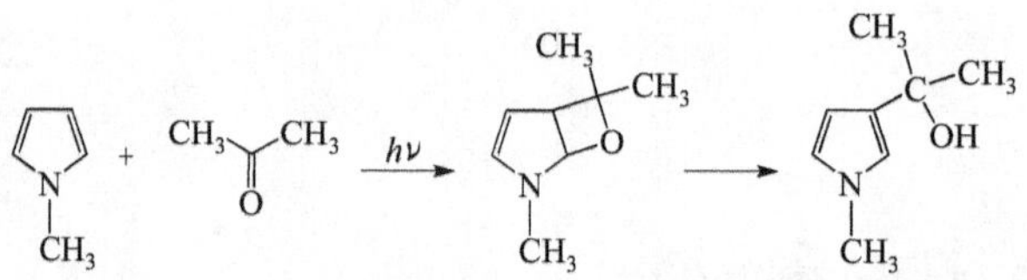

吡咯与二氯卡宾的 [2＋2] 环加成反应是一个放热反应，此反应与 Reimer-Tiemann 甲酰化是一对竞争反应。

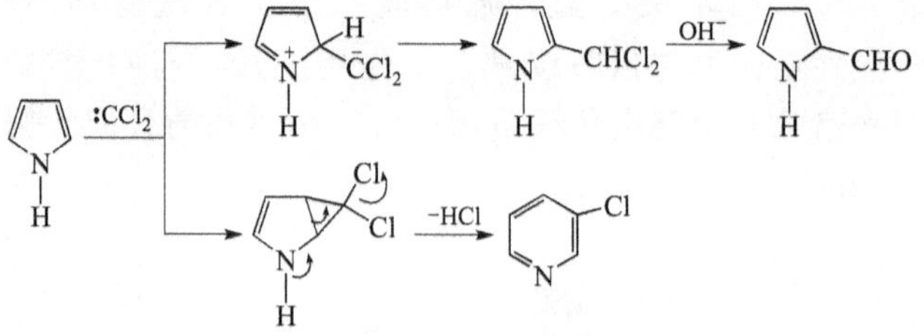

吡咯衍生物在乙醇中与盐酸羟胺、碳酸钠一起反应可以生成 1,4-二羰基化合物的二肟。

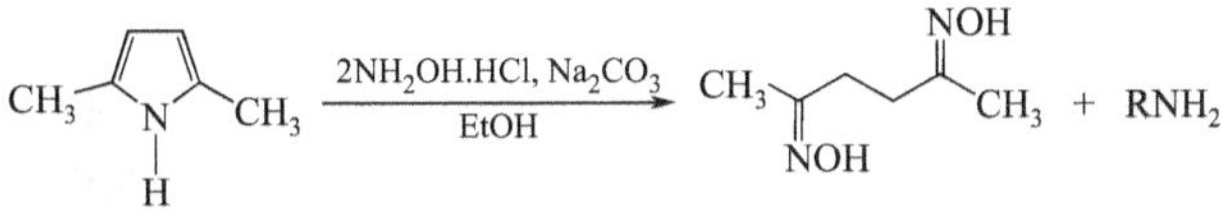

吡咯与上述试剂反应则生成 1,4-丁二醛肟。

吡咯环虽然在自然界中不是很常见，但存在于某些重要的天然产物中，例如胆红素类化合物。在药物合成中具有非常重要的用途，许多药物分子中含有吡咯环或氢化吡咯（酮）环的结构单元，例如镇痛、抗炎药佐美酸（Zomepirac）**(13)** 和智能促进药奥拉西坦（Oxiracetam）**(14)** 等。

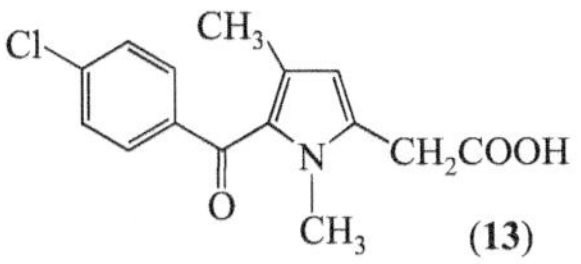

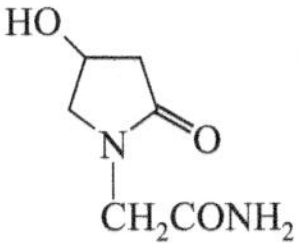

N-甲基-2-吡咯烷酮（**15**）是优良的有机溶剂，也是有机合成的中间体，从结构上看是 *N*-甲基-γ-丁内酰胺。工业上主要是由 γ-丁内酯与甲胺反应来合成的。

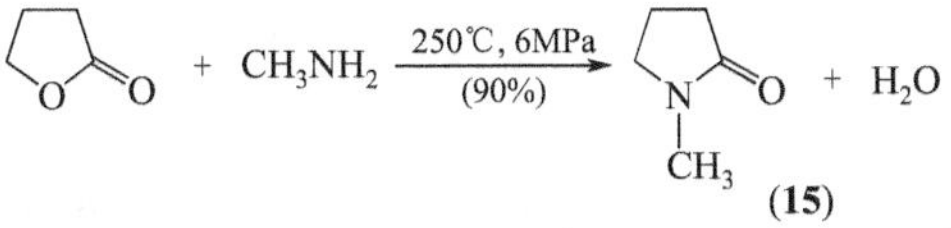

也可由丁二酸与甲胺、氢气一起反应来制备。

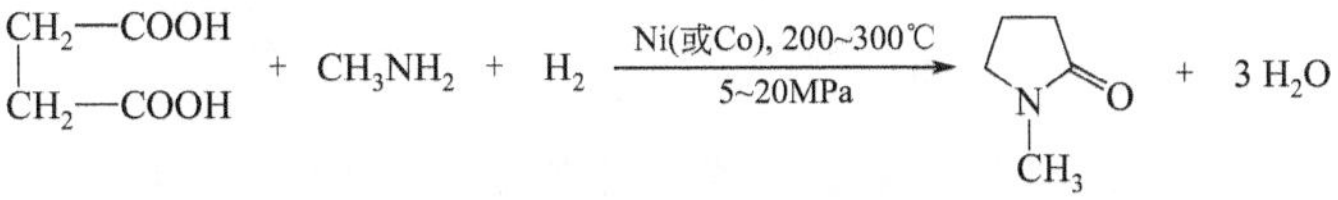

由顺丁烯二酸酐与甲胺和氢气直接反应，也可生成 *N*-甲基-2-吡咯烷酮。

吡咯类化合物的主要合成方法有如下几种。

1. Paal-Knorr 吡咯合成法

吡咯衍生物可以通过 1,4-二酮与氨（或胺）的反应来合成，该反应称为 Paal-Knorr 反应。

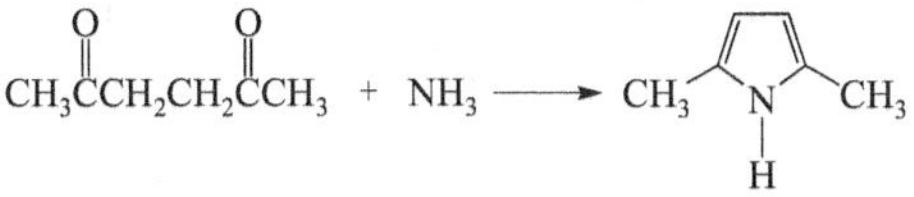

抗炎、抗癌、降胆固醇等的新药中间体 *N*-乙氧羰基-2,5-二甲基吡咯就是利用该方法来合成的.

N-乙氧羰基-2,5-二甲基吡咯（*N*-Ethoxycarbonyl-2,5-dimethylpyrrole），

$C_9H_{13}NO_2$，167.21。无色液体。bp 78℃/1.60 kPa。

制法　张娟，范晓东，刘毅锋，李华.现代化工，2006，26（11）：47.

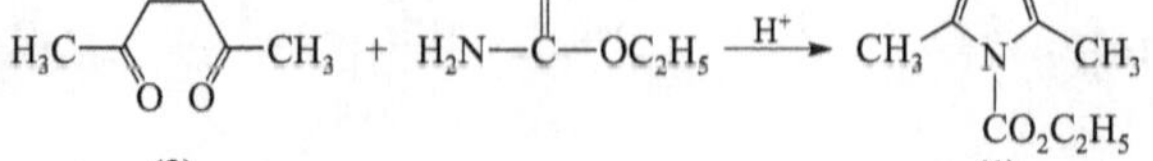

于安有搅拌器、温度计、分水器的 250 mL 四口瓶中，加入 2,5-己二酮（**2**）22.8 g（0.2 mol），氨基甲酸乙酯 0.2 mol，对甲苯磺酸 0.69 g（0.004 mol），甲苯 80 mL，搅拌下加热回流。此时反应生成的水随甲苯共沸，并不断蒸出到分水器中。反应 6 h 后，蒸出甲苯，改为减压蒸馏装置，收集 78℃/1.60 kPa 的馏分，得无色液体（**1**），收率 87.5%。

又如化合物（**16**）的合成［朱新海，陈功，许樽乐，万一千.有机化学，2008，28（1）：115］：

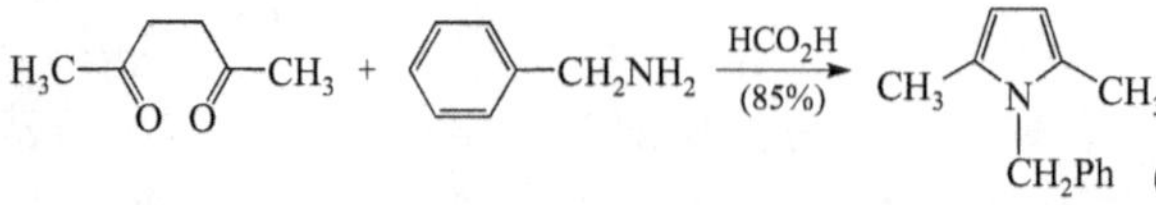

工业上吡咯是由呋喃与氨发生氨解-脱水环合反应来制备的。

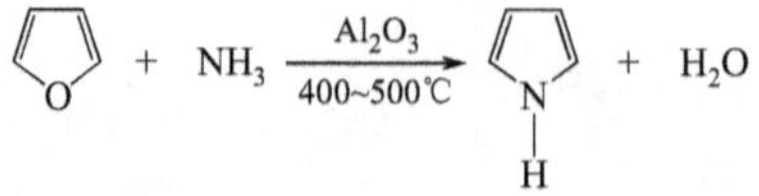

呋喃及其衍生物与氨、伯胺反应也可以生成吡咯类化合物。

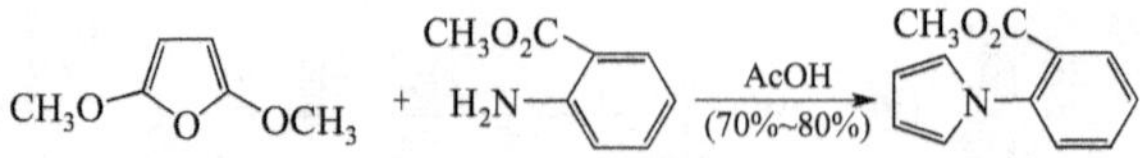

微波、超声辐射、离子液体法合成吡咯衍生物的报道也很多。

目前关于 Paal-Knorr 反应的催化剂报道很多，主要有质子酸、Lewis 酸、氧化铝、碘、蒙脱土、硅胶负载的硫酸氢钠等。选择合适的符合价格低廉、绿色环保的催化剂仍是研究方向之一。

2. Barton-Zard 吡咯合成法

在碱的作用下，硝基烯烃与 α-异氰基乙酸酯反应，生成 5 位未被取代的吡咯衍生物。该反应是由 Barton D H R 和 Zard S Z 于 1985 年首先报道的，称为 Barton-Zard 吡咯合成反应（Barton D H R，Zard S Z. J Chem Soc Chem Commun，1985：1098）。

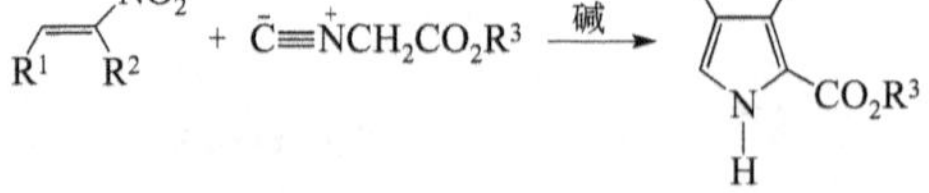

该反应常用的碱为非亲核性的碱如 DBU（1，8-二氮杂二环［5.4.0］十一碳-7-烯）、K_2CO_3、t-BuOK、TMG（四甲基胍）等。利用该缩合反应可方便地制备出 5 位未被取代的各种吡咯。有时也可以使用如下结构的碱。

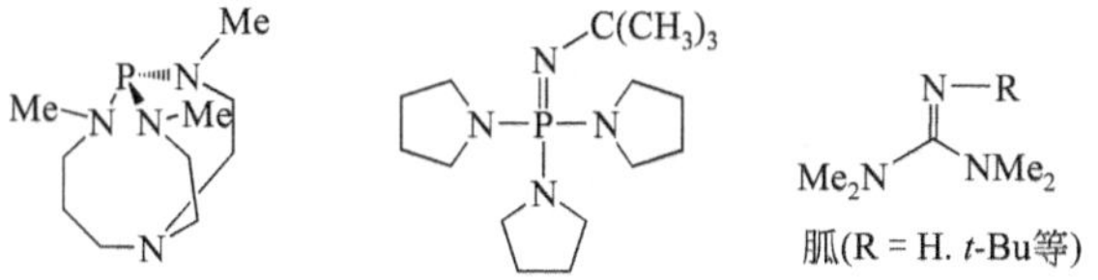

胍（R = H. t-Bu等）

该反应的反应机理如下：

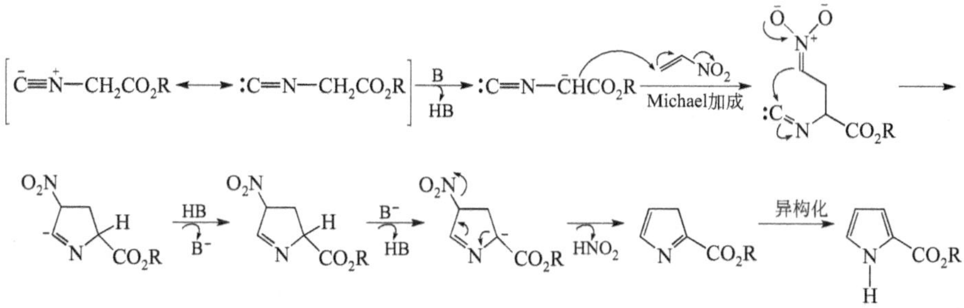

反应中 α-异氰基乙酸酯经过去质子后生成相应的碳负离子，后者与硝基烯发生 Michael 加成，而后再进行关环、碱诱导脱去 HNO_2、异构化等一系列变化，最后生成吡咯衍生物。

当反应中使用 1,2-二取代的硝基烯时，最终得到 3,4-二取代的吡咯-2-羧酸酯，与硝基相连的碳上的取代基位于吡咯环的 4 位。例如：

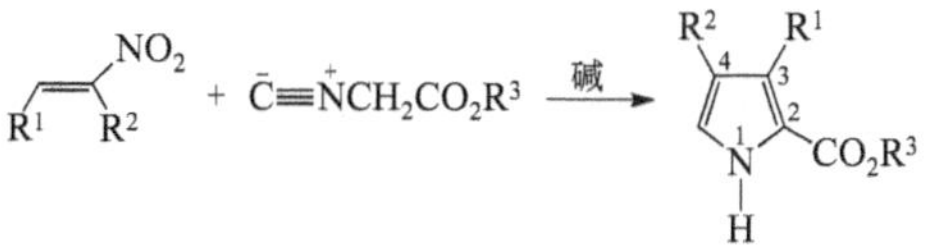

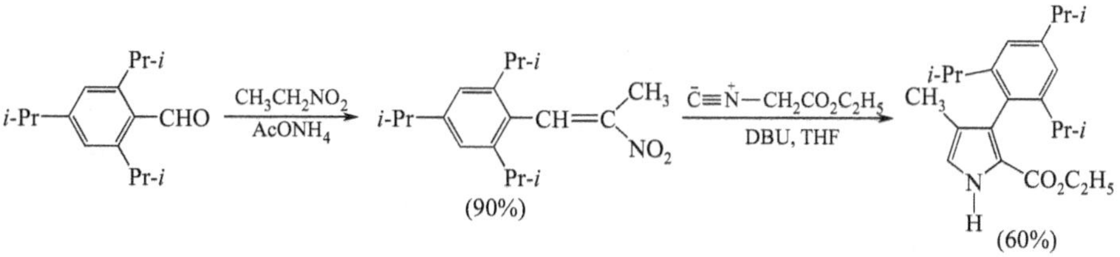

3,4-吡咯-2-羧酸酯皂化为 3,4-吡咯-2-羧酸，后者热消除脱羧得到 3,4-二取代吡咯。

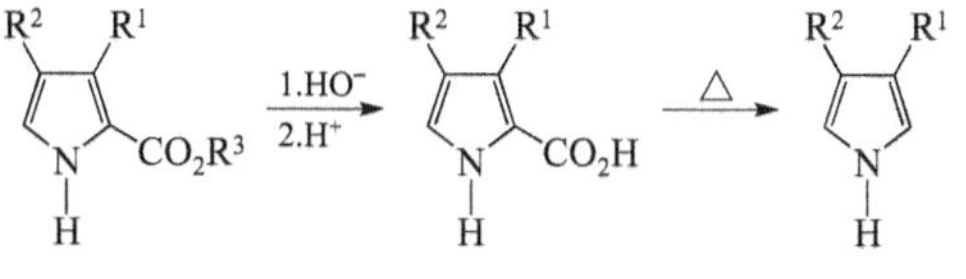

在实际反应中，常常会使用邻乙酰氧基硝基烷烃，因为其制备比较容易，在碱的作用下会发生消除反应原位生成硝基烯烃而参与有关反应。例如：

反应中也可以使用异氰基乙酰胺。例如化合物 N，N-二甲基 3-乙基-4-甲基吡咯-2-羧酸酰胺的合成。

N, N-二甲基-3-乙基-4-甲基吡咯-2-羧酸酰胺（N, N-Dimethyl-3-ethyl-4-methylpyrrole-2-carboxamide），$C_{10}H_{16}N_2O$，180.25。浅黄色结晶。mp 88～89℃（己烷）。

制法　Barton D H，Kervagoret J，Zard S Z. Tetrahedron，1990，46（21）：7587.

于安有磁力搅拌器、温度计的反应瓶中，加入 N，N-二甲基异氰基乙酰胺 112 mg，四甲基胍 300 mg，THF 0.5 mL 与异丙醇 0.5 mL 配成的溶液，而后滴加由 2-硝基-3-乙酰氧基丁烷（**2**）260 mg 溶于 THF-i-PrOH 混合溶剂（1:1）2 mL 的溶液，约 45 min 加完。加完后继续室温搅拌反应 3 天。减压浓缩，剩余物过硅胶柱纯化，以二氯甲烷洗脱，得浅黄色结晶（**1**）139 mg，收率 77%，mp 88～89℃（己烷）。

如下反应则使用了另一种碱作催化剂 [Lash T D，Werner T M，Thompson M L，et al. J Org Chem，2001，66（9）：3152]。

Barton-Zard 反应随着硝基烯烃合成方法的发展已经被广泛应用于天然和非天然吡咯化合物的合成，可以很方便地合成 β-取代吡咯，产率很高（80%～90%）。但最大的问题是不能在吡咯的 5 位上发生取代反应，另外当 β 位有一个基团是氢，收率则一般，这些限制了它的应用。

3. Van Leusen 吡咯合成法

Van Leusen 反应是利用对甲苯磺酰异腈（TosMIC）与缺电子烯烃反应合成

吡咯的方法。以 TosMIC 与不饱和酮的反应为例表示如下。

$$R^1-CH=CH-\overset{\displaystyle O}{\overset{\|}{C}}-R^2 + \bar{C}\equiv\overset{+}{N}-CH_2-Tos \xrightarrow{\text{碱}}$$

可能的反应机理如下：

$$\left[\bar{C}\equiv\overset{+}{N}-CH_2-OTs \longleftrightarrow :C=\overset{+}{N}-CH_2-Tos\right] \xrightarrow[HB]{B} :C=\overset{+}{N}-\bar{C}H-Tos$$

反应首先是 TosMIC 在碱的作用下脱质子生成碳负离子，后者与烯酮发生 Michael 加成，形成烯醇负离子，它被分子内异氰基官能团捕获并环化，质子转移后，再消除脱去磺酸离子，最后互变异构化为 3,4-二取代-1H-吡咯。

原料乙烯基碳原子在反应后成为吡咯环 C_3 和 C_4 位的碳原子。式中 R^1 可以是芳基、烷基或氢，当 R^1 为芳基时产物收率一般比较高。

3-硝基-4-苯基吡咯（3-Nitro-4-phenylpyrrole），$C_{10}H_8N_2O_2$，188.19。mp 153～155℃。

制法　Van Leusen A M，van Leusen D，Flentige E. Tetrahedron，1991，47（26）：4639.

$$C_6H_5CH=CHNO_2 + \bar{C}\equiv\overset{+}{N}-CH_2-Tos \xrightarrow[Et_2O/DMSO]{NaH}$$

(2)　　　　　　　　　　　　　　　　　**(1)**

于安有搅拌器、温度计、滴液漏斗、回流冷凝器的反应瓶中，加入乙醚 30 mL，50%的氢化钠 1.8 g（36 mmol），搅拌下慢慢加入由 TosMIC 6.6 g（33 mmol）和硝基苯乙烯（**2**）4.5 g（30 mmol）溶于 15 mL 乙醚和 65 mL DMSO 配成的混合溶液，约 25 min 加完。回流 1 h 后，倒入 800 mL 冰水中。以 2 mol/L 的盐酸 20 mL 酸化，过滤生成的固体。水洗，干燥，加入苯中活性炭处理后过滤。滤液浓缩，剩余物用苯-石油醚重结晶 2 次，得化合物（**1**）1.5 g，收率 27%，mp 153～155℃。

若按照如下方法进行合成，收率可达 94％。

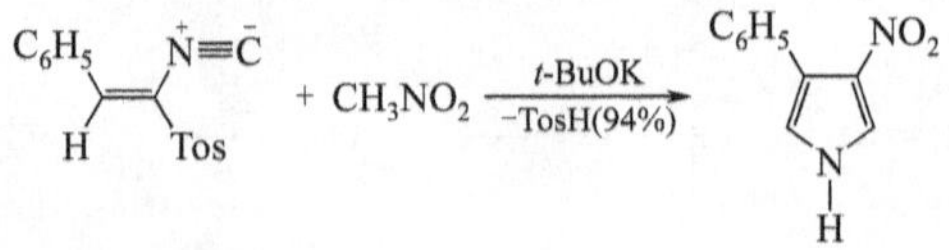

反应中使用的缺电子烯烃除了 α，β-不饱和羰基化合物、硝基烯烃外，也可以使用丙烯腈类化合物。例如：

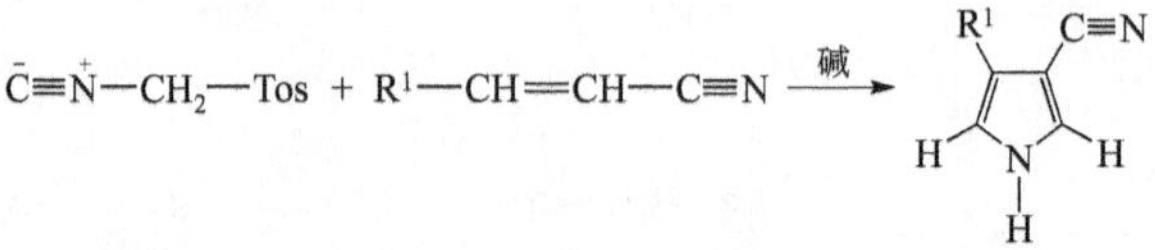

反应中常用的碱有氢化钠、叔丁醇钾、碳酸钾等。

当使用 α-苯磺酰基苯基异腈时，可以得到 5-苯基取代的吡咯衍生物。例如：

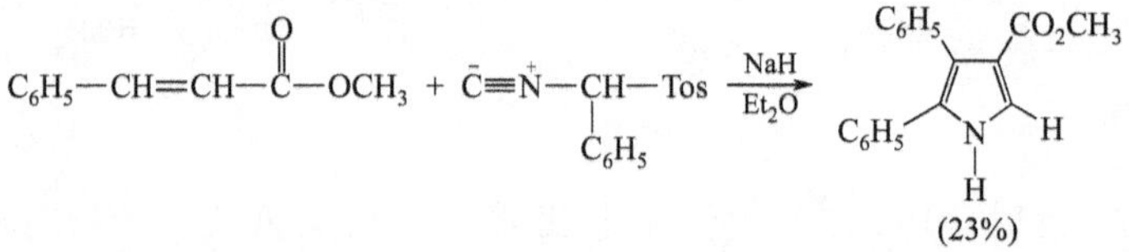

硝基二烯烃和硝基三烯烃都可以用 Van Leusen 反应来分别合成得到相应的含有烯基和硝基的吡咯衍生物。

4. Knorr 吡咯合成法

α-氨基酮（或 α-亚硝基酮反应中原位产生）与含有活泼 α-亚甲基的羰基化合物，在碱性条件下发生缩合反应生成吡咯衍生物，该反应称为 Knorr 吡咯合成反应。该反应是由 Knorr L 于 1884 年首先报道的。

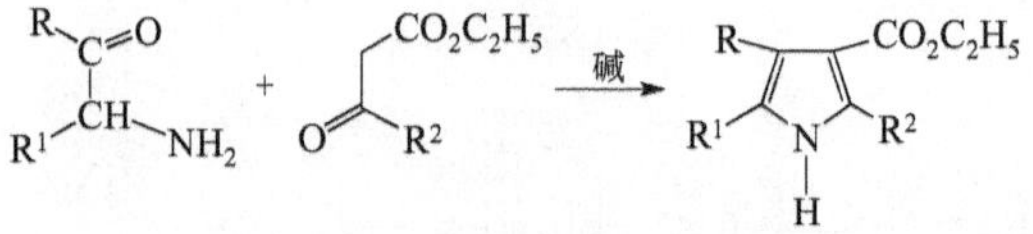

反应机理如下：

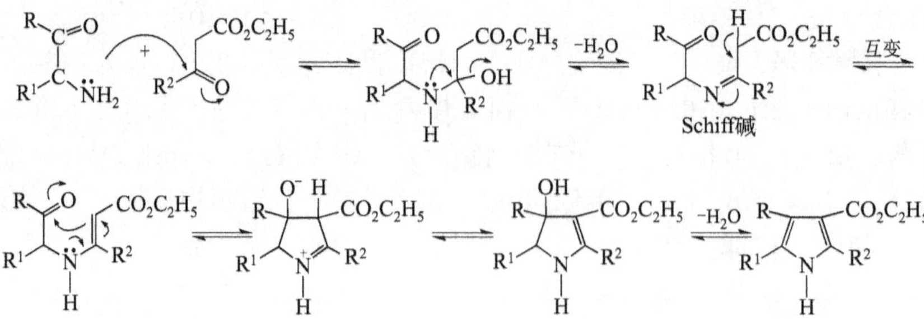

反应中首先是 α-氨基酮的氨基对含亚甲基的羰基化合物的羰基进行亲核加成，脱水后生成 Schiff 碱，而后经互变异构化、环合、脱水等一系列反应，最终生成吡咯衍生物。

例如如下化合物的合成（Furniss B S，Hannaford A J，Rogers V，et al. Vogel's Textbook of Practical Chemistry. Longman London and New York. Fourth edition，1978：881）：

又如抗肿瘤新药苹果酸舒尼替尼（Sunitinib Malate）中间体 3,5-二甲基-1H-吡咯-2,4-二羧酸-2-叔丁酯-4-乙酯的合成。

3,5-二甲基-1H-吡咯-2,4-二羧酸-2-叔丁酯-4-乙酯（2-*tert*-Butyl 4-ethyl 3,5-dimethyl-1H-pyrrole-2,4-dicarboxylate），$C_{14}H_{21}NO_4$，267.33。白色固体，mp 128～130℃。

制法　刘翔宇，杜焕达，王琳等. 精细化工中间体，2009，30（3）：40.

于反应瓶中加入乙酰乙酸叔丁酯（**2**）316 g（2.0 mol），冰醋酸 400 mL，搅拌下慢慢加入亚硝酸钠 138 g（2.0 mol），室温反应 3.5 h，得粉红色液体。另将乙酰乙酸乙酯 260 g（2.0 mol）加入 3 L 反应瓶中，加入冰醋酸 800 mL，再加入锌粉 100 g（1.5 mol），慢慢加热至 60℃。加入上述粉红色反应液，再慢慢加入锌粉 400 g（6.0 mol），于 75℃反应 1 h。将反应物倒入 3 L 水中，抽滤。滤饼用甲醇重结晶，得白色固体（**1**）373 g，收率 70%，mp 128～130℃（文献值 131℃）。

含有活泼 α-亚甲基的羰基化合物，可以是 β-羰基酸或酯，也可以是 1,3-二羰基化合物等。例如：

反应中的原料 α-氨基酮也可以由相应的 α-卤代酮与氨反应得到。

5. Hantzsch 吡咯合成法

α-卤代酮与 β-酮酸酯和氨、伯胺发生反应生成吡咯衍生物，称为 Hantzsch 吡咯合成反应，该反应是由德国化学家 Hantzsch A 于 1890 年首先报道的。

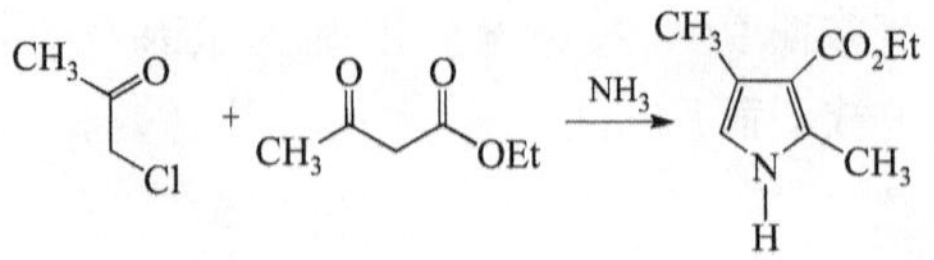

可能的反应机理如下：

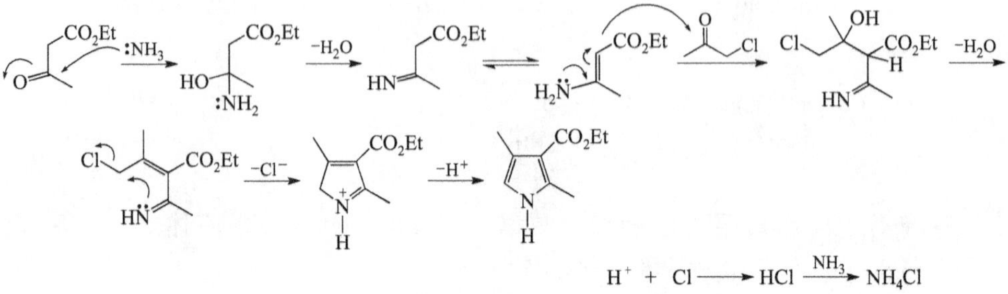

$$H^+ + Cl \longrightarrow HCl \xrightarrow{NH_3} NH_4Cl$$

例如消炎镇痛药佐美酸钠（Zomepirac Sodium）中间体1,4-二甲基-2-(2-乙氧-2-氧代乙基)-1H-吡咯-3-甲酸乙酯的合成。

1,4-二甲基-2-(2-乙氧-2-氧代乙基)-1H-吡咯-3-甲酸乙酯 〔Ethyl 2-(2-ethoxy-2-oxoethyl)-1,4-dimethyl-1H-pyrrole-3-carboxylate〕，$C_{13}H_{19}NO_4$，253.30。白色针状结晶。mp 71～73℃。

制法 陈芬儿.有机药物合成法：第一卷.北京：中国医药科技出版社，1999：1041.

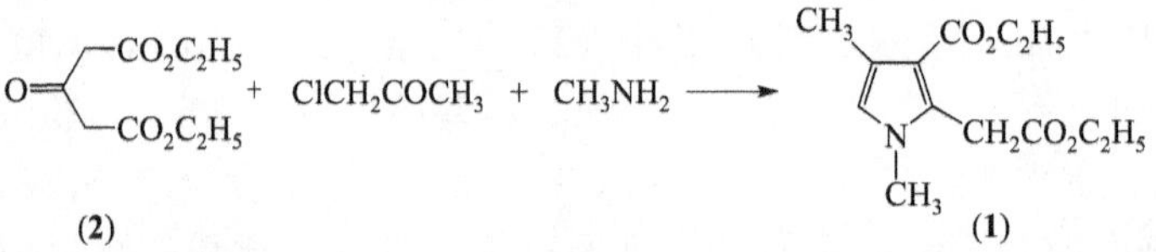

于反应瓶中加入40%的甲胺水溶液75 mL，冰浴冷却，慢慢加入化合物（**2**）20.2 g（0.1 mol），注意温度不超过25℃。待析出白色固体后，升至40℃，慢慢滴加氯代丙酮18.5 g（0.2 mol）。固体溶解后冷至室温，搅拌反应2 h。将反应物倒入冰盐水中，析出固体。过滤，水洗，异丙醇中重结晶，得白色针状结晶（**1**）17.5 g，收率70%，mp 71～73℃。

其实，该反应也可以使用其他α-卤代羰基化合物，例如α-卤代醛等。也可以直接使用α-氨基-α，β-不饱和酸酯或氨基不饱和腈等来代替β-酮酸酯和氨。例如：

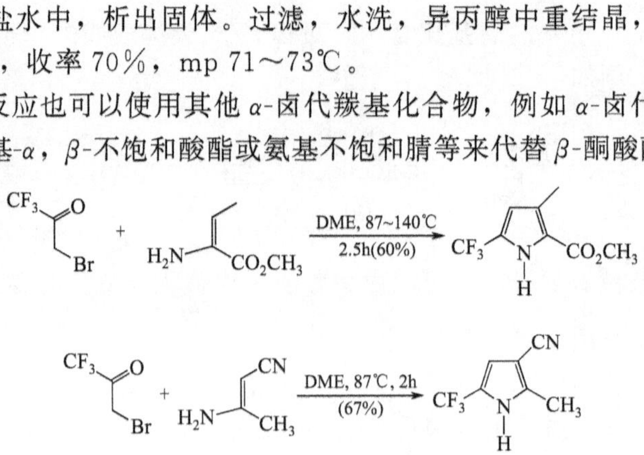

又如（Matiychuk V S，Martyak R L，Obushak N D，et al. Chem Hetero-cyclic Compounds. 2004，40：1218）。

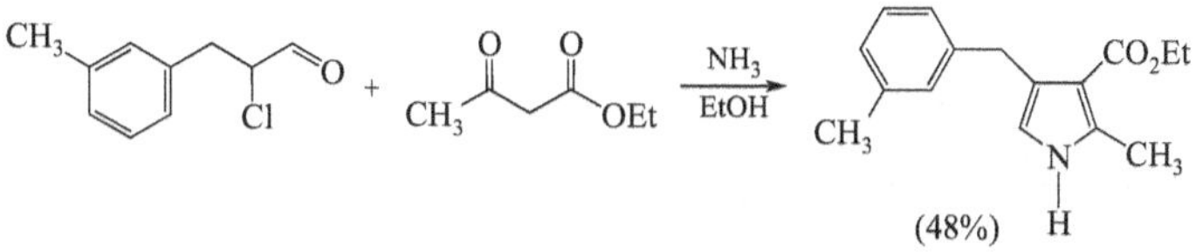

6. 吡咯的其他合成方法

吡咯类化合物的合成方法很多，仅以一些具体合成实例说明如下。

消炎镇痛药吡洛芬（Pirprofen）中间体（**17**）的合成如下：

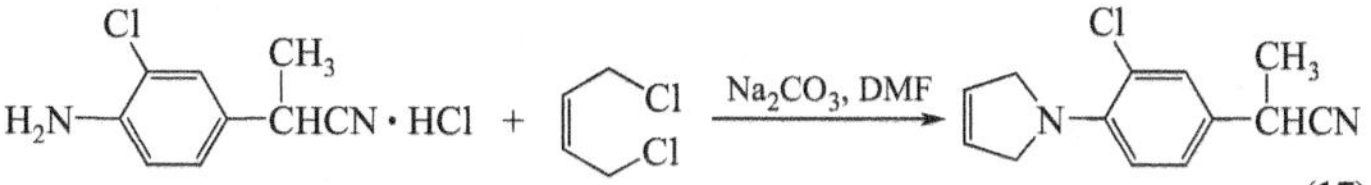

用于治疗手术引起的中度至重度的疼痛及癌肿疼痛、肾绞痛等的药物酮洛酸氨丁三醇（Ketorolac tromethamine）中间体（**18**）合成如下。

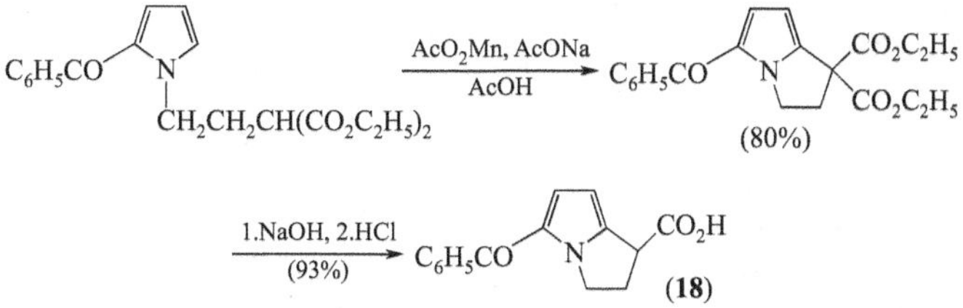

抗组胺药物甲比吩嗪类等药物的中间体 1-苄基-5-氧代吡咯烷-3-甲酸甲酯的合成如下。

1-苄基-5-氧代吡咯烷-3-甲酸甲酯（Methyl 1-benzyl-5-oxopyrrolidine-3-car-boxylate），$C_{13}H_{15}NO_3$，233.27。白色固体。

制法　王学涛，葛敏. 化学试剂，2010，32（11）：986.

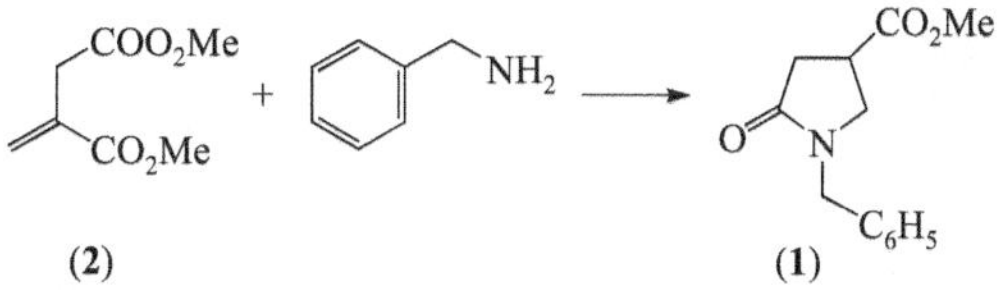

于反应瓶中加入衣康酸甲酯（**2**）158 g（1.0 mol），苄基胺 107 g（1.0 mol），于 90℃ 回流反应。反应结束后，冷却，旋干，加入二氯甲烷 500 mL，100 mL 稀盐酸，震荡、分层。有机层依次用碳酸氢钠溶液、饱和盐水洗涤，无水硫酸钠干燥。过滤，回收二氯甲烷。剩余物用乙酸乙酯-石油醚重结晶，得白色固体（**1**）200 g，收率 86%。

二、吲哚及其衍生物的合成

吲哚又名氮茚或苯并吡咯，从结构上看，吲哚属于苯并吡咯，但吲哚的反应活性比吡咯低。

吲哚具有两性，吲哚的碱性和吡咯相近，质子化主要发生在 3 位，生成的 $3H$-吲哚离子可以聚合生成低聚体。

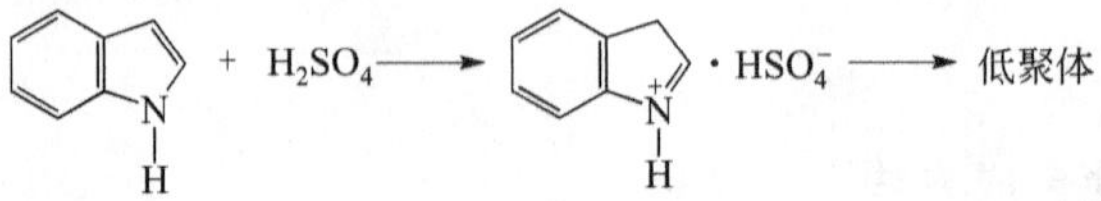

吲哚与强碱（如 NaNH$_2$/液氨、NaH、Grignard 试剂、烷基锂等）反应，可以使氮原子金属化。

吲哚发生亲电取代，主要发生在 3 位上，原因是与发生在 2 位相比，3 位生成的中间体更稳定，进攻 2 位生成的中间体没有苯环结构。

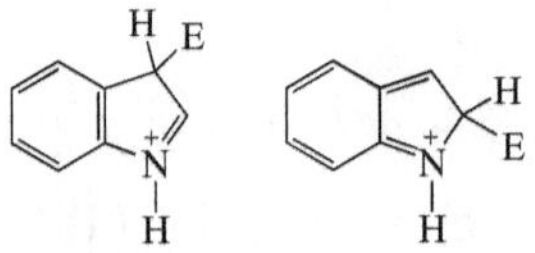

进攻3位　　　进攻2位

进行 Mannich 反应时，发生在吲哚 3 位上。

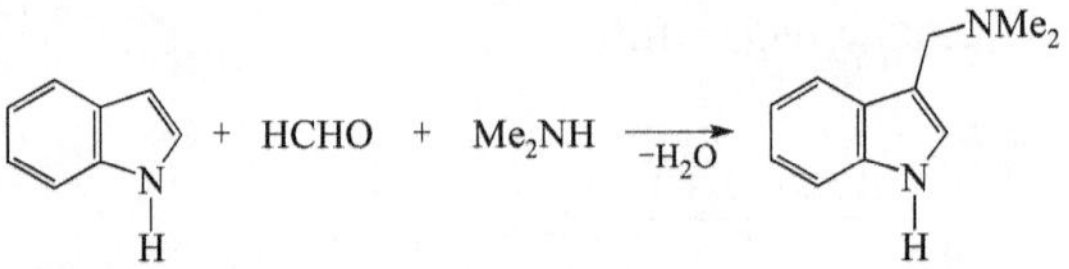

吲哚与 SOCl$_2$ 或 NaOCl 反应生成 3-氯吲哚，与 NBS 反应生成 3-溴吲哚。吲哚与硝酸反应则吡咯环被氧化，2 位取代的吲哚用硝酸-醋酸硝化可以生成 3，6-二硝基化合物。吲哚的甲酰化（Vilsmeier 反应）和乙酰化发生在 3 位上，分别生成 3-吲哚甲醛和 3-乙酰基吲哚。

吲哚还原（催化加氢或化学还原）生成 2,3-二氢吲哚。氧化时 3 位容易被氧化，生成吲哚酮。

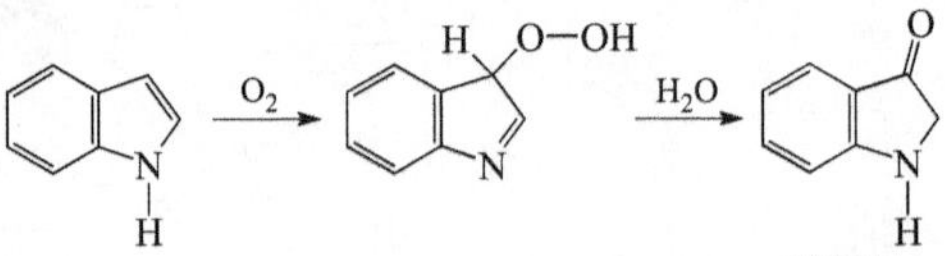

吲哚酮

3 位取代的吲哚氧化时，生成吲哚-2（$3H$）-酮。

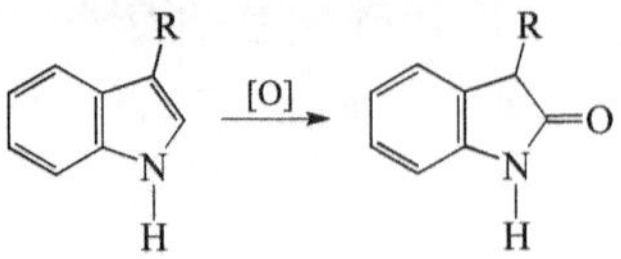

吲哚不容易发生环加成反应，与二氯卡宾反应则生成吲哚-3-甲醛和3-氯喹啉的混合物。

吲哚类化合物具有重要的生物学功能，在药物合成中占有重要位置，许多药物分子中含有吲哚的结构单位。例如非甾体镇痛抗炎药物吲哚美辛（**19**，Indometacin）、抗流感病毒药盐酸阿比朵尔（**20**，Arbidol hydrochloride）等。

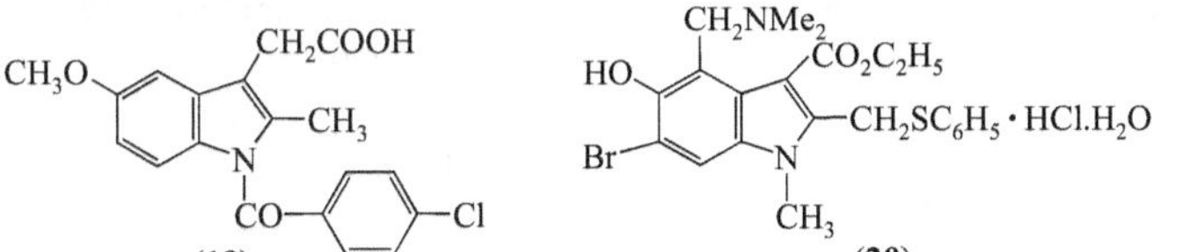

吲哚可以从煤焦油中分离出来，吲哚类化合物的合成方法很多，仅介绍如下几种主要的方法。

1. Nenitzescu 吲哚合成法

对苯醌与 β-氨基巴豆酸酯发生缩合反应生成 5-羟基吲哚衍生物，该反应是由 NenitzescuC D 于 1929 年首先报道的，后来称为 Nenitzescu 吲哚合成法。

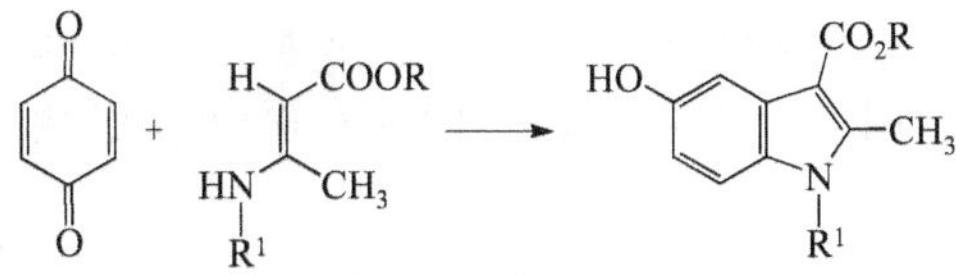

反应机理如下：

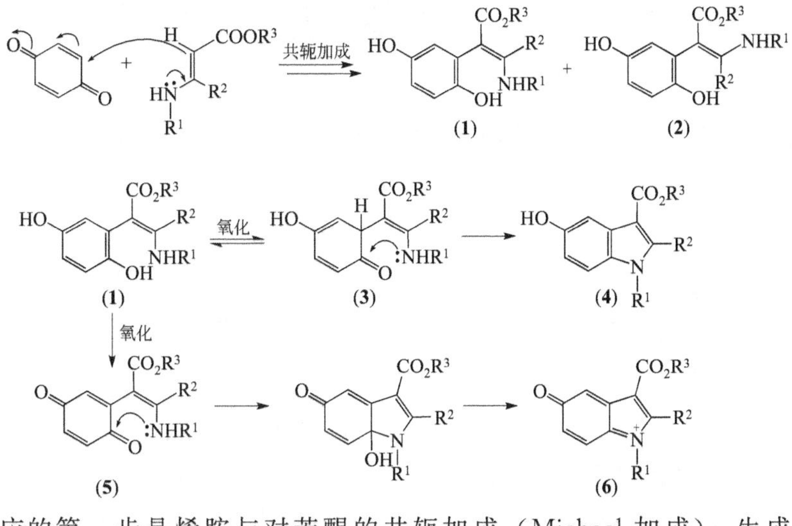

反应的第一步是烯胺与对苯醌的共轭加成（Michael 加成），生成中间体（**1**）和（**2**），二者为顺、反异构体。在经典的 Nenitzescu 反应中，（**2**）可以分离出来。

（1）氧化为半氢醌（3），而后氨基对半氢醌的羰基进行分子内的亲核加成，最后脱水生成 5-羟基吲哚衍生物（4）。

（1）氧化为对苯醌（5），而后氨基对醌的羰基进行分子内的亲核加成，脱水生成中间体（6），最后（6）转化为 5-羟基吲哚衍生物（4）。

值得指出的是，在上述机理的氧化过程中，氢醌被氧化为半氢醌（3）或者是醌（5）、或者是醌正离子中间体（6），（6）是在反应中生成的。

另一种可能的机理如下：

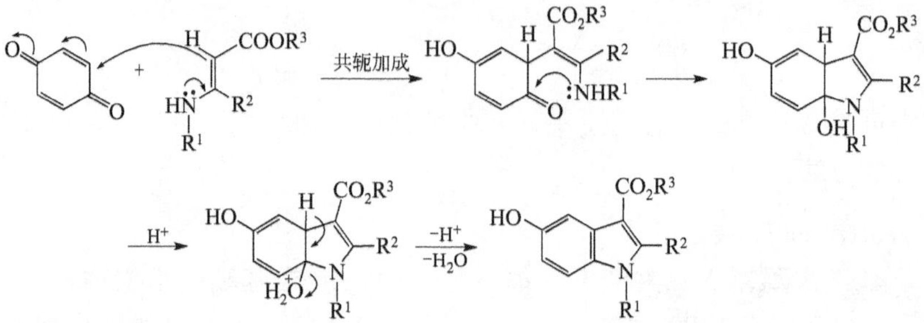

该反应通常用于制备 5-羟基吲哚衍生物，吲哚的氮原子、C-2 位以及苯环上可以带有取代基。3 位一般为酯基，也可以为酰基、氰基或酰氨基。3 位为酯基的吲哚衍生物是非常有用的一类化合物，因为在碱性或酸性条件下很容易脱去生成其他吲哚衍生物。

例如（Brase S，Gil C，Knepper K. Bioorg Med Chem Lett，2002，10：2415）：

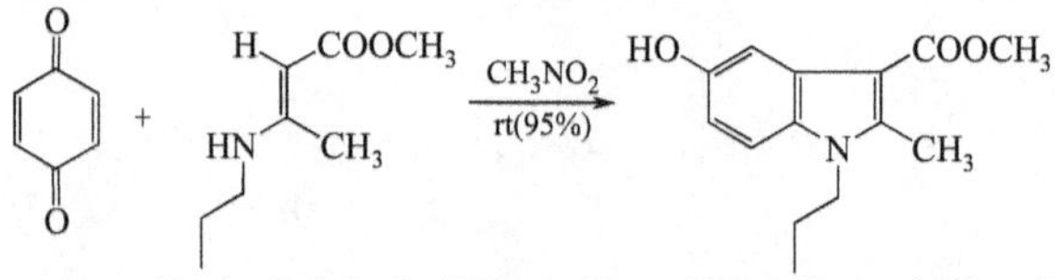

药物中间体（21）的合成如下 ［谢建伟，蒋祖林，陈俊. 化工生产与技术，2007，14（4）：37］：

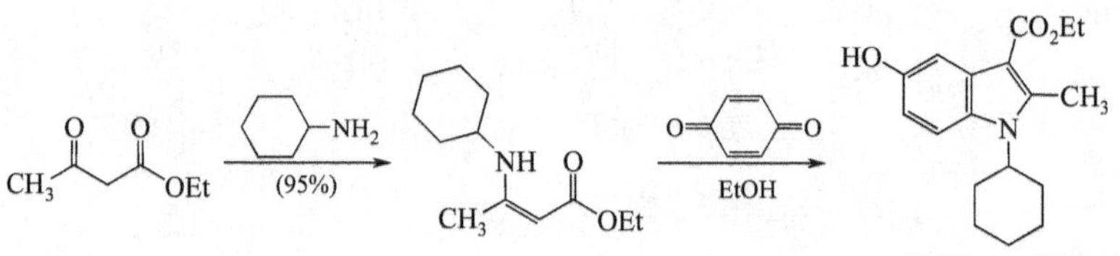

抗流感病毒药盐酸阿比朵尔（Arbidol HCl）等的中间体 1,2-二甲基-5-羟基-1H-吲哚-3-羧酸乙酯的合成如下。

1,2-二甲基-5-羟基-1H-吲哚-3-羧酸乙酯（Ethyl 1,2-dimethyl-5-hydroxy-1H-indole-3-carboxylate），$C_{13}H_{15}NO_3$，233.27。类白色固体。mp 208～210℃。

制法 ① 张珂良，宫平. 精细与专用化学品，2007，15（13）：14。② 宋萍，赵静国，李桂杰.化学与生物工程，2011，28（8）：57.

（Z）-3-甲氨基-2-丁烯酸乙酯（**3**）：于安有搅拌器、温度计、通气导管的反应瓶中，加入乙酰乙酸乙酯（**2**）169 g（1.3 mol），搅拌下加热至35～40℃，慢慢通入甲胺气体（由甲胺溶液 508 mL（2.6 mol）慢慢滴加至50%的氢氧化钠溶液 300 mL 中产生）。通气结束后，室温搅拌反应 17 h。加入乙醚 400 mL，分出有机层，水洗至 pH8，无水硫酸钠干燥。过滤，蒸出溶剂，得棕红色澄清液体（**3**）177 g，收率94.9%，纯度95.7%。

1,2-二甲基-5-羟基-1*H*-吲哚-3-羧酸乙酯（**1**）：于安有搅拌器、温度计、滴液漏斗、回流冷凝器的反应瓶中，加入对苯醌 127 g（1.18 mol），1,2-二氯乙烷 500 mL，搅拌下加热至70℃，慢慢滴加上述化合物（**3**）177 g 溶于 100 mL 二氯乙烷的溶液，控制温度，使反应液处于微沸状态。加完后继续回流反应 8 h。冷至室温，析出固体。抽滤，以50%的丙酮洗涤，干燥，得灰白色固体（**1**）197 g，收率52%，mp 208～210℃。

化合物（**22**）也是抗流感病毒药盐酸阿比朵尔（Arbidol HCl）中间体，合成如下 [宋艳玲，赵燕芳，宫平.中国现代应用药学，2005，22（3）：93]：

该反应只适用于 1,4-醌，如对苯醌，1,4-萘醌等，这些醌的环上可以连有 1、2 或 3 个取代基，但此时可能生成多个异构体。

合成吲哚时，反应中的原料之一的烯胺，通常是 β-氨基丙烯酸酯、丙烯酰胺、丙烯腈。而制备吲哚衍生物时，烯胺 β 位上常常要连有取代基，如烷基、苯基、烷氧基或羧烷氧基（酯基）等。β-氨基-α，β-不饱和酮与对苯醌反应，生成 3-酰基-5-羟基吲哚和苯并呋喃的混合物。

环状的烯胺也可以与对苯醌反应，例如：

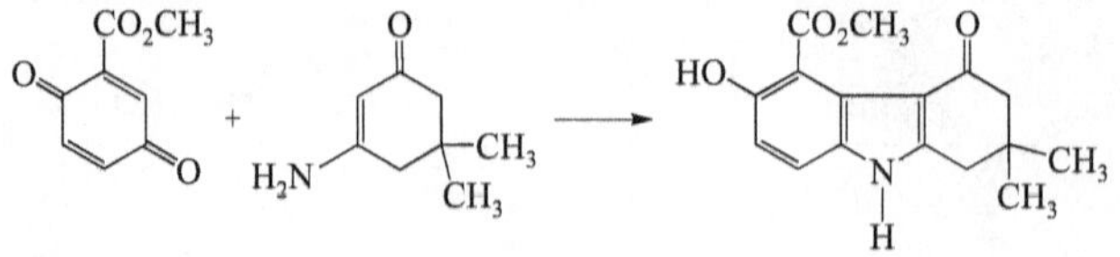

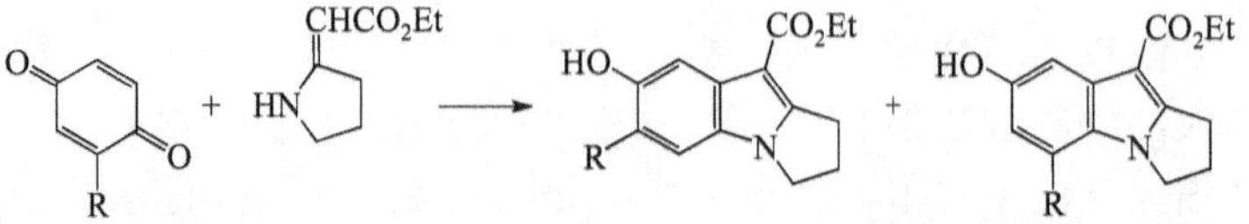

Nenitzescu 反应最常用的溶剂是醋酸，也可以使用丙酮、甲醇、乙醇、苯、二氯甲烷、氯仿，二氯乙烷。使用醋酸的最大好处是其可以使中间体烯胺顺、反异构体异构化为容易生成 5-羟基吲哚的异构体。在如下反应中，反应原料相同，但反应溶剂不同，得到的主要产物也不同。

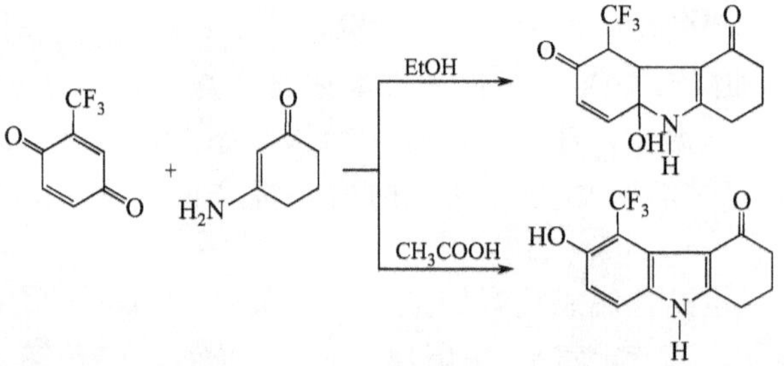

苯醌与 3-氨基巴豆酸乙酯反应，在二氯甲烷-醋酸介质和单独使用醋酸作反应介质时的反应产物也不相同。

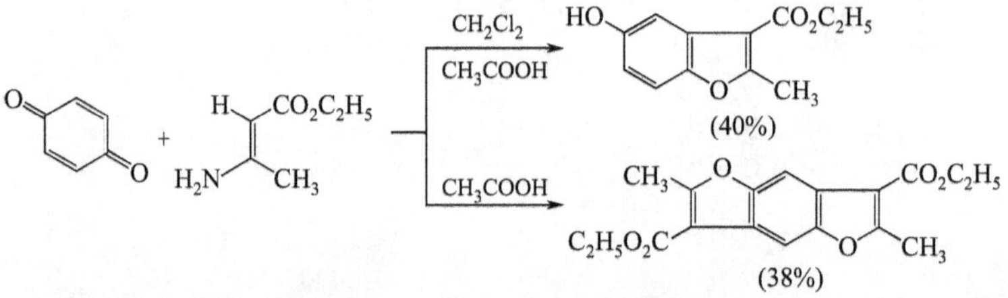

Nenitzescu 反应为放热反应，一般是在反应溶剂中回流进行的。有时反应温度对生成的产物有影响。例如，2-三氟甲基对苯醌与 3-氨基-2-环己烯-1-酮在醋酸中反应，反应温度不同，得到的主要产物也不同。

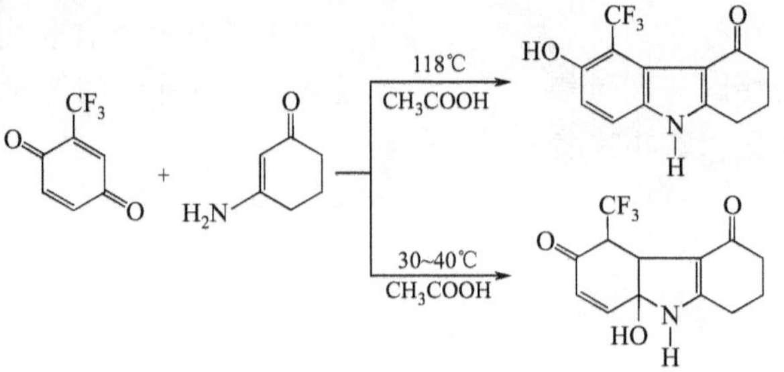

醌亚胺是醌的类似物，醌亚胺与烯胺也可以进行反应。例如：

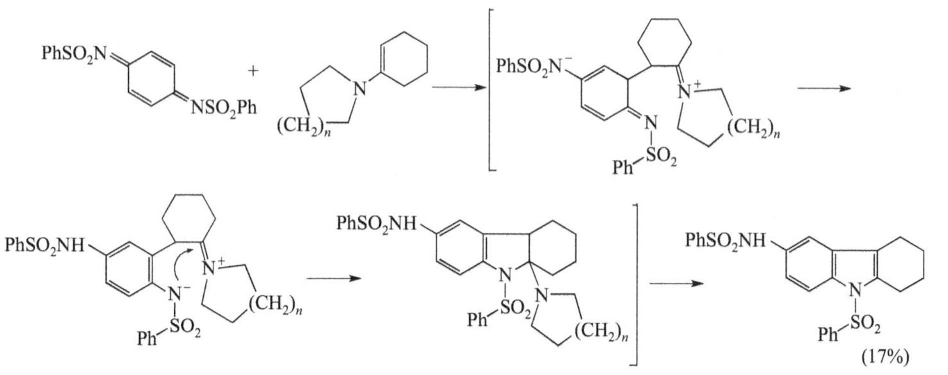

醌亚胺与活泼亚甲基化合物可以发生类似的反应。例如：

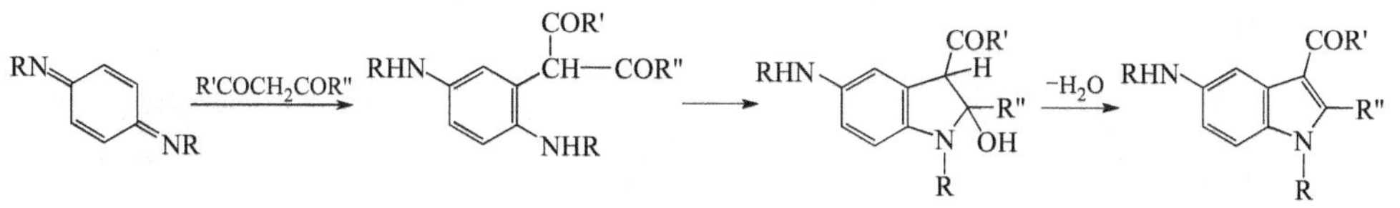

2. Bartoli 吲哚合成法

邻位取代的硝基苯与三分子乙烯基 Grignard 试剂反应，可以生成 7-取代吲哚，该反应是由 Bartoli G 于 1978 年首先报道的，后来称为 Bartoli 吲哚合成法。

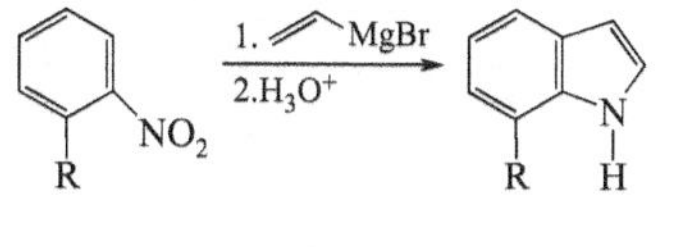

可能的反应机理如下：

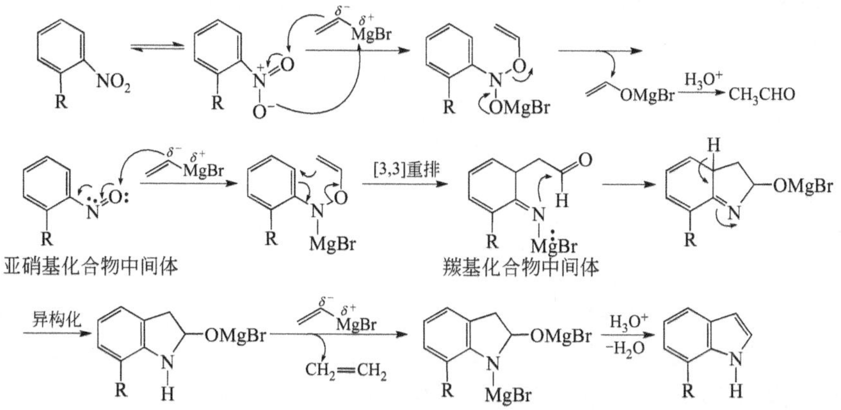

反应中首先是硝基与乙烯基格式试剂发生加成反应生成亚硝基化合物中间

体，烯醇溴化镁水解生成醛。亚硝基化合物分子中的亚硝基属于邻、对位定位基，氧原子的未共电子对向氮原子转移，氧原子显示部分正电荷，可以与乙烯基Grignard 试剂带负电荷的碳原子反应，生成具有 N—O—C 结构的中间体，后者受邻位取代基的位阻发生 [3,3]-σ-迁移，生成羰基化合物中间体。最后发生分子内的亲核加成等一系列反应，生成 7-取代的吲哚衍生物。反应中一分子邻位取代的硝基苯与三分子乙烯基 Grignard 试剂进行反应。

反应中生成的亚硝基化合物中间体可以分离出来。将其与 2 分子的 Grignard 试剂反应，也可以得到吲哚类化合物，从而证明亚硝基化合物是该反应的中间体。

具体例子如下：

反应中有三分子 Grignard 试剂参与了反应。其中一分子在第二步被消除，最终转化为羰基化合物；一分子与亚硝基化合物反应，成为吲哚环的一部分；一分子与氮上的氢交换，最终生成烯烃。

Dobbs A 对 Bartoli 反应进行了改进。他用邻位的溴作定位基生成 7-溴吲哚衍生物，而后用偶氮二异丁腈和三丁基锡烷将溴脱去，则生成 7 位无取代基的吲哚。

含吲哚结构的新药开发中间体 7-溴吲哚的合成如下。

7-溴吲哚 (7-Bromoindole)，C_8H_8BrN，196.05。mp 43～44℃。
制法　Dobbs A. J Org Chem，2001，66 (2)：638.

于安有磁力搅拌器、温度计的反应瓶中，加入邻硝基溴苯（**2**）5 mmol，通入氩气，加入 THF40 mL，冷至 −40～−45℃，一次加入乙烯基溴化镁的 THF溶液 15 mmol，加完后继续搅拌反应 0.5～1 h。加入饱和氯化铵溶液淬灭反应，而后慢慢升至室温。用乙醚提取（200 mL×2），合并乙醚层，依次用饱和氯化铵、水、饱和盐水洗涤，无水硫酸镁干燥。过滤，减压浓缩。剩余物过硅胶柱纯化，以己烷-乙酸乙酯（9：1）洗脱，得化合物（**1**），收率 65%，mp 43～44℃。

3-硝基-2-氯吡啶与乙烯基溴化镁反应，可以生成 7-氯-6-氮杂吲哚（Blaazer A R，Lange J H M，den Boon F S，et al. J Med Chem，2011，46：5086）。

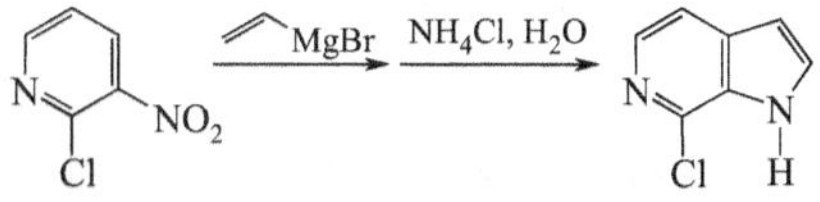

3. Bischer-Möhlau 吲哚合成反应

芳胺与 α-卤代羰基化合物作用得到 α-芳氨基酮，后者经酸或氯化锌催化脱水，发生 C—C 环合反应生成吲哚衍生物。此反应为 Bischer-Möhlau 反应。例如：

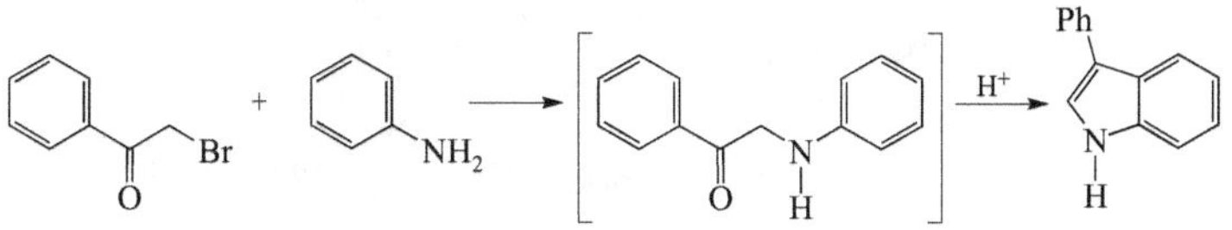

该反应的反应机理如下。

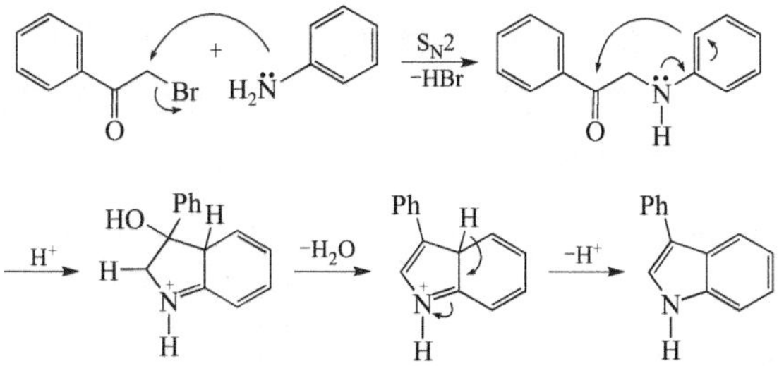

首先是芳胺与 α-卤代羰基化合物发生 S_N2 反应生成 α-芳氨基酮，后者在酸或 Lewis 酸催化下发生芳环上的亲电取代并关环，最后脱水生成吲哚类化合物。

由于反应的第二步是芳环上的亲电取代，所以，当苯胺环上连有吸电子基团时，反应不容易进行，而连有给电子基团时反应容易进行。

新药开发中间体 4,6-二甲氧基-3-甲基吲哚的合成如下。

4,6-二甲氧基-3-甲基吲哚（4,6-Dimethoxy-3-methylindole），$C_{11}H_{13}NO$，191.23。黄色固体。mp 72～74℃。

制法　Pchalek K，Jones A W，Monique M T，et al. Tetrahedron，2005，61（1）：77.

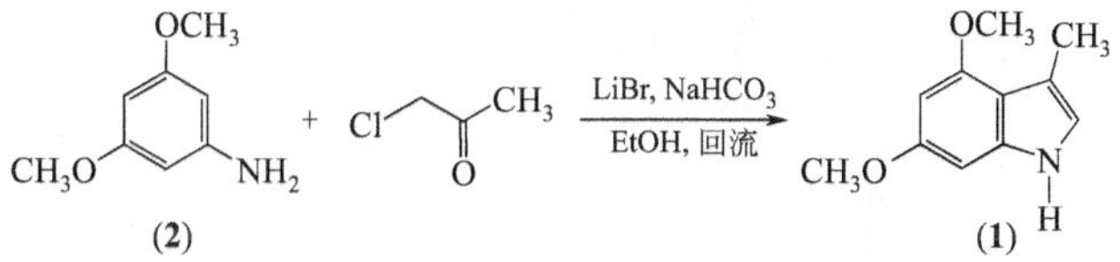

于安有搅拌器、回流冷凝器的反应瓶中，加入 3,5-二甲氧基苯胺（**2**）2.0 g（13.1 mmol），氯代丙酮 1.03 mL（13.1 mmol），碳酸氢钠 1.09 g（13.1 mmol），

溴化锂 1.10 g（13.1 mmol），乙醇 36 mL，搅拌下回流反应 6 h。减压蒸出溶剂，剩余物以二氯甲烷 40 mL 提取。水洗，无水硫酸镁干燥。过滤，蒸出溶剂，得黄绿色固体 2.62 g。过硅胶柱纯化，以二氯甲烷-石油醚（9∶1）洗脱，得黄色固体（**1**）1.84 g，收率 74％，mp 72～74℃。

该方法适用于制备 2,3 位取代基相同的吲哚衍生物。例如：

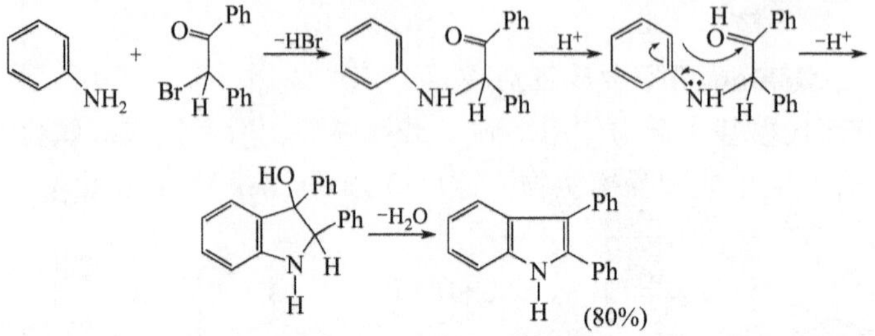

当使用本方法合成 2,3 位取代基不同的吲哚衍生物时，通常使用氯化锌作催化剂。若使用酸作催化剂，则往往得到的是混合物，有时甚至得不到所希望得到的化合物。例如，N-乙基-苯氨基丙酮 A 以氯化锌作催化剂，得到 N-乙基-3-甲基吲哚 B，收率 80％；若在过量苯胺和溴化氢存在下加热，则得到化合物 C 和 D 的混合物，比例约 1∶1；若在过量的 N-甲基苯胺和少量的氯化氢存在下加热，则分离出来的产物是 N-乙基-2-甲基吲哚 D。

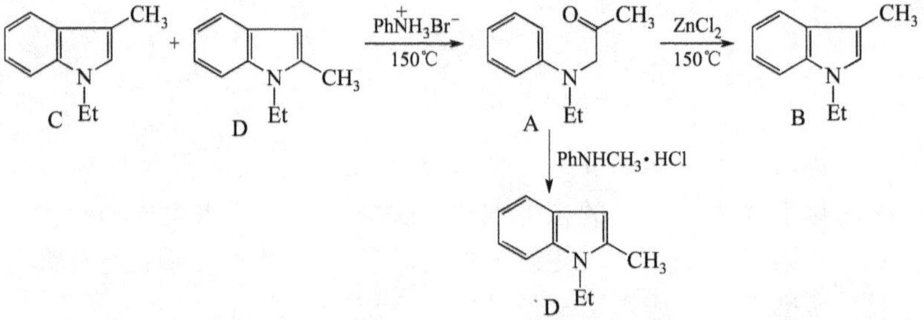

反应中有时也可以使用 α-羟基酮，例如：

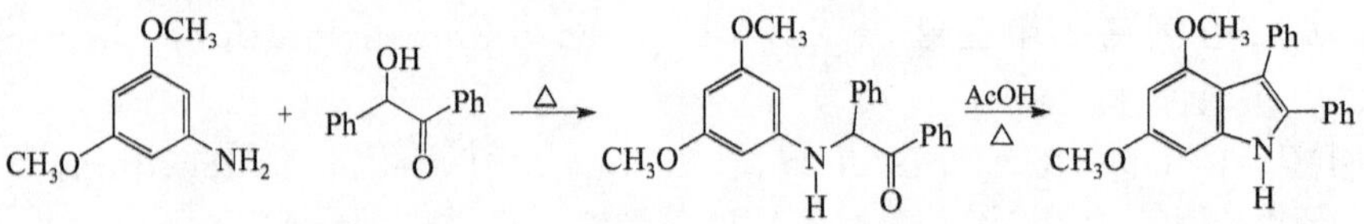

抗疟药盐酸甲氟喹中间体（**23**）的合成如下（陈芬儿.有机药物合成法：第一卷.北京：中国医药科技出版社，1999：815）：

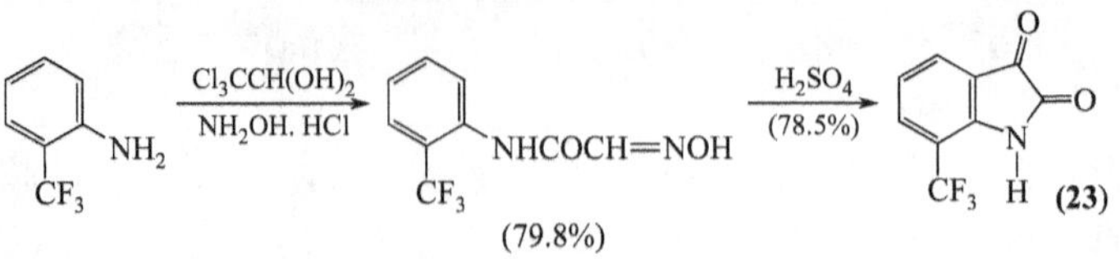

靛红（**24**）是重要的止吐药格拉司琼等的中间体，可由靛蓝氧化来合成，而靛蓝可用 Bischer 法来制备。

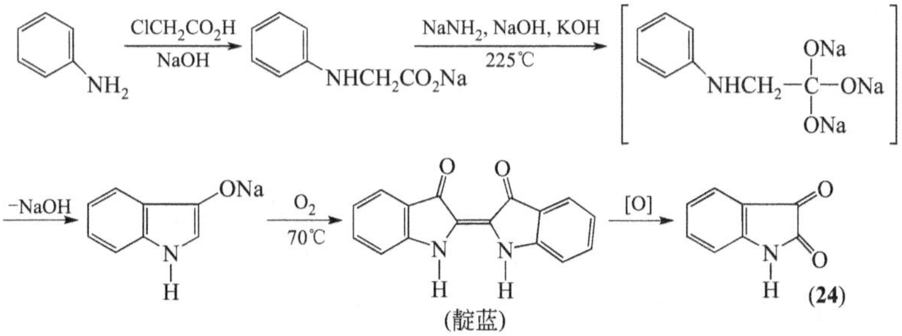

（靛蓝）

（**24**）

4. Gassman 吲哚合成反应

α-甲硫基酮在碱的作用下与苯胺或苯胺衍生物一锅反应生成 3-硫代吲哚衍生物，硫很容易通过氢解的方法除去。该反应称为 Gassman 吲哚合成反应，是由 Gassman P G 于 1974 年首先报道的。

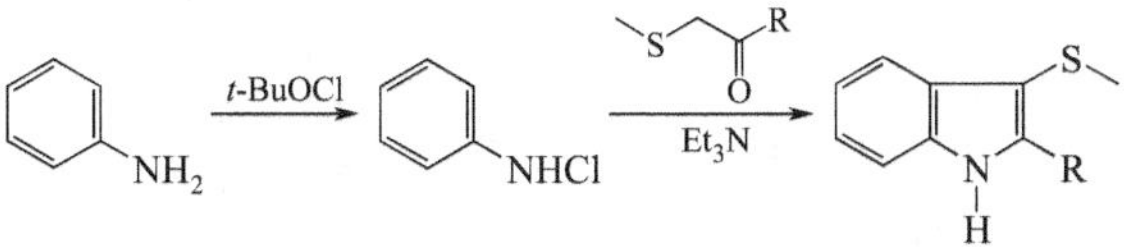

反应机理如下：

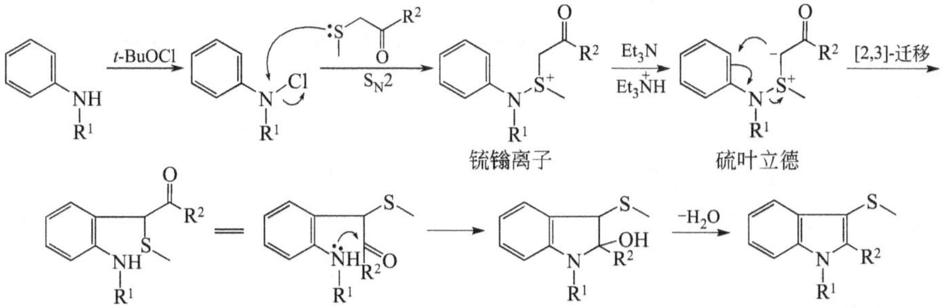

铳锇离子

硫叶立德

反应中首先是苯胺与次氯酸叔丁酯反应生成氯胺，氯胺与 α-甲硫基酮在碱的作用下发生 S_N2 反应生成铳锇离子，后者在碱的作用下生成硫叶立德。硫叶立德发生 [2,3]-σ 迁移生成酮，酮再缩合环化最终得到吲哚类化合物。

具体例子如下：

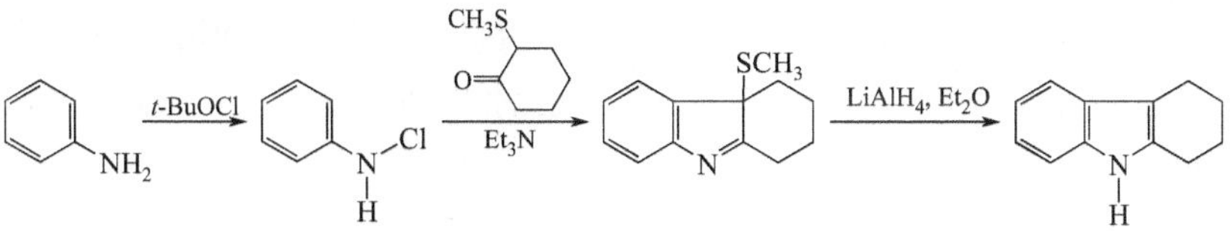

反应中若使用 α-甲硫基羧酸酯或 α-甲硫基羧酸酰胺，则生成 2-羟基吲哚衍生物。例如（Gassman P G，van Bergen T J. J Am Chem Soc，1974，96：5508）：

杀星类抗菌剂新药中间体 4,5-二氟-2-甲基吲哚的合成如下。

4,5-二氟-2-甲基吲哚（4,5-Difluoro-2-methylindole），$C_9H_7F_2N$，167.16。浅黄色结晶。mp 72～74℃。

制法 Ishikawa H，Uno T，Miyamoto H，et al. Chem Pharm Bull，1990，38：2459.

2-溴-4,5-二氟苯胺（**3**）：于安有搅拌器、温度计、滴液漏斗的反应瓶中，加入 3,4-二氟苯胺（**2**）12.9 g（0.1 mol），碳酸钾 13.8 g（0.1 mol），二氯甲烷 260 mL，冷至 −15℃，慢慢滴加由溴 16.0 g（0.1 mol）溶于 160 mL 二氯甲烷的溶液。加完后继续于 −15℃搅拌反应 30 min。将反应物倒入冰水中，分出有机层，水层用二氯甲烷提取。合并有机层，无水硫酸镁干燥。过滤，减压蒸出溶剂。减压蒸馏，收集 90～93℃/133 Pa 的馏分，得化合物（**3**）17.7 g，收率 85%。

7-溴-3-乙硫基-4,5-二氟-2-甲基吲哚（**4**）：于安有搅拌器、温度计、滴液漏斗的反应瓶中，加入化合物（**3**）115 g（0.55 mol），二氯甲烷 1 L，搅拌下慢慢滴加次氯酸叔丁酯 60 g（0.55 mol）。加完后继续搅拌反应 5～10 min。冷至 −50℃，慢慢加入由乙硫基-2-丙酮 65.5 g（0.55 mol）溶于 100 mL 二氯甲烷的溶液，反应放热。加完后继续于 −50℃搅拌反应 2 h。随后滴加三乙胺 58 g（0.57 mol）。加完后撤去冷浴，慢慢升至室温。加入 1 L 水，分出有机层，无水硫酸镁干燥。过滤，减压蒸出溶剂。剩余物用己烷重结晶，得无色针状结晶化合物（**4**）158 g，收率 93%，mp 63～65℃。

4,5-二氟-2-甲基吲哚（**1**）：于安有搅拌器、回流冷凝器的反应瓶中，加入化合物（**4**）174 g（0.6 mol），乙醇 3 L，活性镍（W-2）1.5 kg，搅拌回流 3 h。滤去催化剂，乙醇洗涤。合并滤液和洗涤液，减压浓缩。剩余物用己烷重结晶，得浅黄色结晶（**1**）85.5 g，收率 86%，mp 72～74℃。

5. Larock 吲哚合成法

邻碘苯胺与二取代炔类化合物在钯催化剂存在下发生偶联、环合生成吲哚类化合物，该反应称为 Larock 吲哚合成反应，是由 Larock R C 于 1991 年首先报道的。

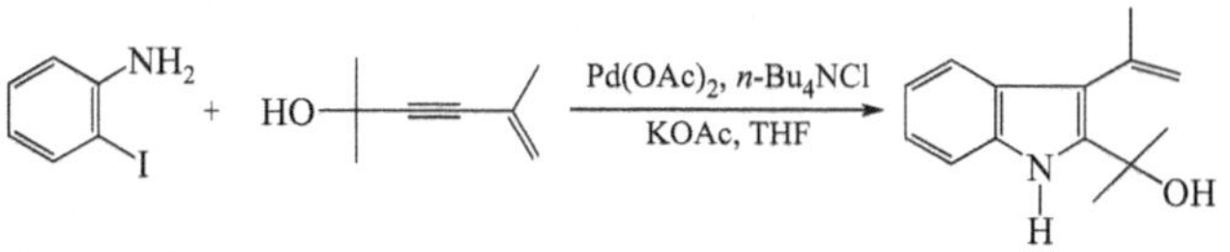

可能的反应机理如下：

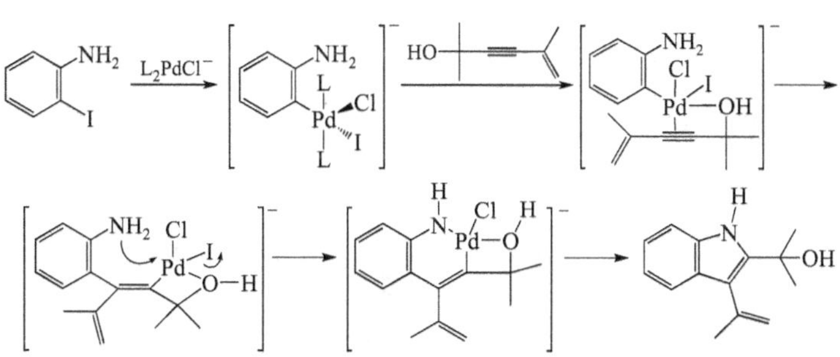

反应中邻碘苯胺在钯催化剂作用下，与炔发生偶联反应，偶联中间体发生分子内的亲核取代进行环合，最后生成吲哚类化合物。

该反应一般使用过量的炔烃，常用的催化剂是碳酸钯或醋酸钯，反应常常加入碱（如碳酸钾、醋酸钾等），并加入计量的氯化锂或四正丁基氯化铵以提高产物的收率。该反应对苯胺和炔烃上的很多官能团都有耐受性。邻碘乙酰苯胺也可以发生该反应，生成 N-乙酰基吲哚衍生物。

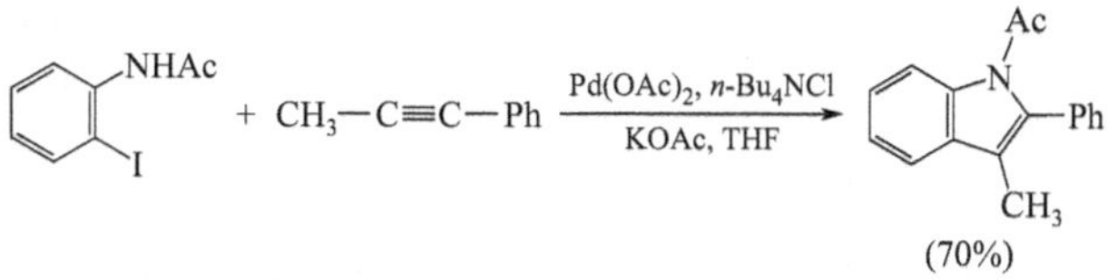

(70%)

其他 N-取代邻碘苯胺也可以发生该反应。例如 N-烷基、N-磺酰基等。

该反应具有区域选择性，一般是炔烃空间位阻较大的基团在反应后成为吲哚的 2 位取代基。例如：

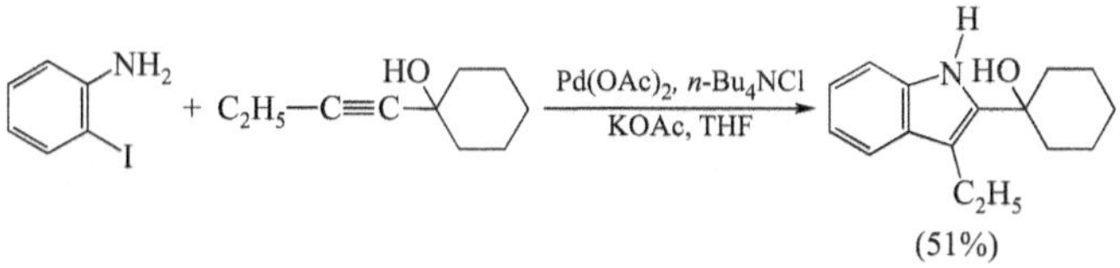

(51%)

Koolman 等采用 Larock 反应以 Pd（dppf）Cl$_2$ 为催化剂实现了如下反应（Koolman H，Heinrich T，Rautenberg W，et al. Biorg Med Chem Lett，2009，19：1879）：

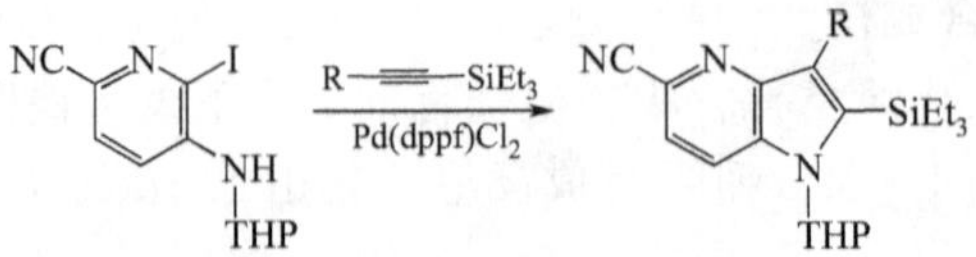

Pal 的研究发现，在 Pd/C-CuI 体系催化剂存在下，如下化合物与端基炔可以"一锅法"反应生成吲哚衍生物（Layek M，Kumar Y S，Islam A，Pal M. Med Chem Commun，2011，2：478）：

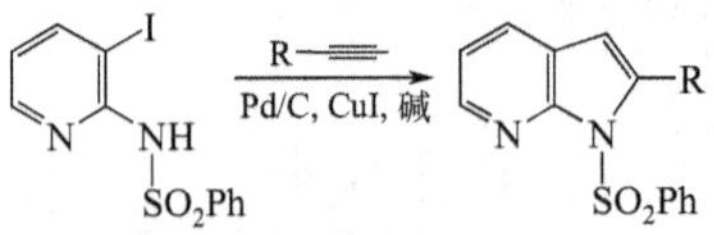

有时候也可以使用邻溴代芳香胺。例如：

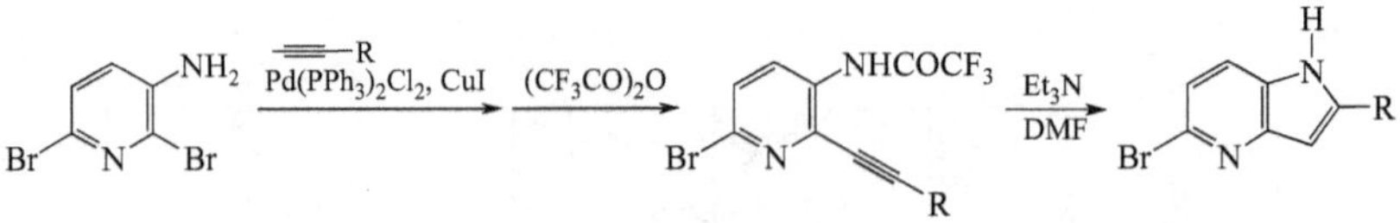

不过上述反应中卤化物与端基炔在 Pd/CuI 催化下的偶联反应称为 Sonogashira 反应（Majumdar K C，Mondal S. Tetrahedron Lett，2007，48：6951）。

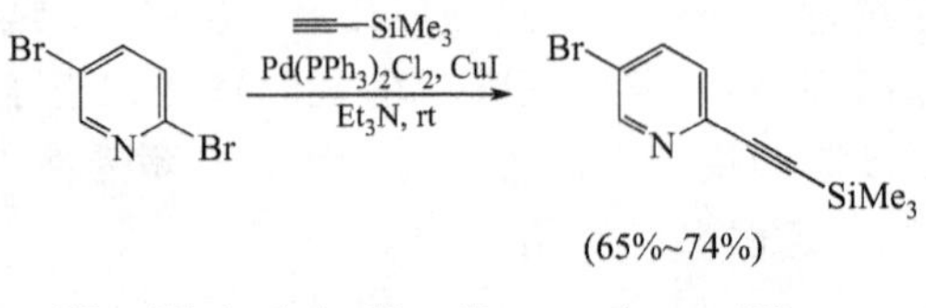

(65%~74%)

又如（Koolman H，Heinrich T，Rautenberg W，et al. Biorg Med Chem Lett，2009，19：1879）：

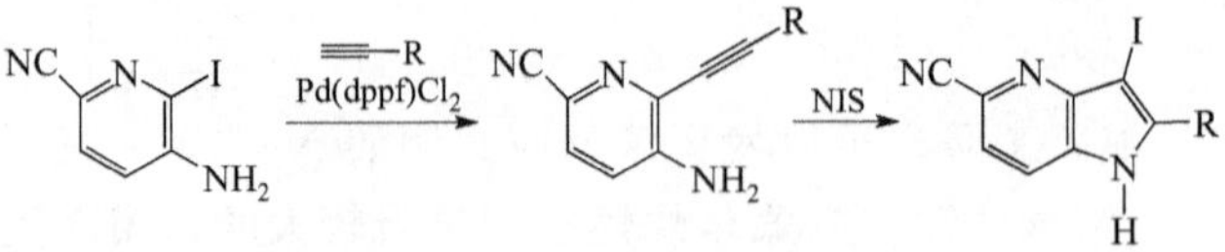

6. Madelung 吲哚合成法

N-酰基邻甲苯胺发生分子内的 Claisen 缩合，可以生成吲哚衍生物。该反应称为 Madelung 吲哚合成法，是由 Madelung W 于 1912 年首先报道的。

可能的反应机理如下：

该方法的关键是除去甲基上的质子生成碳负离子，所以常常使用强碱，如氨基钠（钾）、丁基锂、醇钠（钾）等。使用强碱时，酰胺 N 上的氢比甲基上的氢酸性强，因此更容易被碱夺去，必须使用过量的强碱才能使甲基上的氢失去（生成双负离子），而后碳负离子对酰胺的羰基进行亲核进攻，生成新的双负离子。在酸的作用下最后失去水生成吲哚类化合物。

N-甲酰基邻甲苯胺可以生成吲哚，吲哚为抗抑郁药吲达品（Indalpine）等的中间体。

吲哚（Indole），C_8H_7N，117.15。无色片状结晶。mp 52.2℃，bp 254℃，123～125℃/0.67 kPa。溶于热水、苯、石油醚，易溶于乙醇、乙醚。能随水蒸气挥发。

制法 孙昌俊，曹晓冉，王秀菊. 药物合成反应——理论与实践.北京：化学工业出版社，2007：441.

N-甲酰基邻甲苯胺（**2**）：于反应瓶中加入邻甲苯胺（**2**）43 g（0.4 mol），90％的甲酸 21 g（0.4 mol），搅拌下于沸水浴中加热反应 3 h。安上蒸馏装置，油浴加热，减压蒸馏，收集 171～175℃/3.3 kPa 的馏分，馏出物冷后固化。得 N-甲酰基邻甲苯胺（**3**）43 g，收率80％，mp 57～59℃。

吲哚（**1**）：于反应瓶中加入甲醇 125 mL，分批加入金属钠 5.8 g（0.25 mol），搅拌使钠全部反应完。加入 N-甲酰基邻甲苯胺（**3**）34 g（0.5 mol）、无水醋酸钾 50 g（0.5 mol），加热回流至全部溶解。减压蒸出甲醇，电热包加热至 300～350℃，蒸出邻甲苯胺，并有一氧化碳生成，直至无邻甲苯胺蒸出（约 30 min）。再小心地减压蒸馏蒸出残留的邻甲苯胺。撤去热源，冷却，加水 100 mL，水蒸气蒸馏，馏出液中析出无色针状吲哚，用盐酸调至弱酸性，抽滤，干燥，得吲哚

（1）5 g，收率 17%，mp 48～49℃。

除了 N-甲酰基邻甲苯胺可以生成吲哚外，其他 N-酰基邻甲苯胺都生成 2-取代的吲哚。

该反应的适用范围比较广，邻烃基苯胺苯环上还可以连有其他取代基，如甲氧基、氯等；邻烃基苯胺的烃基除了甲基外，还可以是其他烃基，如乙基、丙基等，但此时在吲哚的 3 位上引入了取代基；N 上的酰基可以是脂肪族酰基，也可以是芳香族酰基。若邻甲苯胺的甲基上连有吸电子基团如—CN、—CO$_2$R、—SO$_2$Ph等，则增加的亚甲基上氢的酸性，将有利于反应的进行（Orlemans E N O，Schreuder A H，Conti P G M，et al. Tetrahedron，1987，43：3817）。

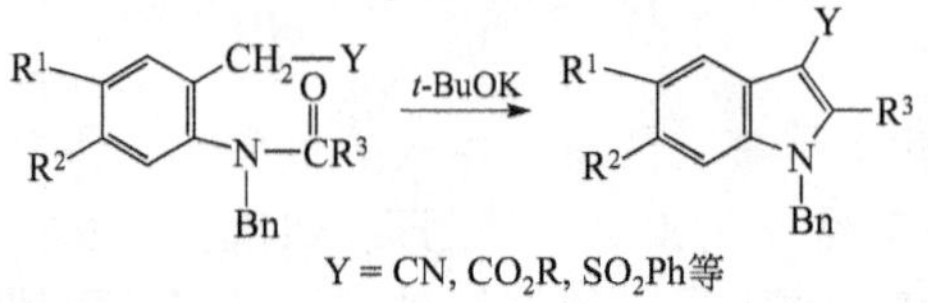

Y = CN, CO$_2$R, SO$_2$Ph等

如下反应再发生分子内的进一步环化，生成新的吲哚衍生物〔Tetrahedron Lett，1985，26（5）：685〕。

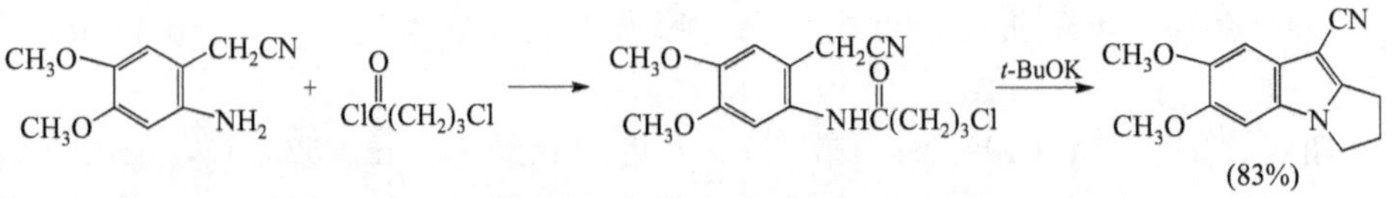

已有采用固相合成法应用此反应合成吲哚类化合物的报道。

邻异氰基甲苯与二烷基氨基锂反应生成吲哚也属于 Madelung 吲哚合成法。

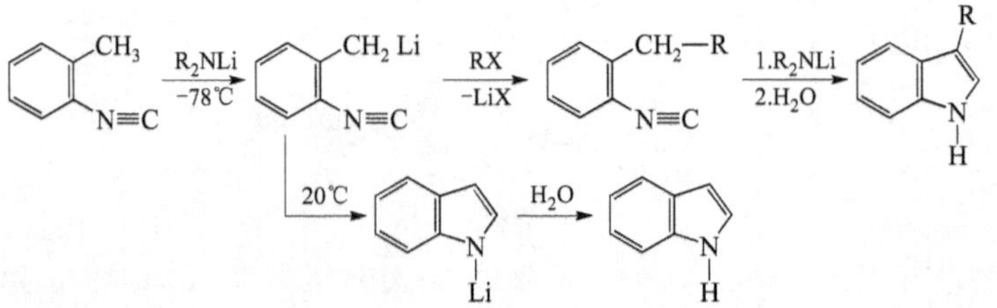

该方法既可以合成吲哚，也可以合成 3-取代吲哚。

7. Fischer 吲哚合成法

苯腙在 Lewis 酸或质子酸存在下加热脱去一分子氨，生成 2-取代或 3-取代的吲哚衍生物，该反应称为 Fischer 吲哚合成法。

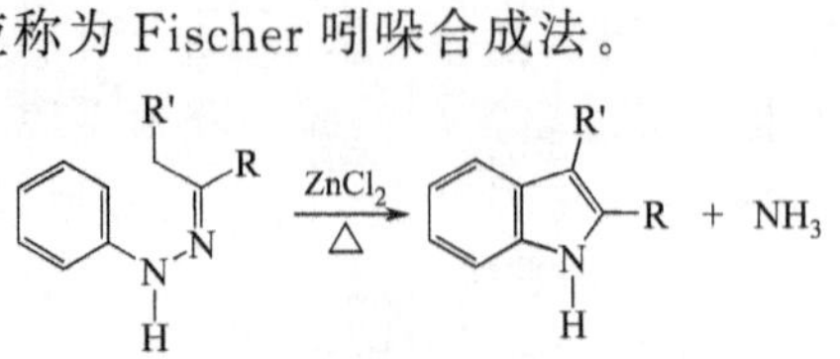

这是制备取代吲哚的一个重要方法。将苯肼与等摩尔的醛、酮在乙酸中回流，可生成苯腙。成腙、重排、脱氨在反应体系中不断进行，无需分离中间产物。催化剂可用硫酸、氯化氢的醇溶液、乙酸、氯化氢的乙酸溶液等，也可用氯化锌、氯化钴、卤化亚铜、氯化镍、三氟化硼等 Lewis 酸类。但更常用的是多聚磷酸。金属钴、铜、镍粉末也能使反应加速。微波促进的 Fischer 吲哚合成法也有报道。关于该反应的详细介绍，请参见《重排反应原理》一书第三章。以下仅举几个例子。

消炎镇痛药依托度酸（Etodolac）中间体 7-乙基色胺醇（**25**）的合成如下（陈芬儿.有机药物合成法.北京：中国医药科技出版社，1999：999）：

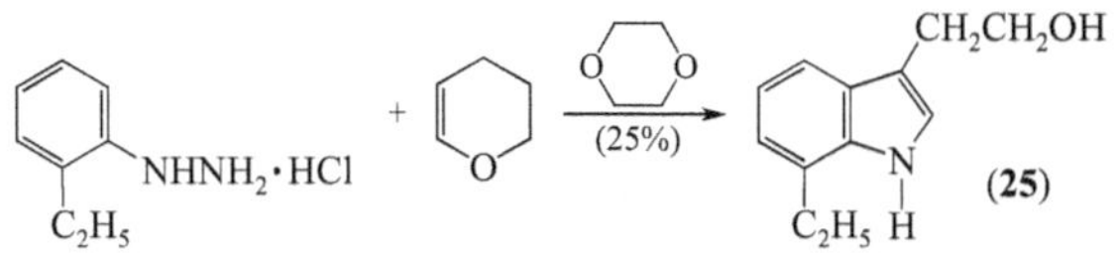

又如非甾体消炎药吲哚美辛（Indometacin）中间体（**26**）的合成。

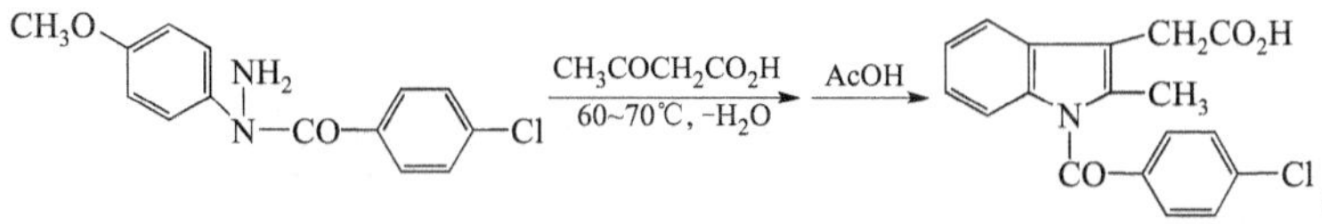

该反应不仅适用于开链的脂肪族羰基化合物，也适用于脂肪环酮。例如消炎镇痛药卡洛芬（Carprofen）中间体（**27**）的合成（陈芬儿.有机药物合成法.北京：中国医药科技出版社，1999：312）：

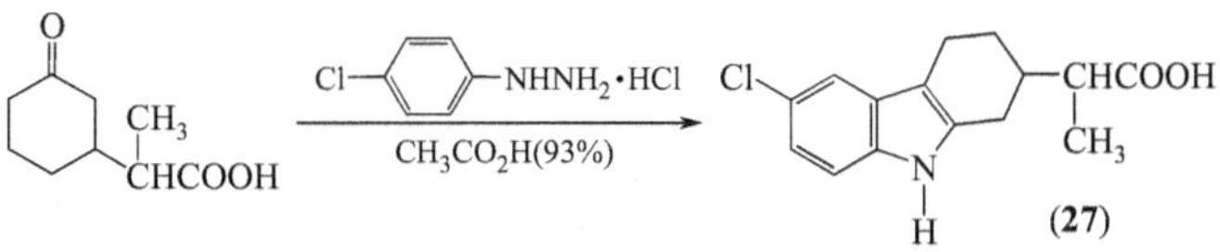

又如抗忧郁药丙辛吲哚（Iprindole）的中间体环辛并［b］吲哚（**28**）的合成（孙昌俊，曹晓冉，王秀菊.药物合成反应——理论与实践.北京：化学工业出版社，2007：452）。

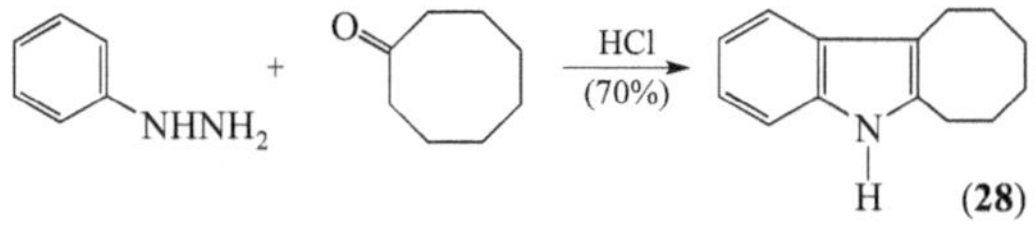

8. 吲哚类化合物的其他合成方法

邻乙基苯胺在氮气存在下，于 660～680℃，用三氧化二铝作催化剂，可发生脱氢 C—N 环合反应生成吲哚。

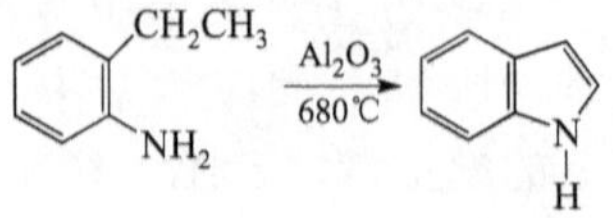

此法仅适用于合成高温下热稳定性好的吲哚本身，而不适用于制备吲哚衍生物。此路线一直是研究热点，重点还是在催化剂的研究方面。

目前较受关注的吲哚工业合成方法之一是苯胺法，例如：

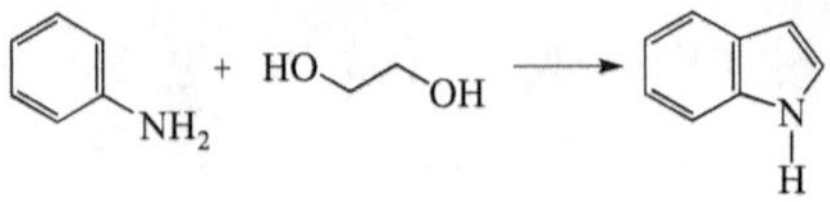

该方法原料价廉易得，反应步骤少，环境污染小。缺点是反应温度较高，对催化剂的要求高。又如：

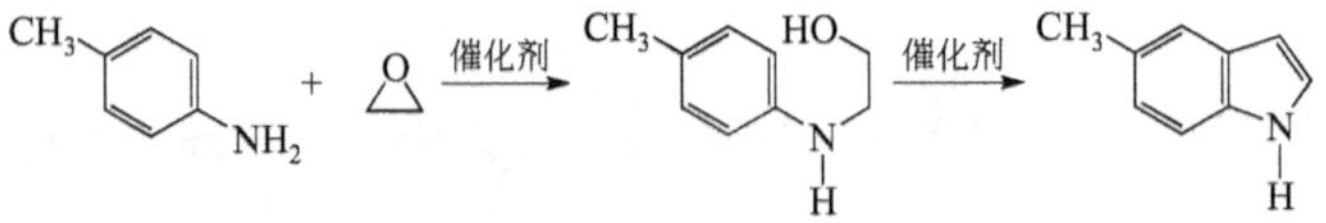

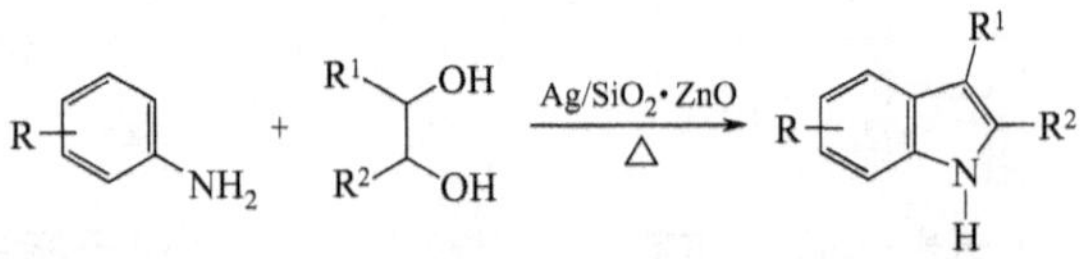

以邻氯甲苯为起始原料，经氯化、氰基化、还原、烃基化、脱氢等一系列反应得到吲哚。

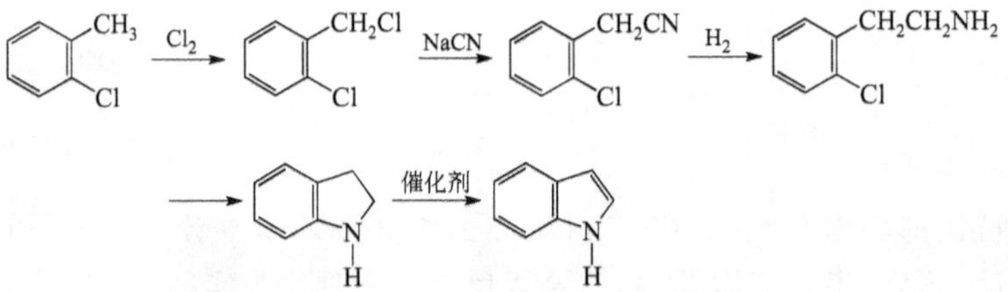

以邻硝基乙苯为原料，经缩合、催化氢化、环合等反应，生成 3-甲基吲哚。

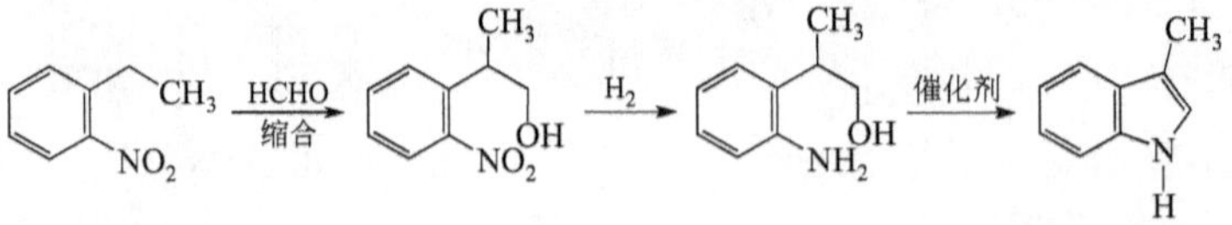

虽然有很多合成方法，但大都限于实验室研究和少量合成。

选用适当的化合物进行芳环上的 F-C 反应也可以合成吲哚类化合物。例如

1,3,3-三甲基-5-羟基二氢吲哚-2-酮（5-Hydroxy-1,3,3-trimethylindan-2-one），$C_{11}H_{13}NO_2$，191.23。粉末状固体。mp 216～218℃。

制法 ① 孙昌俊，曹晓冉，王秀菊. 药物合成反应——理论与实践. 北京：化学工业出版社，2007，449. ② Takchiko N, Kyoko I, et al. Helvetica Chimica Acta，2005，88（1）：35.

对甲氧基-*N*-甲基-*N*-（*α*-溴代异丁酰基）苯胺（**3**）：于安有搅拌器、温度计、回流冷凝器、滴液漏斗的反应瓶中，加入对甲氧基-*N*-甲基苯胺（**2**）137 g（1.0 mol），无水苯 300 mL。搅拌下滴加 *α*-溴代异丁酰溴 117 g（1.0 mol），控制反应温度不超过 50℃，约 30 min 加完。加完后回流反应 1 h。冷后加入冷水 100 mL。分出苯层，苯层用稀盐酸洗涤，合并水层，用 30％的氢氧化钠溶液调至碱性。用苯提取后分馏，回收苯及未反应的对甲氧基-*N*-甲基苯胺 65 g。苯层用无水硫酸钠干燥后，减压蒸馏，尽量除去苯，得黏稠状（**3**）134 g，收率 94％。

1,3,3-三甲基-5-羟基二氢吲哚-2-酮（**1**）：将上面黏稠物（**3**）加入 2 L 烧杯中，油浴加热至 60℃，搅拌下加入无水三氯化铝 125 g，约 5 min 后发生剧烈反应，快速搅拌。反应缓和后再加入无水三氯化铝 125 g，并用 170～180℃的油浴加热，直至生成均匀的黏稠液体。倒入大量冷水中水解。冷后得粉末状结晶。抽滤，水洗至中性，80℃干燥，得化合物（**1**）76 g，收率 82％，mp 198～202℃。乙醇中重结晶，mp 216～218℃。

第三节　含一个硫原子的五元杂环化合物的合成

含一个硫原子的芳香杂环化合物主要为噻吩、苯并噻吩及其衍生物，它们在药物及其中间体的合成中具有广泛的用途。例如选择性雌激素受体调节剂（抗骨质疏松药）盐酸雷洛昔芬（Raloxifene hydrochloride）（**29**）和盐酸阿佐昔芬（Arzoxifene hydrochloride）（**30**）分子中就有苯并噻吩的结构单元。

一、噻吩及其衍生物

噻吩又称为硫杂茂、硫杂环戊二烯、硫代呋喃。噻吩是液体，其沸点与苯非常相近，焦油苯中含有噻吩。除去焦油苯中噻吩的方法是用浓硫酸洗涤，因为噻吩比苯更容易被磺酸化，生成的噻吩磺酸溶于硫酸中，因而噻吩可以被除去。

噻吩是稳定的五元杂环芳香化合物，可以发生环上的硝化、磺化、卤化、酰基化等反应，而且主要发生在噻吩环的 α 位，但却有比苯更高的反应活性。如噻吩的氯化反应在乙酸中进行的速率是苯的 100 万倍，溴化反应是苯的 1000 倍，但噻吩环热稳定性比苯环差，易发生开环裂解反应。

噻吩氯化常用的试剂是氯气和 SO_2Cl_2，溴化反应常用溴的乙酸溶液或 NBS。硝化反应常用浓硝酸的乙酸溶液，而且在 10℃ 以下进行，进一步硝化则生成 2,4-二硝基噻吩和 2,5-二硝基噻吩。噻吩的烷基化收率不高，很少用于制备。噻吩可以顺利发生 Vilsmeier 反应生成噻吩-2-甲醛。与酰氯反应生成 2-酰基噻吩。

噻吩的酰基化（酰氯）不能用无水三氯化铝（噻吩生成焦油），最常用的是 $SnCl_4$。在磷酸催化下用酸酐进行酰基化是有效的方法。在酰化反应时，几乎都发生在 α 位，在两个 α 位都被占的情况下，β 位的酰基化也比较容易进行。

噻吩容易发生氯甲基化反应。选择 $ZnCl_2$ 作催化剂，噻吩环上有吸电子基团时也可以发生氯甲基化反应。

噻吩催化还原生成四氢噻吩。

噻吩用过酸氧化生成 S-氧化物，进一步氧化生成 S，S-二氧化物。

噻吩主要用于医药合成，也用于合成染料、合成树脂、合成农药、合成香料等方面。世界上生产消费的噻吩及其衍生物中，约 95% 应用于医药行业。带有噻吩环的抗生素比苯基同系物具有更好的疗效。一些消炎镇痛药物如对羟麻黄碱、舒洛芬、噻布洛酸、噻洛芬酸、苯噻啶、舒芬太尼等药物均为噻吩的衍生物。头孢西丁等二十余种抗生素类药物也含有噻吩环的结构单元。此外，一些心血管药物、降血脂药物、抗溃疡药物、血小板凝集抑制剂等也是噻吩的衍生物。

噻吩类衍生物的化学合成主要有如下几种方法。

1. Paal-Knorr 噻吩合成法

1,4-二羰基化合物与一个硫源反应生成噻吩。

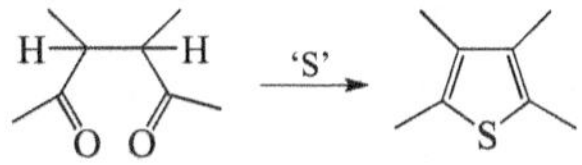

这和吡咯、呋喃的 Paal-Knorr 反应是一样的，有时也叫做 Paal-Knorr 噻吩合成法。常用的含硫化合物是含磷的硫化合物，例如五硫化二磷、双三甲基甲硅烷硫化物、Lawesson 试剂、硫化氢等。

这类反应可能是经历了双硫代酮过程：

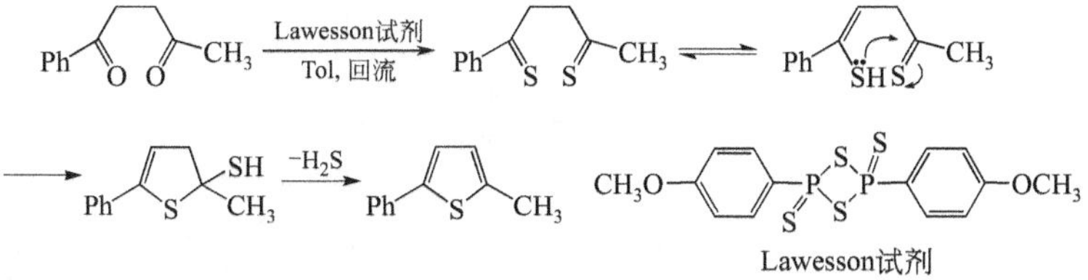

例如化合物（**31**）的合成〔Jones R A，Civcir P U. Tetrahedron，1997，53（34）：11529〕：

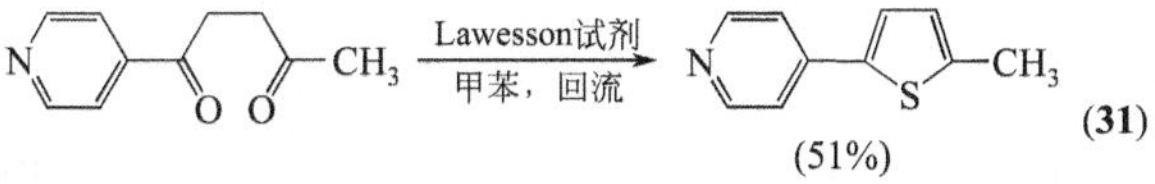

使用双三甲基硅烷硫醚的例子如下：

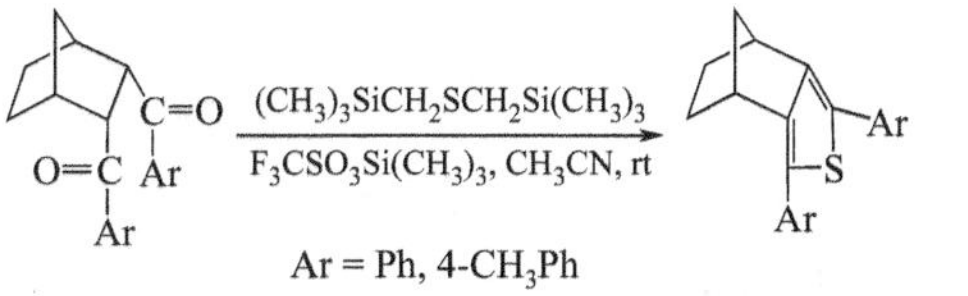

Ar = Ph, 4-CH₃Ph

若使用 1,4-二羧酸，则反应中的某一阶段必须完成还原反应，因为最终的反应结果是生成噻吩而非 2- 或 5-氧化噻吩。例如癫痫病治疗药盐酸噻加宾（Tiagabine hydrochloride）等的中间体 3-甲基噻吩的合成。

3-甲基噻吩（3-Methylthiophene），C₅H₆S，98.17。无色液体。bp 114～115℃。

制法　陈仲强，陈虹. 现代药物的制备与合成：第一卷. 北京：化学工业出版社，2007：321.

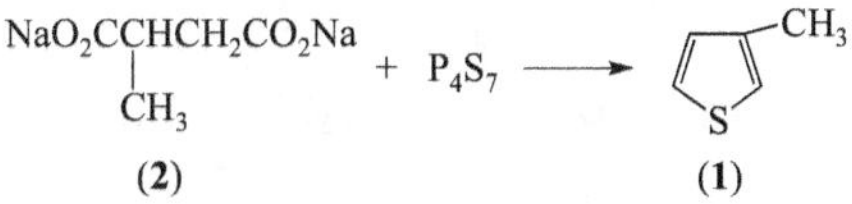

于安有搅拌器、蒸馏装置、通气导管的反应瓶中，加入石蜡油 150 mL，慢慢通入二氧化碳气体，搅拌下加热至内温 240～250℃。另将粉状甲基丁二酸钠（**2**）90 g（0.51 mol）、七硫化四磷 100 g（0.287 mol）、250 mL 石蜡油组成的

溶液慢慢加入，继续通入二氧化碳气体。加入速度应注意使生成的产物不断蒸出，约需 1 h，同时保持反应液温度在 240～250℃ 之间。加完后升温至 275℃，搅拌至无产物馏出，约蒸出液体 33～38 mL。将馏出的液体依次用 5% 的氢氧化钠溶液、水各洗涤 2 次，无水硫酸钠干燥。分馏，收集 112～115℃ 的馏分，得产物（**1**）26～30 g，收率 52%～60%。

共轭的二炔在温和的条件下与硫化氢或硫化物反应，可以生成 3,4 位无取代基的噻吩类化合物。此方法也可以合成 2,5 位不同取代基的噻吩类化合物。

$$Et-C\equiv C-C\equiv C-Et \xrightarrow[\text{EtOH, 回流}]{\text{H}_2\text{S, NaOH}}$$

(65%)

$$\triangleright-C\equiv C-C\equiv C-\triangleleft \xrightarrow[\text{KOH, DMSO}]{\text{Na}_2\text{S·9H}_2\text{O}}$$

(79%)

2. Hinsberg 合成法

1,2-二羰基化合物与硫代二醋酸乙酯（或硫代二亚甲基酮）在碱性条件下发生羟醛缩合反应，生成 3,4-二取代噻吩-2,5-二羧酸衍生物。该反应称为 Hinsberg 反应。

$$\text{Ph-CO-CO-Ph} + \text{CH}_3\text{O}_2\text{C}-\text{CH}_2-\text{S}-\text{CH}_2-\text{CO}_2\text{CH}_3 \xrightarrow[\text{2.H}_3^+\text{O}]{\text{1.EtONa, EtOH}}$$

反应机理如下：

$$\text{CH}_3\text{O}_2\text{C}-\text{S}-\text{CO}_2\text{CH}_3 \underset{\text{-EtOH}}{\overset{\text{EtO}^-}{\rightleftharpoons}} \text{CH}_3\text{O}_2\text{C}-\text{S}-\bar{\text{C}}-\text{CO}_2\text{CH}_3 \longrightarrow \quad (\textbf{1})$$

$$\xrightarrow{-\text{CH}_3\text{O}^-} (\textbf{2}) \underset{\text{-EtOH}}{\overset{\text{EtO}^-}{\rightleftharpoons}} (\textbf{3}) \rightleftharpoons (\textbf{4})$$

$$\xrightarrow{-\text{H}_2\text{O}} \xrightarrow{\text{H}^+} \xrightarrow[\text{2.H}^+]{\text{1.NaOH}} (\textbf{5})$$

反应中首先是硫代二醋酸乙酯在碱的作用下失去质子生成碳负离子，碳负离子进攻 1,2-二羰基化合物的一个羰基生成中间体（**1**），（**1**）的氧负离子进攻分子内另一个酯基的羰基，同时失去烷氧基生成中间体（**2**）。（**2**）在碱的作用下失去质子同时断裂分子内的 C-O 键生成中间体（**3**），（**3**）互变生成（**4**），（**4**）的碳负离子进攻羰基，关环并失去一分子水，得到化合物（**5**）。（**5**）水解生成最终产物。

例如化合物（**32**）的合成：

又如抗过敏新药中间体 3,4-二羟基-5-甲基噻吩-2-羧酸甲酯的合成。

3,4-二羟基-5-甲基噻吩-2-羧酸甲酯（Methyl 3,4-dihydroxy-5-methyl-2-thiophenecarboxylate），$C_7H_8O_4S$，188.20。mp 116～117℃。

制法　Mullican M D, Sorenson R J, Connor D T, et al. J Med Chem, 1991, 34 (7)：2186.

2-甲氧羰基甲硫基丙酸甲酯（**3**）：于安有搅拌器、温度计的反应瓶中，加入 2-溴丙酸甲酯（**2**）8.9 g（53 mmol），三乙胺 5.4 g（53 mmol），氮气保护，冰浴冷却，搅拌下加入巯基乙酸甲酯 5.6 g（53 mmol），室温搅拌反应 16 h。将反应物倒入 150 mL 冰水中，乙醚提取（125 mL×2），合并乙醚层，饱和食盐水洗涤，无水硫酸钠干燥。过滤，蒸出乙醚，得无色液体（**3**）。

3,4-二羟基-5-甲基噻吩-2-羧酸甲酯（**1**）：于安有搅拌器、温度计、滴液漏斗、回流冷凝器的反应瓶中，加入无水甲醇 35 mL，加入洁净的金属钠 3.8 g（165 mmol），制成甲醇钠-甲醇溶液。冰浴冷却，慢慢滴加由上述化合物（**3**）溶于 25 mL 甲醇的溶液与草酸二甲酯 9.4 g（79 mmol）配成的混合溶液。加完后慢慢升温回流反应 1 h，旋转浓缩。剩余物过滤，固体物用冷的甲醇、乙醚洗涤，干燥。将其溶于少量的水中，用 4 mol/L 的盐酸酸化。过滤析出的固体，水洗，干燥，得化合物（**1**）4.3 g，收率 43%。浓缩并处理有机母液，可以回收 2.5 g，总收率 68%，mp 116～117℃。

又如有机合成中间体化合物（**33**）的合成（曾涵，尹筱莉，孟华，张永雷. 天然产物研究与开发，2010，22：826）：

3. Fiesselmann 噻吩合成法

巯基乙酸衍生物与 1,3-二羰基化合物（或等价物）反应，生成噻吩-2-羧酸酯。该反应称为 Fiesselmann 噻吩合成反应。

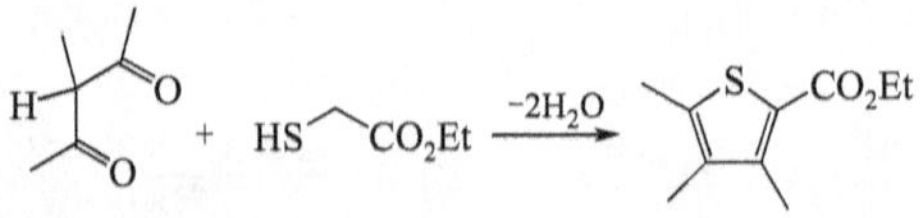

该类反应往往首先是在酸催化下反应，而后再在碱催化下进行关环、脱水生成噻吩类衍生物。反应机理如下：

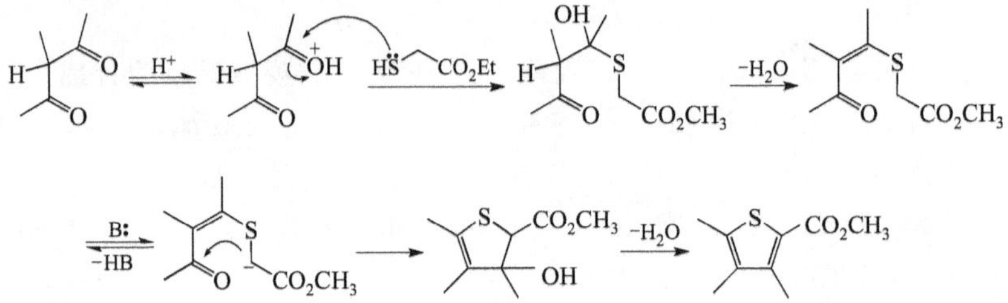

具体例子如下（Taylor E L，Dowling J E. J Org Chem，1997，62：1599）。

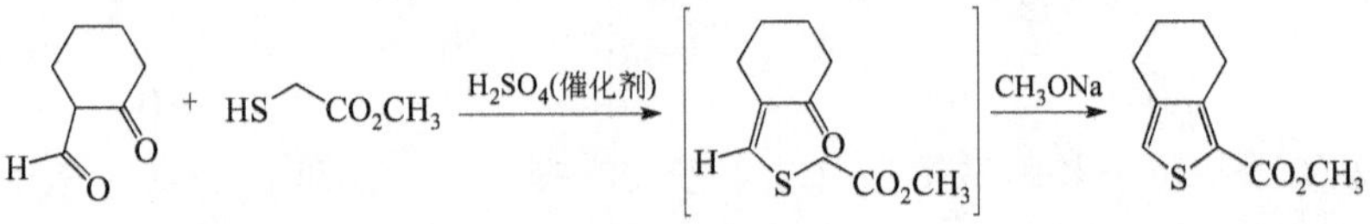

将 1,3-二羰基化合物转化为 β-卤代羰基化合物，而后与巯基乙酸酯或其他含有活泼亚甲基的硫醇反应，生成噻吩-2-羧酸酯。

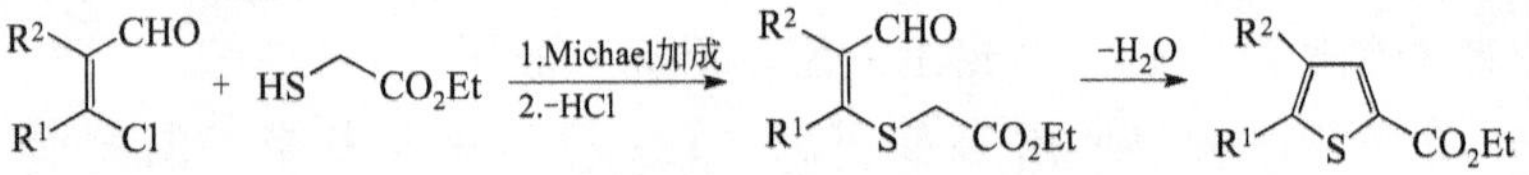

该反应的第一步是 Micheal 加成，接着脱去 HCl 生成中间体，中间体经分子内缩合、脱水生成噻吩类化合物。

如抗过敏新药中间体 4-氯-3-羟基-5-甲基噻吩-2-羧酸甲酯的合成。

4-氯-3-羟基-5-甲基噻吩-2-羧酸甲酯（Methyl 4-chloro-3-hydroxy-5-methylthio-phene-2-carboxylate），$C_7H_7ClO_3S$，206.64。黄橙色结晶。mp 105～107℃。

制法 Mullican M D，Sorenson R J，Connor D T，et al. J Med Chem，1991，34（7）：2186.

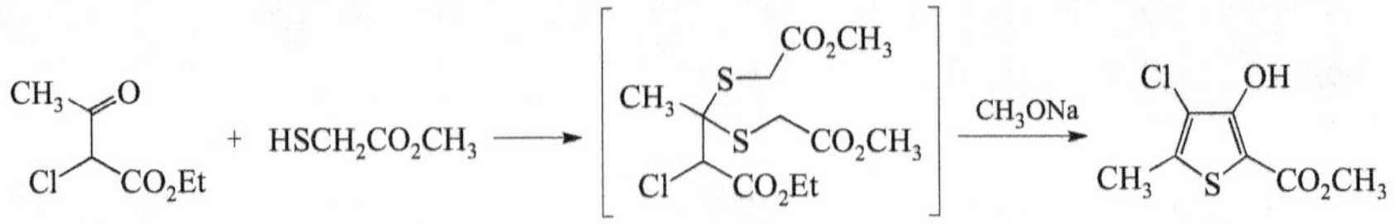

于安有搅拌器、温度计、通气导管的反应瓶中，加入巯基乙酸甲酯 74.3 g（0.7 mol）、α-氯代乙酰乙酸乙酯（**2**）57.6 g（0.35 mol），氮气保护，冷至 −25℃，通入氯化氢气体 1 h，而后慢慢升至室温。16 h 后，搅拌下倒入 500 mL 水中，乙醚提取（400 mL×2）。合并乙醚层，依次用水、碳酸氢钠溶液、水洗涤，无水硫酸镁干燥。过滤，蒸出乙醚，得油状液体（**3**）。将其溶于 100 mL 甲醇中，备用。

于安有搅拌器、滴液漏斗、回流冷凝器的反应瓶中，加入无水甲醇 450 mL，分批加入洁净的金属钠 19.7 g（0.86 mol）制成甲醇钠-甲醇溶液。氮气保护，室温慢慢滴加上述化合物（**3**）的甲醇溶液。加完后继续反应 72 h。减压蒸出甲醇，剩余物中加入 1.2 L 水，以浓盐酸酸化。过滤，水洗，干燥，得黄棕色粉末 54 g。用 110 mL 乙酸乙酯重结晶，得第一份产品（**1**）。母液减压浓缩，剩余物中加入氯仿 20 mL，过滤。滤液过硅胶柱纯化，以氯仿洗脱，得黄橙色产品 11 g，用异丙醇中重结晶至熔点恒定，得纯品（**1**），mp 105～107℃。

又如消炎镇痛药替诺昔康（Tenoxicam）中间体 3-羟基噻吩-2-甲酸甲酯的合成。

3-羟基噻吩-2-甲酸甲酯（Methyl 3-hydroxythiophene-2-carboxylate），$C_6H_6O_3S$，158.17。mp 42℃。

制法 陈芬儿. 有机药物合成法：第一卷. 北京：中国医药科技出版社，1999：579.

于干燥的反应瓶中，加入巯基乙酸甲酯 62 g（0.58 mol），2 mol/L 的甲醇钠-甲醇溶液 500 mL，搅拌下滴加由 2-氯丙烯酸甲酯（**2**）70.3 g（0.58 mol），溶于 70 mL 甲醇的溶液，控制内温不超过 35℃。加完后室温搅拌反应 1 h。回收甲醇，剩余物用 4 mol/L 的盐酸调至酸性。水蒸气蒸馏。馏出物用二氯甲烷提取数次，合并有机层，无水硫酸钠干燥。过滤，减压浓缩，剩余物减压蒸馏，收集 102-106℃/2.0 kPa 的馏分，冷后固化，得化合物（**1**）66.3 g，收率 72%，mp 42℃。

巯基乙酸酯与 α，β-炔基酮反应，可以得到对三键共轭加成的中间体，最后生成噻吩类化合物。例如：

硫基乙酸酯与 α，β-炔基酸衍生物在碱性条件下反应，可以生成 3-羟基噻吩-2-羧酸衍生物。

$$CH_3O_2C-C\equiv C-CO_2CH_3 + HS\diagdown CO_2Me \xrightarrow{CH_3ONa}$$

4. 以 α-巯基羰基化合物为硫源合成噻吩类化合物

α-巯基羰基化合物与烯基鏻离子反应生成内鎓盐，后者发生分子内的 Wittig 反应，关环生成 2,5-二氢噻吩，后者脱氢生成噻吩衍生物。

反应的第一步是巯基对乙烯基鏻双键的 Micheal 加成，而后发生分子内的 Wittig 反应，关环得到 2,5-二氢噻吩，后者用醌脱氢，最终生成噻吩类化合物。

具体实例如下（McIntosh J M，Khalil H. Can J Chem，1975，53：209）：

			收率/%		
R_1	R_2	R_3	t-BuOH	吡啶	总收率
Me	Me	Me	87	83	72
Et	H	Me	82	80	57
Me	Et	Me	73	80	64
Me	Et	Et	89	82	57
—(CH$_2$)$_4$—		Me	90	86	82

5. Gewald 噻吩合成法

在吗啉存在下，α-亚甲基羰基化合物与氰基乙酸酯或丙二腈和硫，在乙醇溶液中发生环缩合反应，生成 2-氨基噻吩。该反应称为 Gewald 噻吩合成反应，是由 Gewald K 等于 1961 年首先发现的。

反应中首先是羰基化合物与氰基乙酸酯发生 Knoevenagel 缩合反应生成 α，β-不饱和腈，后者再与硫发生环合反应生成噻吩类化合物。

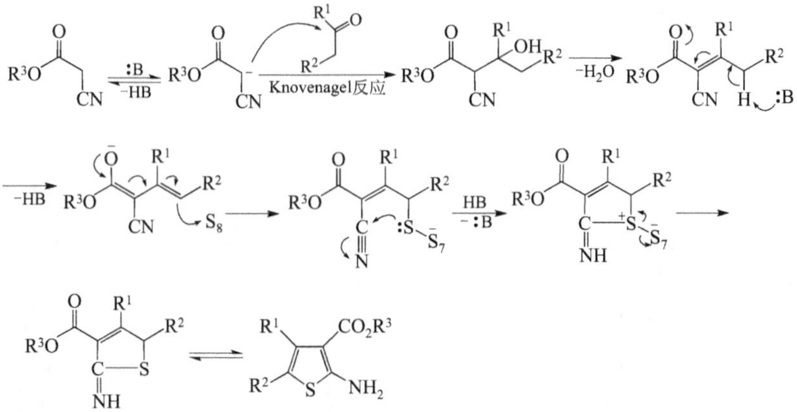

该方法是一种高效、快速合成氨基噻吩类化合物的重要方法，近年来发展很快，有了各种不同的改进方法，Gewald 反应目前可以分为三种反应类型。

第一种类型是含 α-巯基的醛或酮与带有吸电子基团如甲酯、乙酯、苯甲酰基的氰乙基类化合物，在有机碱如三乙胺、吗啡啉、哌啶等作用下，以乙醇、二氧六环等为溶剂进行反应，生成 2-氨基噻吩类化合物。

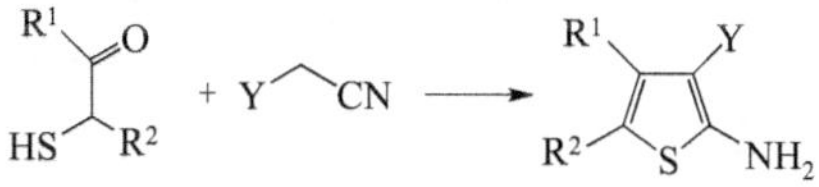

R^1, R^2 = H, 烷基，芳基，环烷基等；
Y = CN, CO_2CH_3, $CO_2C_2H_5$, PhCO 等

第二种类型是醛、酮或 1,3-二羰基化合物与活泼的氰基化合物如氰基乙酸酯、氰基乙酰胺、α-氰基酮等在单质硫和胺如哌啶、二乙胺、吗啡啉等作用下生成 2-氨基噻吩类衍生物。该类反应常用的溶剂是乙醇、DMF、二氧六环、或过量的酮如甲基乙基酮、环己酮等。在这类反应中，使用简单的醛、酮代替第一类中的含 α-巯基的醛或酮，原料易得、价格低廉，而且一般收率也较高。这种方法的应用比较普遍。

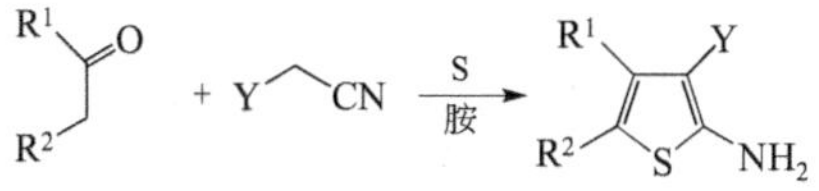

R^1, R^2 = H, 烷基，芳基，环烷基等；
Y = CN, CO_2CH_3, $CO_2C_2H_5$, PhCO 等

例如用于治疗绝经后妇女骨质疏松症的药物雷尼酸锶（Strontium ranelate）中间体（**34**）的合成（陈仲强，陈虹. 现代药物的制备与合成：第一卷. 北京：化学工业出版社，2007：521）：

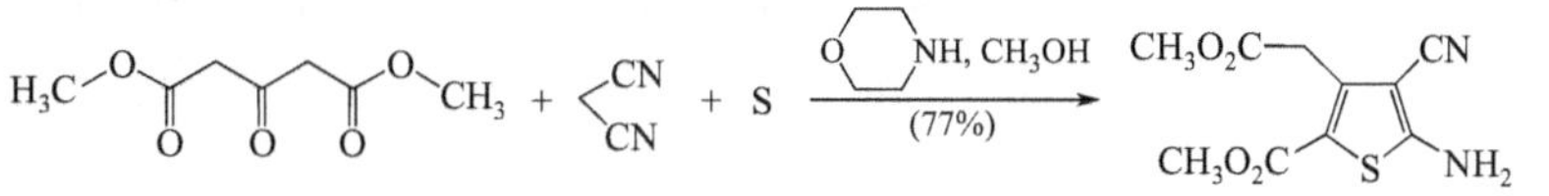

抗炎镇痛药盐酸替诺立定（Tinoridine hydrochloride）中间体（**35**）的合成如下。

精神病治疗药奥氮平（Olanzapine）中间体 2-氨基-3-氰基-5-甲基噻吩的合成也是采用了该反应。

2-氨基-3-氰基-5-甲基噻吩（2-Amino-3-cyano-5-methylthiophene），$C_6H_6N_2S$，138.15。黄色固体。mp 100℃。

制法　孙昌俊，曹晓冉，王秀菊. 药物合成反应——理论与实践. 北京：化学工业出版社，2007：446.

于安有搅拌器、温度计、滴液漏斗的反应瓶中，加入硫黄 21.8 g（0.68 mol），丙醛（**2**）47.3 g（0.81 mol），DMF135 mL，冷至 5～10℃，滴加三乙胺 57.6 mL（0.41 mol），约 30 min 加完，于 18～20℃反应 1 h。滴加丙二腈 45 g（0.68 mol）溶于 90 mL DMF 的溶液，约 1 h 加完，而后于 15～20℃反应 1 h。将反应液倒入 1 L 冰水中，析出黄色固体，充分静置后抽滤，水洗，干燥，得黄色（**1**）70 g，收率 75%，mp 99～100℃（文献值 100℃）。

又如抗焦虑药依替唑仑（Etizolam）中间体（**36**）的合成（陈芬儿. 有机药物合成法：第一卷. 北京：中国医药科技出版社，1999：995）：

重要的医药中间体和化工原料（**37**）的合成如下［陈安军，许杰华. 山东化工，2009，38（1）：5］：

第三种类型是由两步反应组成的，首先由羰基化合物与活泼氰基化合物发生 Knovenagel 反应生成 α，β-不饱和氰基化合物，第二步是 α，β-不饱和氰基化合物与硫在胺存在下反应生成 2-氨基噻吩衍生物。

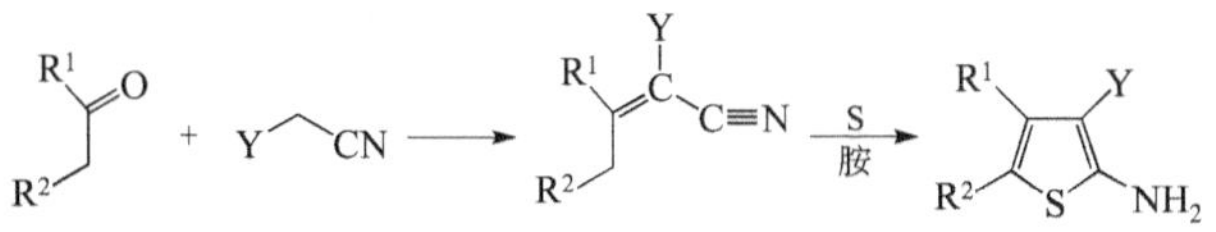

R¹，R² = H，烷基，芳基，环烷基等；
Y = CN，CO₂CH₃，CO₂C₂H₅，PhCO等

近年来，固相合成技术应用于 Gewald 反应的报道很多 〔Castanedo G M，et al. Tetrahedron Lett，2001，42（41）：7181〕。

微波技术也用于 Gewald 反应，反应时间大为缩短，而且收率较高。例如（Sridhar M，Rao R M，Baba N M K，et al. Tetrahedron Lett，2007，48：3171）：

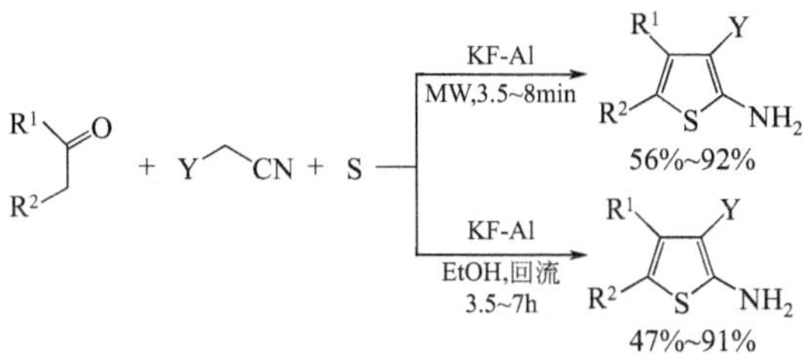

经典的 Gewald 反应是以有机碱作催化剂。Termyshev 等发现（TermyshevV M，Trukhin D V，et al. Syn Lett，2006，16：2559），反应过程中加入一定的酸，形成酸碱催化对反应更有利。有些用经典的 Gewald 反应条件难以进行的反应，在酸碱催化剂情况下可以顺利进行。他们认为，这种酸碱同时存在（或者以盐的形式）形成的极性溶剂会在反应中起到类似于离子溶剂的作用，从而提高反应物的活性。

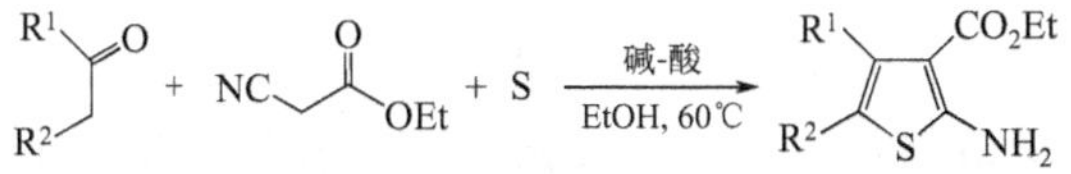

在 Gewald 反应中也可以使用无机碱，如碳酸钾、碳酸钠等。

6. 噻吩类化合物的其他合成方法

噻吩类化合物的合成方法很多，而且氢化噻吩、各种取代的噻吩等在有机合成中的应用也比较广泛，使得噻吩类化合物的合成更为丰富多彩。

噻吩环上的取代生成新的噻吩衍生物。例如催眠药茚地普隆（Indiplon）的中间体 2-乙酰基噻吩（**38**）的合成。

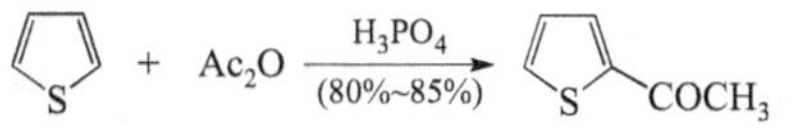

噻吩与丁基锂反应后再与硫反应，可以生成 2-巯基噻吩。

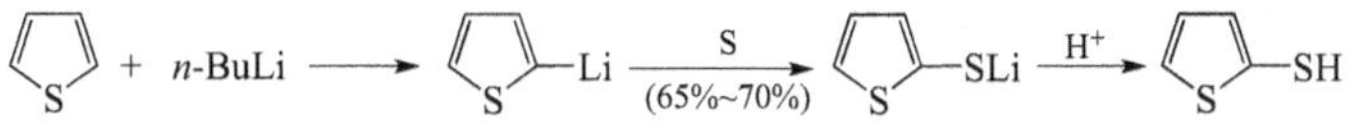

联苯在 $AlCl_3$ 催化剂存在性与硫反应可以生成硫芴，硫芴氧化生成 S，S-二氧化硫芴。

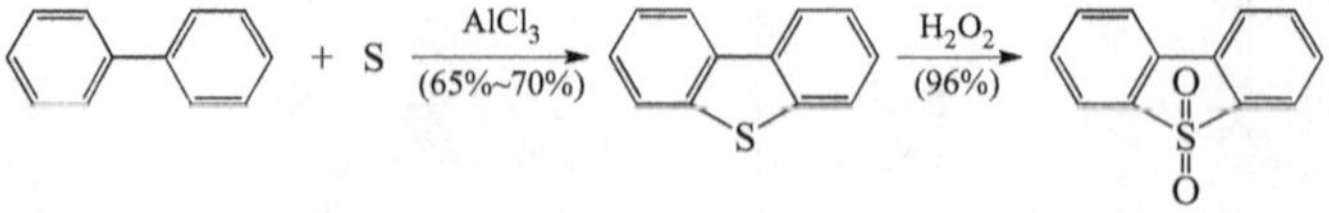

噻吩经结构改造合成了非甾体解热镇痛药塞洛芬酸（Thaprofenic acid）（**39**）（陈仲强，陈虹.237）。

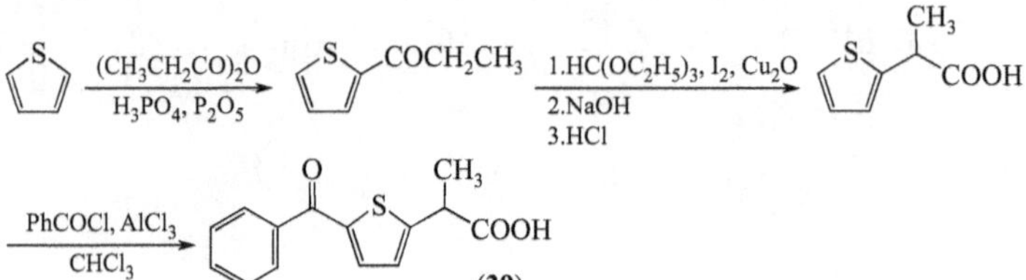

二、苯并噻吩及其衍生物

苯并噻吩在结构上与苯并呋喃和吲哚相似。苯并噻吩有两种异构体，苯并 [b] 噻吩和苯并 [c] 噻吩。

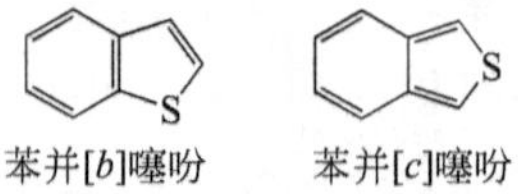

苯并[b]噻吩　　苯并[c]噻吩

显然，苯并 [c] 噻吩稳定性差，因为缺少稳定苯环的结构。通常苯并噻吩是指苯并 [b] 噻吩。

苯并噻吩可以发生亲电取代反应，但反应活性比噻吩稍低，也比苯并呋喃低，而且反应的区域选择性不高，当然是噻吩环容易发生反应，往往得到不同位置（2 位、3 位）取代的混合物。

苯并噻吩的卤化、硝化、酰化反应，3 位比 2 位优先反应（注意，这与苯并呋喃不同）。

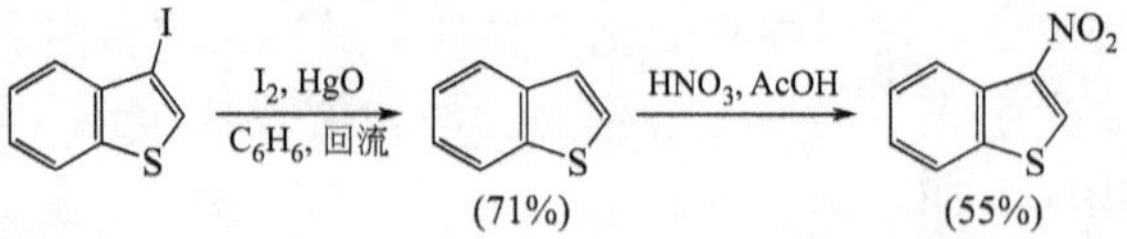

若苯并噻吩的噻吩环上已有取代基，进一步发生亲电取代时，情况复杂得多。

苯并噻吩与丁基锂的反应是区域选择性的，生成 2-苯并噻吩锂。生成的 2-苯并噻吩锂与亲电试剂反应可以制备 2-取代的苯并噻吩。

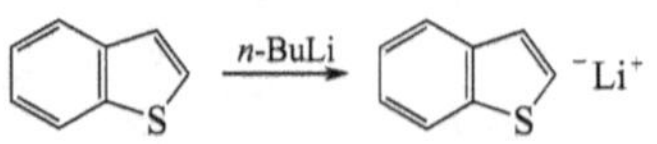

和噻吩一样，苯并噻吩用过酸氧化可以生成 $S，S$-二氧化物。

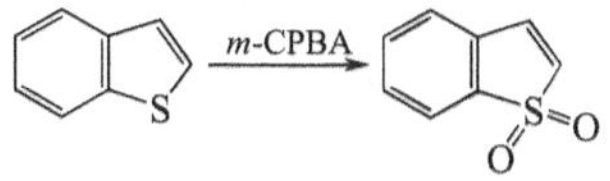

苯并噻吩用 Raney Ni 还原很容易氢化脱硫，但在酸性溶液中用三乙基硅烷还原，可以使苯并噻吩的硫保留下来，生成 2,3-二氢衍生物。

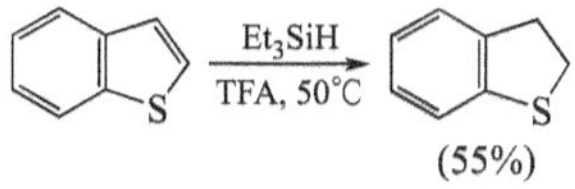

据报道，苯并噻吩类化合物具有重要的药物活性和生理活性，如消炎、止痛、抗癌、抗毒瘾、抗抑郁等，在新药研发中占有一定地位。

苯并噻吩-3-乙酸和吲哚-3-乙酸一样，具有植物生长调节剂的作用。

关于苯并噻吩类化合物的合成方法，近几十年来发展较快。关键是如何建立苯并噻吩环的骨架和如何有效地引入各种取代基。根据苯并噻吩环的建立情况，可以将其合成方法分为三类，简述如下。

1. 以苯的衍生物为原料，建立噻吩环生成苯并噻吩衍生物

这种方法很多，仅介绍其中几种比较常见的方法。

① 2-芳硫基羰基化合物（或酸）的分子内环化　与苯并呋喃的合成方法类似，2-芳硫基醛、酮或酸进行分子内的亲电取代，可以生成苯并噻吩，这是合成苯并噻吩常用的方法。

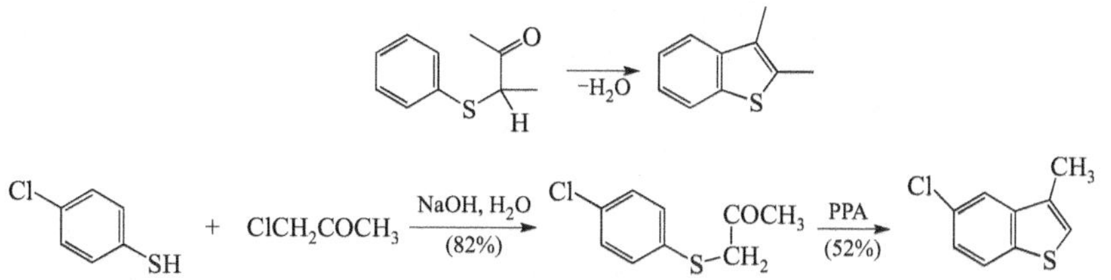

抗骨质疏松药盐酸雷洛昔芬（Raloxifene）、阿佐昔芬（Arzoxifene）等的中间体 6-甲氧基-2-(4-甲氧基苯基) 苯并 [b] 噻吩的合成如下。

6-甲氧基-2-(4-甲氧基苯基) 苯并 [b] 噻吩 [6-Methoxy-2-(4-methoxyphenyl) benzo [b] thiophene]，$C_{16}H_{14}O_2S$，270.35。灰色固体。mp 191～193℃。

制法　陈仲强，陈虹.现代药物的制备与合成：第一卷.北京：化学工业出版社，2007：518.

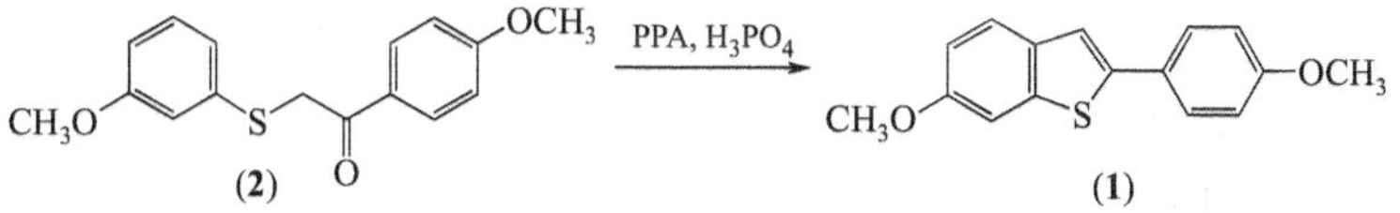

于反应瓶中加入多聚磷酸 660 g，磷酸 100 g，搅拌下升至 100℃，分批加入化合物（**2**）145 g（0.503 mol），控制内温 95～100℃，约 2 h 加完。加完后继续保温反应 6 h。冷至 70℃，搅拌下倒入冰水中，过滤，水洗至中性。干燥，得棕色固体 102 g。加入丙酮回流 2 h，冷至室温，过滤，干燥，得灰色固体（**1**）78 g，收率 57.4%，mp 191～193℃。

若使用芳硫基乙缩醛，则可以生成噻吩环上无取代基的苯并噻吩。

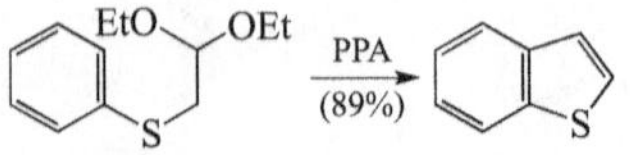

2-芳硫基乙酰氯在 Lewis 酸催化剂存在下加热生成 3-羟基苯并噻吩衍生物。例如：

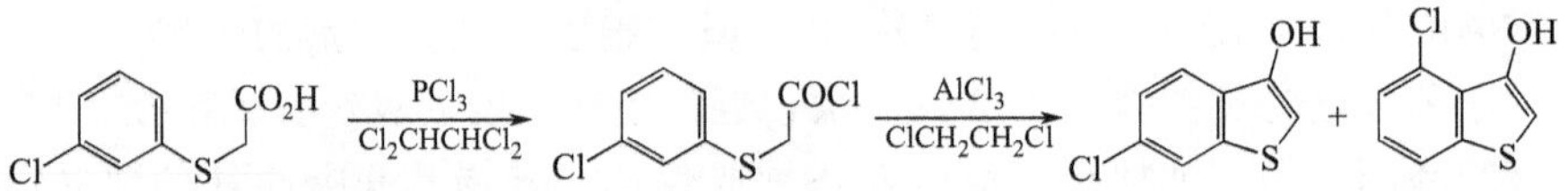

如下芳硫基乙酸酯发生分子内的酯缩合反应，也可以生成苯并噻吩类化合物。

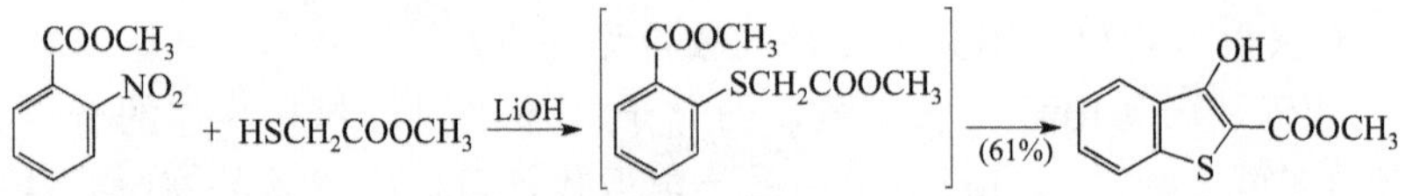

如下 2-氯-3-氰基吡啶与巯基乙酸酯反应，则生成了 3-氨基吡啶 [3,2-*b*] 噻吩-2-羧酸乙酯（**40**），为络氨酸激酶抑制剂中间体 [Showalter H D H, Bridges A J, Zhou H R, et al. J Med Chem，1999，42（26）：5464]。

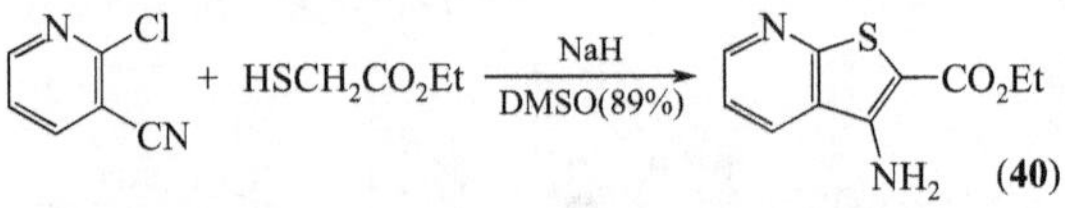

② 用 2-(邻巯基芳基) 乙醛、酮或羧酸及其衍生物合成　2-(邻巯基芳基) 乙醛、酮、或羧酸及其衍生物在一定的条件下进行分子内环化，可以生成苯并噻吩衍生物。

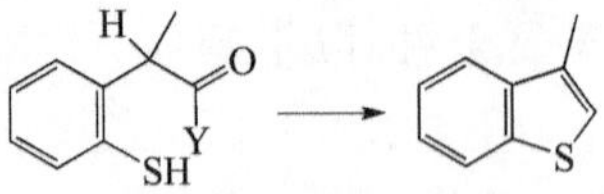

Y = H, R, OH, OR

利用烯丙基硫醚的 Claisen 重排，而后进行烯键的氧化，可以生成邻巯基苯乙醛衍生物，后者关环生成苯并噻吩类化合物。

芳基 2-氯-2-烯丙基硫醚发生 Claisen 重排，而后再进行分子内环合，生成重要的化学试剂、精细化学品、医药中间体和材料中间体 2-甲基苯并噻吩（**41**）

（Anderson W K，LaVoie E J，Bottaro J C. J Chem Soc Perkin Trans I，1976：1）。

③ 邻烷氧羰基甲基硫基苯甲醛（酮）发生分子内环化合成苯并噻吩 邻硫基苯甲醛（酮）与卤代乙酸酯反应可以生成邻烷氧羰基甲基硫基苯甲醛（酮）；邻卤代苯甲醛（酮）与巯基乙酸酯反应，也可以生成邻烷氧羰基甲基硫基苯甲醛（酮），后者发生分子内的羟醛缩合反应，可以生成苯并噻吩衍生物。例如：

又如化合物 4-三氟甲基苯并噻吩-2-甲酸甲酯的合成。

4-三氟甲基苯并噻吩-2-甲酸甲酯（Methyl 4-(trifluoromethyl) benzo [b] thiophene-2-carboxylate），$C_{11}H_7F_3O_2S$，260.23。

制法 Bridges A J，Lee A，Maduakor E C，Schwartz C E. Tetrahedron Lett，1992，33（49）：7499.

2-氟-6-三氟甲基苯甲醛（**3**）：于安有搅拌器、温度计的反应瓶中，加入二异丙基胺 1.113 g（11 mmol），THF 20 mL，氮气保护，于 5 min 0℃滴加 2.3 mol/L 的正丁基锂-己烷溶液 4.35 mL（10 mmol）。10 min 后冷至 −78℃，于 5 min 滴加 3-三氟甲基氟苯（**2**）1.643 g（10 mmol）。加完后继续于 −78℃搅拌反应 1 h。于 5 min 滴加 DMF 0.80 mL（11 mmol），继续于 −78℃搅拌反应 10 min。加入 2 mL 醋酸淬灭反应，随后加入 50 mL 水。将冷的溶液迅速用乙醚提取（25 mL×3）。合并乙醚层，依次用稀乙酸、水、饱和盐水洗涤，无水硫酸镁干燥，过滤，减压浓缩，得浅黄色油状液体粗品（**3**）1.85 g。

4-三氟甲基苯并噻吩-2-甲酸甲酯（**1**）：于安有搅拌器、温度计、滴液漏斗的反应瓶中，加入 DMSO 10 mL，用己烷洗涤的 60% 的 NaH 0.5 g（12.5 mmol），氮气保护。于 25℃滴加巯基乙酸乙酯 0.72 mL（8 mmol）。待不再有气体放出时，撤去水浴，室温搅拌反应 15 min。而后迅速加入化合物（**3**）1.85 g 溶于 2 mL DMSO 的溶液，可以看到放热现象并有气体生成。3 min 后倒入 100 mL 冰水中，过滤生成的沉淀，水洗，干燥，得浅褐色化合物（**1**）1.17 g，收率 56%。

④ 邻卤代硫酚（硫醚）与金属炔化物偶联，而后分子内环化 早在 1967 年就有报道，苯硫酚与炔铜于 110℃反应，可以生成 2-取代苯并噻吩。

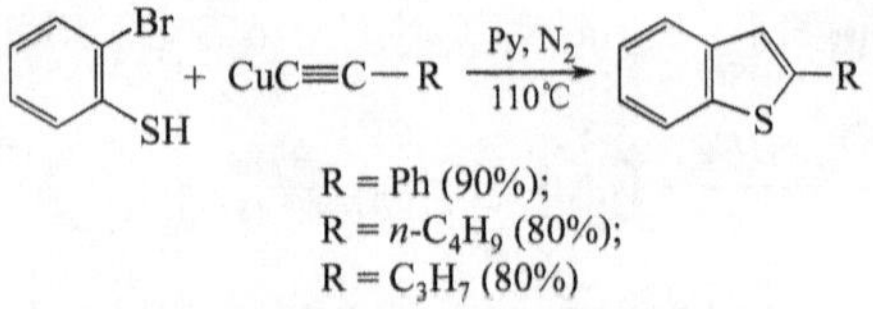

R = Ph (90%);
R = n-C$_4$H$_9$ (80%);
R = C$_3$H$_7$ (80%)

邻卤代苯硫醚在催化剂存在下也可以发生类似的反应。例如 (Boberts C F, Hartley R C. J Org Chem, 2004, 69: 6145):

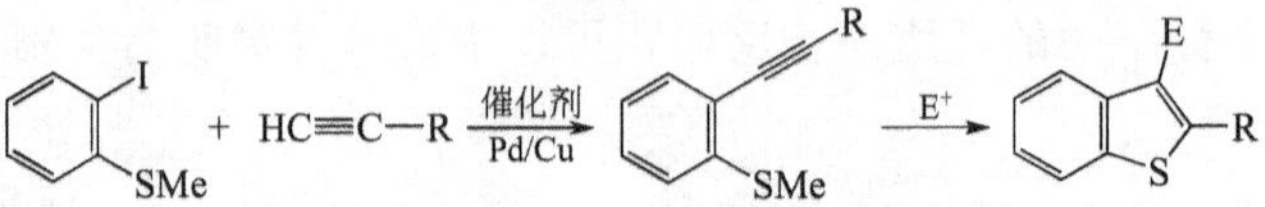

也有直接使用邻二卤代苯、硫醇和金属炔化物合成苯并噻吩的报道。

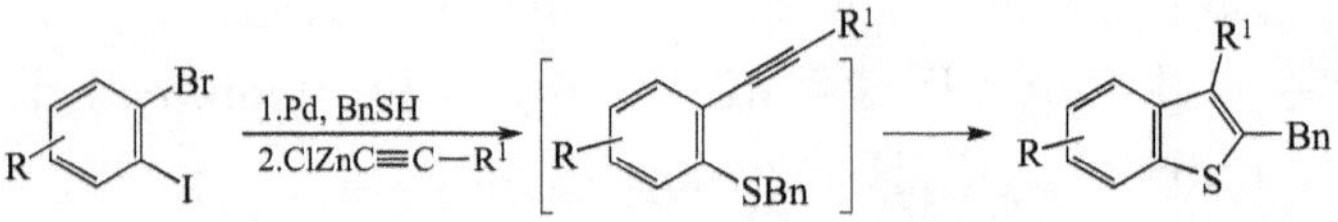

2. 以噻吩衍生物为起始原料，建立苯环合成苯并噻吩衍生物

采用这种方法合成苯并噻吩衍生物的报道不多，仅举例说明。

Oikawa [Oikawa Y, Yonemitsu O. J Org Chem, 1976, 41 (7): 1118] 等利用含噻吩环的 β-酮亚砜衍生物，在酸催化剂存在下通过关环、重排生成 4,5-二取代的苯并噻吩类衍生物，但收率并不高。

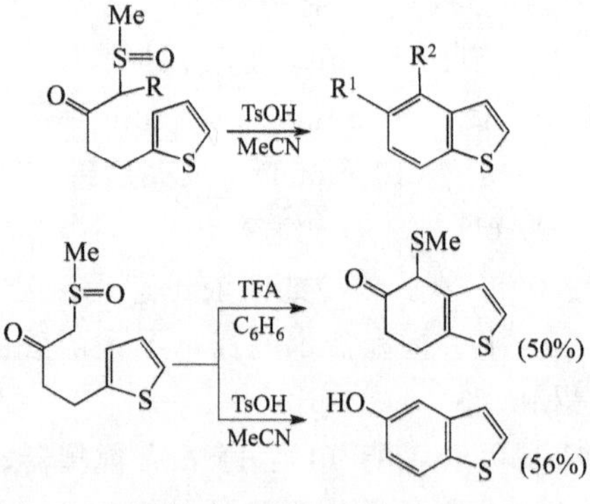

6,7-二氢苯并噻吩作为双烯体与丙炔酸酯进行 Diels-Alder 反应，而后再进行逆 Diels-Alder 消去乙烯，可以得到苯并噻吩衍生物 (Labadie S S. Synth Commun, 1998, 28: 2431)。

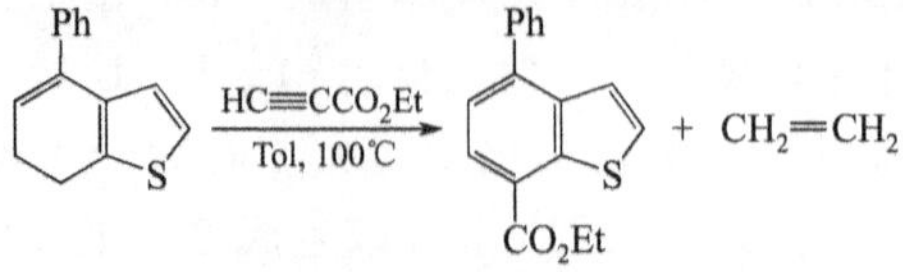

3. 苯并噻吩环的化学修饰

对苯并噻吩的芳环进行化学修饰，引入各种不同的取代基，是合成苯并噻吩衍生物的重要方法，但在反应时噻吩环往往比较活泼，故用这种方法还是主要对噻吩环的化学修饰。苯并噻吩可以发生卤化、硝化、磺化、酰基化、烃基化等反应，生成 3 位或 2 位的取代产物。特别是烃基化反应，反应方法很多。

2-乙酰基苯并噻吩（**42**）是哮喘病治疗药齐留通（Zileuton）的中间体（陈仲强，陈虹. 现代药物的制备与合成. 北京：化学工业出版社，2007：340）。

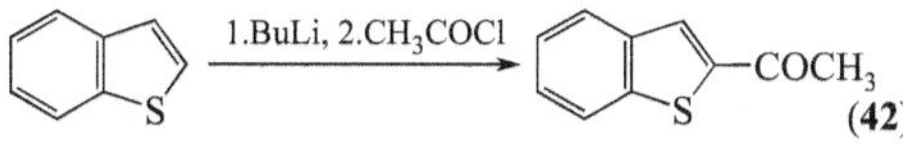

又如 3-氯甲基苯并噻吩的合成：

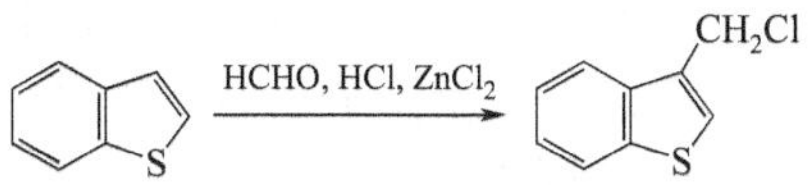

重要的化学试剂、精细化学品、医药中间体和材料中间体 2-甲基苯并噻吩的合成如下。

2-甲基苯并噻吩（2-Methylthianaphthene），C_9H_8S，148.22。白色针状结晶。mp 52.1～52.6℃。

制法　赵生敏，张文官. 化学试剂，2009，31（8）：646.

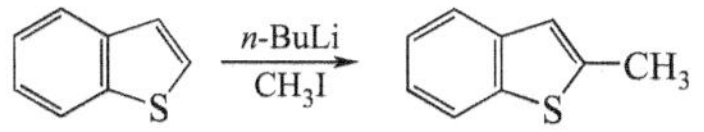

于反应瓶中加入苯并噻吩（**2**）26.84 g（0.2 mol），250 mL 无水 THF，氮气保护下冷至 −78℃，滴加 2.5 mol/L 的正丁基锂的己烷溶液 100 mL。加完后搅拌反应 30 min，而后升至室温继续搅拌反应 45 min。重新冷至 −78℃，滴加碘甲烷 13.2 mL，30 min 后升至室温，搅拌反应过夜。加水适量，二氯甲烷提取 3 次。合并有机层，无水硫酸钠干燥。过滤，浓缩，得白色固体。用乙醇重结晶，得白色针状结晶（**1**）24.36 g，收率 82.3％，mp 52.1～52.6℃。

第二章 含两个杂原子的五元杂环化合物的合成

如前所述，杂环化合物主要是含氧、硫、氮原子的化合物。含两个杂原子的化合物则主要是含两个氮原子、一个氧原子和一个氮原子、一个氮原子和一个硫原子等的化合物。这些化合物主要有噁唑、异噁唑、苯并噁唑、噻唑、苯并噻唑、咪唑、苯并咪唑、吡唑、吲唑等及其衍生物等。它们在药物及其中间体的合成中占有非常重要的地位。

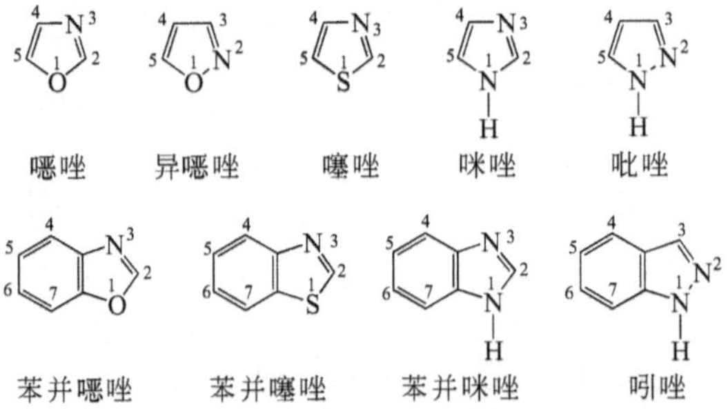

噁唑　　异噁唑　　噻唑　　咪唑　　吡唑

苯并噁唑　　苯并噻唑　　苯并咪唑　　吲唑

第一节 含一个氧原子和一个氮原子的五元芳香杂环化合物

这类化合物主要有噁唑、异噁唑、苯并噁唑和苯并异噁唑。

一、噁唑及其衍生物

噁唑为无色液体，具有与吡啶类似的气味。bp 69～70℃，可溶于水。

噁唑环上所有的原子都是 sp^2 杂化，具有两对孤电子对，分别在氧和氮原子上，属于富 π-电子的芳香杂环体系。其 C_2 位电子云密度最低，亲核取代发生在 2 位上，C_4 和 C_5 位电子云密度较高，容易发生亲电取代反应。

噁唑可以与酸反应生成相应的盐，氮原子上可以发生烷基化反应生成季铵盐。

噁唑的亲核取代反应发生在 2 位，即使 2 位连有取代基也是如此。在亲核试剂的作用下，噁唑先开环再关环。例如噁唑与氨的反应：

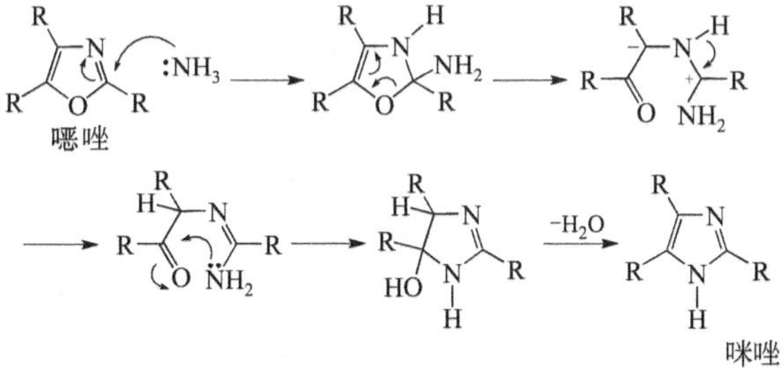

噁唑与氨、伯胺、甲酰胺一起加热，可以生成咪唑。

在噁唑、噻唑和咪唑这三种 1,3-二唑中，发现只有噁唑不常见于天然产物中。在药物开发中，噁唑衍生物虽报道不多，但近年来已引起人们的广泛关注。消炎镇痛药奥沙普嗪（Oxaprozin，**1**）分子中就含有噁唑环的结构单元。

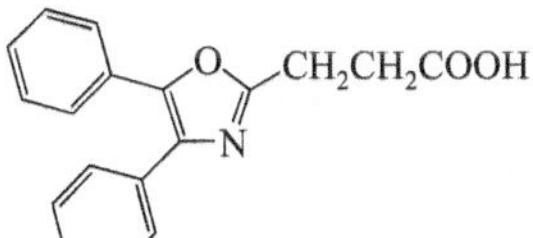

(1)

噁唑类化合物的合成主要是通过含有氮原子和氧原子的化合物的环化来实现。

1. 以酰胺为原料构建噁唑环

这种方法主要有如下几种。

① Robinson-Gabriel 合成法　α-酰氨基酮、酯或酰胺，在硫酸或多聚磷酸作用下环化脱水生成噁唑类化合物，该方法称为 Robinson-Gabriel 合成法。

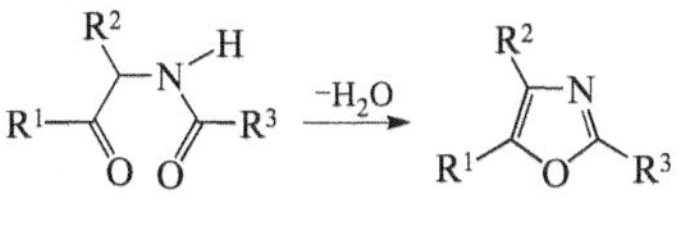

反应机理如下：

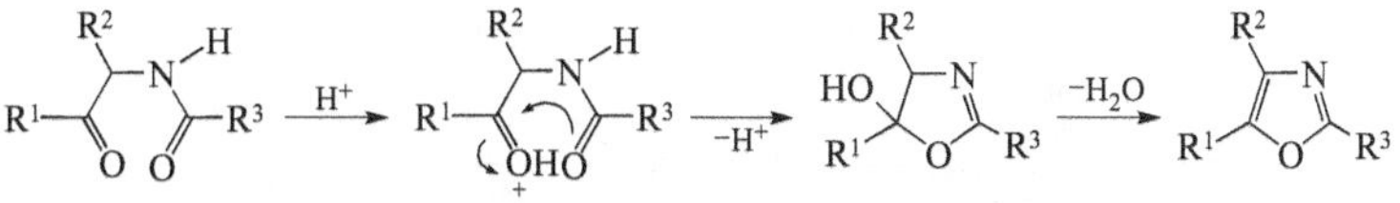

通过示踪原子 O^{18} 表明，噁唑中的氧原子来自于酰氨基。

例如利尿药、高血压治疗药盐酸西氯他宁（Cicletanine hydrochloride）的中间体 4-甲基-5-乙氧基噁唑-2-甲酸乙酯的合成。

4-甲基-5-乙氧基噁唑-2-甲酸乙酯 （5-Ethoxy 4-methyl-2-oxazolic acid ethyl ester），$C_9H_{13}NO_4$，199.21。无色液体。

制法

方法1　① Maeda I. Bull Chem Soc Japan，1969，42：1435. ② Brit. 1970，1195864.

于安有搅拌器、温度计、回流冷凝器、滴液漏斗的 2 L 反应瓶中，加入氯仿 800 g，三乙胺 268 g，N-乙氧草酰丙氨酸乙酯 （2） 262 g （mol），搅拌下水浴冷却，于 20～25℃慢慢滴加由光气 131 g 溶于 970 g 氯仿组成的溶液，约 1.5 h 加完。加完后继续室温搅拌反应 30 min，而后升温至 50℃再反应 1 h。冷至室温，加入水 200 mL，充分搅拌后，静置分层。氯仿层水洗后，无水硫酸钠干燥。蒸出氯仿，剩余物减压蒸馏，得 （1），收率 75%。

方法2　① 陈芬儿.有机药物合成法：第一卷.北京：中国医药科技出版社，1999：762. ② 周后元.中国医药工业杂志，1994，25：385.

于干燥反应瓶中，加入三氯氧磷 87.3 g （0.57 mol）、甲苯 420 mL、三乙胺 206 g （0.507 mol） 和化合物 （2） 96.7 g （0.445 mol），于 8℃搅拌 10 h。反应毕，冷却至室温，慢慢滴加水 350 mL 以溶解析出的固体物。分出有机层，水层用甲苯提取数次。合并有机层，水洗至近中性。减压回收甲苯后，减压蒸馏，收集 bp 106～120℃/0.27 kPa 馏分，得 （1） 80.2 g，收率 90.4%。

关环反应也可以用 $POCl_3$、PCl_5、SO_2Cl_2、光气、P_2O_5 等，还可以用其他方法关环。

起始原料 α-酰氨基酮可以由 Dakin-West 反应来制备，即将酸酐与 α-氨基酸在吡啶存在下加热而得到。例如：

当然，还有很多合成 α-酰氨基酮的方法。例如化合物 （2） 的合成：

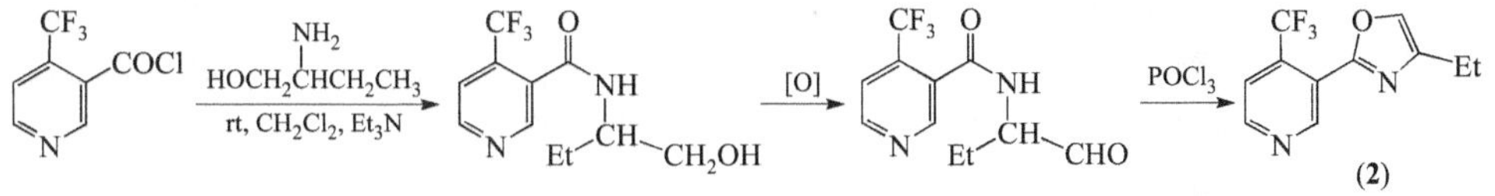

如下化合物用 POCl$_3$ 作脱水剂生成噁唑衍生物 (**3**)[Godfrey A G，Brooks D A，Hay L A，et al. J Org Chem，2003，68 (7)：2623]：

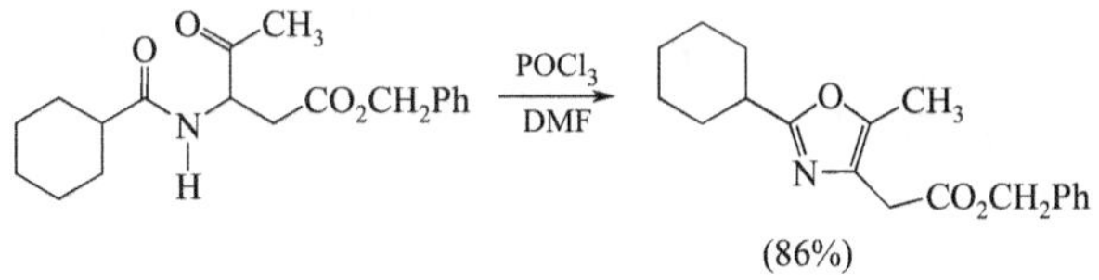

② 酰胺与炔类化合物的环化　炔类化合物的不饱和碳碳三键易发生加成反应，其与酰胺的环化是合成噁唑环的重要方法。伯酰胺与炔丙基醇在 TsOH 催化剂作用下，先脱水生成 *N*-炔丙基酰胺，然后分子内环化，以高产率一锅合成 2,4,5-三取代噁唑 (Pan Y M，Zheng F J，Lin H X，Zhan Z P. J Org Chem，2009，74：3148)。

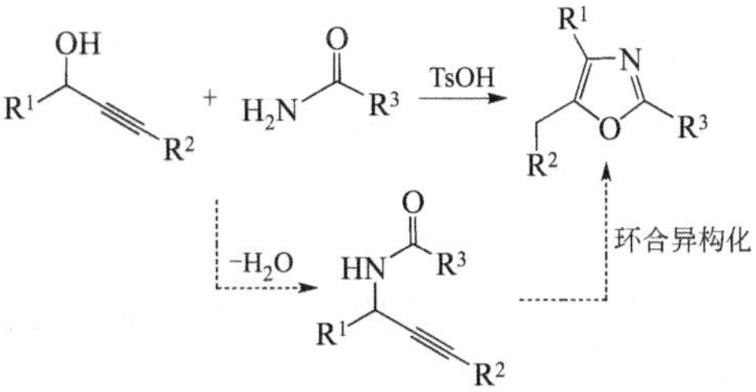

反应也可以使用 Zn(OTf)$_2$ 在 TpRuPPh$_3$(CH$_3$CN)$_2$PF$_6$ 存在下进行 (Kumar M P，Liu R S. J Org Chem，2006：71，4951)。

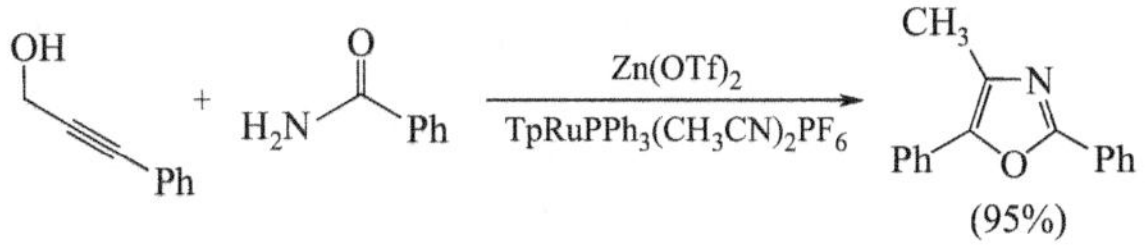

炔丙基胺与酰氯反应首先生成 *N*-炔丙基酰胺，而后分子内环化，可以生成噁唑衍生物。

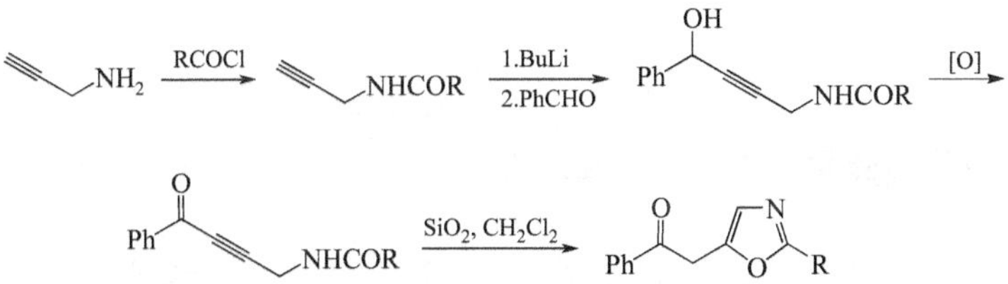

③ 酰胺与腈（异腈）的环化　腈可看作是端基炔中三键的碳原子换为氮原子

的衍生物，腈或异腈与酰胺类化合物发生缩合反应生成噁唑类化合物。例如如下酰胺与异腈在催化剂 Me_2AlCl 作用下发生亲核取代反应，而后缩合得到噁唑类化合物，产率 80% 左右，与 Et_2AlCN 发生反应，得到的噁唑衍生物产率 70% 左右（Zhang J M，Coqueron P Y，Vors J P，Ciufolini M A. Org Lett，2010，12：3942）。

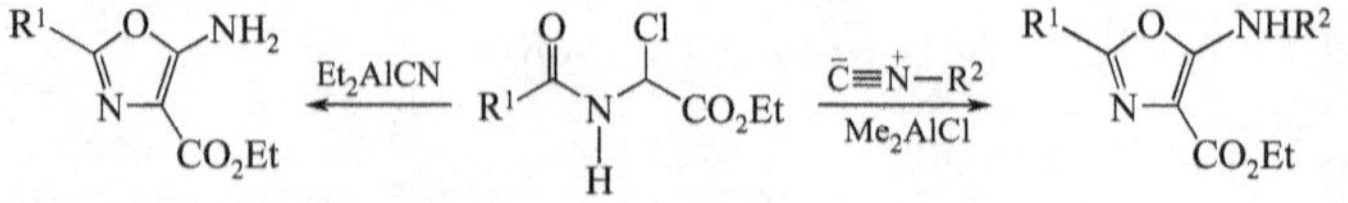

上述反应的大致过程如下：

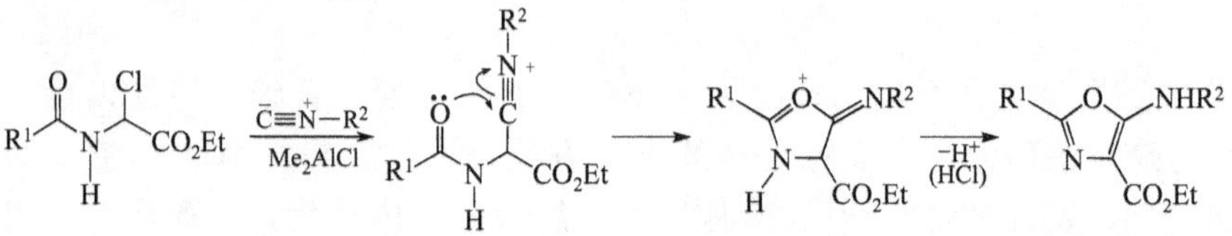

如下分子中含氰基的酰胺，在一定的条件下发生分子内的环合反应生成噁唑衍生物。

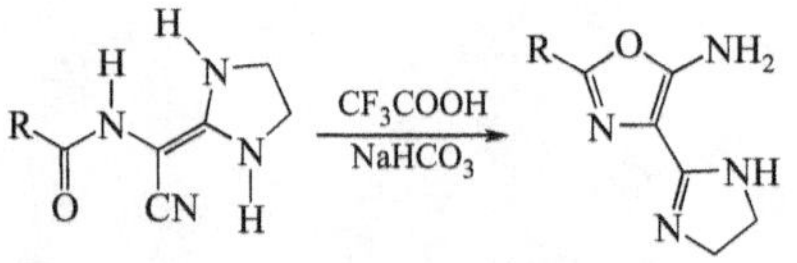

④ 酰胺与羰基化合物的环化——Blümlein-Lewy 合成法　α-卤代酮或 α-羟基酮与酰胺通过 O-烷基化反应缩合生成噁唑。用甲酰胺生成 2 位无取代基的噁唑，而用尿素则生成 2-氨基噁唑。

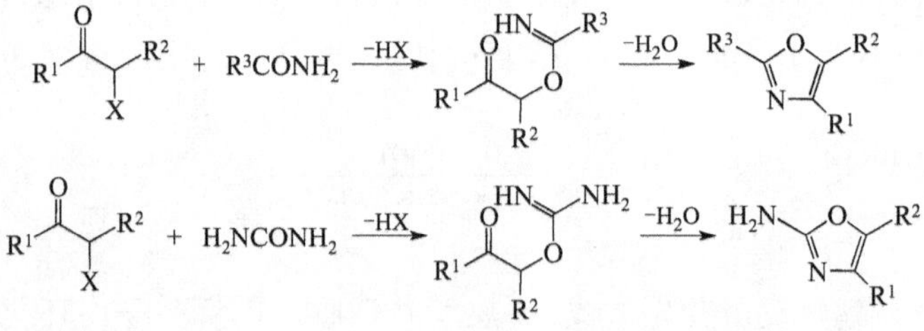

在上述反应中，尿素发生互变异构化，而后进行 O-烃基化反应，最后环化得到产物。

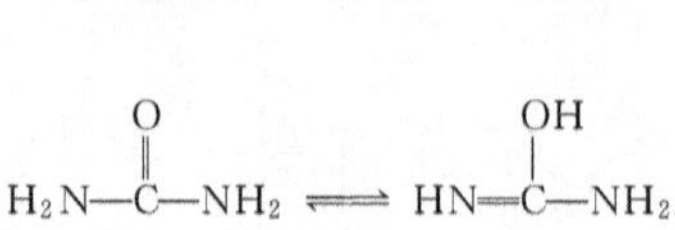

若反应中使用硫脲，则生成 2-氨基噻唑。

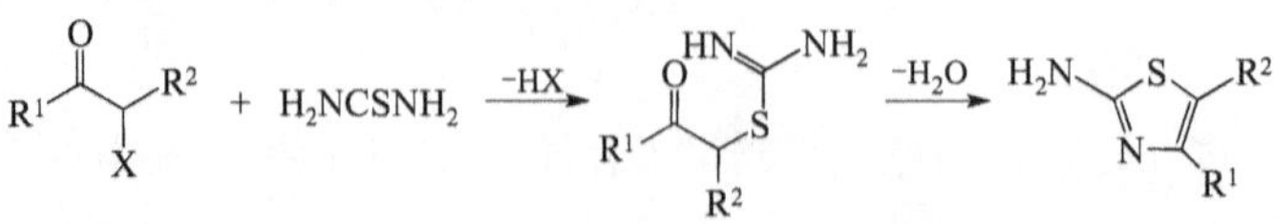

α-羟基酮与酰胺在酸性条件下加热，可以生成噁唑衍生物，并环噁唑衍生物可以由环状偶姻与酰胺直接合成。

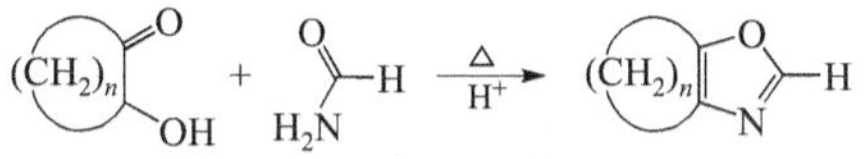

利用生成的并环噁唑可以制备 ω-氰基羧酸。例如：

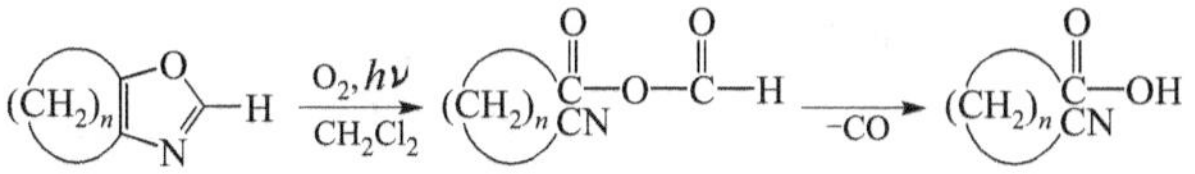

α-羟基酮（偶姻）的羧酸酯用乙酸铵的乙酸溶液处理，可以生成噁唑衍生物，该方法称为 Davidson 噁唑合成法。例如：

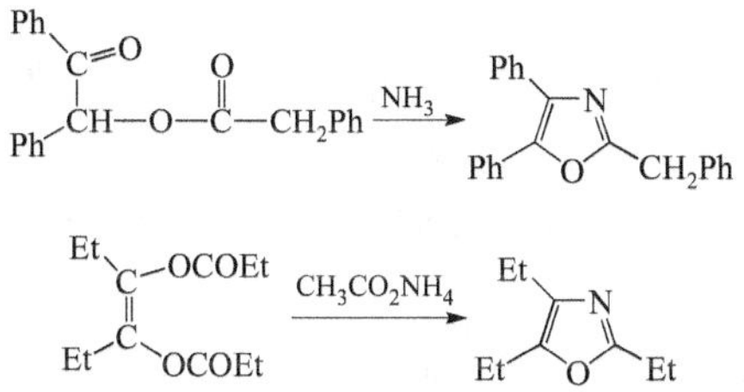

例如消炎镇痛药奥沙普秦（Oxaprozin）原料药的合成

奥沙普秦（Oxaprozin），$C_{18}H_{15}NO_3$，293.32。白色结晶。mp 164~165℃。
制法　陈芬儿.有机药物合成法：第一卷.北京：中国医药科技出版社：1999：199.

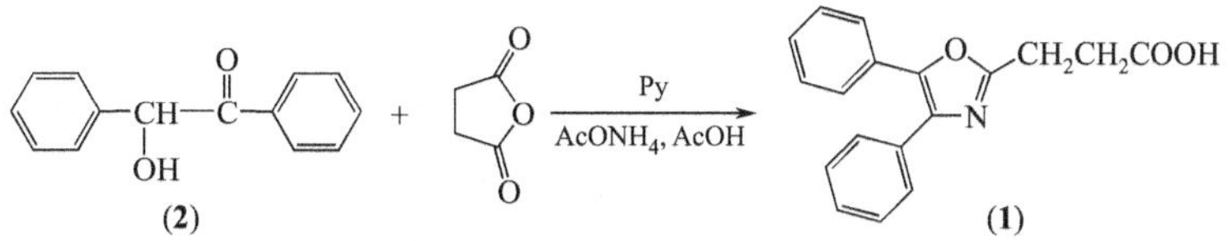

于干燥的反应瓶中，加入丁二酸酐 40 g（0.4 mol），二苯乙醇酮（**2**）62 g（0.3 mol），吡啶 35 g，氮气保护，于 90~95℃搅拌反应 1.5 h。加入醋酸铵 45 g（0.58 mol），冰醋酸 150 g，继续保温反应 2~2.5 h。加水 90 mL，于 90~95℃搅拌 1 h。冷至室温，析出结晶。过滤，水洗，干燥。用甲醇重结晶，得白色结晶（**1**）52 g，收率 63%，mp 164~165℃。

2. 以羰基化合物为原料构建噁唑环

在噁唑类化合物的合成中，常用的羰基化合物是醛、酮、羰基酯、卤代酮、酰氯、α-叠氮酮、α，β-不饱和酮等。

① van Leusen 反应　对甲苯磺酰甲基异腈与醛在碱性条件下反应，生成 4,5-二氢噁唑衍生物，消除对甲苯磺酸得到噁唑衍生物。该方法具有一定的合成价值（van Leusen A M，Hoogenboom B E，Siderus H. Tetrahedron Lett，1972：2369）。

$$RCHO + Ts-\overset{+}{N}\overset{-}{\equiv}\overset{-}{C} \xrightarrow{K_2CO_3} \underset{R}{\overset{Ts}{\diagdown}}\text{(oxazoline)} \longrightarrow R-\text{(oxazole)} + TsOH$$

大致的反应过程如下：

$$Ts-\overset{+}{N}\overset{-}{\equiv}\overset{-}{C} \xrightarrow{K_2CO_3} Ts-\overset{+}{\underset{\cdot\cdot}{N}}\overset{-}{\equiv}\overset{-}{C} \xrightarrow{H-\overset{O}{\underset{}{C}}-R} \cdots \xrightarrow{-TsOH} R-\text{(oxazole)}$$

该方法也适用于噻唑、咪唑类化合物的合成。

醛酯也可以发生该类型的反应。例如（Bull J A，Balskus E P，Horan R A J，Langner M，Ley S V. Chem Eur J，2007，13：5515）：

$$\underset{H}{\overset{O}{\diagdown}}C-CO_2Et + p\text{-}C_6H_4SO_2-\overset{+}{N}\overset{-}{\equiv}\overset{-}{C} \xrightarrow[CH_2Cl_2]{DBU} EtO_2C-\text{(oxazole)}$$
(80%)

若以 K_2CO_3 代替 DBU，在无水乙醇中进行反应，收率还有提高（Webb M R，Donald C，Taylor R J K. Tetrahedron Let，2006，47：549）。

如下酮酯在醋酸铵存在下反应，可以生成噁唑衍生物。

② α-卤代酮的环合　α-溴代苯乙酮与甲酰胺环合，可以生成苯基噁唑（Weitman M，Lerm an L，Cohen S，et al. Tetrahedron，2010，66：14：65）。

从生成的产物看，反应中间体应当是卤化物与甲酰胺烯醇化的羟基进行反应，失去卤化氢，生成亚胺酸酯，而后加热关环、脱水，得到噁唑类化合物。

用尿素代替一般的酰胺，可以生成氨基噁唑衍生物。例如（Singh N，Bhati S K，Kumar A. Eur J Med Chem，2008，43：2597）：

又如 (Lee S, Yi K Y, Youn S, J, Lee B H. Bioorg Med Chem Lett, 2009: 19, 1329):

α-卤代酮与羧酸盐反应, 生成 α-酰氧基酮, 后者用氨处理则生成噁唑。

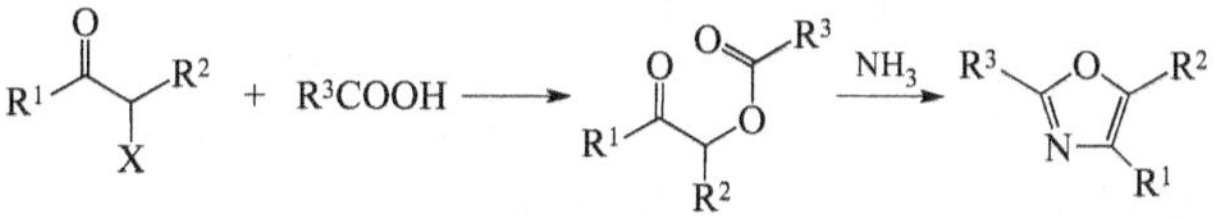

③ 以酰氯为原料合成噁唑衍生物　异氰基乙酸酯与酰氯反应可以生成甘氨酸的亚氨基氯代衍生物, 后者在碱的作用下环化可以生成噁唑衍生物。例如:

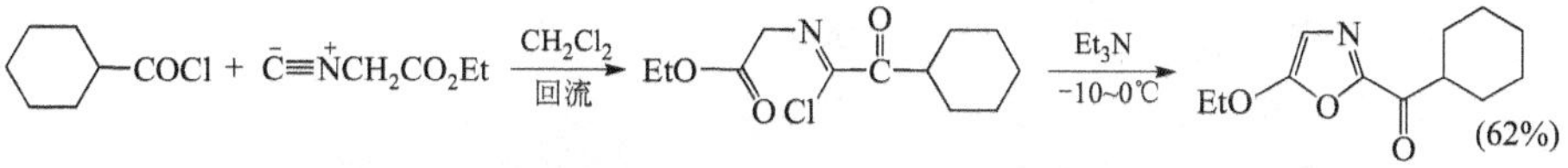

若异腈类化合物发生 α-碳上的酰基化, 而后关环, 也可以生成噁唑类化合物。例如:

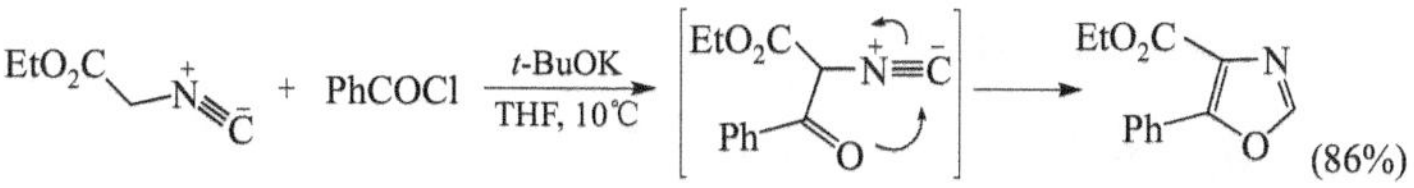

在 Schollkopf 反应中, α-异腈化锂与酰氯反应生成 4,5-二取代噁唑。

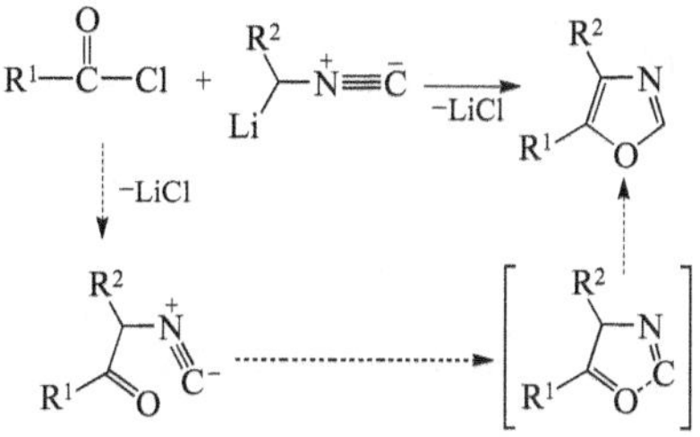

若用炔类化合物代替异腈与酰氯、醛在 LiN (TMS)$_2$ 存在下反应, 也可以生成噁唑类化合物。

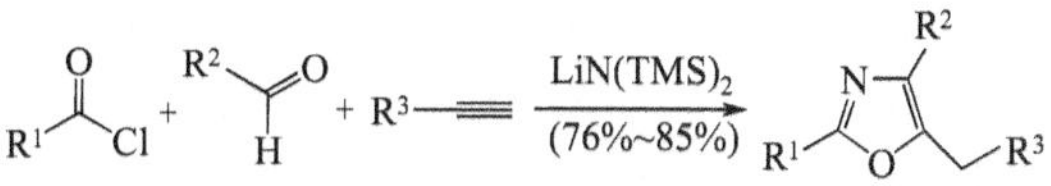

酰氯与氨基酸酯反应可以生成噁唑类衍生物。

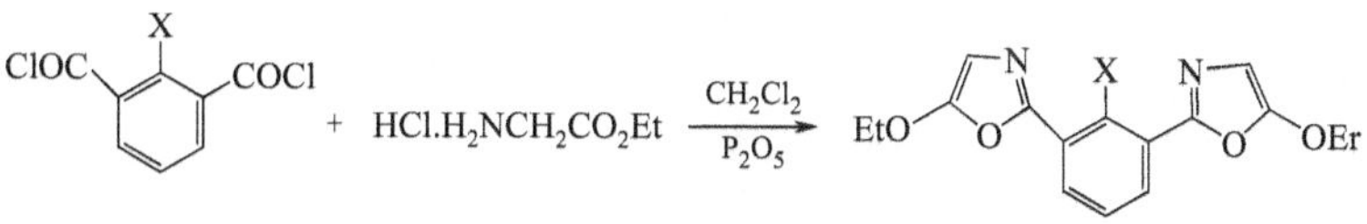

新药中间体 5-甲基-2-苯乙烯基噁唑羧酸乙酯的合成如下。

5-甲基-2-苯乙烯基噁唑羧酸乙酯（Ethyl 5-methyl-2-styryl-oxazolecarboxy-lare），$C_{15}H_{15}NO_3$，257.29。浅黄色固体。mp 98～99℃。

制法　Meguro K，Tawada H，Sugiyama Y，et al. Chem Pharm Bull，1986，34（7）：2840.

2-肉桂酰氨基乙酰乙酸乙酯（**3**）：于安有搅拌器、温度计、滴液漏斗的反应瓶中，加入氯仿 90 mL，2-氨基乙酰乙酸乙酯盐酸盐（**2**）5.43 g，肉桂酰氯 5.0 g，搅拌下冷至 0℃，慢慢滴加三乙胺 8.3 mL。搅拌反应 20 min，水洗，无水硫酸镁干燥。减压蒸出溶剂，剩余物中加入异丙醚，得结晶化合物（**3**）6.1 g，收率 73.9％。乙醇中重结晶，得无色针状结晶，mp 113～114℃。

5-甲基-2-苯乙烯基噁唑羧酸乙酯（**1**）：于安有搅拌器、回流冷凝器的反应瓶中，加入化合物（**3**）5.7 g，$POCl_3$ 40 mL，于 100～110℃ 搅拌反应 30 min。减压蒸出 $POCl_3$，剩余物中慢慢加入碳酸氢钠水溶液。氯仿提取，有机层水洗，无水硫酸钠干燥。过滤，减压浓缩。剩余物用己烷重结晶，得化合物（**1**）4.3 g，收率 80.7％。乙醇中重结晶，得浅黄色固体（**1**），mp 98～99℃。

④ α-叠氮酮的环化　苯基 α-叠氮酮与异硫氰酸酯在 PPh_3 存在下环化，可以生成噁唑类化合物。例如（Bursavich M G，Parker D P，Willardsen J A，et al. Bioorg Med Chem Lett，2010，20：1677）：

α-叠氮酮与异腈基乙酸酯在 NaH 存在下于 DMF 中反应，生成噁唑类化合物。例如（Brescia M R，Rokosz L L，Cole A G，et al. Bioorg Med Chem Lett，2007，17：1211）：

⑤ α，β-不饱和酮的环化　如下 β 位含有叠氮基的 α，β-不饱和酮，发生分子内的环合反应，可以生成噁唑类化合物。

3. 以肟为原料构建噁唑环

羰基化合物与盐酸羟胺反应很容易生成肟，肟与醛反应可以生成噁唑衍生物。

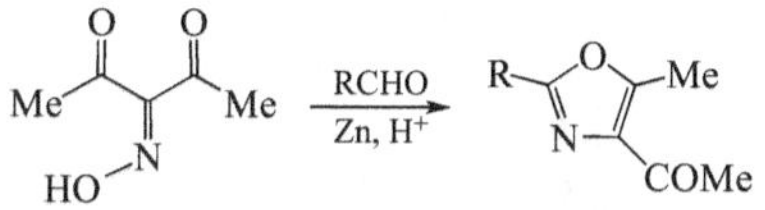

具体例子如下：

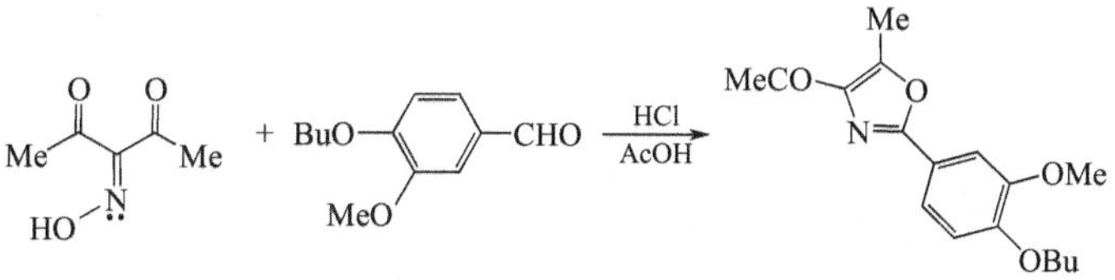

4. 噁唑的其他合成方法

合成噁唑的方法还有很多。例如氨基马来二腈与羧酸反应生成相应的酰胺，而后关环可以生成 5-氨基噁唑。

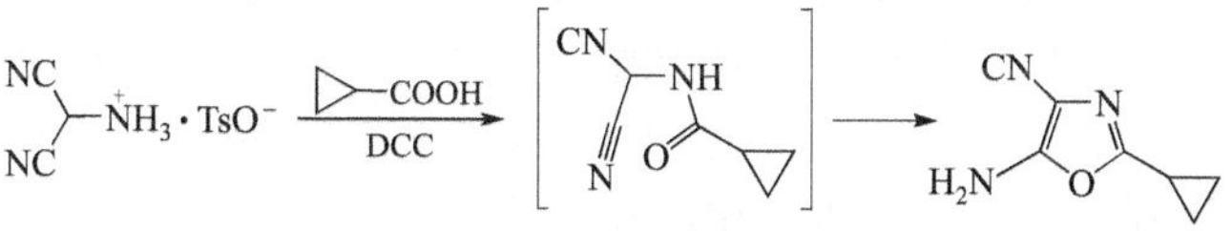

氨基乙醇与尿素在 DMF 中加热反应，可以生成抗癌药卡莫司汀（Carmustine）、洛莫司汀（Lomustine）等的中间体 2-噁唑烷酮。

2-噁唑烷酮（2-Oxazolidone），$C_3H_5NO_2$，87.08。结晶性固体。mp 86～89℃。bp 220℃/6.38 kPa。

制法　孙昌俊、曹晓冉、王秀菊.药物合成反应——理论与实践.北京：化学工业出版社，2007：443.

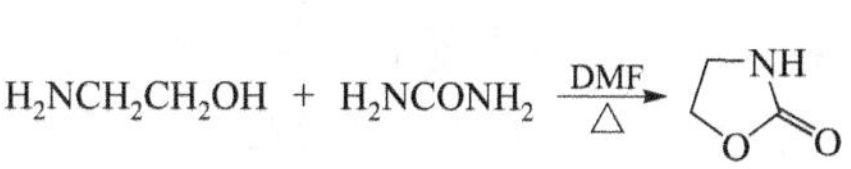

于安有回流冷凝器、温度计、滴液漏斗的反应瓶中，加入氨基乙醇（**2**）61 g（1.0 mol），尿素 60 g（1.0 mol），DMF 500 mL，搅拌下加热至 120℃，有氨气放出。反应 2 h 后，慢慢升温至 150～160℃，回流反应 6 h。减压蒸馏回收 DMF，加入无水乙醇 80 mL，加热溶解，冷却析晶，抽滤，用少量乙醇洗涤，干燥，得 2-噁唑烷酮（**1**）61 g，收率 70%，mp 86～88℃。

α-羟基酮（醛）与氨基腈在碱性条件下可以环合生成噁唑衍生物。

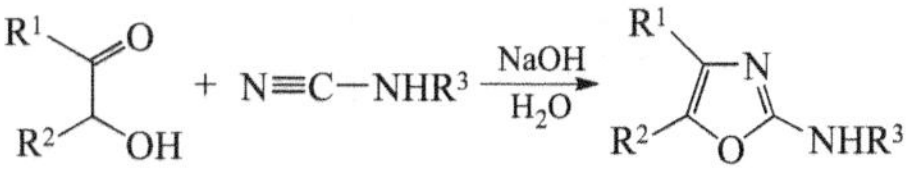

反应的大致过程如下：

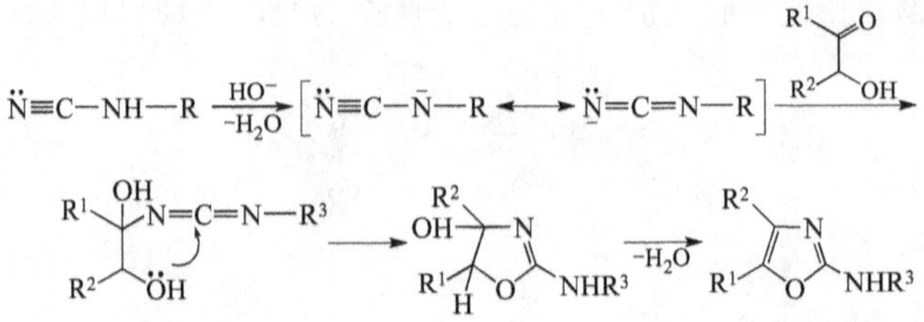

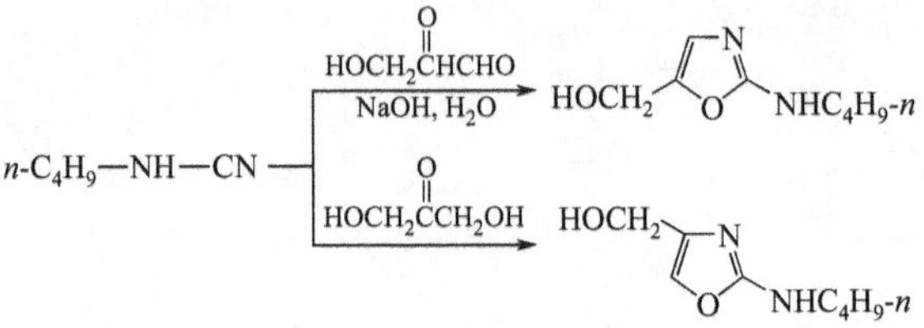

二、苯并噁唑及其衍生物

苯并噁唑是性质活泼的化合物，与酸可以成盐，氮原子上可以季铵化。亲核试剂可以进攻苯并噁唑（包括苯并噁唑盐、N-烷基苯并噁唑）的 2 位。

2-氯苯并噁唑和 N-烷基-2-氯苯并噁唑的亲核取代反应很迅速，都是很好的脱水剂，可以使芳香酮脱水生成相应的炔类化合物。

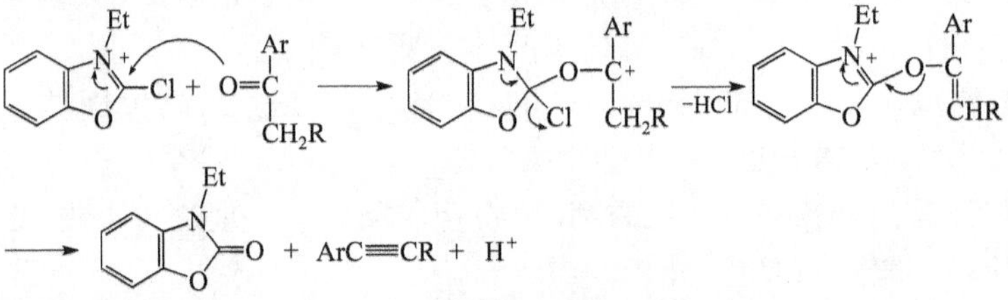

2-甲基苯并噁唑甲基上的氢，由于受到氮原子的吸电子作用的影响而具有弱酸性，可以发生 Claisen 缩合反应。例如化合物（**4**）的合成。

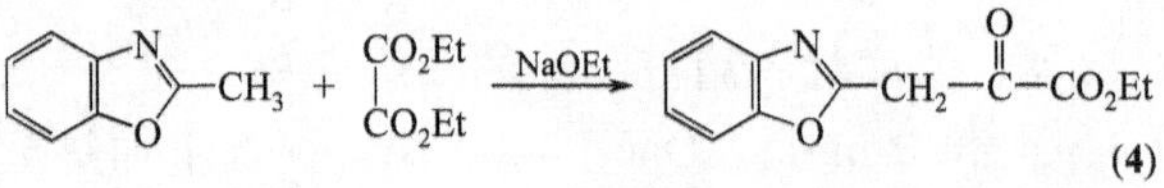

苯并噁唑类化合物具有重要的生物学功能，很多药物和农药分子中含有苯并噁唑的结构单元。例如精噁唑禾草灵（**5**）分子中就含有苯并噁唑结构单位。精噁唑禾草灵适于双子叶作物如大豆、花生、油菜、棉花、甜菜、亚麻、马铃薯、蔬菜田及桑果园等田中防除单子叶杂草。

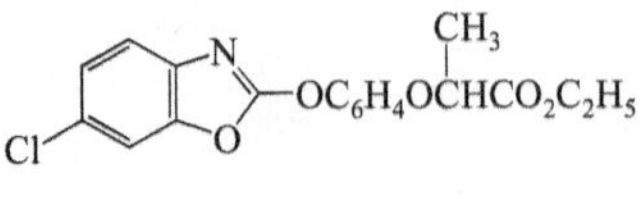

(5)

苯并噁唑的常用的合成方法是邻氨基苯酚与羧酸及其衍生物的缩合反应。

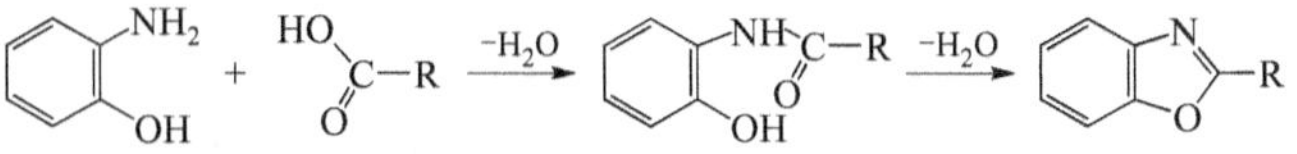

反应中生成的中间体邻酰氨基苯酚可以分离出来。第一步生成酰胺的反应可以使用缩合剂，如 PyBOP、DCC 等。

芳环上连有不同取代基（吸电子、给电子）的邻氨基苯酚，都可以与羧酸发生环化反应生成苯并噁唑衍生物。例如：

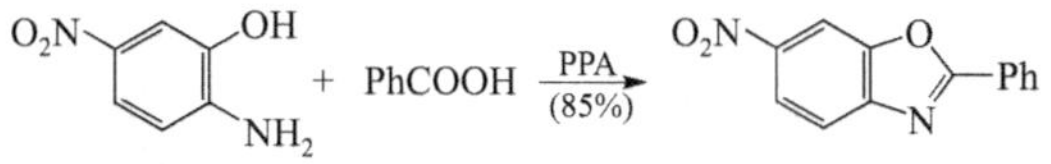

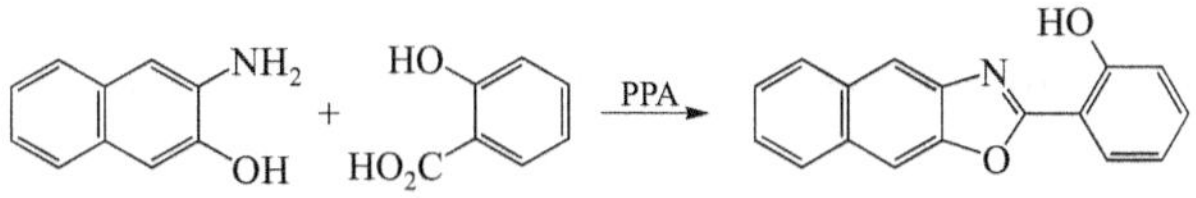

邻氨基苯酚也可以与二硫化碳、氯乙酰氯等缩合生成苯并噁唑衍生物。

邻氨基苯酚在 KOH 存在下与二硫化碳一起反应（乙醇中回流），可以生成巯基苯并噁唑，收率 65%。

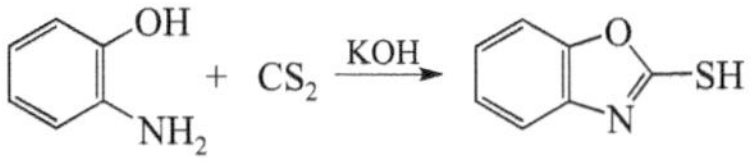

也可以使用邻氨基酚与酰氯反应来合成苯并噁唑类化合物。例如消炎镇痛药苯噁洛芬（Benoxaprofen）中间体 2-[2-(4-氯苯基) 苯并 [*d*] 噁唑-5-基] 丙酸乙酯的合成如下。

2-[2-(4-氯苯基) 苯并 [*d*] 噁唑-5-基] 丙酸乙酯 [Ethyl 2-(2-(4-chlorophenyl) benzo [*d*] oxazol-5-yl) propanoate]，$C_{18}H_{16}ClNO_3$，329.78。白色结晶。mp 59～61℃。

制法　陈芬儿. 有机药物合成法：第一卷. 北京：中国医药科技出版社，1999：116.

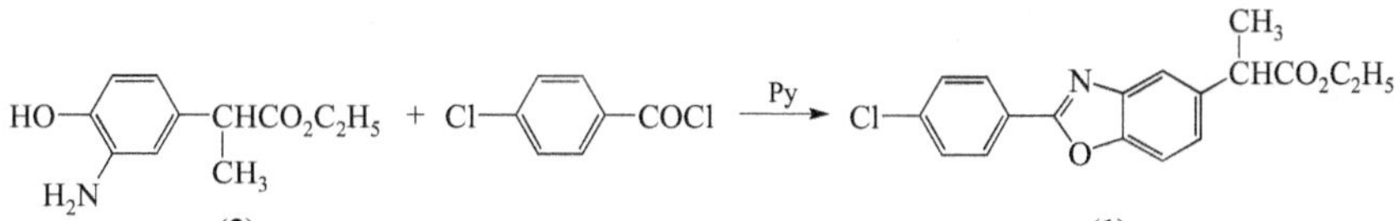

于反应瓶中加入对氯苯甲酰氯 3.35 g（0.019 mol），搅拌下滴加化合物（**2**）4.4 g（0.021 mol）和干燥的吡啶 15 mL 的溶液，加完后于 100℃反应 1 h。减压回收溶剂，于 240℃继续反应 10 min。冷却，得粗品。用乙醇重结晶，得白色结晶（**1**）7.5 g，收率 90%，mp 59～61℃。

用邻酰氨基苯酚酯也可以合成苯并噁唑衍生物。例如：

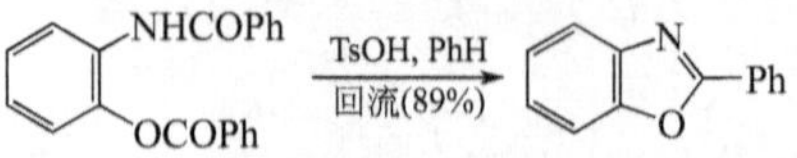

采用固相合成法使羧酸与邻氨基酚反应合成苯并噁唑衍生物也有报道。

邻氨基酚与原甲酸三乙酯在浓盐酸作用下反应，则生成 2 位无取代基的苯并噁唑。

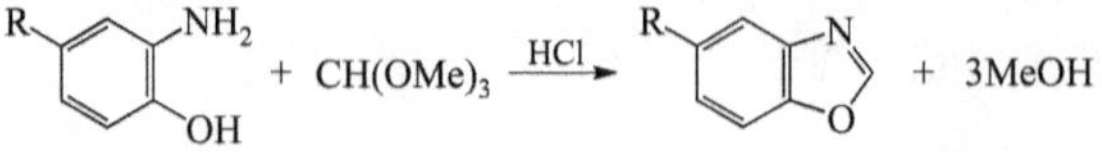

邻羟基苯丙酮肟在沸石存在下于 170℃反应，可以脱水关环生成 2-乙基苯并噁唑，其为一种香料。该反应中经历了 Beckmann 重排反应（Bhawal B N，Mayabhate S P，Likhite A P. Synth Commun，1995，25：3315）。

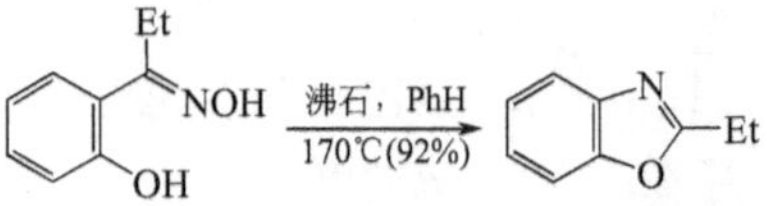

α-氨基萘酚与芳香醛在三乙胺存在下也可以生成相应的萘并噁唑衍生物。例如如下反应，收率可达 89%。

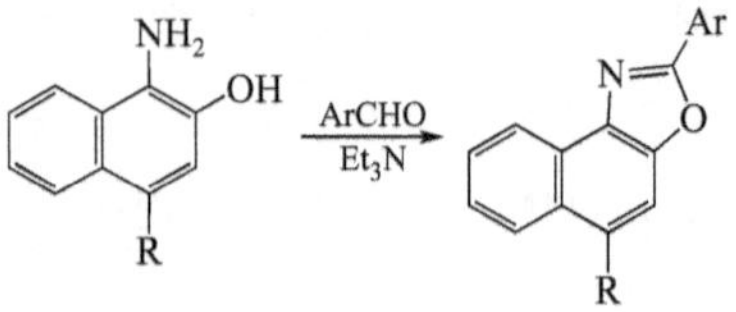

三、异噁唑及其衍生物

异噁唑与噁唑是同分异构体，异噁唑分子中的氮原子与氧原子直接相连。

异噁唑在性质上与噁唑类似，氮原子上可以质子化、烃基化。若 4 位无取代基，亲电取代发生在 4 位上，如卤化、磺化、硝化、Vilsmeier-Haack 甲酰化等。但亲电取代的活性比呋喃低，比苯高。亲核反应常伴有开环反应，3 位无取代基的异噁唑在碱作用下的开环反应如下：

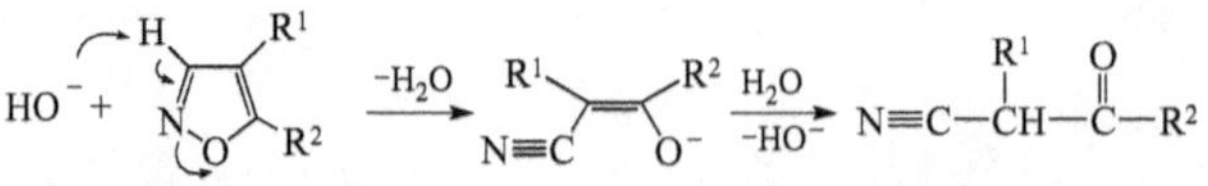

异噁唑催化氢化开环，而后水解，可以生成 1,3-二酮类化合物。

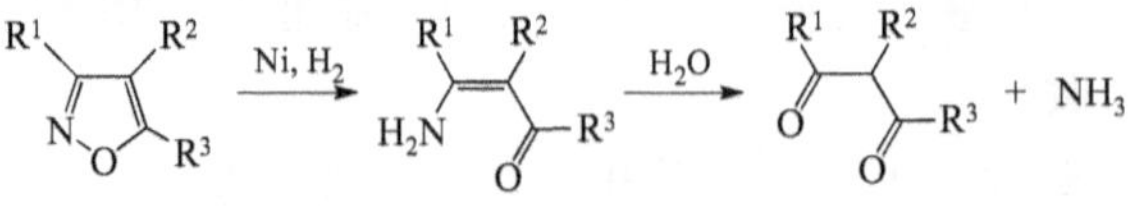

若采用 Na-液氨在叔丁醇中还原，首先生成 β-氨基酮，后者加热或酸解，最后可以生成 α，β-不饱和酮。

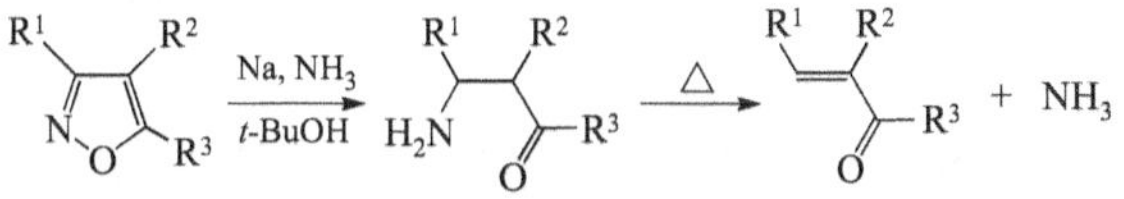

异噁唑也是重要的有机合成及药物合成的中间体，一些抗生素类药物分子结构中就含有异噁唑的结构单位，例如苯唑青霉素钠（Oxacillin sodium）(**6**)、类风湿病治疗药物来氟米特（Leflunomide）(**7**) 等。

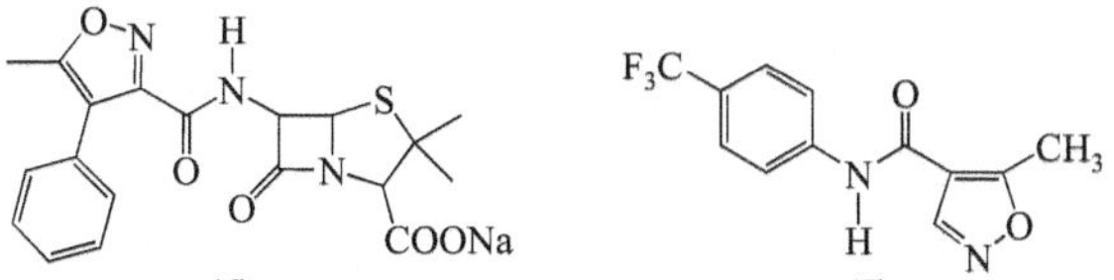

(**6**) (**7**)

异噁唑的合成方法主要有如下几种。

1. Claisen 异噁唑合成法

1,3-二羰基化合物与羟胺反应可以生成 3,5-二取代异噁唑，该方法称为 Claisen 异噁唑合成法。

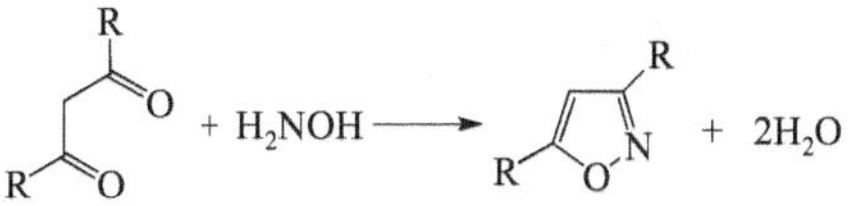

反应机理如下：

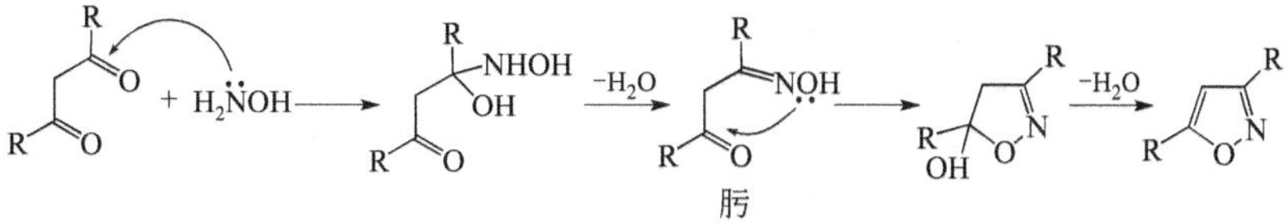

反应中首先是羟胺的氮原子对 1,3-二羰基化合物的羰基进行亲核加成，消除一分子水后生成单肟；而后肟的氧原子再对羰基进行亲核加成，再消去一分子水，生成异噁唑。

1,3-二羰基化合物可以是 1,3-二酮、1,3-醛酮、1,3-二醛、相应缩醛或其他合成子。

类风湿病治疗药物来氟米特（Leflunomide）中间体（**8**）的合成如下［徐军，廖本仁. 中国医药工业杂志，2002，33（4）：158］：

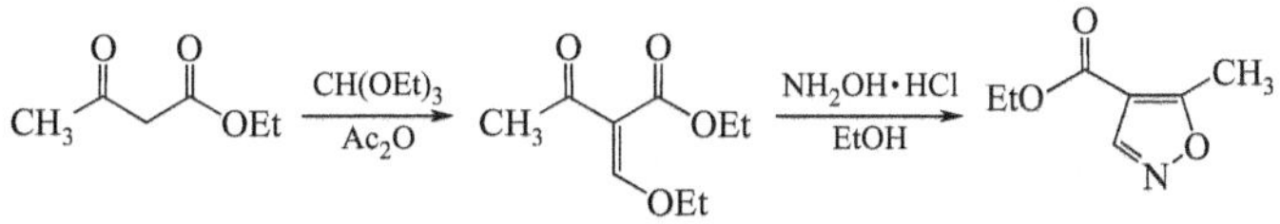

(54%) (60%) (**8**)

又如消炎镇痛药伊索昔康（Isoxicam）的中间体 5-甲基异噁唑-3-甲酰胺的合成。

5-甲基异噁唑-3-甲酰胺（5-Methylisoxazole-3-carboxamide），$C_5H_6N_2O_2$，126.11。mp 166℃。

制法　① 陈芬儿. 有机药物合成法：第一卷. 北京：中国医药科技出版社，1999：949. ②Good R H, et al. J Chem Soc, Perkin Trans 1, 1972：2441.

于反应瓶中，加入 28% 的甲醇钠/甲醇溶液 190 g，甲苯 400 mL，冷至 10℃ 以下。搅拌下慢慢滴加草酸二甲酯（**2**）118 g（1 mol）、丙酮 58 g、搅拌 600 mL 组成的混和液，控制反应液温度不超过 40℃。加完后随着温度的升高，逐渐析出钠盐直至固化。强烈搅拌下于 40℃ 保温反应 2 h。冷至 0～5℃，慢慢滴加浓硫酸，调至 pH2，再加入盐酸羟胺 78 g，慢慢加热至 70～75℃ 回流反应 2 h。冷至 50℃ 以下，用固体碳酸钠中和至 pH4～5，安上分水器，再升温回流反应 6 h，反应中不断分出水。反应结束后，趁热抽滤除去无机盐，滤饼用甲醇洗涤 3 次。合并滤液和洗涤液，减压蒸馏回收甲醇至有升华现象。冷后加入 20% 的氨水 200 mL，于 50℃ 搅拌反应 1 h。冷至 5℃ 左右，抽滤，水洗，干燥，得化合物（**1**），mp 164～169℃，总收率 65%～70%。

不对称的二酮可能会生成两种异噁唑的混合物，但控制反应条件有可能实现区域选择性反应，得到一种主要产物。

α,β-不饱和羰基化合物生成的肟，在二铬酸化四吡啶合钴存在下环合可以生成异噁唑，例如查耳酮肟的环化反应。

2. 腈的 N-氧化物与炔、烯发生 1,3-偶极加成

腈的 N-氧化物与炔、烯发生 1,3-偶极加成可以生成异噁唑衍生物。

若使用的烯不连有在环加成反应中可以一步消去的基团，则首先生成异噁唑啉，异噁唑啉脱氢生成异噁唑。

腈的 N-氧化物可以通过如下反应原位产生。一是卤代肟在碱性条件下脱卤化氢，二是硝基化合物的脱水。

$$PhCHO \xrightarrow{NH_2OH \cdot HCl} PhCH=NOH \xrightarrow{Cl_2} PhC(Cl)=NOH \xrightarrow{Et_3N, Et_2O}$$

$$[Ph-C\overset{+}{\equiv}N-\bar{O}] \xrightarrow{HC\equiv CCO_2Me}$$

$$(7:3)$$

抗鼻病毒和肠病毒药物普米可那利（Pleconaril）中间体（**9**）的合成如下（陈仲强，陈虹. 现代药物的制备与合成，北京：化学工业出版社，2007：100）。

$$\xrightarrow[(56.7\%)]{CH_3CH=NOH, NCS, Et_3N}$$

（**9**）

又如如下反应：

$$HC\equiv C-CH_2-C\equiv CH + EtO_2CC\overset{+}{\equiv}N-\bar{O} \longrightarrow$$

硝基化合物在 $POCl_3$ 作用下生成腈的 N-氧化物的反应如下。

$$CH_3CH_2CH_2NO_2 \xrightarrow[Et_3N]{POCl_3} \left[CH_3CH_2C\overset{+}{\equiv}N-\bar{O} \right]$$

用 (Boc)$_2$O 和 DMAP 与硝基烷烃反应也可以制备腈 N-氧化物。例如：

$$R^1-CH_2-NO_2 + Ph-C\equiv CH \xrightarrow[20℃]{(Boc)_2O, DMAP}$$

$$R^1 = Me, Et, Ph$$

反应过程如下。

有时也可以使用异氰酸苯酯作脱水剂。例如：

$$RCH_2NO_2 + CH_2=CHOAc + 2C_6H_5NCO \longrightarrow$$

$$+ C_6H_5NHCNHC_6H_5 + CO_2$$

二溴甲醛肟与丙炔酸乙酯反应可以生成 3-溴-5-异噁唑甲酸乙酯，其为支气管哮喘病治疗药溴沙特罗（Broxaterol）的中间体。

3-溴-5-异噁唑甲酸乙酯（Ethyl 3-bromo-5-isoxazolecarboxylate），$C_6H_6BrNO_3$，220.02。无色液体。bp 120～123℃/1.33 kPa。

制法　陈仲强，陈虹. 现代药物的制备与合成：第一卷. 北京：化学工业出版社，2007：330.

$$HOOCCHO \xrightarrow[Br_2, CH_2Cl_2]{NH_2OH \cdot HCl} Br_2C=N-OH \xrightarrow{HC\equiv CCO_2Et} \underset{(1)}{\text{(溴代异噁唑环) } CO_2Et}$$

$$\underset{(2)}{} \qquad \underset{(3)}{}$$

二溴甲醛肟（**3**）：于安有搅拌器、温度计的反应瓶中，加入 40% 的乙醛酸（**2**）水溶液 146 mL（约 1 mol），水 500 mL，盐酸羟胺 69.5 g（1 mol），室温搅拌反应 24 h。加入碳酸氢钠 176.4 g（2.1 mol），二氯甲烷 750 mL，冷至 5～10℃，慢慢滴加溴 240 g（1.5 mol）溶于 375 mL 二氯甲烷的溶液。加完后继续搅拌反应 3 h。分出有机层，水层用二氯甲烷提取。合并有机层，无水硫酸钠干燥。过滤，减压蒸出溶剂，剩余物用己烷重结晶，得白色结晶（**3**）95.2 g，收率 46.8%，mp 63～64℃。

3-溴-5-异噁唑甲酸乙酯（**1**）：于安有搅拌器、温度计的反应瓶中，加入丙炔酸乙酯 64.5 g（0.75 mol），碳酸氢钾 45 g（0.45 mol），乙酸乙酯 600 mL，水 6 mL，室温搅拌下于 3 h 慢慢加入上述化合物（**3**）30.5 g（0.15 mol）。加完后继续搅拌反应 18 h。加入 200 mL 水使固体物溶解，分出有机层，水洗数次，无水硫酸钠干燥。过滤，蒸出溶剂后减压蒸馏，收集 120～123℃/1.33 kPa 的馏分，得无色液体（**1**）9.7 g，收率 50%。

3. 异噁唑的其他合成方法

还有很多异噁唑及其衍生物的合成方法，各具特点。

两分子的硝基乙酸酯与取代苯甲醛反应，生成两个手性中心的异噁唑啉 N-氧化物的外消旋体，经脱氢生成异噁唑衍生物 [齐传民等. 北京师范大学学报，2001，37（6）：787]。

$$R\text{—}C_6H_4\text{—}CHO + 2O_2NCH_2CO_2CH_3 \xrightarrow{Et_2NH} \text{(异噁唑啉 N-氧化物)} \xrightarrow{DMF} \text{(异噁唑衍生物)}$$

α-氯代苯甲醛肟与乙酰乙酸乙酯反应也可以生成异噁唑衍生物。例如抗生素苯唑青霉素中间体 5-甲基-3-苯基异噁唑-4-羧酸的合成。

5-甲基-3-苯基异噁唑-4-羧酸（5-Methyl-3-phenyl-4-*iso*-xazolic acid），$C_{11}H_9NO_3$，203.20。类白色固体。mp 190～192℃。

制法　① 孙昌俊，曹晓冉，王秀菊. 药物合成反应——理论与实践. 北京：

化学工业出版社，2007：445. ② Kurkouska Joanna，Zadrozna Irmina. Journal of Research，2003，5：541.

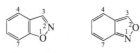

于反应瓶中加入 α-氯代苯甲醛肟（**2**）7.8 g（0.05 mol），乙醇 60 mL，乙酰乙酸乙酯 7.8 g（0.06 mol），冷至 0～5℃，搅拌下滴加 10% 的氢氧化钠乙醇溶液，调至 pH 8～9，继续于 20℃ 左右反应 4 h，得化合物（**3**）。加 30 mL 水，用 30% 的氢氧化钠调至强碱性，加热回流 3 h，同时蒸出乙醇。若碱性下降，应及时补加氢氧化钠以保持强碱性。冷后用浓盐酸调至 pH 7。除去胶状物，活性炭脱色。滤液酸化至 pH 2～3，析出白色固体。抽滤，用酸、碱中和法提纯，得类白色（**1**）9.7 g，收率 47.8%，mp 187～190℃。

四、苯并异噁唑及其衍生物

苯并异噁唑有两种异构体，分别为 1,2-苯并异噁唑和 2,1-苯并异噁唑。

1,2-苯并异噁唑　　　2,1-苯并异噁唑

2,1-苯并异噁唑分子中没有苯环的结构，不稳定，所以通常所说的苯并异噁唑实际上就是指 1,2-苯并异噁唑。但 2,1-苯并异噁唑有时在一些中间体的合成中会用到。例如抗焦虑药哈拉西泮（Halazepam）、阿普唑仑（Alprazolam）等中间体 5-氯-3-苯基-苯并异噁唑的合成。

5-氯-3-苯基-苯并异噁唑（5-Chloro-3-phenylbenzisoxazole），$C_{13}H_8ClNO$，229.66。类白色固体。mp 115～117℃。

制法 ①孙昌俊，曹晓冉，王秀菊. 药物合成反应——理论与实践. 北京：化学工业出版社，2007：451. ②陈芬儿. 有机药物合成法：第一卷. 北京：中国医药科技出版社，1999：275，28.

于安有搅拌器、温度计、回流冷凝器、滴液漏斗的 500 mL 反应瓶中，加入 95% 的乙醇 200 mL，氢氧化钠 42.5 g，搅拌下加热回流 30 min。冷至 40℃，加入对硝基氯苯（**2**）72 g（0.457 mol），搅拌反应 30 min。冷至 30℃，滴加苯乙腈 58，5 g（0.5 mol），控制滴加温度在 25～35℃。加完后继续反应 3 h。冷至

25℃以下，滴加次氯酸钠溶液，温度不超过 30℃，至无氰根为止。抽滤，滤饼水洗至中性，干燥，得（**1**）23.5 g，收率 90%，mp 113～117℃。

苯并异噁唑具有重要的生物学功能，很多药物分子中含有苯并异噁唑的结构单元。癫痫病治疗药唑尼沙胺（Zonisamide）（**10**）、精神病治疗药物利培酮（Risperidone）（**11**）的结构中含有苯并异噁唑的结构单元。

（10）　　　　　　　　　　　　　（11）

苯并异噁唑的早期合成是邻卤芳酮肟在碱性条件下的环化。例如化合物（**12**）的合成：

$$\xrightarrow[\text{CH}_3\text{OCH}_2\text{CH}_2\text{OH, 回流}]{50\%\text{KOH}}$$

（82%）　（12）

精神病治疗药物利培酮（Risperidone）和帕潘立酮（Paliperodone）的中间体 6-氟-3-(4-哌啶基)-1,2-苯并异噁唑盐酸盐的合成如下。

6-氟-3-(4-哌啶基)-1,2-苯并异噁唑盐酸盐 [6-Fluoro-3-(piperidin-4-yl)-1,2-benzoisoxazole hydrochloride]，$C_{12}H_{13}N_2OF \cdot HCl$，256.71。白色固体。mp 168.6～170.4℃。

制法　①陆学华，潘莉，唐承卓，程卯生. 中国药物化学杂志，2007，17（2）：89. ② 陈仲强，陈虹. 现代药物的制备与合成，北京：化学工业出版社，2007：250.

（2）　　　　　　　　　　　（3）　　　　　　　　　　（1）

2,4-二氟苯基-(4-哌啶基) 甲酮肟（**3**）：于反应瓶中加入化合物（**2**）13.2 g（0.05 mol），盐酸羟胺 10.5 g（0.151 mol），95% 的乙醇 100 mL，搅拌下加入三乙胺 13.9 mL（0.1 mol），回流反应 3 h。冷至室温，抽滤，干燥，得白色固体（**3**）11.4 g，收率 82.4%，mp 256.8～258.4℃。

6-氟-3-(4-哌啶基)-1,2-苯并异噁唑盐酸盐（**1**）：于反应瓶中加入水 30 mL，氢氧化钾 11.5 g，溶解后，加入乙醇 40 mL，化合物（**3**）11.4 g（0.041 mol），回流反应 4 h。减压蒸出溶剂，加入 120 mL 水，甲苯提取 3 次。合并有机层，水洗，无水硫酸钠干燥。过滤，减压浓缩，得灰白色固体 8.7 g。用己烷重结晶，得白色固体 7.6 g，收率 84.2%。将其溶于 76 mL 甲醇中，慢慢滴加氯化氢-甲醇溶液，调至 pH3。抽滤，得白色固体（**1**）7.7 g，收率 73.2％，mp 168.6～170.4℃。

　　邻羟基芳酮肟也可以环化生成苯并异噁唑（**13**）。

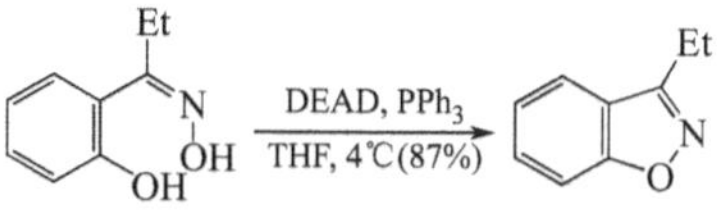

第二节　含一个硫原子和一个氮原子的五元芳香杂环化合物

　　这类化合物主要有噻唑、苯并噻唑及其衍生物。

一、噻唑及其衍生物

　　噻唑分子中含有一个氮原子和一个硫原子，具有平面结构，为六电子五中心的富电子芳香杂环体系，其芳香性大于噁唑。噻唑分子中的 π 电子主要集中在杂原子上，氮的吸电子性质使得 2 位电子云密度降低，亲核取代发生在 2 位。

　　氮的吸电子性降低了噻唑亲电取代反应活性，因此噻唑不与卤素发生亲电取代反应。给电子基团可以增加反应活性，例如 2-甲基噻唑与溴反应生成 5-溴-2-甲基噻唑。噻唑不发生硝化反应，5-甲基噻唑的硝化反应很慢，生成 4-硝基化合物。噻唑的磺化需要醋酸汞作催化剂，使用发烟硫酸在高温下进行，生成 5 位磺化产物。

　　噻唑可以与酸生成盐，显示碱性，但其碱性比噁唑强，比吡啶弱。

　　与吡啶相似，噻唑与过酸反应可以生成 N-氧化物。N-氧化物与 NBS 或 NCS 反应，可以在 2 位引入卤素原子。

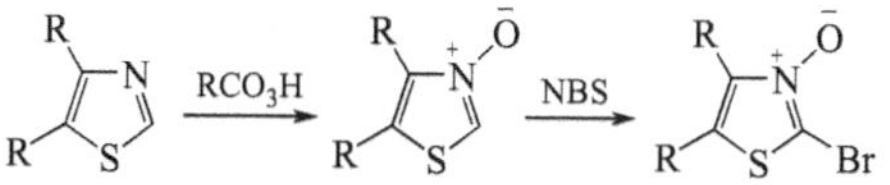

　　与 2-甲基吡啶的性质相似，2-烃基噻唑的 α-碳上的氢具有弱酸性，在强碱作用下可以生成相应的碳负离子，由于共轭作用，该类负离子非常稳定，可以与羰基化合物等反应生成醇。

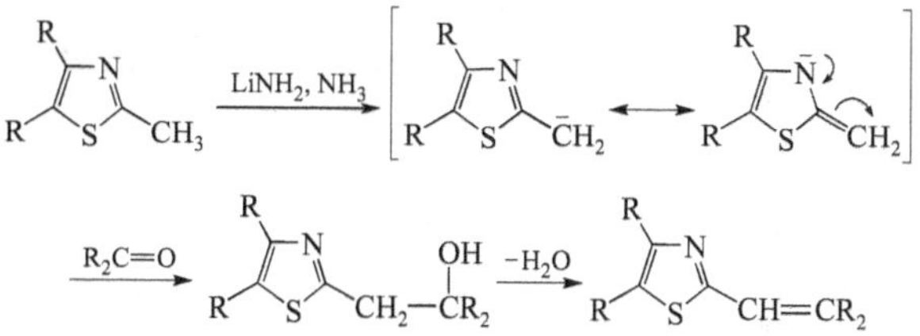

噻唑衍生物存在于自然界中，很多噻唑类化合物具有重要的生物学功能，在药物合成中也占有非常重要的地位。很多药物分子中含有噻唑的结构单元，例如维生素 B$_1$、头孢替安酯（Cefotiam hexetil）、盐酸头孢卡品酯（Cefcapene pivoxil hydrochloride）、头孢地嗪钠（Cefodizime sodium）、头孢泊肟酯（Cefpodoxime proxetil）等。

噻唑类化合物的合成方法有多种，仅介绍其中的几种方法。

1. Hantzsch 合成法

α-卤代羰基化合物与硫代酰胺或硫脲环合，可以生成噻唑类化合物。这是合成噻唑类化合物最常用的方法。最早是由 Hantzsch A 于 1887 年报道的。例如：

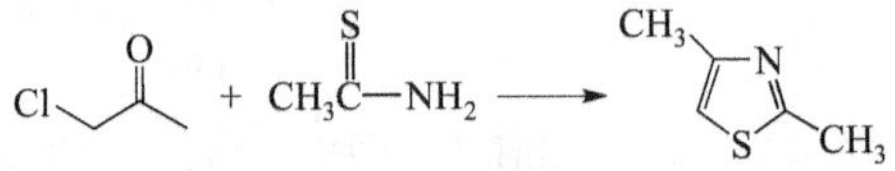

该类反应的反应机理如下。

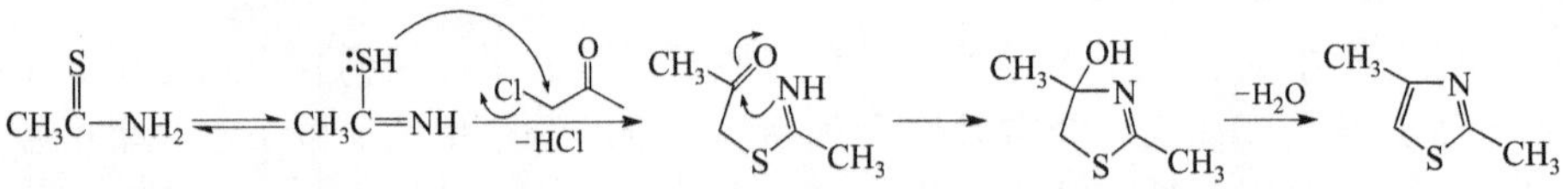

α-卤代羰基化合物可以是卤代酮、卤代醛及其等价物，有时也可以使用 α-卤代羧酸、α-卤代羧酸酯、α-卤代酮酸酯、α-卤代酰胺等。反应的另一组分除了硫代酰胺外，还可以使用硫脲、取代硫脲。使用硫脲时，得到 2-氨基噻唑衍生物。

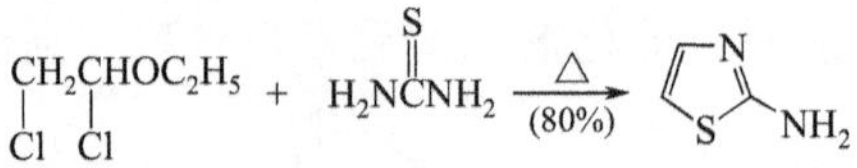

在此反应中，1,2-二氯乙醚是氯乙醛的等价物，与硫脲反应后生成 2-氨基噻唑。

半合成头孢类抗生素二盐酸头孢替安酯（Cefotiam dihydrochloride）中间体（**14**）的合成如下（陈芬儿，有机药物合成法.北京：中国医药科技出版社，1999：212）。

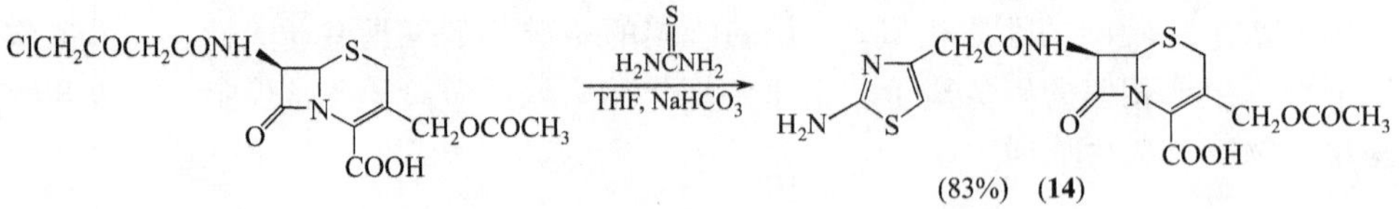

又如抗溃疡药法莫替丁（Famotidine）中间体（**15**）的合成：

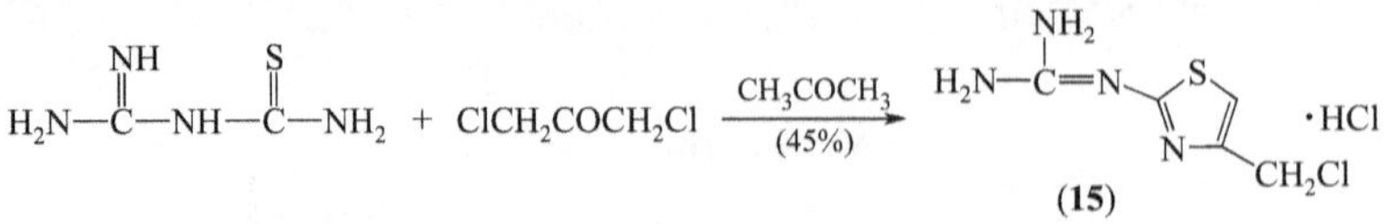

非甾体抗炎药甲磺酸达布非龙（Darbufelone mesilate）中间体 2-氨基噻唑啉-4-酮的合成如下。

2-氨基噻唑啉-4-酮（2-Aminothiazolin-4-one），$C_3H_4N_2OS$，116.07。白色固体。mp 215～217℃（分解）。

制法　曲虹琴，赵冬梅，程卯生.中国药物化学杂志，2004，14（5）：298.

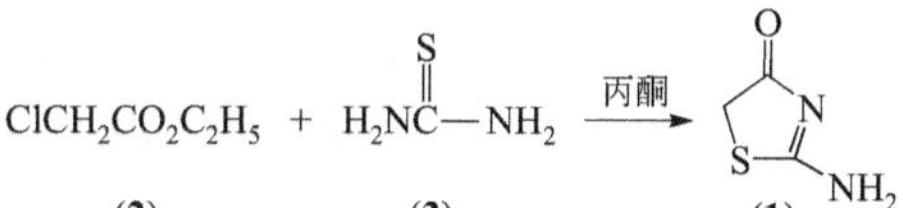

于安有搅拌器、滴液漏斗的反应瓶中，加入硫脲（**3**）72 g（0.973 mol），丙酮 1 L。搅拌下慢慢加入氯乙酸乙酯（**2**）120 g（0.973 mol），室温搅拌反应 12 h，冷却，抽滤。滤饼用丙酮洗涤后，溶于 240 mL 水中，再用饱和碳酸钠溶液调至 pH 9～10，析出白色固体。冰水中冷却，抽滤，冷水洗涤，干燥。得白色化合物（**1**）92 g，收率 81%，mp 216℃（分解）。

使用氨基硫代甲酸铵与卤代羰基化合物反应，可以生成巯基噻唑，例如抗生素头孢地秦钠（Cefodizime sodium）中间体（**16**）的合成［付德才，楼杨通，李忠民.中国药物化学杂志，2002，12（2）：105］。

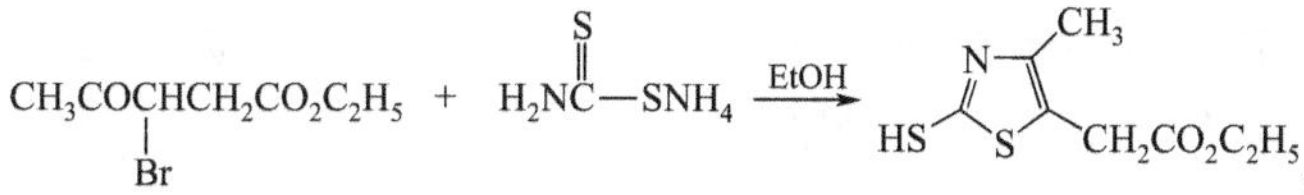

用 α-重氮酮代替 α-卤代羰基化合物也可以生成噻唑类化合物。例如：

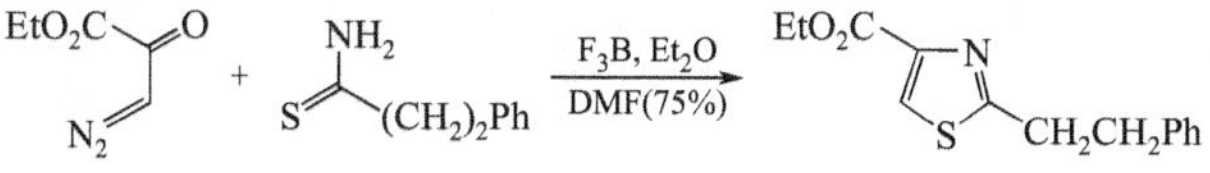

2. Cook-Heilbron 合成法

α-氨基腈与 CS_2、COS、二硫代羧酸盐（酯）、异硫氰酸盐（酯）可以在温和的条件下反应，生成 2,4-二取代的 5-氨基噻唑，称为 Cook-Heilbron 噻唑合成法。

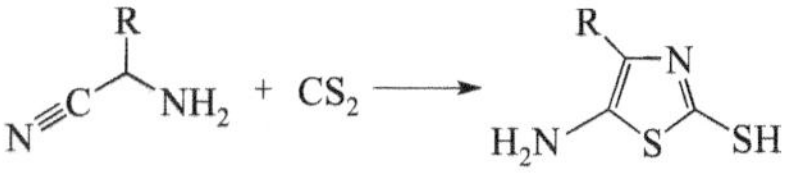

反应机理如下：

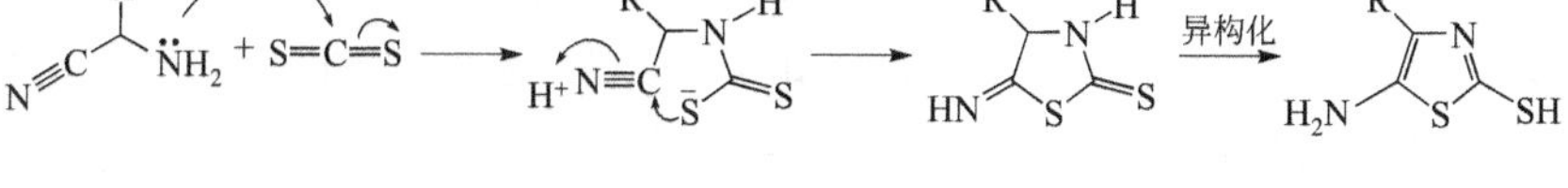

以异腈为起始原料合成噻唑，其基本原理与以异腈为原料合成噁唑相似（见噁唑的合成）。异腈在碱性条件下生成碳负离子，而后与醛或其等价物反应，生成 4,5-二氢噻唑衍生物，再发生消除得到噻唑衍生物。例如：

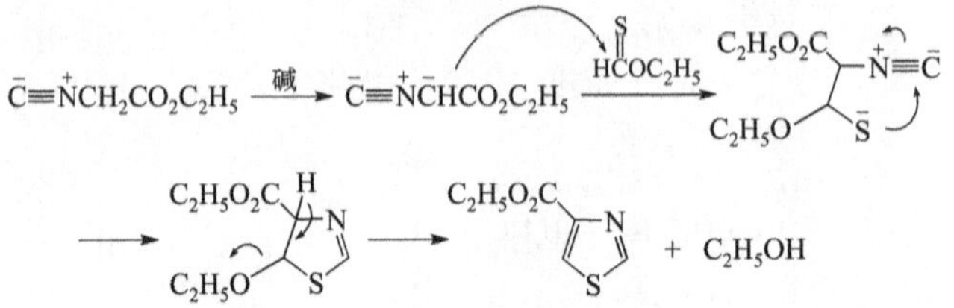

具体合成路线如下（Hartman G D，Weinstock L M. Org Synth，1988，Coll Vol 6：620）：

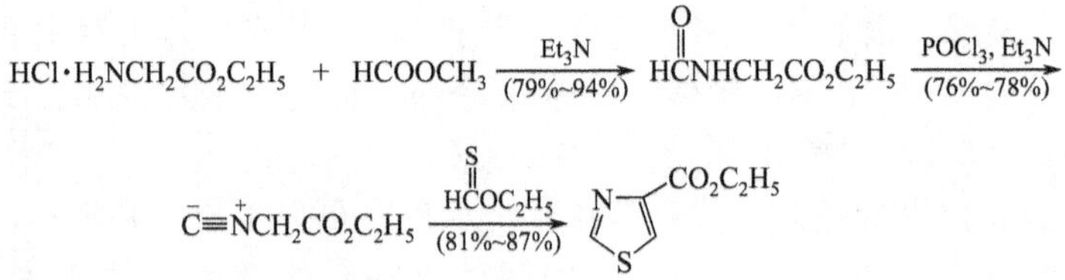

3. 噻唑的其他合成方法

噻唑类化合物还有很多合成方法，例如 β-氯乙胺盐酸盐与硫氰酸钾在碱性条件下反应，可以生成 2-氨基噻唑啉。

半胱氨酸与甲醛反应可以生成硫杂脯氨酸（**17**），是抗癌化合物噻唑烷酸衍生物的中间体（孙昌俊，曹晓冉，王秀菊. 药物合成反应——理论与实践. 北京：化学工业出版社，2007：439）。

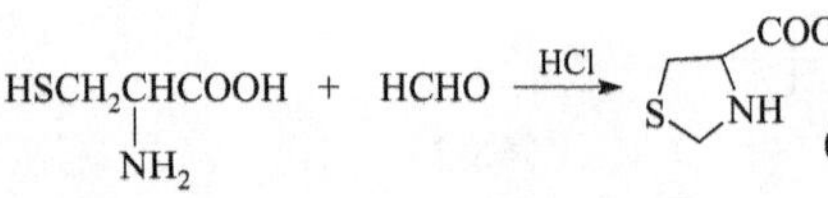

糖尿病治疗药依帕司他（Epalrestat）等的中间体 3-羧甲基绕丹宁（**18**）的合成如下：

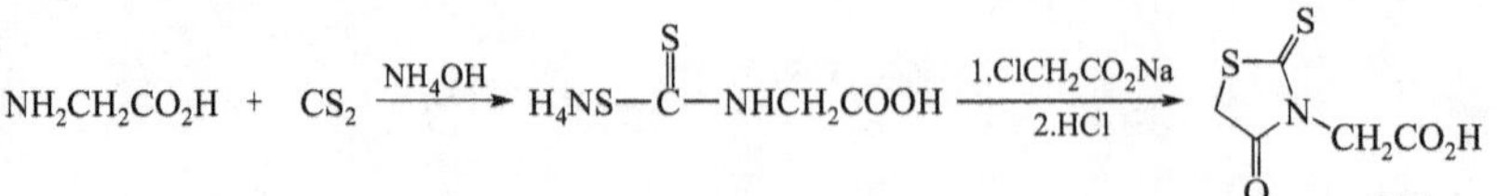

预防和治疗各种原因引起的白细胞减少、再生障碍性贫血及血小板减少药利可君（Leucoson）原料药（**19**）的合成如下（孙昌俊，曹晓冉，王秀菊. 药物合成反应——理论与实践. 北京：化学工业出版社，2007：451）：

$$PhCHCO_2C_2H_5 + HSCH_2CHCOOH \xrightarrow{(55\%)} Ph-CHCO_2C_2H_5 \quad (19)$$

二、苯并噻唑及其衍生物

苯并噻唑可以看做是苯与噻唑并合的产物，可能有三种异构体。

(1)　　　　**(2)**　　　　**(3)**

异构体（**3**）没有完整的苯环结构，不稳定。通常（**1**）称为苯并噻唑，而（**2**）称为苯并异噻唑。

苯并噻唑为微黄色液体，mp 2℃。在化学性质上，苯并噻唑显示碱性，但碱性比噻唑弱。与强碱如丁基锂作用，在 2 位生成锂盐，与卤代烷反应生成 2-烃基苯并噻唑盐。亲电取代只发生在苯环上。

2-烷基苯并噻唑 α-碳上的氢具有弱酸性，可以被强碱（如丁基锂）夺去生成碳负离子，该碳负离子可以与醛、酮反应生成相应的醇。

苯并噻唑类化合物在有机合成中具有重要意义，在农药、染料、橡胶、照相材料等领域有重要用途。2-巯基苯并噻唑是重要的橡胶助剂。

苯并异噻唑在抗精神病药物盐酸哌罗匹隆（Perospirone hydrochloride）（**20**）和齐拉西酮（Ziprasidone）（**21**）分子中含有其基本的骨架（陈仲强，陈虹.现代药物的制备与合成，北京：化学工业出版社，2007：251，287）。

(20)　　　　　　　　　**(21)**

工业上苯并噻唑由 N，N-二甲基苯胺与硫黄一起加热回流而得。

在苯并噻唑类化合物中，以 2-取代苯并噻唑更重要。2-氨基-4-氯苯并噻唑是合成除草剂草除灵（Benazolin）的中间体，而 2-(4-氨基苯基) 苯并噻唑及其衍生物则是一类强效的抗肿瘤化合物。以下仅介绍几种常见的取代苯并噻唑的合成方法。

1. 邻氨基苯硫酚的缩合反应

邻氨基苯硫酚是合成苯并噻唑衍生物最常用的原料之一，目前以这条路线为基础的合成方法研究也最多。最初人们曾将其与光气、二硫化碳、异硫氰酸盐等作用进行合成，目前较常见的是将其与醛、羧酸、酰氯、酸酐和酯等作用得到目的物。

① 邻氨基苯硫酚与醛的反应 邻氨基苯硫酚与醛在催化剂存在下反应，生成 2-烃基苯并噻唑。

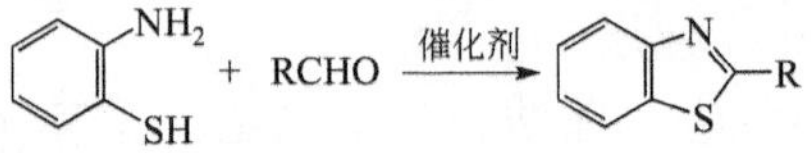

该反应的反应机理如下：

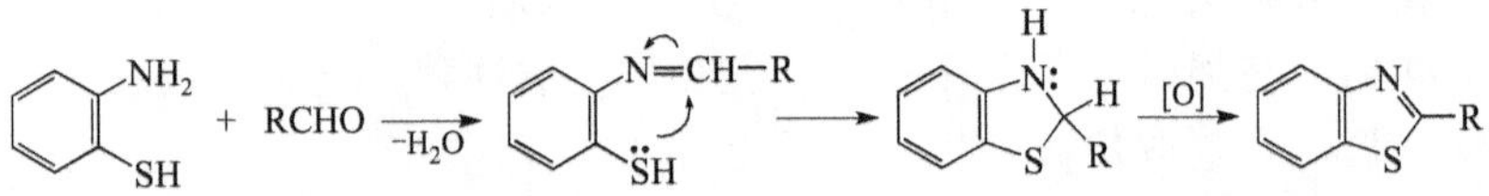

反应中首先生成 Schiff 碱，随后邻位巯基硫进攻 Schiff 碱双键碳原子而关环生成苯并噻唑啉，最后是苯并噻唑啉在氧化剂或脱氢剂作用下脱氢生成苯并噻唑类化合物。

例如如下反应：

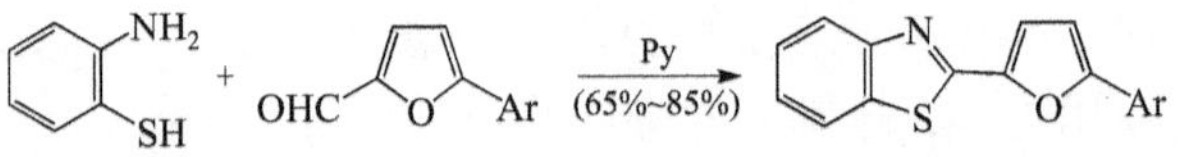

微波技术已用于该类反应，以 SiO_2 为载体，在无溶剂条件下微波辐射邻氨基苯硫酚与醛的反应，生成 2-烷基苯并噻唑和 2-芳基苯并噻唑衍生物。

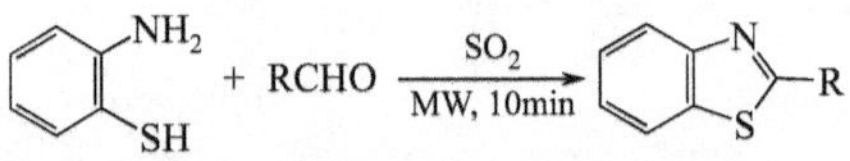

R = 烷基，芳基

近年来文献报道在路易斯酸催化下的邻氨基苯硫酚和醛的反应，主要的路易斯酸有 $Sc(OTf)_3$、$Yb(OTf)_3$、$Sn(OTf)_3$、$Cu(OTf)_3$ 等，发现 $Sc(OTf)_3$ 效果最好。也有以氯化铵作为催化剂的报道。

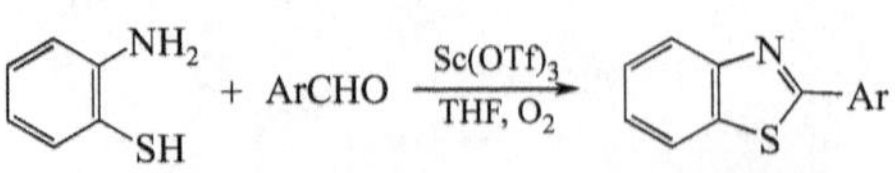

(97%~99%)

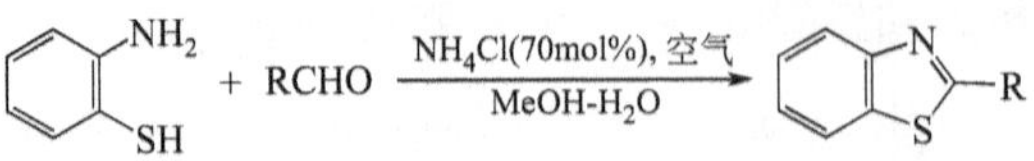

(84%~92%)

抗肿瘤活性化合物 2-(4-氨基苯基) 苯并噻唑中间体 2-(4-硝基苯基) 苯并噻唑的合成如下。

2-(4-硝基苯基) 苯并噻唑 [2-(4-Aminophenyl)benzothiazole]，$C_{13}H_8N_2O_2S$，256.28。白色固体，mp 227～229℃。

制法 雷英杰，毕野，欧阳杰，丁玫.化学研究与应用，2012：10，1596.

于反应瓶中加入醋酸 50 mL，邻氨基苯硫酚 (**2**) 2.50 g (2 mmol)，对硝基苯甲醛 3.02 g (2 mmol)，三价醋酸锰 6 mmol，搅拌下于 70℃反应 2～3 h，TLC 跟踪反应至反应完全。冷却，将反应物倒入 100 mL 水中，二氯甲烷提取。分出有机层，水洗，饱和碳酸氢钠溶液洗涤，无水硫酸钠干燥。过滤，浓缩。剩余物过硅胶柱纯化，以乙酸乙酯-石油醚洗脱，得白色固体 (**1**)，收率 85%，mp 227～229℃。

② 邻氨基苯硫酚与羧酸的反应 邻氨基苯硫酚与羧酸及其衍生物缩合，可以生成 2-烃基取代的苯并噻唑衍生物，例如：

反应中经历了邻酰氨基苯硫酚中间体，这种中间体有时可以分离出来。

邻氨基苯硫酚在无水氯化锌存在下与甲酸反应，可生成苯并噻唑。

固相合成法也有报道，微波辐射法也可用于邻氨基硫酚与酸反应合成苯并噻唑类化合物。

③ 邻氨基苯硫酚与羧酸衍生物的反应 邻氨基苯硫酚与苯甲酰氯在离子液体中的反应，分别得到苯并噻吩的 2-取代衍生物。其中两种离子液体——[Hbim]BF_4 (1-butylimidazolium tetrafluoroborate) 和 [bbim]BF_4 (1,3-di-*n*-butylimidazolium tetrafluoroborate) 应用效果最好。

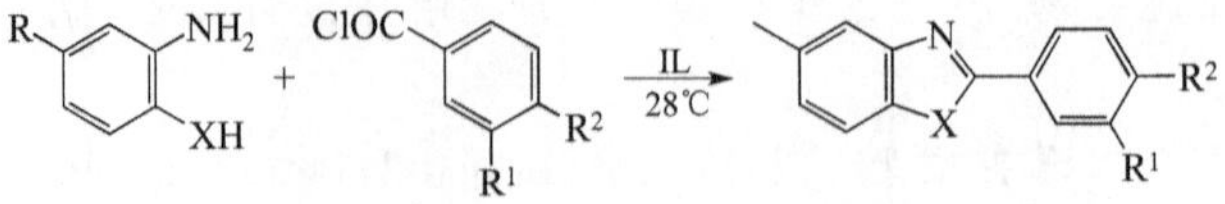

X = O, S, NH; R^1 = H, Me, Cl; R^2 = H, F;
IL: [hbim]$^+$BF$_4^-$, 10~25min, 79%~96%;
　　[bbim]$^+$BF$_4^-$, 40~120min, 79%~94%

　　在浓硫酸的作用下使邻氨基苯硫酚和芳基硫代羰基酸酯进行缩合反应，生成 2-芳基取代的苯并噻唑类衍生物。该合成方法首先进行胺解反应（胺-酯交换形成酰胺），然后环化脱硫化氢即得苯并噻唑类衍生物（Yu Y, Ni P, Lu T. J Anhui Normal Univ, 2007, 30：49）。

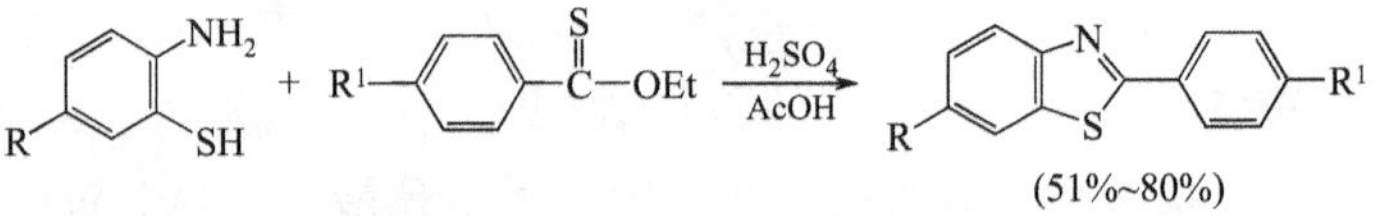

(51%~80%)

2. 硫代酰胺或硫脲的环合反应

　　芳基硫代酰胺或硫脲以及相应衍生物经环化可以生成 2-取代苯并噻唑。芳基硫代酰胺或硫脲可以连有不同的取代基，因而产物中苯环和 2 位的取代基可选择范围广，可以合成各种不同取代基的苯并噻唑衍生物。

　　① Jacobson 合成反应　硫代酰胺在铁氰化钾及氢氧化钠存在下环化合成 2-苯基苯并噻唑。取代苯胺和苯甲酰氯反应生成 N-取代苯甲酰胺，后者用 Lawesson 试剂硫化得到相应的硫代酰胺。

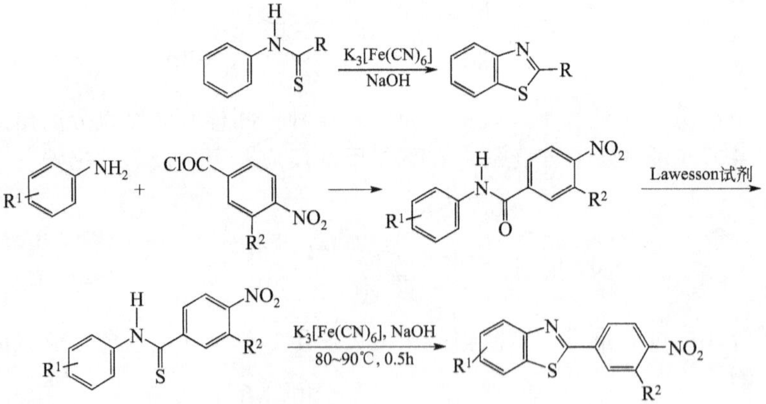

　　值得指出的是，苯胺环上取代基的位置不同（氨基的间位），环化时可能生成不同的异构体。

　　关于该类反应的反应机理，目前认为是属于自由基型反应机理。

　　有报道称，使用邻溴苯胺的硫酰胺环化，可以避免异构体的生成。例如：

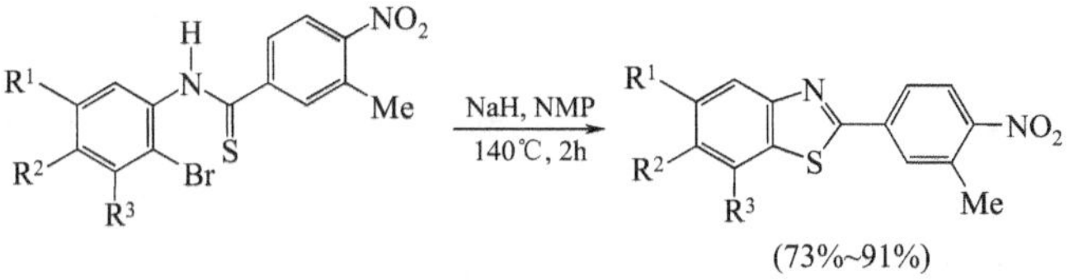

(73%~91%)

上述反应苯环上连接的是氨基而不是硝基时可以在更温和的条件下完成环化。

苯胺与硫氰酸盐在酸性条件下反应，可生成苯基硫脲，后者氧化脱氢 C-S 键环合，生成 2-氨基苯并噻唑。

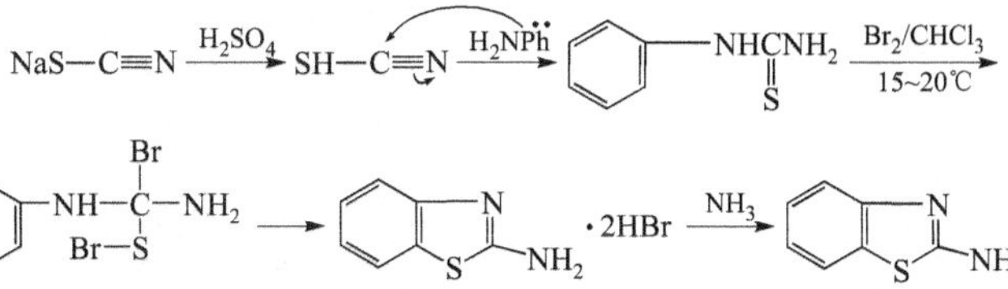

也可用氯化硫、硫酰氯等作脱氢试剂：

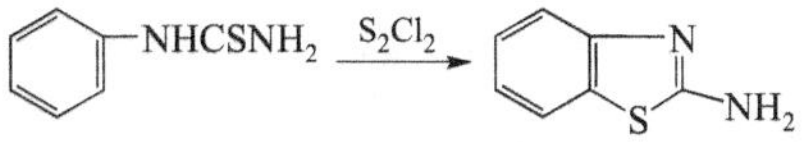

非甾体抗炎药噻拉米特（Tiaramide）的中间体 2-氨基-5-氯苯并噻唑（**22**）就是用这类反应来制备的。

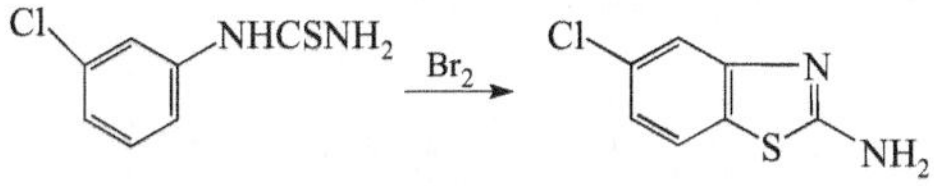

又如杀菌剂三环唑（Tricyclazole）中间体 2-氨基-4-甲基苯并噻唑的合成。

2-氨基-4-甲基苯并噻唑（2-Amino-4-methylbenzothiazole），$C_8H_8N_2S$，164.22。白色结晶。mp 136~138℃。

制法　丁成荣，贺孝啸，张翼，谢思泽，来虎钦.浙江工业大学学报，2010，38（2）：138.

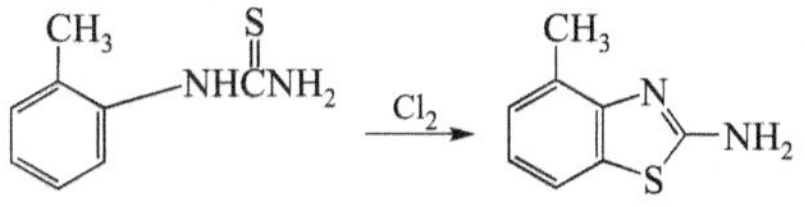

于安有搅拌器、温度计、通气导管的反应瓶中，加入邻甲基苯基硫脲（**2**）24 g，然后加入 70 mL 二氯乙烷溶解，冷至 −1℃，开始通入氯气，通入的氯气量为 16 g，通氯过程中，反应液温度保持在 2℃。通氯完毕，升温到 52℃，在反应过程中进行液相色谱追踪。当化合物（**2**）的质量分数低于 1‰ 时停止反应，得到化合物（**1**）的盐酸盐。然后加入水，溶液分层，油层为二氯乙烷。水层中加入 NaOH 中和，析出白色结晶。过滤，烘干，得到白色化合物（**1**）22 g，mp 136～138℃。

②金属催化环化　过渡金属催化 N-芳基硫代酰胺的环化脱氢合成苯并噻唑，主要是利用过渡金属使芳环邻位的 C-H 键活化，而后再环合生成 C-S 键而最终得到苯并噻唑衍生物。

反应机理可能如下：

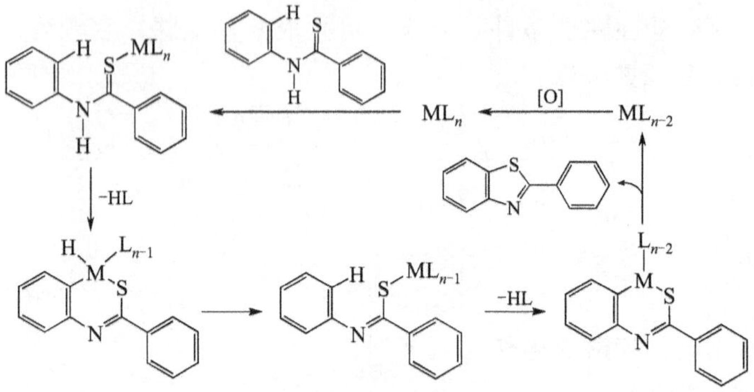

这类反应中，具有代表性的催化剂是钯、钯-铜、钯-锰等（Joyce L L，Batey R A. Org Lett，2009，11：2792）。

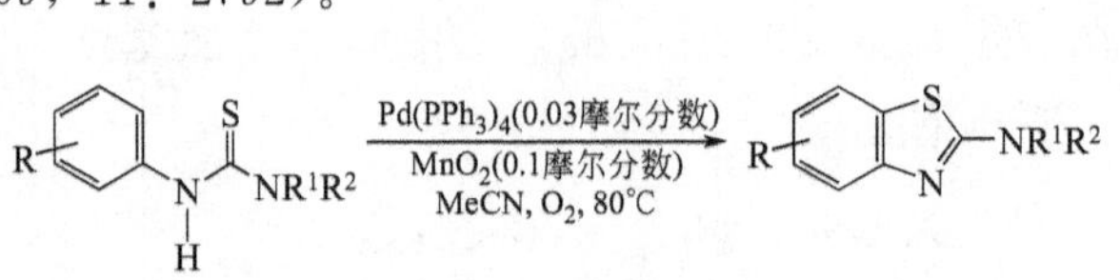

Mn（Ⅲ）对硫代苯酰苯胺的环化有促进作用。用微波辐射代替常规加热，反应时间会缩短，产率提高。

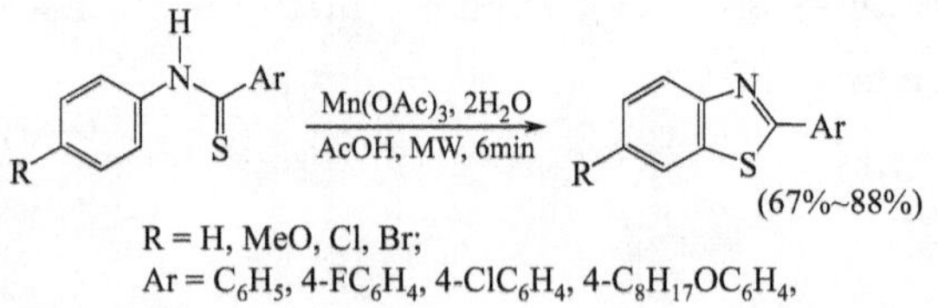

R = H, MeO, Cl, Br;
Ar = C_6H_5, 4-FC_6H_4, 4-ClC_6H_4, 4-$C_8H_{17}OC_6H_4$,

3. 邻卤苯胺的环化反应

邻卤苯胺是杂环化合物合成的重要原料。以邻卤苯胺合成苯并噻唑的关键问题是如何引入硫原子。文献报道的基本方法有三种。一是将邻卤苯胺先转化为酰胺或酰脲，再利用 Lawesson 试剂将其转化为硫酰胺或硫脲中间体，最后环化生成苯并噻唑；二是利用含硫化合物如硫化钠、二硫化碳、黄原酸钾等小分子有机或无机硫化物与邻卤苯胺直接反应生成苯并噻唑衍生物；三是利用异硫氰酸酯与邻卤苯胺反应生成硫脲，而后关环得到目标产物。

① 邻卤芳胺转化为邻卤芳基硫脲、邻卤硫代酰胺的环化　将邻卤芳胺转化为邻卤芳基硫脲、邻卤硫代酰胺，它们在碱性条件下转化为烯硫醇负离子，而后在金属催化下与苯环上含卤素原子的碳原子偶联，生成环状化合物。以铜催化的反应机理为例表示如下：

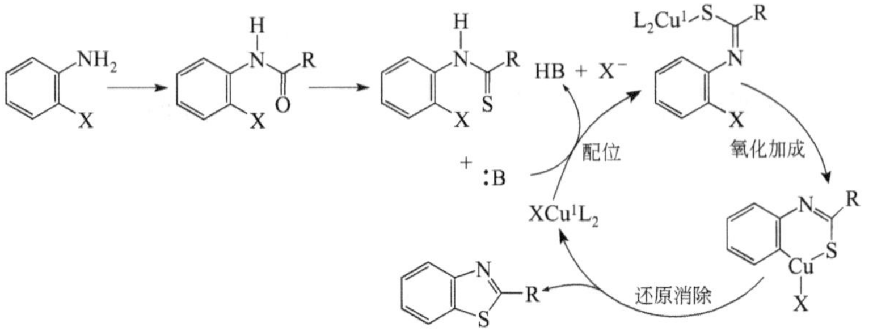

铜催化体系价格低廉，是有发展前途的催化剂。

纳米材料应用于该反应也有报道。使用纳米 CuO，无需另加配体，高收率的得到苯并噻唑衍生物（Saha P，Ramana T，Purkait N，Ali M. A，Paul R，Punniyamurthy T. J Org Chem，2009：74，8719）。

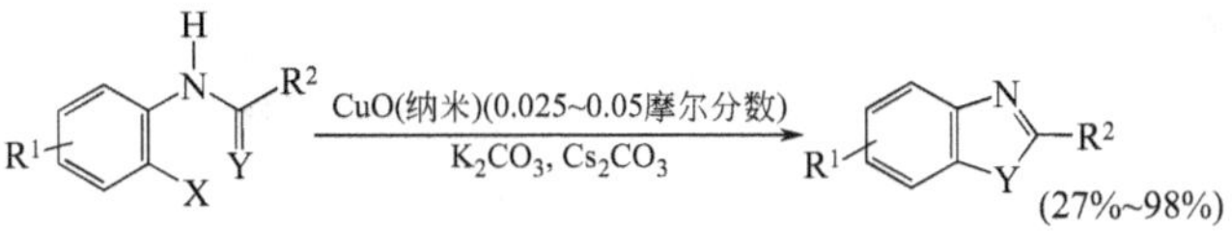

R^1 = H, Me, Cl, MeO;
R^2 = 烷基，芳基，ArNH，BnNH，$C_6H_{11}NH$，C_4H_9NH;
X = Br, I;
Y = O, S

② 简单小分子有机或无机含硫化合物的转化合成法　邻卤苯胺与小分子有机、无机含硫化合物反应合成苯并噻唑近年来发展很快。乙基黄原酸钾与多卤代苯胺反应，可以选择性地取代氨基邻位的卤素原子生成苯并噻唑衍生物（Zhu L；Zhang M. J Org Chem，2004：69，7371）。该法中使用的卤素原子为氟、氯、溴。

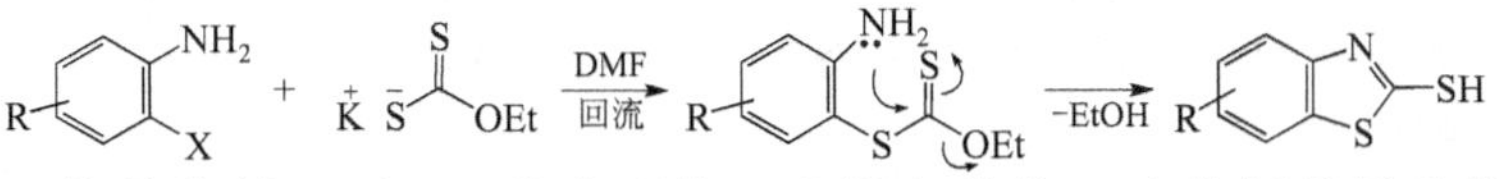

以 CuI 作催化剂，环己二胺为配体，以邻卤芳基二硫代氨基甲酸盐为原料，可以进行分子内环合生成巯基苯并噻唑，并同时进行串联的 S-芳基化反应，一锅法合成 2-芳硫基苯并噻唑（Murru S；Ghosh H；Sahoo S K；Patel B K. Org Lett，2009：11，4254）。

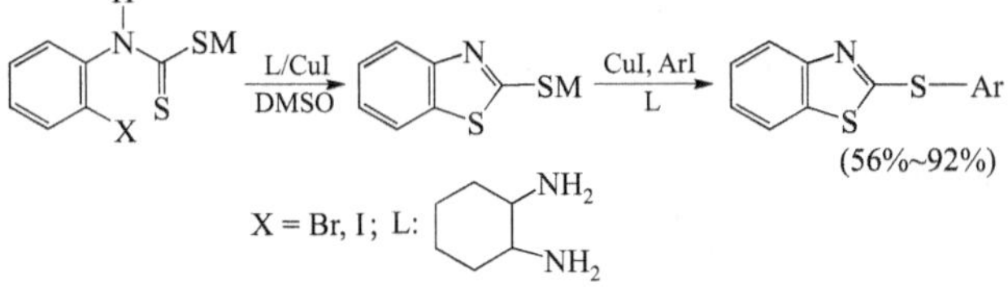

X = Br, I; L:

马大为等则开创了以硫化钠（钾）为硫源合成苯并噻唑的新方法（Ma D，Xie S，Xue P，et al. Angew Chem Int Ed，2009：48，4222），以邻卤苯酰胺为原料，在 CuI 催化剂存在下与硫化钠（钾）反应，高产率地得到苯并噻唑衍生物。

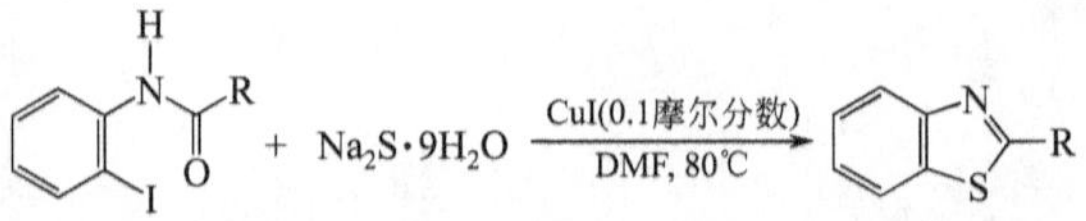

③ 异硫氰酸酯转化合成法　邻卤苯胺与异硫氰酸酯分两步生成苯并噻唑衍生物。

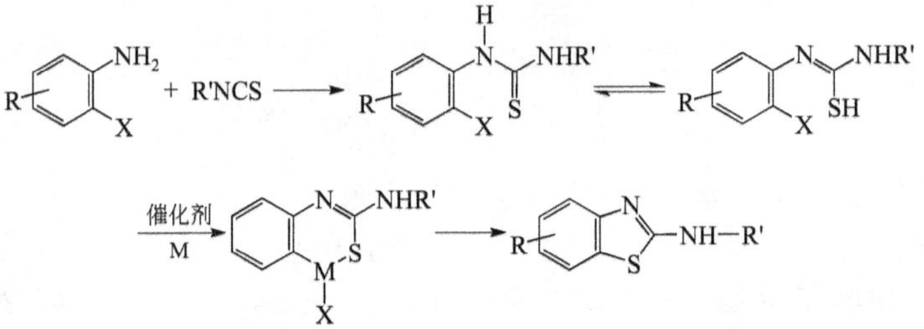

首先是生成硫脲衍生物，而后是硫脲衍生物在催化剂存在下关环生成 2-氨基苯并噻唑。目前关于这种方法的报道较多，主要是集中于催化剂、配体的研究方面。

有报道，在无配体、无碱的情况下，用 CuBr 作催化剂，在 TBAB 存在下使用邻卤苯胺和异硫氰酸酯合成 2-氨基取代的苯并噻唑衍生物（Guo Y J，Tang R Y，Zhong P，Li J H. Tetrahedron Lett，2010：51，649）。

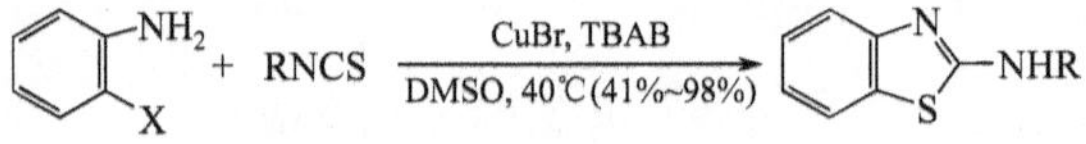

4. 其他合成方法

苯并噻唑的合成方法还有很多，以起始原料为主分为如下几种。

① 以苯并噻唑为原料　以苯并噻唑为原料通过取代反应可以合成 2-取代苯并噻唑。例如：

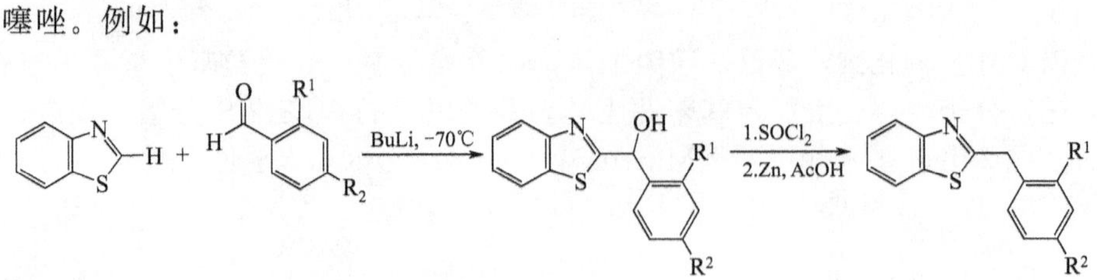

苯并噻唑与盐酸羟胺在氢氧化钠水溶液中回流，生成 2-氨基苯并噻唑。

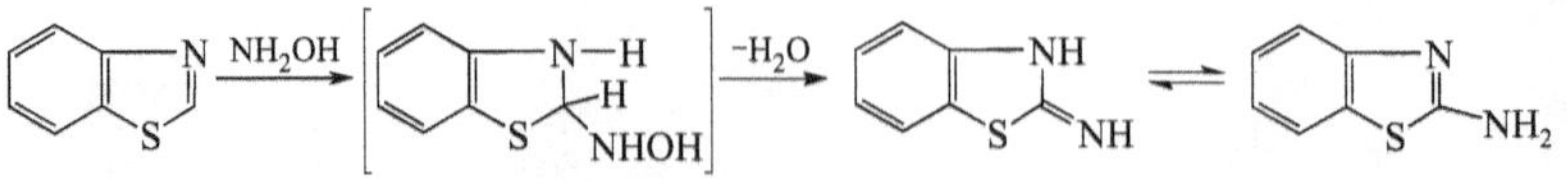

以 K_3PO_4 为碱，DMSO 为溶剂，PPh_3 为配体，在 CuI 催化剂存在下使苯并噻唑与碘苯发生偶联反应，可以合成 2-芳基苯并噻唑衍生物。

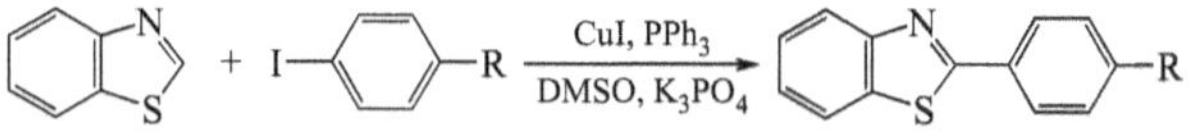

R = H, MeO, CN

(63%~83%)

② 以 2-巯基苯并噻唑为原料　2-巯基苯并噻唑的巯基氢具有弱酸性，在碱性条件下可以与卤化物反应生成 2-烃基苯并噻唑。

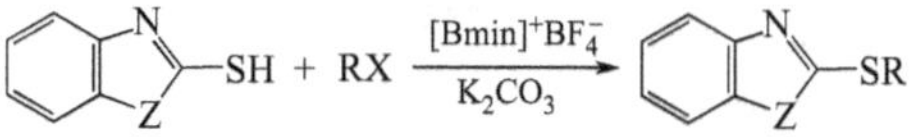

(90%~97%)

Z = O,S;
RX = BnCl, BuCl, BuBr, MeI, PrBr, BrCH$_2$COPh, ClCH$_2$CO$_2$Et

将 2-巯基苯并噻唑转化为 2-氯苯并噻唑，而后再与胺发生取代反应生成 2-氨基苯并噻唑。

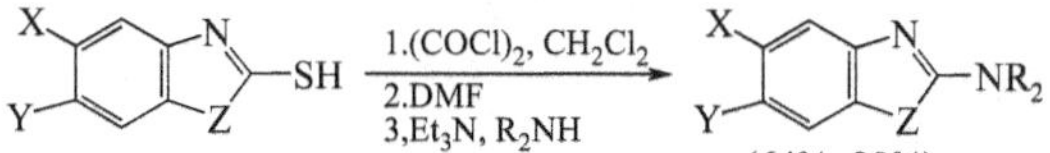

(64%~98%)

X = H, Cl, MeO; Y = H, Cl, NO$_2$; Z = O, S; R$_2$NH = 1°, 2°

③ 以 2-卤代苯并噻唑为原料　以 2-氯苯并噻唑为原料可以合成多种 2-取代苯并噻唑衍生物。

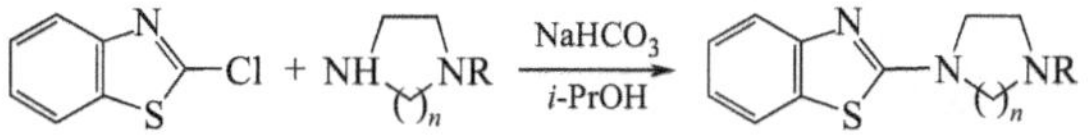

n = 1, 2

(45%~92%)

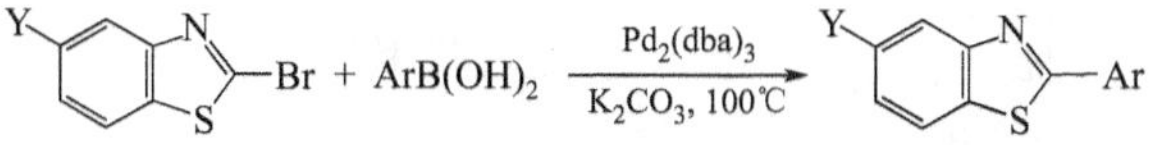

Y = H, MeO

(40%~72%)

④ 以 2-甲基苯并噻唑为原料　2-甲基苯并噻唑分子中的甲基比较活泼，可以被卤素原子取代，也可以在碱的作用下失去质子生成碳负离子，并进而参与各种亲核反应。

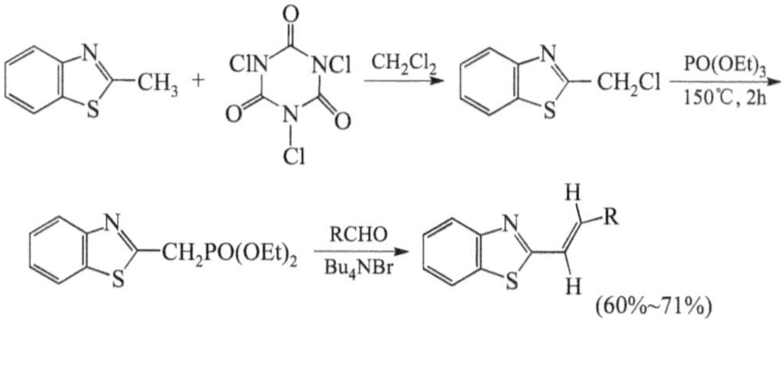

(60%~71%)

2-甲基苯并噻唑与羰基化合物在碱催化下发生缩合反应，生成 α，β-不饱和化合物。例如：

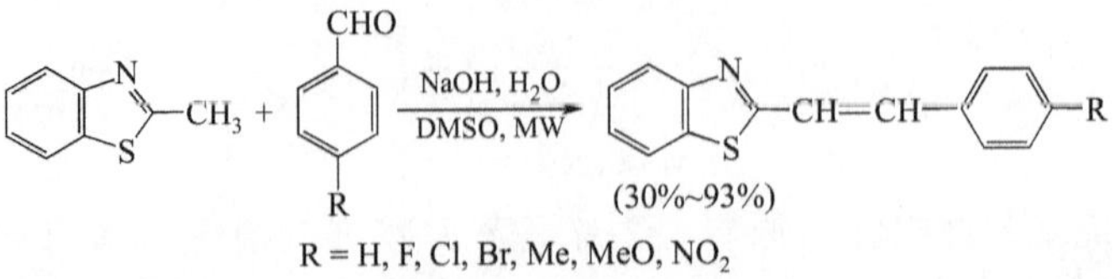

(30%~93%)

R = H, F, Cl, Br, Me, MeO, NO$_2$

⑤ 以硫酚和芳腈为原料　在硝酸铈铵存在下，由硫酚与芳腈环化生成 2-芳基苯并噻唑。适用于苯环上的多种取代基的硫酚和芳腈。

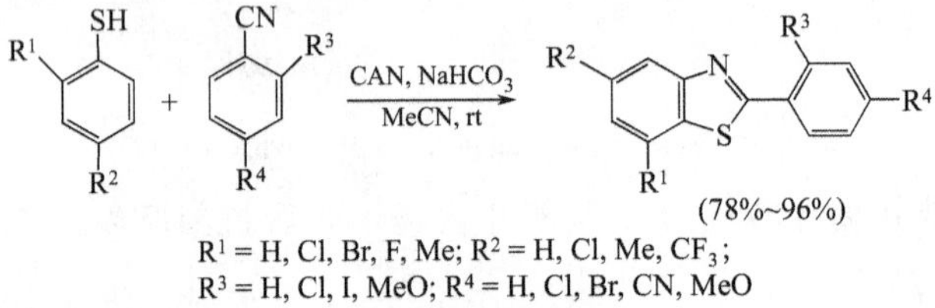

(78%~96%)

R^1 = H, Cl, Br, F, Me; R^2 = H, Cl, Me, CF$_3$；
R^3 = H, Cl, I, MeO; R^4 = H, Cl, Br, CN, MeO

此外，还有以异硫氰酸酯、2-肼基苯并噻唑、2-氯代甲基苯并噻唑等为原料合成 2-取代苯并噻唑衍生物的报道，不再赘述。

第三节　含两个氮原子的五元芳香杂环化合物

这类化合物主要有咪唑、苯并咪唑、吡唑、吲唑等，它们在有机合成、药物合成中都有广泛的用途。

一、咪唑及其衍生物

咪唑又叫 1,3-二唑，分子中含有一个类吡咯氮原子和一个类吡啶氮原子，具有平面五边形结构。咪唑具有芳香性，属于六电子五中心的富电子的芳香杂环体系。

咪唑在室温下即可达到互变平衡。

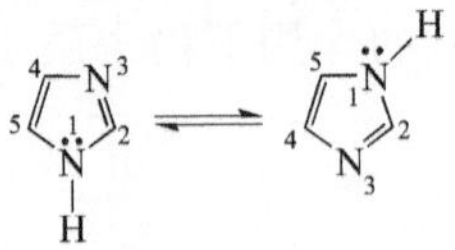

取代的咪唑也存在互变现象，有时无法分离得到单一的异构体。例如如下甲基取代的化合物，可以称为 4-（或 5-）甲基咪唑。

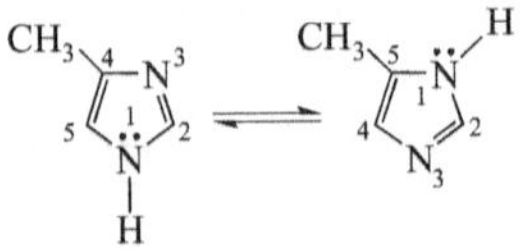

由于咪唑类化合物存在互变现象，所以，化学反应可能发生在环的不同位置上。

咪唑特殊的结构使其在酸、碱性方面表现出两重性。咪唑可以和酸（盐酸、硝酸、草酸、苦味酸等）生成相应的盐，表现出具有碱性。咪唑在醇中与醇钠反应可以生成咪唑的钠盐，表现出其又具有一定的酸性。咪唑是稳定的化合物，不发生自动氧化反应，室温下为固体。

咪唑可以和许多金属离子形成配合物，在这些配合物中，咪唑分子中的类吡啶氮原子与金属原子配合。

咪唑类化合物的烷基化、酰基化、磺化和硅烷基化都发生在氮原子上。其他试剂则发生在 C_4 或 C_5 上，由于环的互变，其结果是一样的。

咪唑与亲核试剂的反应速率较慢，往往需要较苛刻的反应条件，反应通常发生在2位。

咪唑存在于自然界中，组氨酸分子具有咪唑的结构，酶中的组氨酸积极参与催化剂作用中的质子转移。组胺分子中也含有咪唑结构，组胺的结构与荷尔蒙相关，是血管扩张和影响神经的一个重要因素。咪唑在药物合成中具有重要意义，很多药物分子中含有咪唑的结构单元。例如消化道溃疡病治疗药物甲氰咪胍（cimetidine）（**23**）、抗菌药甲硝哒唑（Metronidazole）（**24**）、治疗高血压药物洛沙坦（Losartan）（**25**）等。

咪唑类化合物的主要合成方法介绍如下。

1. 1,2-二羰基化合物与氨和醛发生环合生成咪唑衍生物

乙二醛、氨和甲醛一起反应，则生成咪唑，这是最早合成咪唑的一条路线。反应时可以以铵盐代替氨。

关于该反应的反应机理尚不太清楚，不过从生成物的结构看，可能是二羰基化合物先与氨反应生成双亚胺，而后再与醛缩合失水生成产物。

1,2-二羰基化合物可以是醛、酮、醛酯、酮酯等。醛类化合物可以是脂肪族醛，也可以是芳香族醛。例如治疗十二指肠溃疡、胃溃疡等的药物西咪替丁（Cimetidine）等的中间体（**26**）的合成（孙昌俊，曹晓冉，王秀菊.药物合成反应——理论与实践.北京：化学工业出版社，2007：441）。

$$CH_3COCH_2CO_2C_2H_5 \xrightarrow{NaNO_2, HCl} \left[\begin{array}{c} CH_3COCCO_2C_2H_5 \\ \parallel \\ N-OH \end{array} \right] \xrightarrow[HCl]{CH_2O} [CH_3COCOCOCO_2C_2H_5] \xrightarrow[NH_3]{CH_2O} \text{(26)}$$

又如抗生素头孢咪唑钠（Cefpimizole sodium）中间体（**27**）的合成（陈芬儿.有机药物合成法：第一卷.北京：中国医药科技出版社，1999：623）：

$$\begin{array}{c} HO_2CCH-CHCO_2H \\ | \quad\quad | \\ OH \quad OH \end{array} \xrightarrow{HNO_3, H_2SO_4} \left[\begin{array}{c} HO_2CCH-CHCO_2H \\ | \quad\quad | \\ ONO_2 \ ONO_2 \end{array} \right] \xrightarrow{HCHO, NH_3} \text{(27)}$$

若使用除甲醛以外的其他醛，则生成 2-取代的咪唑衍生物。

$$\begin{array}{c} H \quad O \\ \diagdown / \\ \diagup \diagdown \\ H \quad O \end{array} + 2NH_3 + RCHO \longrightarrow \text{咪唑-R}$$

例如抗阿米巴药、抗滴虫药塞克硝唑（Secnidazole）等的中间体 2-甲基咪唑的合成。

2-甲基咪唑（2-Methylimidazole，2-Methylglyoxaline），$C_4H_6N_2$，82.11。针状结晶。mp 136℃（142～143℃），bp 267℃。溶于水和醇，难溶于冷苯。

制法　陈芬儿.有机药物合成法：第一卷.北京：中国医药科技出版社，1999：529.

$$\begin{array}{c} CHO \\ | \\ CHO \end{array} \xrightarrow[NH_4HCO_3]{CH_3CHO} \text{2-甲基咪唑 (1)}$$
（**2**）

于安有搅拌器、温度计、回流冷凝器、滴液漏斗的反应瓶中，加入碳酸氢铵 88.5 g（1.12 mol），水 125 mL，搅拌 15 min 后，冰水浴冷却。慢慢滴加由 30％的乙二醛（**2**）90 g（0.466 mol）40％的乙醛 60 g（0.545 mol）组成的溶液，加完后继续室温搅拌反应 2 h。升至 50℃搅拌反应 30 min。减压浓缩至干，得浅黄色结晶粗品（**1**）38.1 g，含量 85.2％，折纯收率 86％。

若反应中使用伯胺盐和甲醛，则生成 1-烷基咪唑。

$$\begin{array}{c} H \quad O \\ \diagdown / \\ \diagup \diagdown \\ H \quad O \end{array} + RNH_2 + HCHO \xrightarrow[90\sim95℃]{H_3PO_4} \text{1-R-咪唑}$$

2. α-卤代酮或 α-羟基酮与脒反应生成咪唑衍生物

$$\begin{array}{c} R^1 \\ \diagdown \\ R^2 \diagup \end{array}\!\!\!\begin{array}{c} O \\ \parallel \\ OH \end{array} + \begin{array}{c} H_2N \\ \diagdown \\ NH \end{array}\!\!\! R^3 \xrightarrow{-2H_2O} \begin{array}{c} R^1 \\ R^2 \end{array}\!\!\!\text{咪唑-}R^3$$

$$\text{环戊酮-Br} + \begin{array}{c} H_2N \\ \diagdown \\ H_2N \diagup \end{array}\!\!\! NHAc \xrightarrow[rt(39\%)]{DMF, CH_3CN} \text{环戊并咪唑-NHAc}$$

溴代乙缩醛、甲酰胺和氨一起反应可以生成咪唑。反应的初始阶段，卤素可能被氨取代。

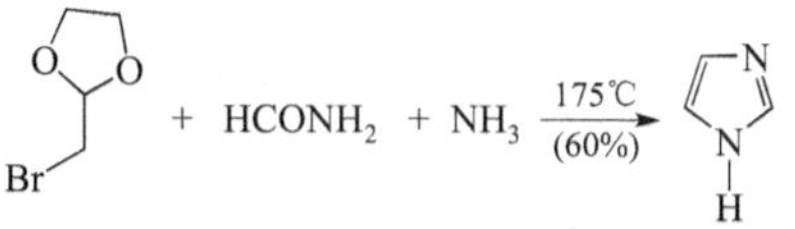

溴代马来醛的烯醇醚与脒反应生成 5-甲酰基咪唑衍生物。

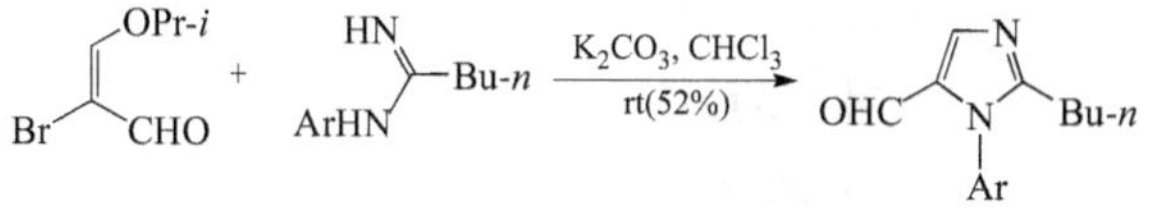

该反应的大致过程如下：

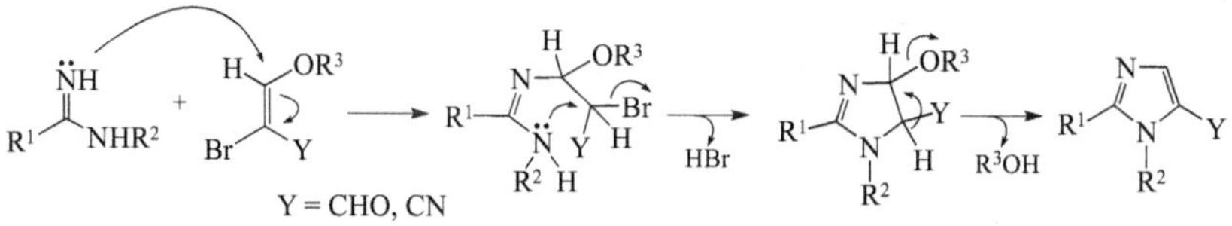

分子内含有脒基和羰基的化合物，可以发生分子内的缩合反应生成咪唑类化合物，例如如下反应 [Galeazzi E，Guzman A，Nava J L. J Org Chem，1995，60 (4)：1090]：

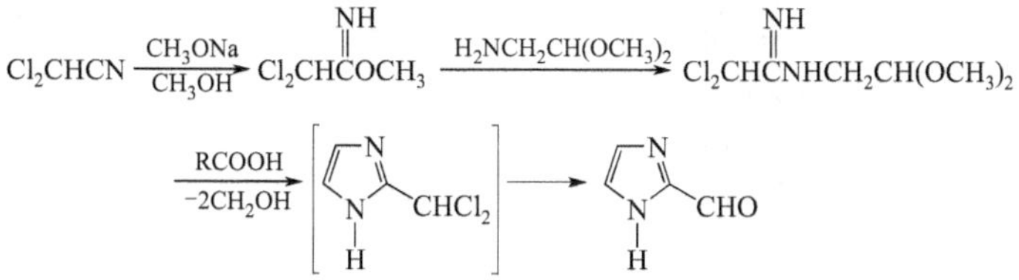

若使用三氯乙腈，则反应后生成咪唑羧酸或咪唑羧酸酯。

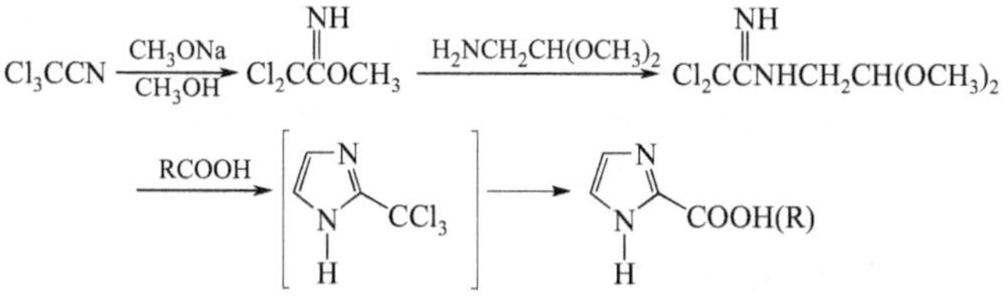

腈与乙二胺在酸或碱催化下可以生成咪唑啉类化合物。例如短效 α-受体阻断药妥拉唑啉（Tolazoline）原料药的合成。

妥拉唑啉（Tolazoline），$C_{10}H_{12}N_2 \cdot HCl$，196.68。白色或乳白色结晶粉末。mp 174℃。易溶于水，溶于乙醇、氯仿，不溶于乙醚。味苦，有微香味。

制法　李吉海，刘金庭.基础化学实验（Ⅱ）——有机化学实验.北京：化学工业出版社，2007：206.

（2）　　　　　　　　　　　（3）H　　　　　　　　　　　（1）·HCl

　　2-苄基咪唑啉（**3**）：于安有搅拌器、温度计、回流冷凝器（顶部安氯化钙干燥管）的反应瓶中，加入苯乙腈（**2**）60 mL（0.51 mol），无水乙二胺 50 mL（0.75 mol），加热回流。为了检验反应的终点，可取约 2 mL 反应液，冷后全部固化表明反应基本结束。改为减压蒸馏装置，减压蒸馏，收集 175～190℃/1.33 kPa 的馏分。馏出物冷后固化为淡黄色固体。粗品收率 93%。用 95% 的乙醇重结晶，得白色絮状结晶 2-苄基咪唑啉（**3**），mp 202℃。

　　妥拉唑啉（**1**）：将上述重结晶的产物溶于 4 倍量的乙酸乙酯中，冷却下通入干燥的氯化氢气体至 pH3 左右，冷却，析出盐酸盐。抽滤，干燥。将其溶于 2 倍量的无水乙醇中，过滤，再加入 5 倍的乙酸乙酯，冷冻析晶。抽滤，干燥，得白色结晶性粉末，mp 172～176℃，收率 92%～93%。

　　又如心脏病治疗药物琥珀酸西苯唑啉（Cibenzoline succinate）中间体（**28**）的合成。

　　降压药盐酸洛非西定（Lofexidine hydrochloride）原料药则采用如下合成路线，其反应原理是一样的，都是反应中生成脒的中间体（陈芬儿.有机药物合成法：第一卷.北京：中国医药科技出版社，1999：834）。

3. 异氰基丙烯酸酯与胺反应生成咪唑衍生物

　　异氰基丙烯酸酯是一种合成杂环化合物通用的中间体，与胺反应生成咪唑；与有保护基的肼反应生成 2-氨基咪唑；与 O-苄基胺反应生成 1-苄氧基咪唑。

　　在上述反应中，最后一步的反应过程如下：

例如如下反应（Yamada M，Fukui T，Nunami K I. Synthesis，1995：1365）。

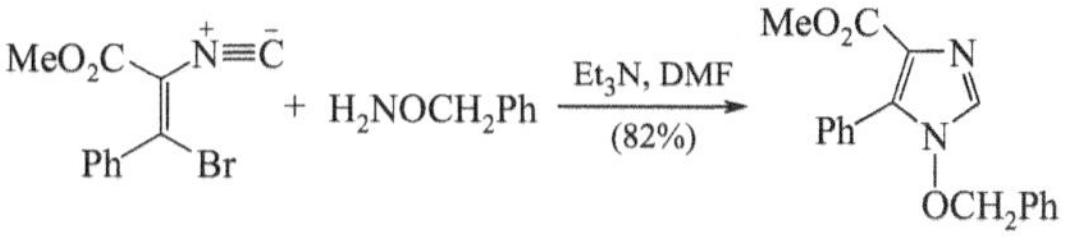

4. 咪唑的其他合成方法

1,2-二胺类化合物与原酸三酯反应可以生成咪唑啉类化合物，后者氧化生成咪唑类化合物。例如麻醉剂马来酸咪达唑仑（Midazolam maleate）原料药（**29**）的合成（陈芬儿. 有机药物合成法：第一卷. 北京：中国医药科技出版社，1999：399）。

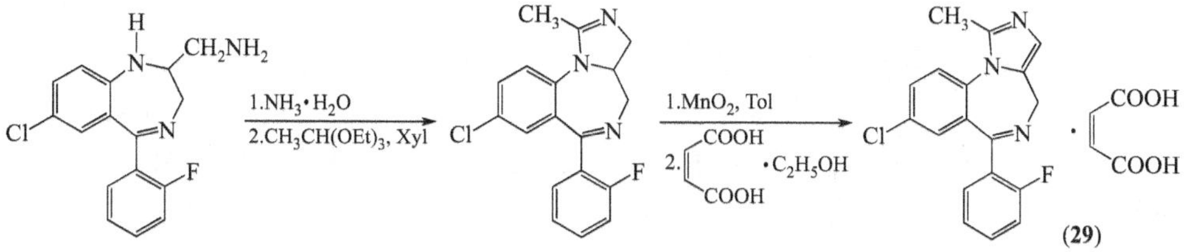

1,2-二胺的氨基乙酸发生分子内的缩合，可以生成咪唑酮类化合物。例如镇静催眠药甲磺酸氯普唑仑（Loprazolam mesilate）中间体（**30**）的合成（陈芬儿. 有机药物合成法：第一卷. 北京：中国医药科技出版社，1999：292）。

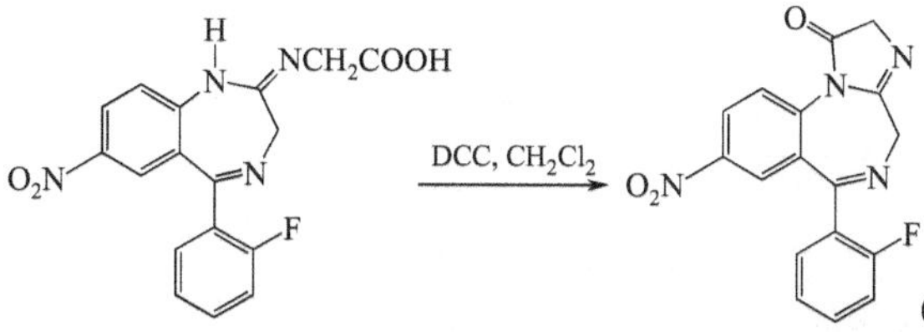

抗钩端螺旋体药物咪唑酸乙酯（Ethyl imidazolate）等的中间体 2-巯基咪唑-4-羧酸乙酯（**31**）可以采用如下方法来合成（孙昌俊，曹晓冉，王秀菊. 药物合成反应——理论与实践. 北京：化学工业出版社，2007：442）。

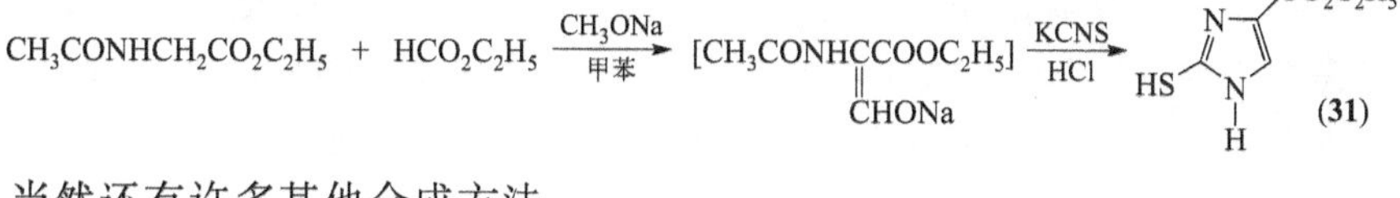

当然还有许多其他合成方法。

二、苯并咪唑及其衍生物

苯并咪唑又名间二氮茚，为无色结晶，mp 171℃。苯并咪唑的一些性质与咪唑相似，但碱性比咪唑弱，而 NH 的酸性比咪唑强。在水溶液中也存在互变现象。

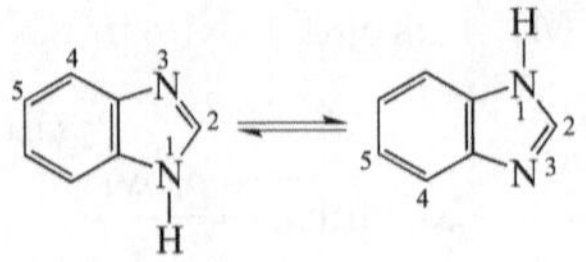

苯并咪唑氮原子上可以发生烷基化反应，生成 1-烷基苯并咪唑。

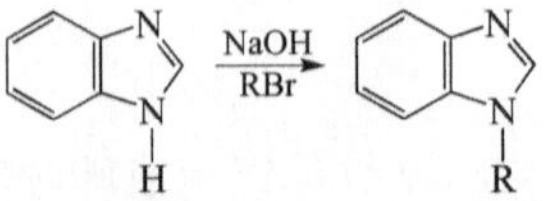

苯并咪唑可以在 1 位发生 Mannich 反应。例如：

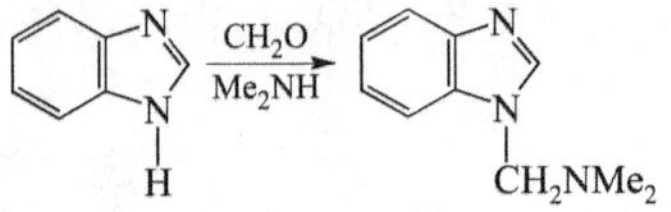

苯并咪唑发生亲电取代反应时，首先发生在 5 位，而后发生在 7 位或 6 位。

苯并咪唑的亲核取代比咪唑快，反应发生在 2 位，例如于二甲苯溶液中，1-烷基苯并咪唑与氨基钠反应生成相应的 2-氨基化合物（Chichibabin 反应）。

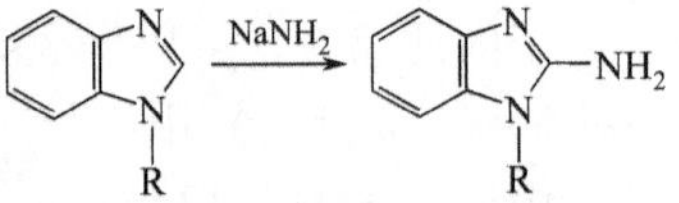

苯并咪唑与 NBS 室温反应生成 2-溴苯并咪唑。

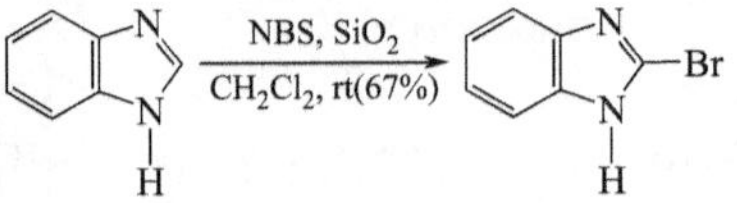

2-卤代苯并咪唑分子中的卤素原子可以被烷氧基、烷硫基、胺等亲核试剂所取代。2-烷基苯并咪唑的 α-H 具有弱酸性，例如：

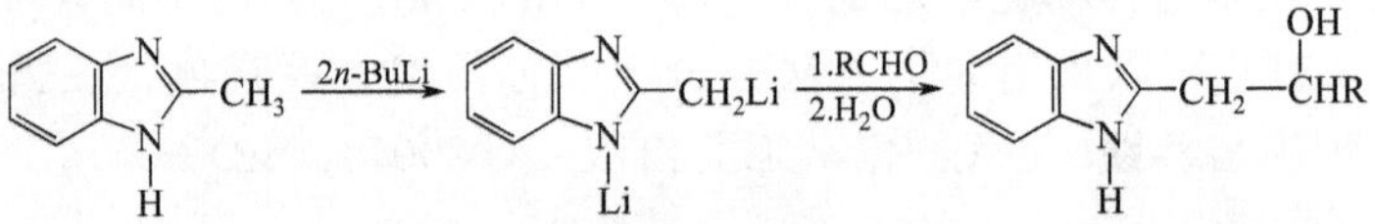

苯并咪唑类化合物具有重要的生物学功能，天然产物中含有苯并咪唑结构的重要化合物是维生素 B_{12}。苯并咪唑类化合物在药物开发和合成中有重要应用，很多药物分子中含有苯并咪唑的结构单元。例如抗真菌药苯菌灵（Benomyl）（**32**）、强心、抗高血压药盐酸匹莫苯（Pimobendan hydrochloride）（**33**）等。

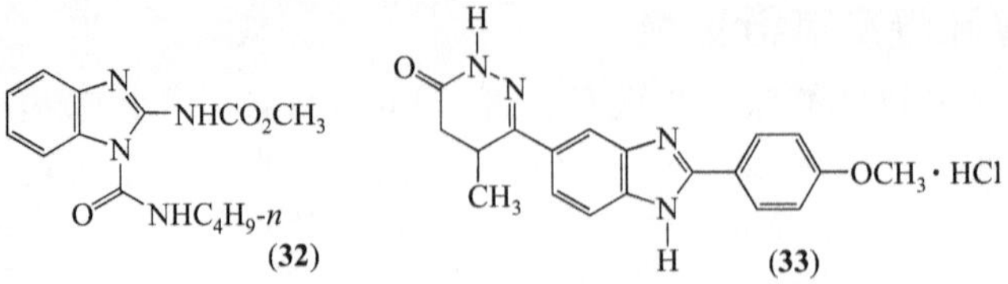

苯并咪唑分子中与苯环上相邻的位置各连接一个氮原子，因此最常用的合成方法是以邻苯二胺类化合物为起始原料合成苯并咪唑类化合物。

1. 以邻苯二胺与羧酸为原料

邻苯二胺与羧酸及其衍生物的反应是合成苯并咪唑及其衍生物是一种传统的合成方法，已有近百年的历史。但这种传统的方法往往需要强酸性、较高的温度、较长的时间等反应条件。常用的酸为盐酸、多聚磷酸、对甲苯磺酸、混酸等。

邻苯二胺和甲酸于 95～100℃ 加热，可制备苯并咪唑。反应中首先脱水生成甲酰胺，再继续脱水环合生成苯并咪唑。苯并咪唑是抗真菌药物克霉唑（Clotrimazole）等的中间体。

苯并咪唑（Benzimidazole），$C_7H_6N_2$，118.13。白色斜方或单斜结晶。mp 170.5℃。溶于热水、醇、酸及强碱溶液，微溶于冷水及醚，几乎不溶于苯及石油醚。

制法　孙昌俊，曹晓冉，王秀菊. 药物合成反应——理论与实践. 北京：化学工业出版社，2007：444.

于反应瓶中加入邻苯二胺（**2**）54 g（0.5 mol），90％的甲酸 35 g（0.68 mol），搅拌下于沸水浴加热反应 2 h。冷却至 60℃ 左右，慢慢加入 10％的氢氧化钠水溶液至对石蕊呈碱性。抽滤，滤饼用冷水洗涤。将滤出的固体溶于 400 mL 沸水中，活性炭脱色，趁热过滤，滤液冷至 10℃，过滤析出的固体，冷水洗涤，干燥，得苯并咪唑（**1**）50 g，收率 85％，mp 171～172℃。

降血脂药益多酯（Etofylline clofibrate）中间体（**34**）就是采用这种方法合成的（陈芬儿. 有机药物合成法：第一卷. 北京：中国医药科技出版社，1999：1016）：

也可用其他羧酸来合成 2-取代苯并咪唑及其衍生物。例如：

用邻苯二胺与 α,β-不饱和酸反应可以合成 2-乙烯基苯并咪唑。

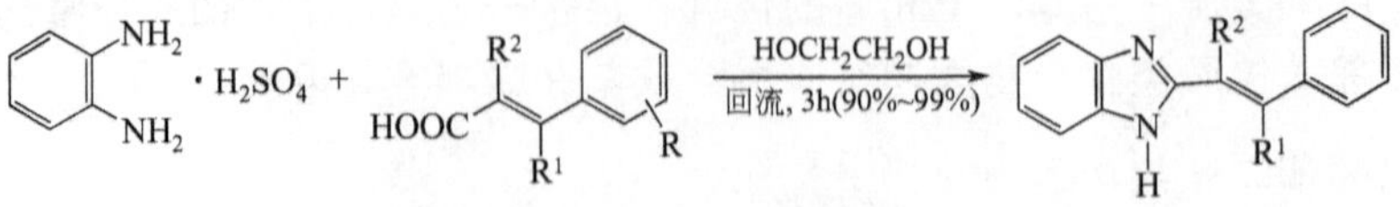

R = H, 4-CH₃, 2-Cl. 4-Cl, 3-NO₂, 4-NO₂;
R¹ = H, CH₃, C₆H₅; R² = H, CH₃, C₆H₅

长链二元酸与邻苯二胺反应可生成双苯并咪唑。

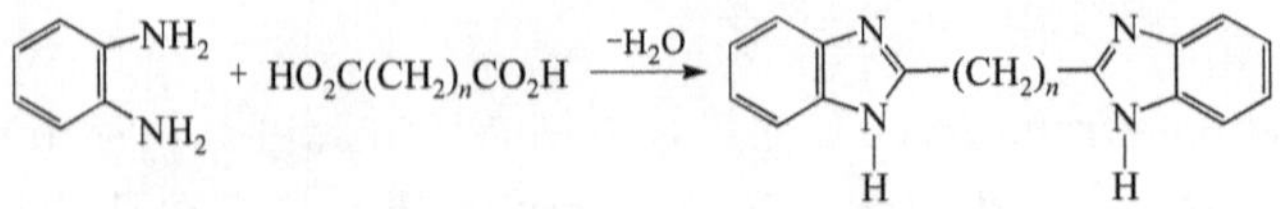

但草酸及丙二酸生成六元环和七元环状化合物。

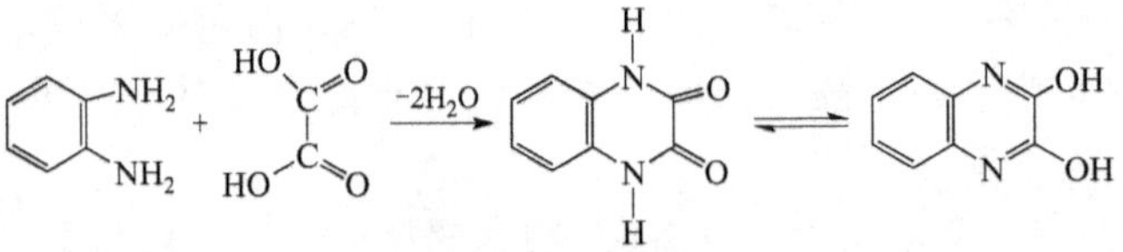

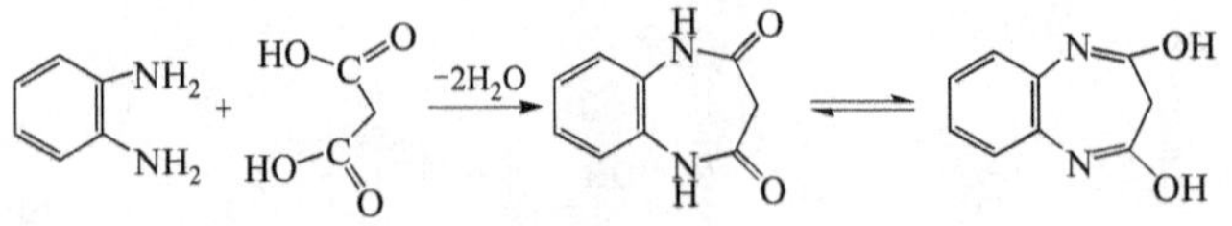

N-单取代的邻苯二胺和其他羧酸的反应很慢，使用三氟甲磺酸酐和三苯氧膦混合物可以作为有效的脱水剂，也可使用多聚磷酸。例如如下抗高血压药替米沙坦（Telmisartan）中间体的合成。

**4-甲基-6-(1-甲基-1*H*-苯并［*d*］咪唑-2-基)-2-丙基-1*H*-苯并［*d*］咪唑［4-Methyl-6-(1-methyl-1*H*-benzo［*d*］imidazol-2-yl)-2-propyl-1*H*-benzo［*d*］imidazole]，C₁₉H₂₀N₄，304.39。淡橙色固体。mp 139～140℃。

制法 陈仲强，陈虹.现代药物的制备与合成.北京：化学工业出版社，2007：412.

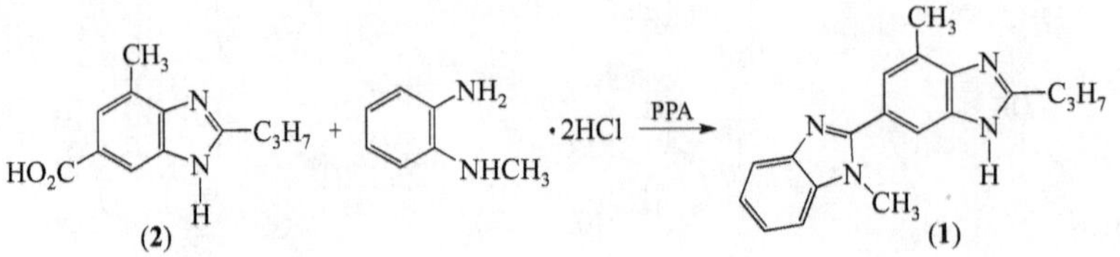

于反应瓶中加入化合物（**2**）5.0 g（0.0229 mol），多聚磷酸 61.4 g，搅拌下慢慢加热溶解。升至 160℃ 时，分批加入 N-甲基邻苯二胺盐酸盐 4.5 g（0.023 mol），30 min 加完，反应体系呈紫色，有 HCl 气体生成。于 150～160℃搅拌反应 20 h。冷却，倒入 275 g 碎冰中，搅拌，用氨水调至 pH9，析出沉淀。过滤，干燥，加入 100 mL 乙酸乙酯中，回流 1 h，趁热过滤，如此再重复 2 次。合并乙酸乙酯层，冷却，析出淡橙色固体。过滤，乙醚洗涤，得淡橙色固体（**1**）4.5 g，收率 68％，mp 139～140℃。

微波可以促进苯并咪唑类化合物的合成。例如 α-羟基羧酸与邻苯二胺类化合物的反应合成 2-羟甲基苯并咪唑，但该方法仍需要使用强酸（如盐酸）。例如化合物（**35**）的合成。

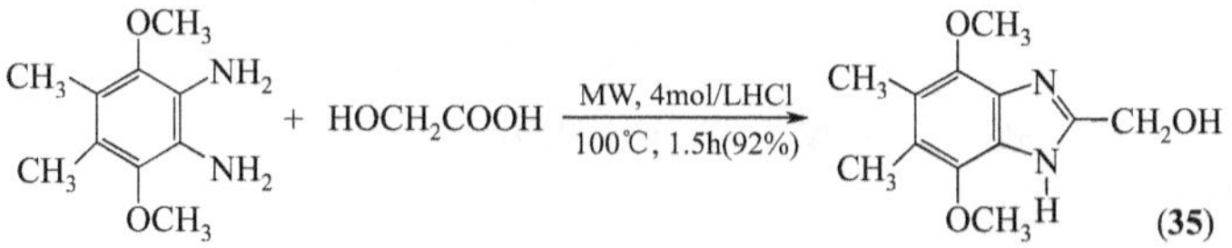

陈淑华等（彭游，陈智勇，刘燕，牟其明，陈淑华，四川大学学报：自然科学版，2005，42：1054）研究表明，微波辐射功率不同会直接影响产物的类型。以邻苯二胺和芳香酸为原料，人工沸石为载体，加入催化量的 DMF 作能量传递介质，微波辐射 2～6 min，可高产率地得到目标物 2-取代苯并咪唑，改变微波功率则得到另一类化合物。

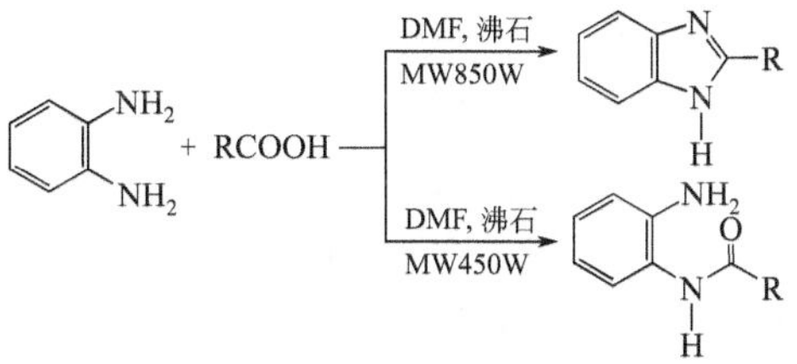

原因可能是微波功率小时，只生成酰胺，不足以引起下一步的关环反应。

除了邻苯二胺与羧酸的反应外，邻苯二胺也可以与羧酸衍生物如酰氯、酯等反应生成苯并咪唑，不过报道相对较少。

邻硝基苯胺还原后具有和邻苯二胺同样的性质，因此也被用作合成苯并咪唑类化合物的原料。例如在还原剂氯化亚锡存在下用微波在 130℃加热直接从 2-硝基苯胺一步合成 2-取代苯并咪唑，产率最高达到 95％（VanVliet D S，Gillespiean P，Scicinski J. TetrahedronLett，2005，46：6741）。

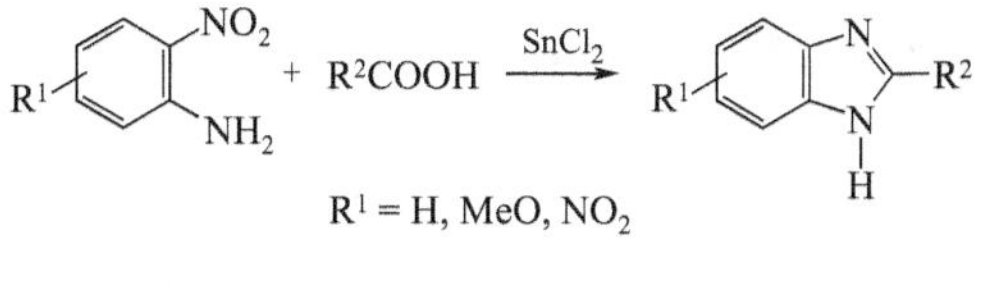

2. 以邻苯二胺与醛为原料

以邻苯二胺和醛为原料合成苯并咪唑也是一个较为传统的路线。该方法包括三个步骤，一是邻苯二胺与醛羰基缩合形成 Schiff 碱，二是 Schiff 碱发生关环反应生成氢化苯并咪唑，三是氧化脱氢生成苯并咪唑类化合物。其中关键步骤是氧化脱氢。氧化脱氢的方法有多种。

① 有氧化剂参与的合成　该方法常用硝基苯（高沸点氧化剂）、对苯醌、2,3-二氯-5,6-二氰基对苯醌（DDQ）、硝酸铈铵-H_2O_2、四氰乙烯、MnO_2、$Pb(OAc)_4$、过硫酸氢钾氧化剂（Oxone）、$Na_2S_2O_5$、KI/I_2 等做氧化剂。

氧化剂在邻苯二胺与醛的反应中起了重要的促进作用。例如新药开发中间体2-对甲氧基苯基苯并咪唑的合成。

2-对甲氧基苯基苯并咪唑 [2-(4-Methoxyphenyl)-1H-benzimidazole]，$C_{14}H_{12}N_2O$，224.26。mp 223～226℃（226～227℃）。

制法　Gogol P, Knwar G. Tetrahedron Lett，2006，47：79.

于安有磁力搅拌器、温度计、回流冷凝器的反应瓶中，加入邻苯二胺 1.0 mmol，对甲氧基苯甲醛（**2**）1.0 mmol，水 10 mL，室温搅拌 20 min。加入碳酸钾 1.5 mmol，继续搅拌反应 10 min。再加入由碘化钾 0.25 mmol、I_2（0.06 g，0.25 mmol）、水 5 mL 配成的溶液，而后分批加入 I_2 0.75 mmol，每次间隔 5 min。加完后升至 90℃搅拌反应 45 min。加入 10%的硫代硫酸钠溶液 5 mL，乙酸乙酯提取。有机层无水硫酸钠干燥，过滤，减压浓缩，得化合物（**1**），收率 78%，mp 223～226℃（226～227℃）。

在如下反应中以硝酸铈铵（CAN）和双氧水为催化剂合成苯并咪唑衍生物，双氧水起到氧化剂的作用 [Ahrami K, Khodaci M M, Naali F, J Org Chem. 2008，73（17）：6835]：

若在上述反应中使用对苯二甲醛，则两个醛基都可以参加反应，生成双苯并咪唑衍生物。

Y = NO_2 (95%); Y = CH_3 (95%)

② 催化剂存在下氧气参与的合成　空气是廉价的氧化剂，利用空气作氧化剂一直是人们关注的课题。如下反应以 Fe（Ⅲ）/Fe（Ⅱ）为氧化还原的媒介，使用空气作氧化剂合成了具有不同取代基的苯并咪唑类化合物（Singh M P，

Sasmal S，Lu W，Chatterjee M N. Synthesis，2000：1380）。

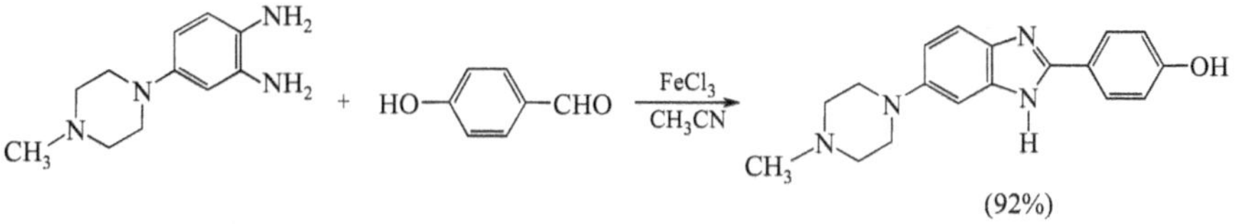

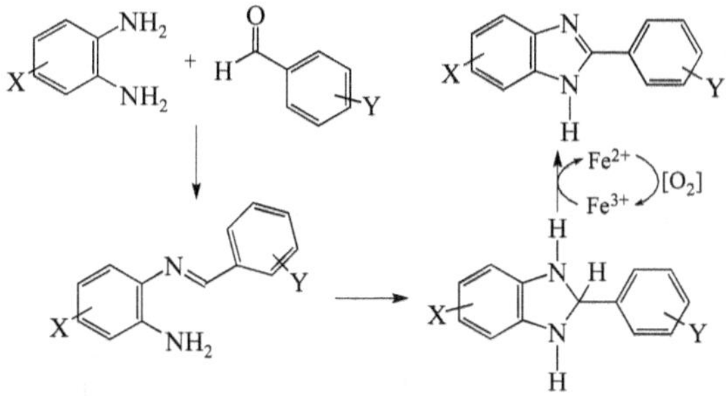

金属铟化合物能催化由醛和邻苯二胺合成苯并咪唑类化合物的空气氧化反应，反应操作简单，反应时间更短（30 min），产率也达到 92% 以上。

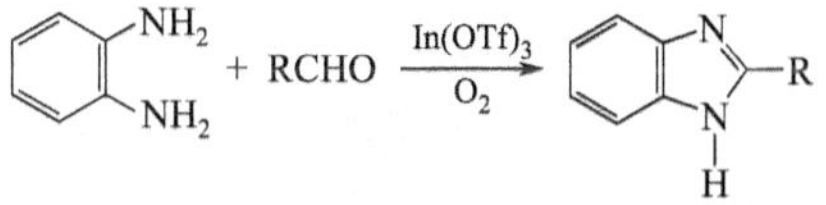

③ 无催化剂存在下氧气参与的合成　不用催化剂，将邻苯二胺类化合物溶解在各种常用的有机溶剂中，然后在空气存在下（鼓泡），于小于或等于100℃的条件下反应，得到了预想的苯并咪唑类化合物。以二氧六环为溶剂时效果最好。在进行的 27 个相关反应中，产率最高可达 90% 以上（Lin S N，Yang L H. Tetrahedron Lett，2005：46，4315）。

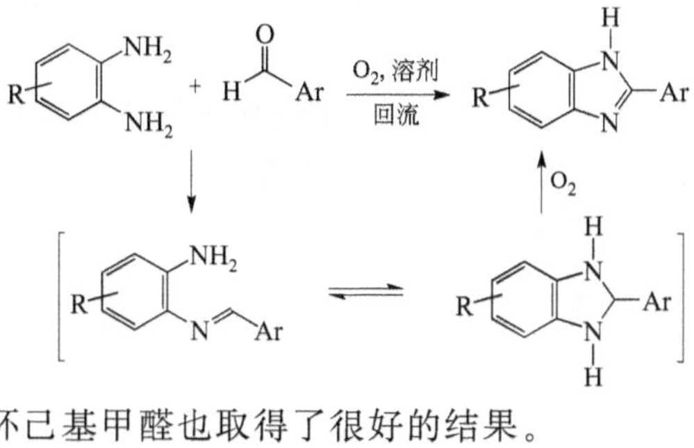

使用肉桂醛和环己基甲醛也取得了很好的结果。

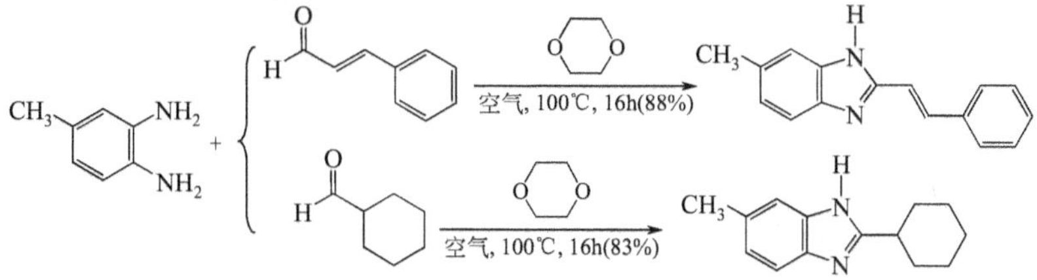

④ 不同物料比下无氧气参与的合成　当胺与醛的物质的量之比由常见的 1:1 改变为 1:2 时，无需氧气的参与也可以合成苯并咪唑类化合物。例如，用对甲氧基苯甲醛与邻苯二胺直接合成 1-(对甲氧基苄基)-2-(对甲氧基苯基)-苯并咪唑，产率为 67.3% [杨红伟，岳凡，封顺等.有机化学，2004，24 (7)：792]。

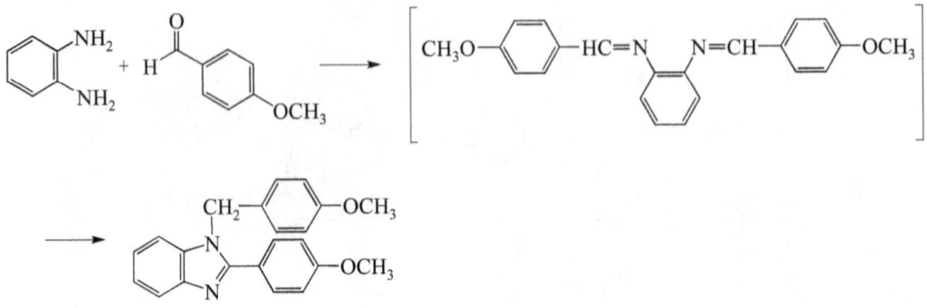

正是由于反应物比例不同，整个反应的机理也不同，得到的产物也不同。由反应的中间体可以看出整个反应不需要氧气的参与，两分子苯甲醛分别与邻苯二胺上的两个氨基反应，形成双 Shift 碱，再关环得到热力学上更稳定的化合物——1,2-双取代的苯并咪唑。因此，该类苯并咪唑衍生物的结构与有氧气氧化时存在差异。

当使用不同的芳香醛以 1:1 摩尔比混合后与邻苯二胺反应时，可以得到 1,2-二取代苯并咪唑 [陈桧华，林伟忠.广东化工，2009，36 (5)：18]。

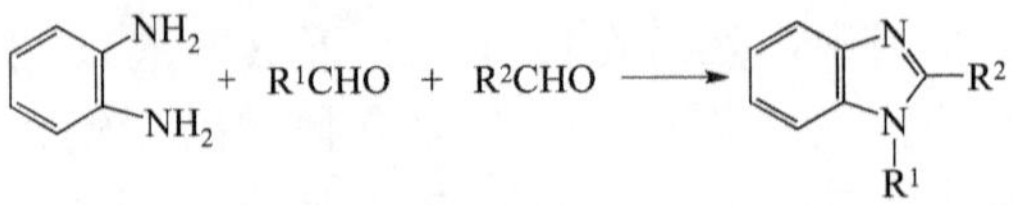

上述反应中邻苯二胺的两个氨基分别与两种醛反应生成双 Schiff 碱，由于 Schiff 碱氮上的电子云密度不同，可以得到 1,2 位不同取代基的苯并咪唑衍生物。

⑤ 邻硝基苯胺还原后与醛的反应　邻硝基苯胺还原后生成邻苯二胺，因此有时可以直接使用邻硝基苯胺与醛在还原剂存在下直接生成苯并咪唑类化合物。例如 [毛郑州，汪朝阳，宋秀英等.有机化学，2009，29 (6)：985]：

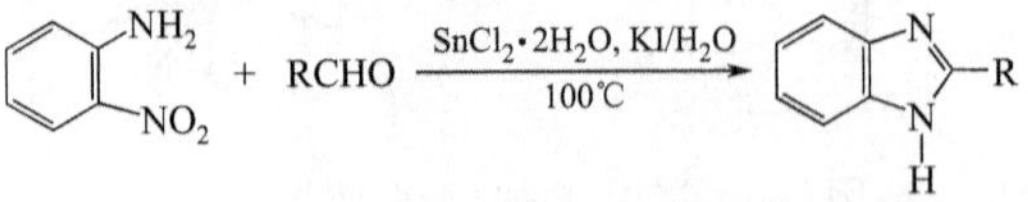

邻硝基苯胺和醛在 TiO_2-水体系中光照，可以生成苯并咪唑衍生物。

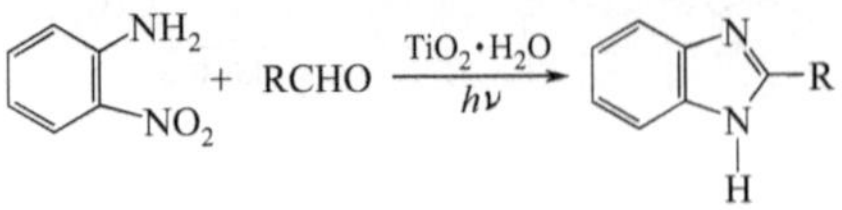

TiO_2 在水体系中光照，可以生成可观的氢气和氧气。光照下 TiO_2 起到催

化加氢的作用，将邻硝基苯胺还原为邻苯二胺，而后以空气为氧化剂与醛反应得到苯并咪唑衍生物（Fujishima A，Honda K. Nature，1972，238：38）。

　　将硝基催化氢化是很好的硝基还原方法，苯并咪唑的收率很高。例如（Hornberger K R，Adjabeng G M，Dickson H D，Davis-Ward R G. Tetrahedron Lett，2006，47：5359）：

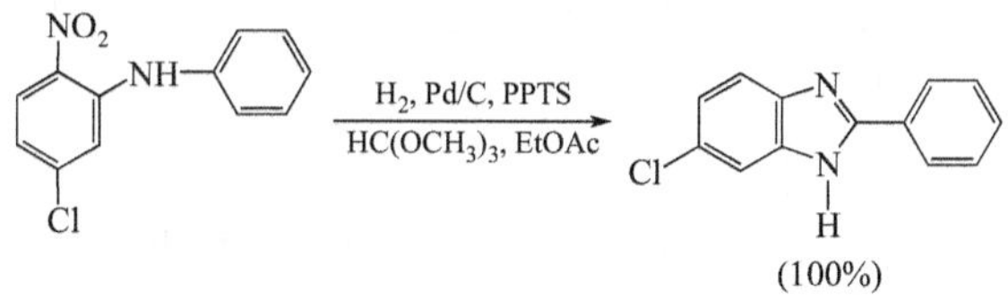

(100%)

　　⑥ 邻硝基卤苯的胺化、还原和环合　邻硝基卤苯分子中的卤素原子容易于被氨基取代，因此，易得的邻硝基卤苯也是合成苯并咪唑类化合物的重要原料之一。其通常的步骤为：卤素的胺取代、硝基的还原、二胺与醛的缩合。

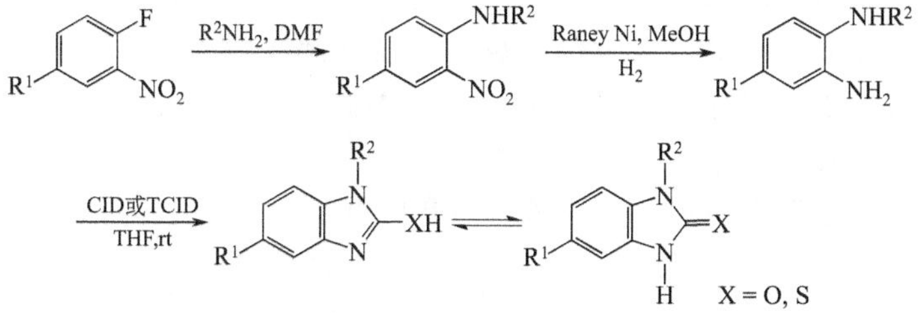

　　在还原芳环上的硝基时，使用 Raney Ni 的甲醇溶液，最后在 THF 溶液中进行关环缩合反应，该方法的合成产率都在90%以上。

　　Li 等（Li L，Liu G，Wang Z-G，et al. J Comb Chem，2004，6：811）报道了在液相中合成多取代5-氨基苯并咪唑的方法。以 1,5-二氟-2,4-二硝基苯为原料，经取代、还原、环化缩合等反应，在没有氧化剂存在的条件下室温下得到苯并咪唑类化合物，产率为84.1%。

3. 以邻苯二胺和尿素、硫脲、二氧化碳和二硫化碳为原料

　　以邻苯二胺和尿素、硫脲或二氧化碳为原料可以合成苯并咪唑衍生物。邻苯二胺与尿素加热脱氨，生成苯并咪唑-2-酮，其互变异构体为 2-羟基苯并咪唑。

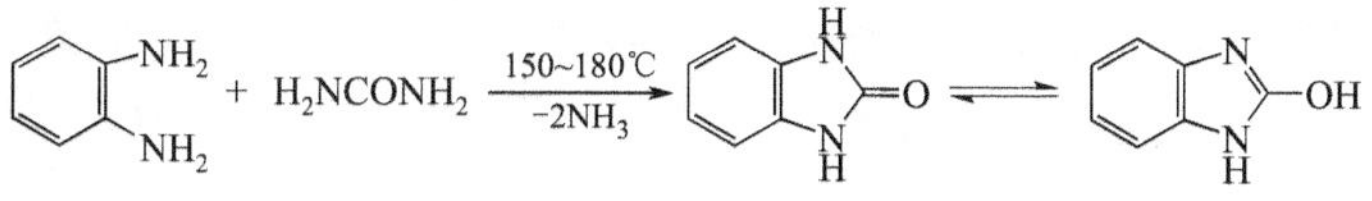

邻苯二胺与硫脲的反应基本相似。

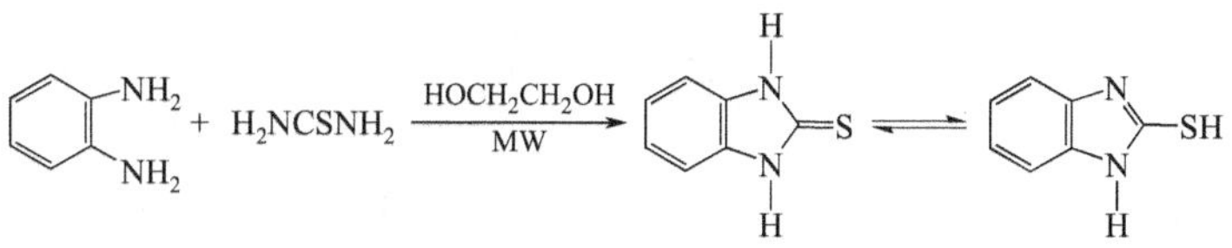

胃动力药多潘立酮（Domperidone）中间体 4-(5-氯-2-氧代苯并咪唑基)-1-哌啶甲酸乙酯的合成如下。

4-(5-氯-2-氧代苯并咪唑基)-1-哌啶甲酸乙酯 [4-(5-Chloro-2-oxobenzoimid-azole)-1-piperidinecarboxylic acid ethyl ester]，$C_{15}H_{18}ClN_3O_3$，323.76。类白色固体。mp 135～137℃。溶于热乙醇，不溶于水。

制法　孙昌俊，曹晓冉，王秀菊.药物合成反应——理论与实践.北京：化学工业出版社，2007；438.

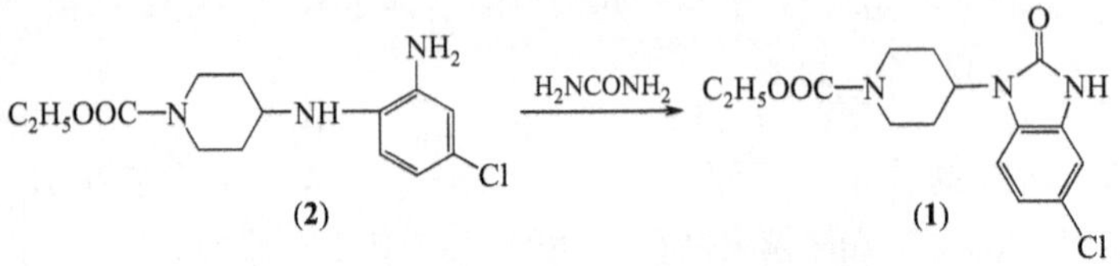

于反应瓶中加入 4-(2-氨基-4-氯苯氨基)-1-哌啶甲酸乙酯（**2**）74.1 g（0.25 mol），尿素 21.6 g（0.36 mol），氮气保护下油浴加热至 160～180℃，反应 5 h。将反应物趁热倒入甲苯中，活性炭脱色。减压蒸出溶剂。加入二异丙醚，有油状物，搅拌下固化。抽滤，干燥，得（**1**）68 g，收率 84%，用乙醇重结晶，mp.135～137℃（有文献报道，mp 160℃）。

邻苯二胺在水存在下与二氧化碳高温高压下反应，可生成 2-羟基苯并咪唑。

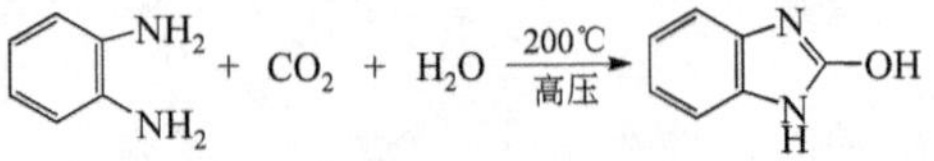

邻苯二胺和二硫化碳进行反应，脱去硫化氢，进行 C-N 键环合，生成 2-巯基苯并咪唑。

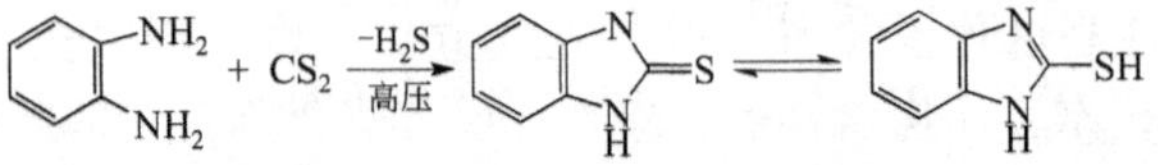

反应过程如下：

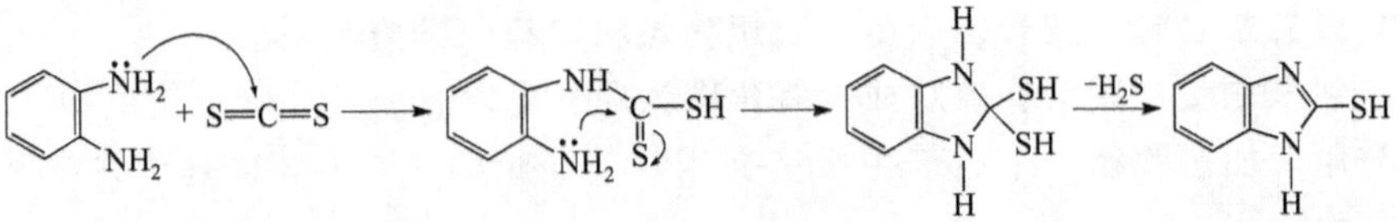

质子泵抑制剂奥美拉唑（Omeprazole）中间体 5-甲氧基-2-巯基苯并咪唑（**36**）的合成如下（陈芬儿.有机药物合成法：第一卷.北京：中国医药科技出版社，1999；83）：

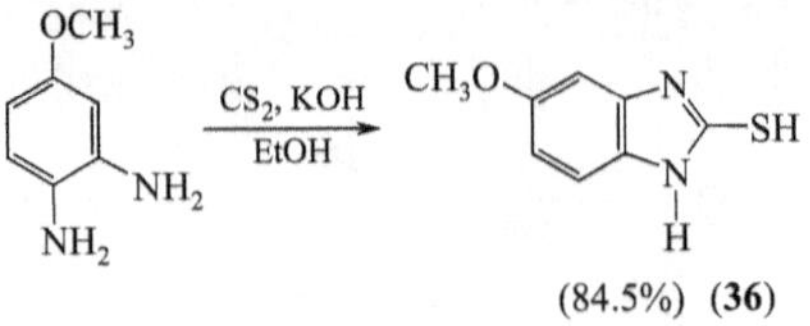

(84.5%) (**36**)

又如用于治疗精神分裂症的药物替米哌隆（Timiperone）原料药（**37**）的合成（陈芬儿．有机药物合成法：第一卷．北京：中国医药科技出版社，1999：576）：

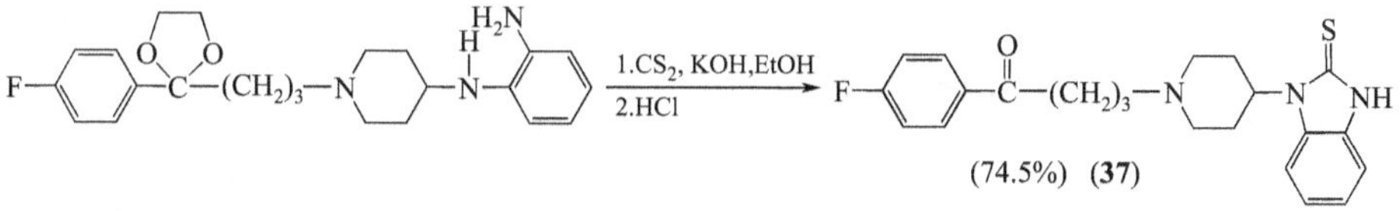

（74.5%）（**37**）

也可用黄原酸钾与邻苯二胺反应制备 2-巯基苯并咪唑。

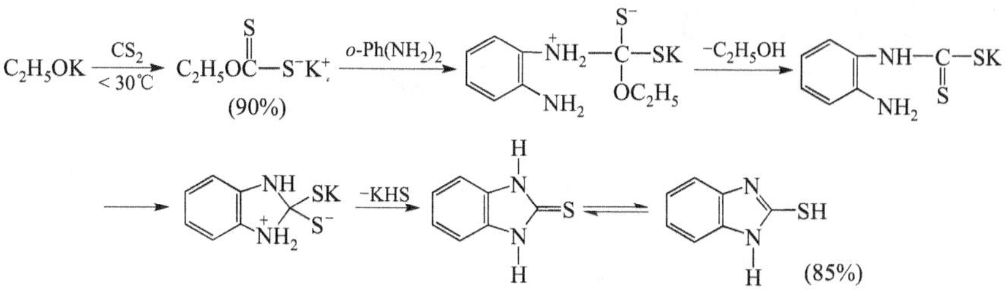

（90%）

（85%）

4. 苯并咪唑类化合物的其他合成方法

邻苯二胺与乙酰乙酸乙酯反应，可以生成苯并咪唑衍生物，例如胃动力药多潘立酮（Domperidone）、抗组胺药奥莎米特（Oxatomide）中间体（**38**）的合成（孙昌俊，曹晓冉，王秀菊．药物合成反应——理论与实践．北京：化学工业出版社，2007：438）：

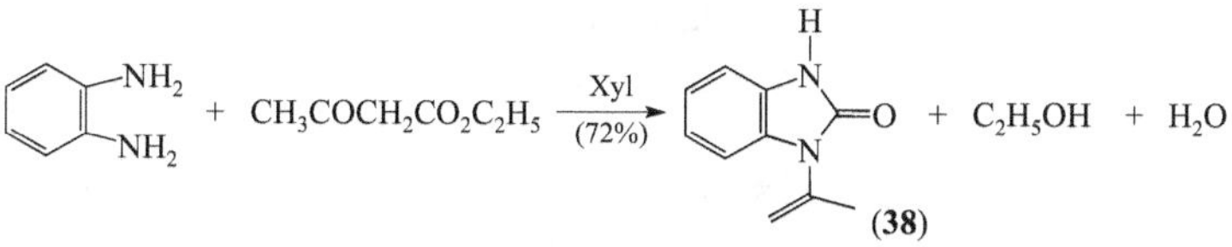

$+ CH_3COCH_2CO_2C_2H_5 \xrightarrow[\text{(72%)}]{\text{Xyl}}$ + C_2H_5OH + H_2O

（**38**）

邻苯二胺与氨基氰反应可以得到 2-氨基苯并咪唑。先将邻苯二胺与盐酸煮沸 20 min，而后加入 50% 的氨基氰溶液回流反应数小时，收率 80%。

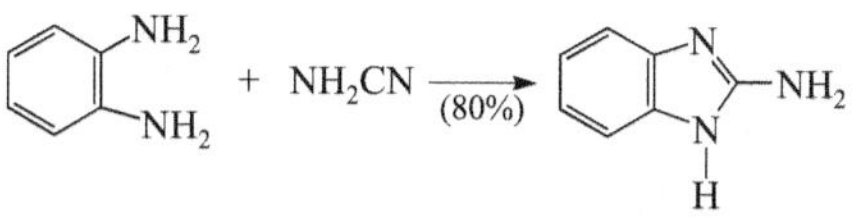

$+ NH_2CN \xrightarrow{\text{(80%)}}$

邻苯二胺与环己酮反应，生成 1,3-二氢-2H-苯并咪唑-2-螺环己烷，后者用活性二氧化锰脱氢生成 2H-苯并咪唑-2-螺环己烷。

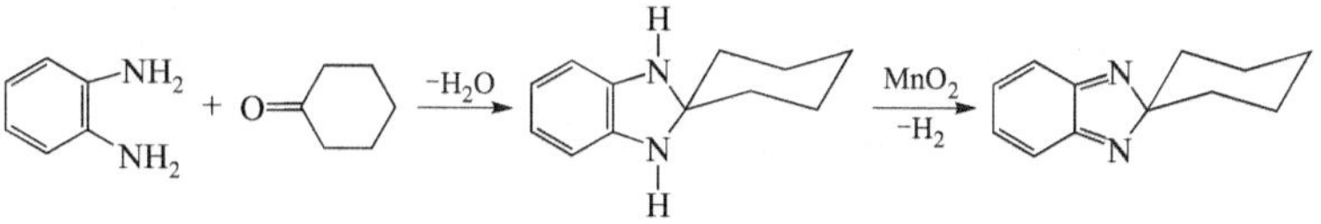

通过苯并咪唑环上官能团的转化可以合成新的衍生物，例如抗组胺药咪唑斯汀（Mizolastine）中间体（**39**）的合成（陈仲强，陈虹.现代药物的制备与合成.北京：化学工业出版社，2007：348）：

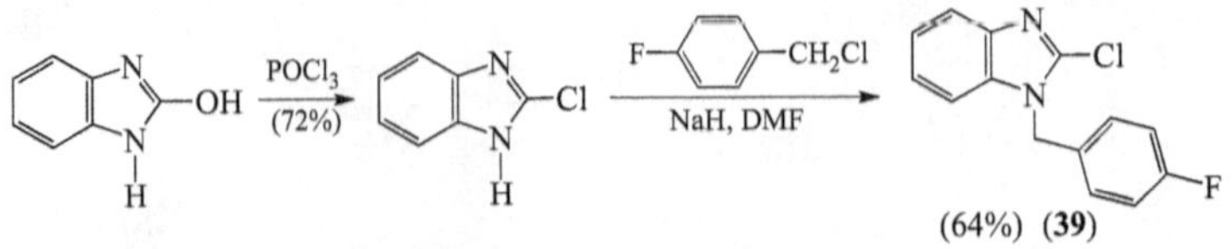

(64%) (**39**)

三、吡唑及其衍生物

吡唑与咪唑是同分异构体，吡唑的两个氮原子处于相邻的位置，也叫1,2-二唑。

吡唑与咪唑一样，具有芳香性，是六电子五中心的富电子共轭杂环体系。咪唑的反应大多与咪唑相似。

吡唑的碱性比咪唑弱得多，但可以与酸生成盐。

1,2位未取代的吡唑可以发生互变异构，在溶液中迅速达到平衡。

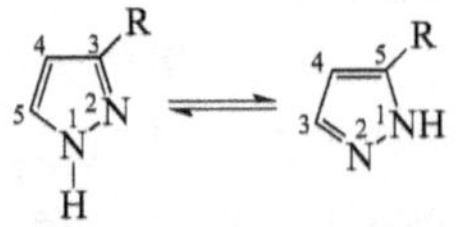

吡唑与亲电试剂反应，可以发生在1位氮原子上，生成 N-取代吡唑。

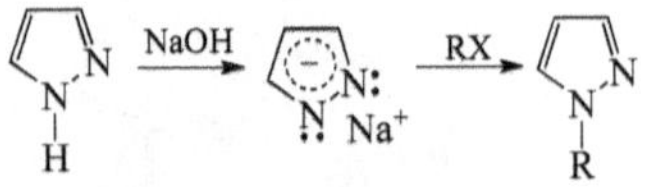

吡唑的苄基化、烷基化、酰基化、甲磺酰基化、三甲基硅烷基化等均可采用类似的方法来实现。

对于3位和5位取代的吡唑，与亲电试剂反应时，可能生成1,3-二取代和1,5-二取代两种产物。例如：

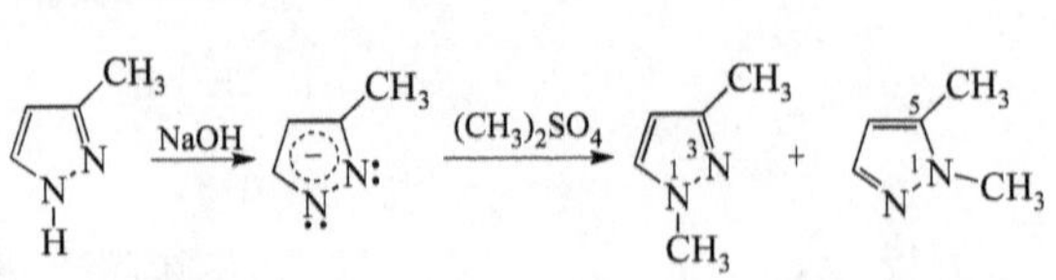

于醋酸溶液中，吡唑与氯、溴反应生成4-卤代吡唑。吡唑与硝酸反应生成4-硝基吡唑，根据吡唑环上取代基的不同，与硝酸反应时可能是硝酸与吡唑直接反应，也可能是硝酸与吡唑鎓盐反应。磺化反应也涉及鎓离子，往往需要发烟硫酸，生成吡唑-4-磺酸。1位取代的吡唑可以发生 Vilsmeier 反应生成吡唑-4-甲醛。

自然界中含吡唑环的化合物比较少。合成的很多吡唑类化合物具有重要的生物学活性，在药物合成中用有重要应用。例如，双苯吡唑（**40**）具有止痛、抗炎和退热作用；氨乙吡唑（Beta-zole）（**41**）是组胺的生物等排体，可以选择性地阻断 H$_2$ 受体；塞来考昔（**42**）（Celecoxib）是作用很强的 COX-2 抑制剂，具有止痛和治疗风湿的作用。吡唑并嘧啶（**43**）为新一代催眠药。

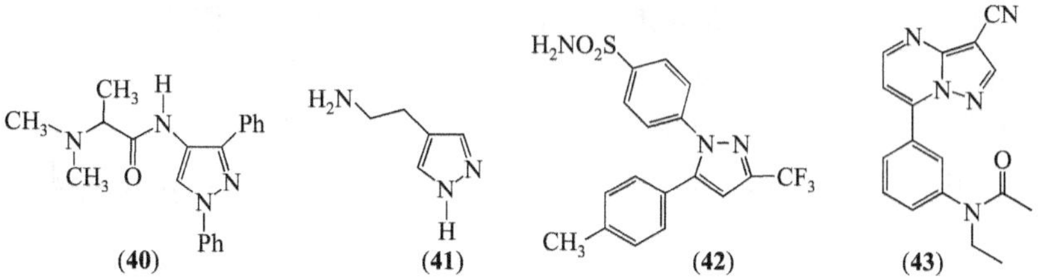

吡唑的合成方法比较多，主要的合成方法有如下几种。

1. 1,3-二羰基化合物与肼或取代肼的缩合

吡唑分子中两个氮原子相邻，因此，肼及取代肼是常用的原料。

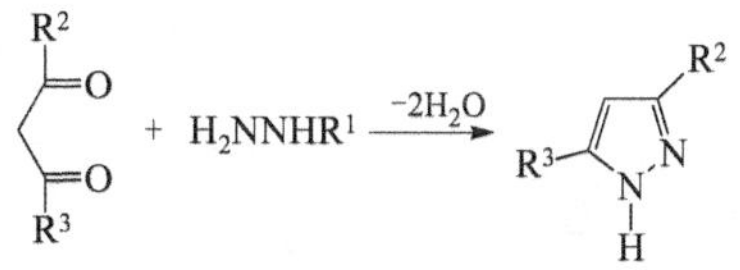

不对称的 1,3-二酮与取代的肼反应可以生成不同异构体的混合物。该反应的反应机理属于羰基上的亲核加成-消除反应，与取代基的性质和反应介质的 pH 值有关。

1,3-二羰基化合物可以是 1,3-二酮、1,3-醛酮、β-酮酸酯、丙二酸酯等。肼可以是肼、烷基肼、芳基肼等。

1,3-二羰基化合物与取代的肼反应，若两个羰基的反应活性差别不大，则反应缺乏选择性，得到 1,3,4,5 位有取代基的吡唑衍生物。

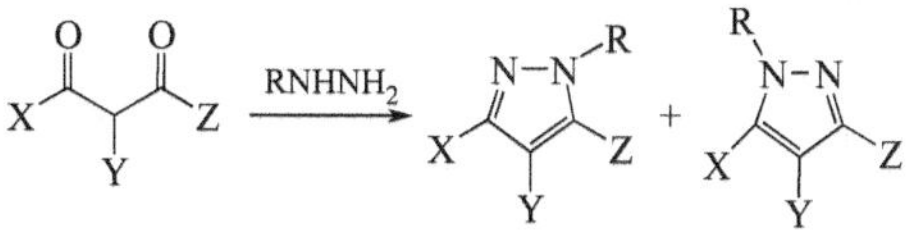

烯醇盐与酰氯反应生成 1,3-二羰基化合物，而后直接加入肼衍生物，可以合成吡唑衍生物。该方法选择性高、副反应少，是一种值得关注的方法 [HellerS T, et al. Org Lett, 2006, 8 (13): 2675]。

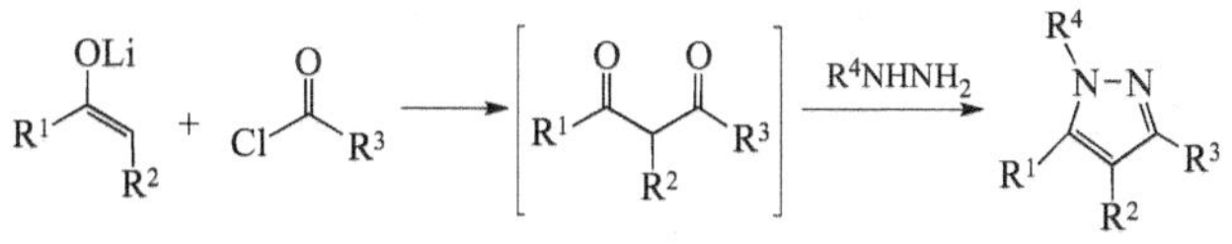

如下 1,3-二酮在酸性条件下与肼反应，生成苯并氢化吲唑衍生物。

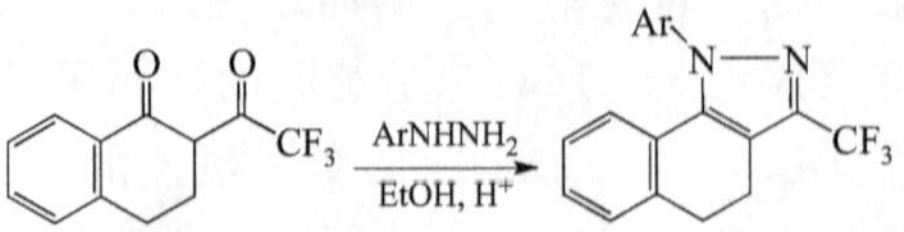

减肥药盐酸利莫那班（Rimonababt hydrochloride）中间体的合成如下。

5-(4-氯苯基)-1-(2,4-二氯苯基)-4-甲基-1H-吡唑-3-羧酸乙酯（Ethyl 5-(4-chlorophenyl)-1-(2,4-dichlorophenyl)-4-methyl-1H-pyrazole-3-carboxylate），$C_{19}H_{15}Cl_3N_2O_2$，409.70。淡黄色结晶。mp 125～127℃。

制法　陈仲强，陈虹. 现代药物的制备与合成. 北京：化学工业出版社，2007：530.

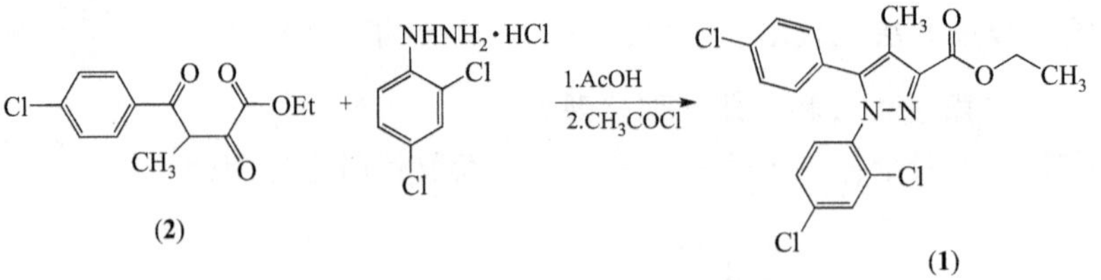

于反应瓶中加入化合物（**2**）26.9 g（0.1 mol），2,4-二氯苯肼盐酸盐 23.5 g（0.11 mol），醋酸 120 mL，室温搅拌 5 h。加入乙酰氯 15.7 g（0.2 mol），搅拌回流 8 h。蒸出约一半体积的溶剂，剩余物冷却析晶。过滤，用 80% 的乙醇重结晶，得淡黄色结晶（**1**）32.1 g，收率 75.4%，mp 125～127℃。

1,2-双取代肼与丙二酸二乙酯反应，生成吡唑二酮。例如消炎镇痛药地夫美多（Difmedol）中间体（**44**）的合成（陈芬儿. 有机药物合成法：第一卷. 北京：中国医药科技出版社，1999：181）：

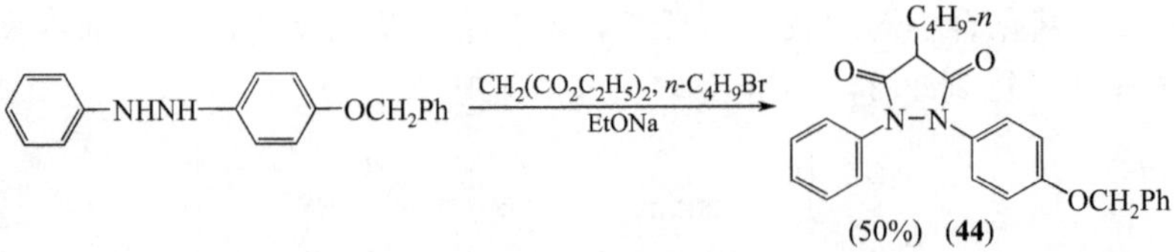

也可以使用酰肼，产物的结构由 1,3-二酮的结构决定。例如：

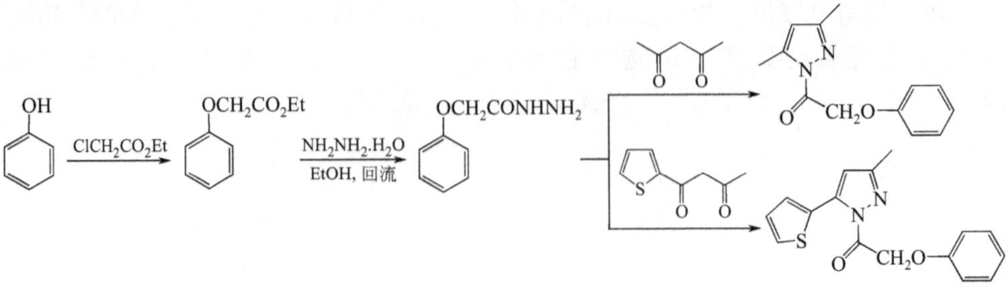

2. α，β-不饱和醛、酮、羧酸及其衍生物与肼反应合成吡唑衍生物

肼、取代肼与 α，β-不饱和羰基化合物反应存在两种可能。一是肼先和羰基反应生成腙，腙再和双键加成生成吡唑衍生物；二是肼先和双键发生 Macheal 加成，而后再与羰基缩合生成吡唑衍生物。这两种不同的途径得到的产物不同，属于取代基位置不同的异构体。很多情况下是按照第一种方式进行的。

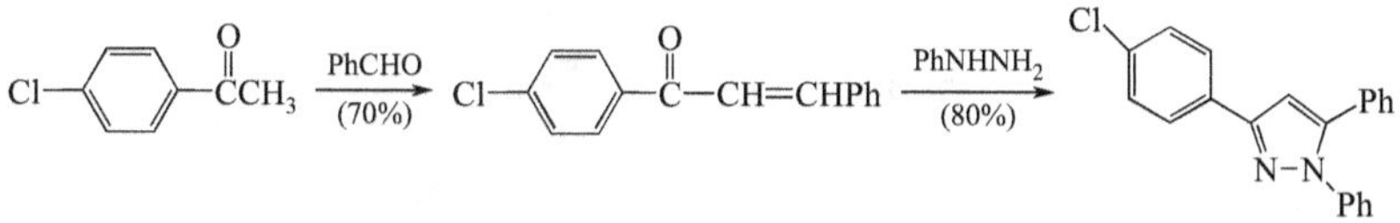

Yu 等〔J Wen，Y Fu，R Y Zhang，et al. Tetrahedron，2011，67（49）：9618〕于水中一锅法使 α，β-不饱和羰基化合物与对甲苯磺酰基肼反应合成了吡唑衍生物。

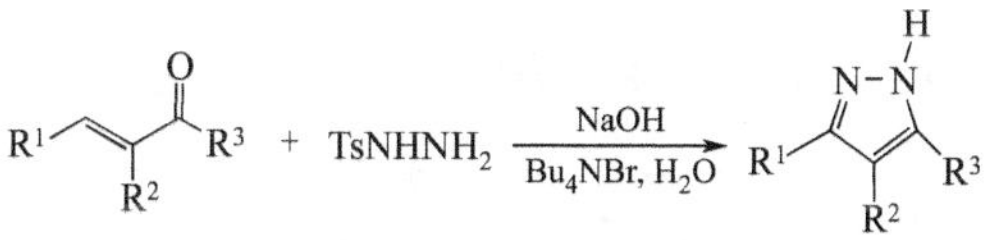

α，β-环氧化合物类似于 1,3-二羰基化合物，与肼反应可以生成吡唑类化合物，例如：

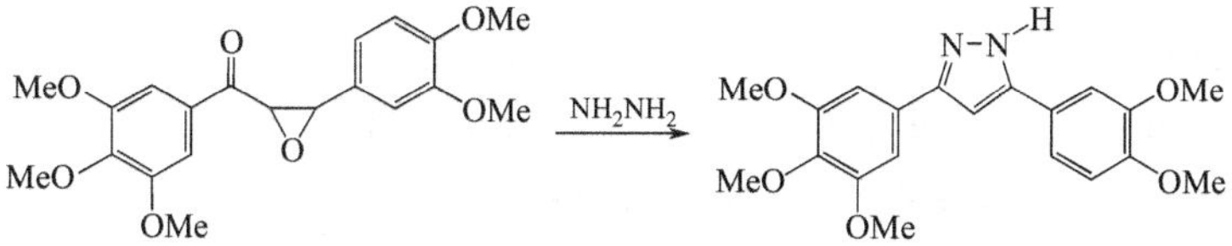

Banert 等〔Banert K，et al. Chem Lett，2003，32（4）：360〕采用含碳-碳三键的肼在 MnO$_2$ 作用下合成了一系列吡唑衍生物。

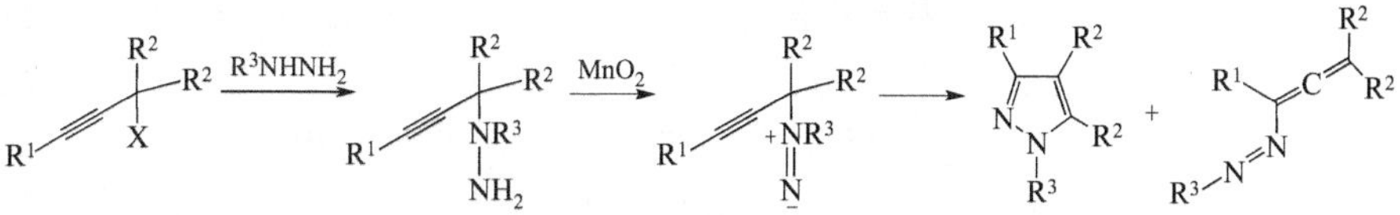

该方法的一种改进是使用炔酮。例如：

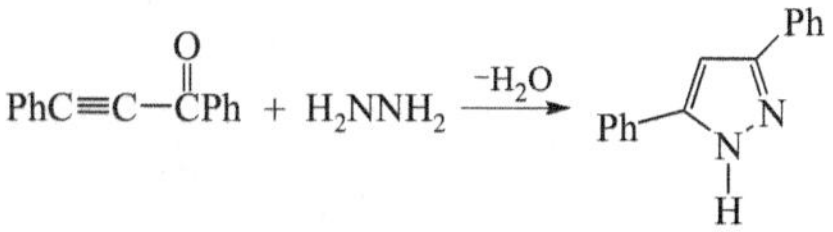

丙烯腈、丙二腈等化合物分子中的氰基，可以看作是潜在的羰基，与肼反应可以生成吡唑衍生物。在微波辐照条件下氰基酮与肼反应可以生成吡唑衍生物。

R = H, 2-CH$_3$, 3-CH$_3$, 4-CH$_3$, 2-CH$_3$O, 3-CH$_3$O, 4-CH$_3$O
R^1 = H, 2-CH$_3$, 3-CH$_3$, 4-CH$_4$

例如镇定催眠药扎来普隆（Zaleplon）的中间体 3-氨基-4-氰基吡唑的合成。

3-氨基-4-氰基吡唑（3-Aminopyrazole-4-carbonitrile），C$_4$H$_4$N$_4$，108.10。黄色晶体。mp 172~173℃（文献 173~174℃）。

制法

方法 1 王春，徐自奥. 安徽化工，2012，38（3）：14.

N-β-二氰基乙烯基苯胺（**3**）：于安有搅拌器、滴液漏斗、回流冷凝器的 1000 mL 反应瓶中，加入 66.0 g（1.0 mol）丙二腈，甲醇 160 mL，原甲酸三乙酯 298.0 g（2.0 mol），加热使之回流，搅拌条件下滴加苯胺（**2**）186.0 g（2.0 mol），加完后继续搅拌回流反应 3 h，冷却，过滤，得 307.5 g 浅黄色固体（**3**），收率 90.0%（以丙二腈计）。mp 182~184℃（文献 182~184℃）。

3-氨基-4-氰基吡唑（**1**）：于安有搅拌器、温度计、滴液漏斗、回流冷凝器的反应瓶中，加入化合物（**3**）170.9 g（1.0 mol）和 800 mL 甲醇，搅拌下滴加 59 mL 85% 的水合肼，控制内温不得超过 40℃，约 3 h 加完。加毕后继续在此温度下保温反应 2 h。冷至 -5℃，放置过夜，有大量晶体析出。过滤，得黄色晶体（**1**）98.0 g。用 160 mL 蒸馏水重结晶，活性炭脱色，得 89.1 g 黄色晶体（**1**），HPLC 分析产品纯度为 99.2%，反应收率 81.8%。mp 172~173℃（文献 173~174℃）。

方法 2 张书桥，刘艳丽，吴达俊. 合成化学，2002，2：170.

乙氧亚甲基丙二腈（**3**）：于反应瓶中加入丙二腈（**2**）3.3 g（50 mmol），原甲酸三乙酯 11.1 g（75 mmol），醋酸酐 12 mL，搅拌回流反应 6 h。活性炭脱色。蒸出溶剂，剩余物冰箱中放置。过滤，冷乙醇洗涤，干燥，得化合物（**3**）5.0 g，收率 82.5%，mp 66～68℃。

3-氨基-4-氰基吡唑（**1**）：于反应瓶中加入化合物（**3**）1.5 g（12.3 mmol），85%的水合肼 1.2 mL（24.8 mmol），油浴加热 1 h。加入 1 mL 水，冰箱中放置。过滤，冷水洗涤，干燥，得化合物（**1**）1.1 g，收率 83.3%，mp 173～174℃。

又如医药、农药中间体 3（5）-氨基吡唑的合成（林原斌，刘展鹏，陈红飚. 有机中间体的制备与合成. 北京：科学出版社，2006：682）。

$$CH_2=CHCN + NH_2NH_2 \xrightarrow{(96\%\sim100\%)} H_2NNHCH_2CH_2CN \xrightarrow{H_2SO_4}_{(96\%\sim100\%)}$$

$$\left[\begin{array}{c} H_2N{-}\overset{NH}{\underset{N}{\diagdown}} \\ \overset{|}{H} \end{array}\right]_2 \cdot H_2SO_4 \xrightarrow[NaOH(58\%\sim75\%)]{TsCl} HN{=}\overset{}{\underset{N-Ts}{\diagdown}} \xrightarrow[(93\%\sim99\%)]{i\text{-}PrONa} H_2N{-}\overset{N}{\underset{N}{\diagdown}}\!N{-}Ts \quad \textbf{(45)}$$

3. 腙与烯、炔、羰基化合物等不饱和基团的反应

醛、酮与肼反应生成的腙具有很好的反应活性，可以与烯、炔、羰基化合物等不饱和基团反应，生成吡唑衍生物。

单取代的腙与硝基乙烯可以一锅法反应，高区域选择性地生成吡唑衍生物，并根据检测到的中间体硝基吡唑啉而提出了反应机理［Deng X H，Mani N S. Org Lett，2006，8（16）：3505］。

2-叠氮基肉桂酸酯与卤代腙在三乙胺存在下可以发生反应生成吡唑衍生物。例如：

对甲苯磺酰腙-膦酸酯与醛的 Horner-Emmons 缩合反应，生成环化的 5-取代的中间体，而后消去对甲苯亚磺酸盐生成吡唑盐化合物。反应按一锅法进行（Almirante N，Gerri A，Fedrizzi G，Marazzi G，Santagostino M. Tetrahedron Lett，1998，39：3287）。

在上述反应中，若使用连有取代基的腙，则可以生成相应取代的吡唑衍生物。

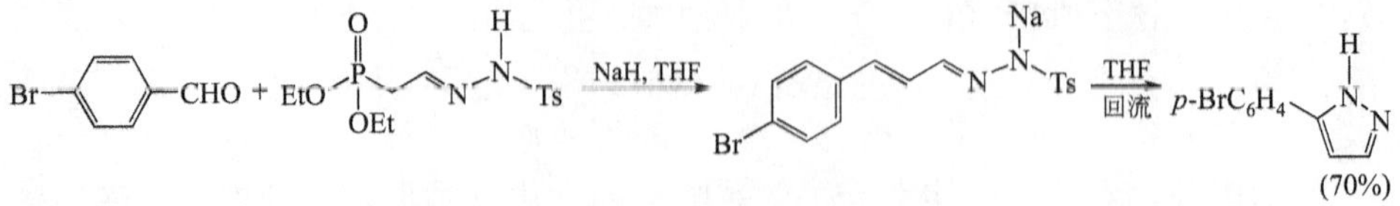

4. 以重氮化合物为氮源合成吡唑类化合物

重氮甲烷与炔的 1,3-偶极加成 [3+2] 可以生成吡唑。

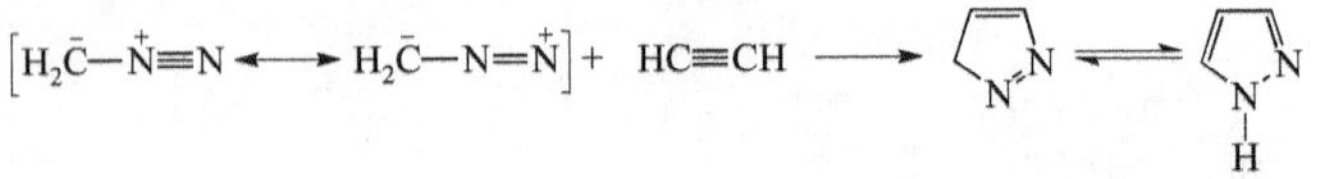

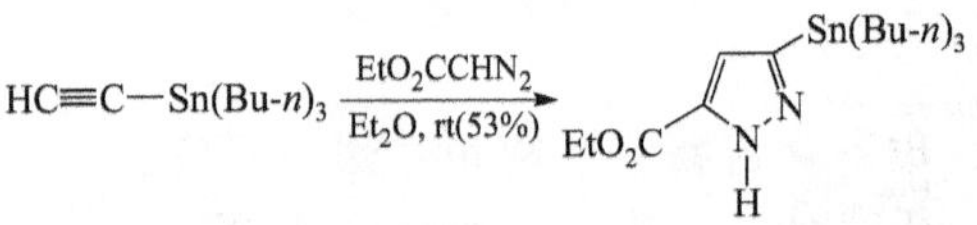

若重氮甲烷与烯烃进行 1,3-偶极加成，则生成二氢吡唑。

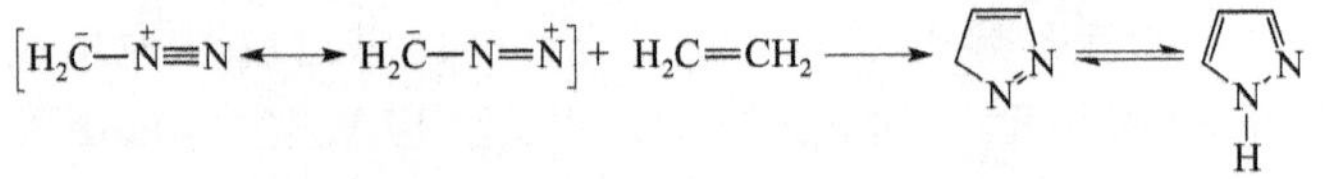

二氢吡唑加热或光照容易生成环丙烷衍生物，同时放出氮气。例如如下反应，生成的环丙烷衍生物为抗生素药物 3-环丙基头孢菌素 (**46**)。

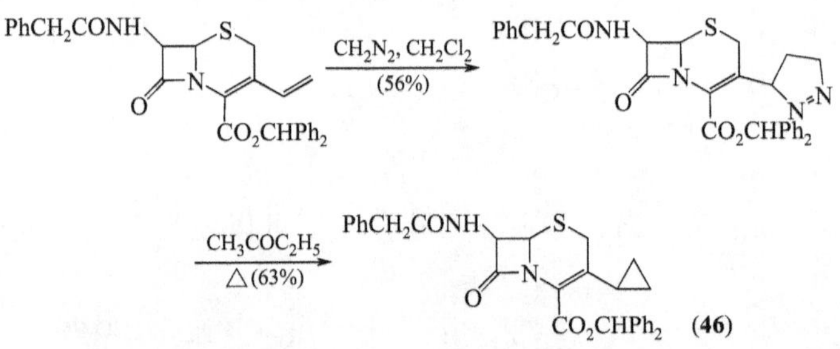

重氮盐基与分子内炔基反应可以生成吲唑衍生物，例如如下反应（Tetrahedron, 2004, 60: 2137）：

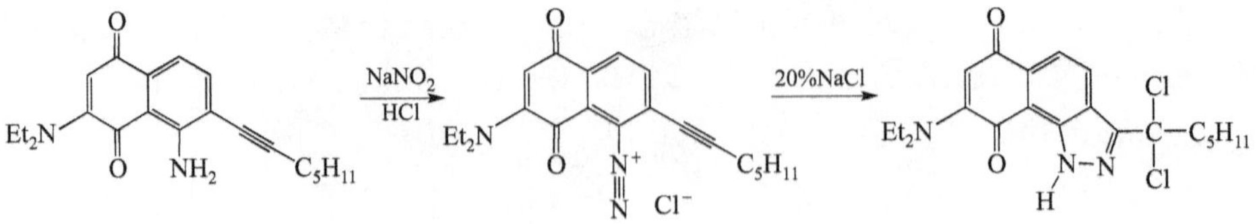

在如下反应中，重氮盐基与丁二腈甲酸酯反应生成吡唑衍生物 5-氨基-3-氰基-1-(2,6-二氯-4-三氟甲基苯基) 吡唑，其为杀虫剂氟虫腈的中间体（严传明，

李翔，王耀良等. 现代农药，2002，4：12）。

5-氨基-3-氰基-1-(2,6-二氯-4-三氟甲基苯基）吡唑 ［5-Amino-3-cyano-1-(2,6-dichloro-4-trifluoromethylphenyl) pyrazole］，$C_{11}H_5Cl_2F_3N_4$，321.09。浅黄色结晶，mp 142～143℃。

制法　陈震，曹晓群等. 精细与专用化学品，2008，16 (9)：11.

于反应瓶中加入亚硝酸钠，冰浴冷却下滴加由浓硫酸 10 mL、冰醋酸 10 mL 配成的溶液，得到的浆状物继续搅拌 15 min。慢慢加入由 2,6-二氯-4-三氟甲基苯胺 (**2**) 10 g 溶于冰醋酸的溶液，加完后慢慢升至 55℃，保温反应 30 min。冷却，于 15℃ 以下滴加丁二腈甲酸乙酯 6.6 g 溶于冰醋酸的溶液。加完后继续搅拌反应 15 min。减压蒸出乙酸，剩余物中加入水，用二氯甲烷提取。合并有机层，饱和盐水洗涤。蒸出溶剂，得粗品 (**3**) 18 g，直接用于下一步反应。

将上述粗品 (**3**) 18 g 溶于 40 mL 二氯甲烷中，加入浓氨水 30 mL，于 10℃ 剧烈搅拌 3 h，得深棕色混合物。分出有机层，水层用二氯甲烷提取。合并有机层，饱和盐水洗涤，无水硫酸钠干燥。过滤，浓缩，得棕红色黏稠物。用石油醚重结晶，得浅黄色结晶 (**1**) 12.7 g，收率 91.4%，mp 142～143℃。

四、吡唑酮及其衍生物

吡唑酮是吡唑类化合物的重要衍生物，其中最主要的是 5 位上有取代基的 2-芳基吡唑-3-酮的衍生物，它们是重要的医药、染料中间体，在结构上有三种互变异构体。

式中，R 为烷基、芳基、羧基、烷氧羰基（—COOR′）等；Ar 为苯基、萘基以及带有取代基的苯基和萘基。

上述结构中，五元环中两个氮原子相连，其中一个氮原子又与芳环相连，因此，其最佳合成方法是以芳肼为起始原料。肼类很容易与醛、酮的羰基反应生成腙。因为吡唑环上有羰基和其他取代基，可以使用 β-二羰基化合物与相应芳肼反应。反应中首先生成腙，而后发生分子内的 C-N 键环合，生成 2-芳基吡唑-3-酮衍生物。例如退烧药安替比林（Antipyrine）和安基比林（Aminopyrine；

Aminophenazone）中间体 1-苯基-3-甲基吡唑-5-酮（**47**），就是由苯肼与乙酰乙酰胺或乙酰乙酸酯来合成的。

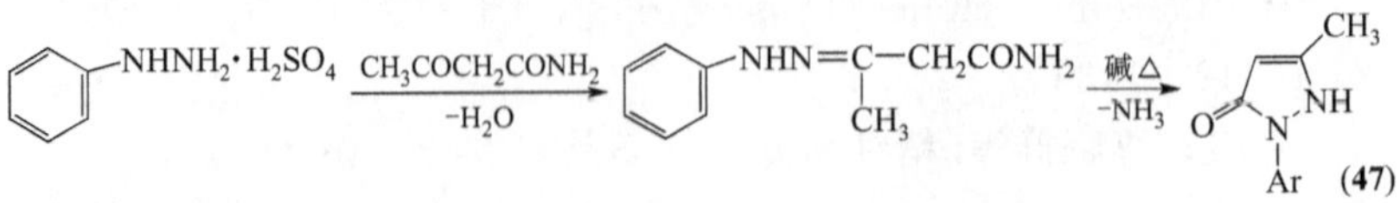

1-苯基-3-甲基吡唑-5-酮用硫酸二甲酯进行氮原子上的甲基化，则生成安替比林（**48**）。

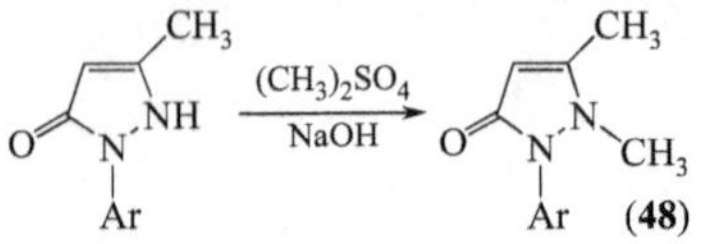

若在吡唑环上连有一定的取代基，可以选用不同结构的 β-酮酸酯或 β-酮酰胺，例如：

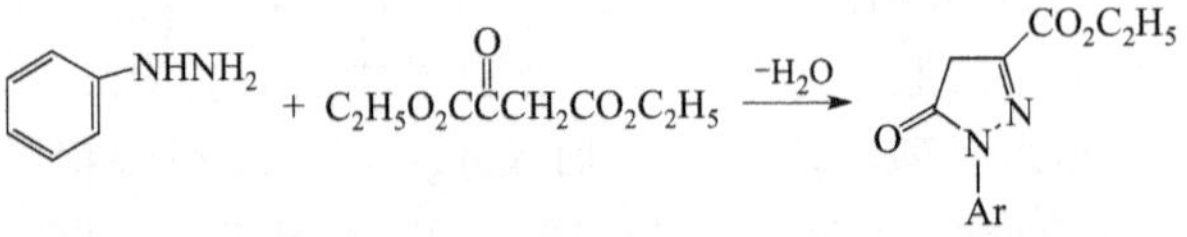

吡唑酮环上的氢比较活泼，可以被其他基团取代，例如安替比林经一系列转化可生成安基比林。

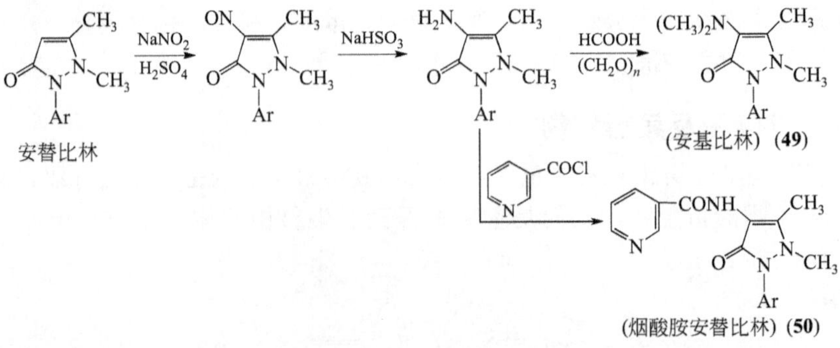

硫酸氨基胍与乙酰乙酰胺反应，可生成消炎镇痛药嘧吡唑（Epirizole，Mepirizol）等的中间体 1-脒-3-甲基吡唑-5-酮。

1-脒-3-甲基吡唑啉酮-5（1-Amidine-3-methylpyrazolin-5-one），$C_5H_8N_4O$，140.14。mp 236～240℃。

制法　De, Rakshit. J Indian Chem Soc，1936，13：509，515.

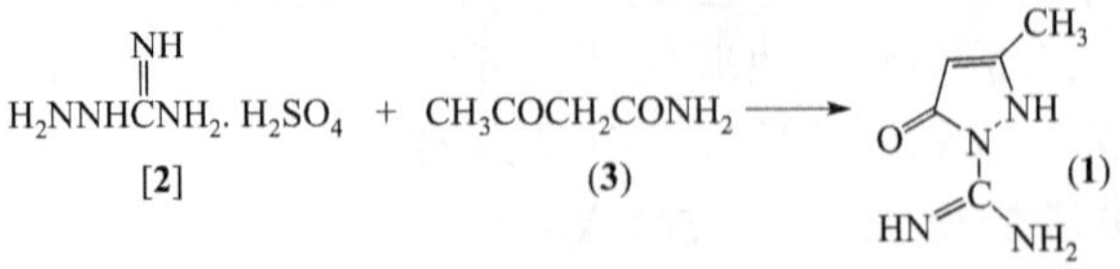

于安有搅拌器、温度计、回流冷凝器的反应瓶中，加入含量 20% 的乙酰基乙酰胺（**3**）1000 g，氨水（18%）50 mL，搅拌下慢慢加入硫酸氨基胍（**2**）264 g，加热至 40℃，保温反应 5 h。冷至 5℃ 以下，抽滤。滤饼用冷水洗涤，干燥，得 1-胀-3-甲基吡唑啉酮-5（**1**）270 g，mp 236～240℃，收率 97%。纯度 99%。

肼与丙烯腈反应，首先发生 Michael 加成，生成 β-肼基丙腈，而后在酸催化下关环，再经不同的处理方法，分别得到吡唑酮和氨基吡唑。

五、吲唑及其衍生物

吲唑又名苯并邻二氮茚，两个氮原子相连，其中一个与苯环相连。吲唑的碱性比吡唑弱，但氮上的氢的酸性较强。吲唑也有互变异构现象，但比较特殊。

平衡明显偏向于左方，因为右边的异构体具有邻醌式结构。

在碱性条件下吲唑的烷基化，得到 1-烷基吲唑和 2-烷基吲唑的混合物，原因是中间经历了如下阴离子中间体。

吲唑的卤化反应优先发生在 5 位；用发烟硝酸的硝化得到 5-硝基吲唑。而用发烟硫酸磺化时，磺酸基进入 7 位生成吲唑-7-磺酸。吲唑与重氮盐的偶联反应发生在 3 位。

吲唑作为吲哚的生物电子等排体，日益引起药物研究者的重视。很多具有生物活性的吲哚衍生物，如色氨酸、色胺、5-羟色胺以及具有很强抗辐射活性的 5-甲氧基色胺等的吲唑类似物都相继被合成，这些化合物都不同程度地保留了原吲哚衍生物的活性。并且吲唑的多种衍生物还具有抗精子生成、抗关节炎及镇吐等生物活性，许多已成为临床使用的药物。如预防和治疗白内障药物苄达赖氨酸（Bendazac lysine）（**51**）、抗癌药氯尼明达（Lonidamine）（**52**）等。

(51)　　　　　　　　　　　　　**(52)**

吲唑可直接由邻取代苯胺来合成，或由苯肼类化合物合成，也可由重氮盐来合成。

1. 以邻取代苯胺为原料合成吲唑

邻甲基苯胺乙酰化后进行亚硝基化，生成 N-亚硝基化产物，后者加热重排生成偶氮化合物，最后脱去乙酸生成吲唑。

吲唑（Indiazole，Benzopyrazole），$C_7H_6N_2$，118.14。无色固体。mp 148℃。

制法　林原斌，刘展鹏，陈红飚.有机中间体的制备与合成.北京：科学出版社，2006：707.

(2)　　　　　　　　　　　　　　　　　　　　　　　　　　**(1)**

于安有搅拌器、温度计、滴液漏斗、通气导管的反应瓶中，加入冰醋酸 90 mL，醋酸酐 180 g（1.9 mol），冰浴冷却，搅拌下慢慢滴加邻甲基苯胺（**2**）90 g（90.2 mL，0.83 mol），反应放热。加完后于 1～4℃通入 N_2O_3 气体进行亚硝化反应。N_2O_3 可以按照如下方法来制备：于 1 L 三口瓶中加入亚硝酸钠 180 g，而后慢慢滴加相对密度 1.47 的浓硝酸 250 mL（由 200 mL 发烟硝酸与 70 mL 浓硝酸混合而成），控制通气速度，保持反应液在 1～4℃，约通 6 h。注意应当使反应液出现持久的墨绿色，表明已有过量的 N_2O_3 存在。将得到的 N-亚硝酰-邻甲基-乙酰苯胺溶液倒入 600 g 碎冰中，搅拌后放置 2 h。分出有机层，水层用苯提取三次，每次 200 mL。合并有机层，冷水洗涤 3 次，无水氯化钙干燥，冰箱中放置过夜。过滤，滤饼用苯洗涤。于 35℃放置 1 h，再于 40～45℃放置 7 h。而后加热煮沸一会儿。冷却，用 2 mol/L 的盐酸 200 mL、5 mol/L 的盐酸（50 mL×3）洗涤。合并酸液，加入过量的氨水，冰箱中冷却 2 h。抽滤，水洗，于 100～105℃干燥过夜，得浅棕色固体 36～46 g，收率 36%～47%，mp 144～147℃。减压精馏，收集 167～176℃/5.32～6.65 kPa 的馏分，得产品吲唑（**1**）33～43 g，收率 33%～43%。

邻氨基苯乙酸经重氮化、环合、脱羧等反应，也可以生成吲唑 〔蔡可迎，宗志敏，魏贤勇.化学试剂，2007，29（1）：53〕。

2-甲基-4-硝基苯胺在醋酸中用亚硝酸钠重氮化,最后生成 5-硝基吲唑。

以 4-甲氧基 2-甲基苯胺为起始原料,在 0℃ 条件下,于 50％氢氟硼酸水溶液中,滴加亚硝酸水溶液,得到其四氟硼酸重氮盐中间体,最后与醋酸钾在 18-冠-6 催化下反应,得到 5-甲氧基-1H-吲唑。

邻氨基苯甲酸重氮化,而后重氮基还原,是合成 3-羟基吲唑的一种简单、方便的方法。

又如如下反应〔Sun J H,Teleha C A,Yan J S,et al. J Org Chem,1997,62(16):5627〕:

对于 N-单取代的邻氨基苯甲酸衍生物,也可以进行反应。

2. 以肼为原料合成吲唑

取代苯肼与尿素直接加热可生成吲唑酮。

例如镇痛药苄达明中间体(**53**)的合成:

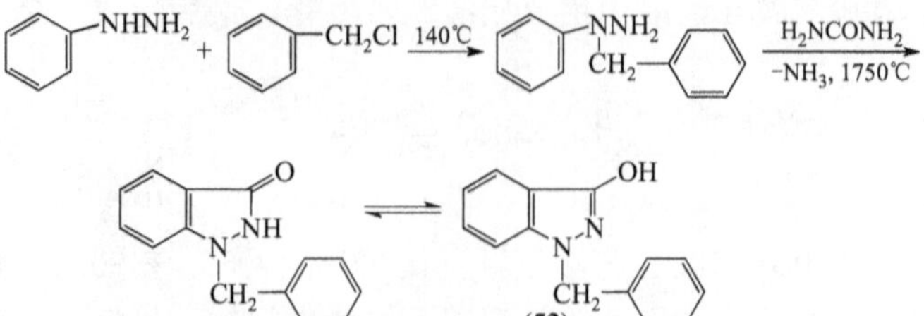

若苯肼与异氰酸盐反应先生成氨基脲，后者加热也可以生成吲唑衍生物。

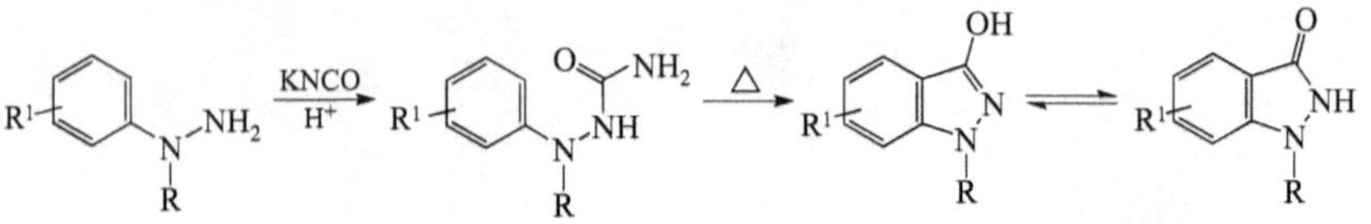

邻卤代羰基化合物与肼或苯肼反应，可以生成吲唑类化合物。例如［Pabba C，Wang H J，Mulligan S R，et al. Tetrahedron Letters，2005，46（44）：7553］：

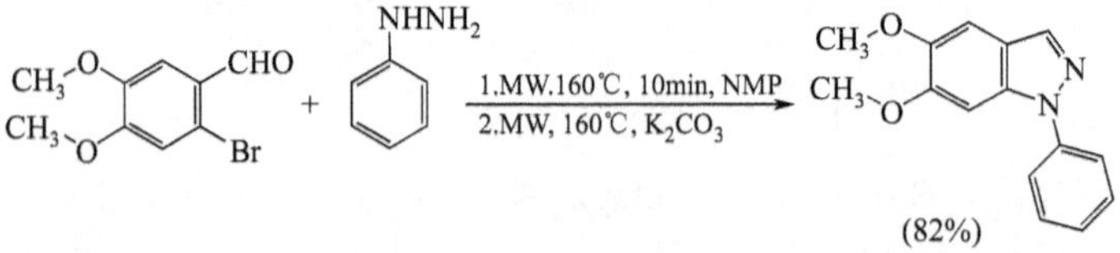

用取代 2-氟苯腈与 98％水合肼在正丙醇中回流，可以得到 3-氨基吲唑。此方法操作简单，一步即可合成最终产物。

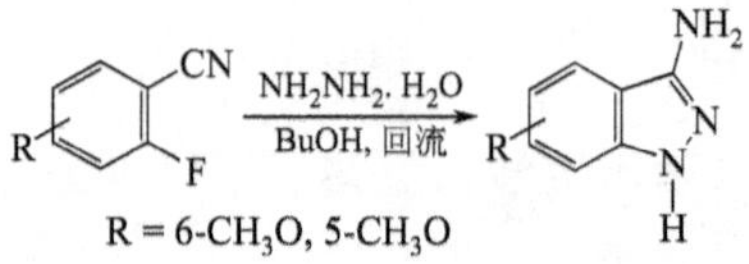

邻卤代芳香族羰基化合物的腙类化合物发生分子内的环上的亲核取代，可以生成吲唑衍生物。

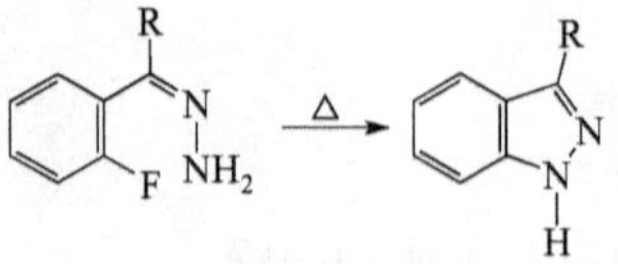

邻卤代酰肼加热可以生成 3-羟基吲唑类化合物。例如：

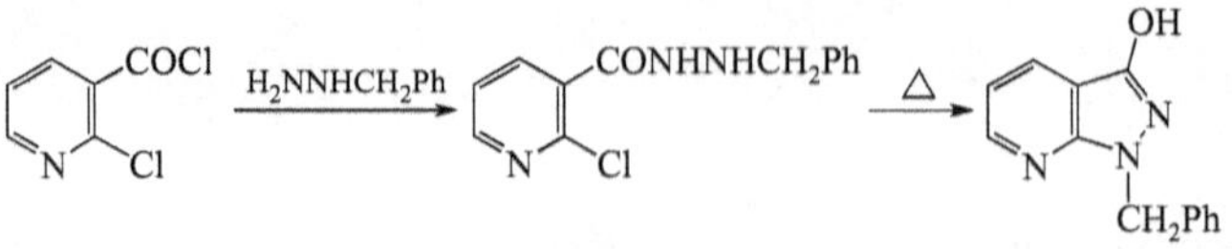

以 N-取代的邻肼基苯甲酸衍生物可以得到 2-取代的吲唑衍生物。

当然，使用邻卤代芳香酸（酯）与水合肼反应也可以生成邻肼基芳香羧酸，而后环化生成吲唑衍生物。

在如下反应中，靛红水解生成邻氨基苯甲酰基甲酸盐，重氮化后生成重氮盐，用氯化亚锡还原生成 1H-吲唑-3-甲酸，为止吐药盐酸格拉司琼（Granisetron hydrochloride）的中间体。

1H-吲唑-3-羧酸（1H-Indiazole-3-carboxylic acid），$C_8H_6N_2O_2$，162.14。黄色固体。260～262℃（分解）。微溶于水，可溶于冰醋酸。

制法　孙昌俊，曹晓冉，王秀菊. 药物合成反应——理论与实践. 北京：化学工业出版社，2007.

于安有搅拌器、温度计、滴液漏斗的反应瓶中，加入浓硫酸 38.2 g（0.38 mol），冰盐浴冷至 −5℃。另将靛红（**2**）29.4 g（0.2 mol）溶于 6% 的氢氧化钠水溶液 130 mL 中，冷至 0℃ 左右；亚硝酸钠 13.8 g（0.2 mol）溶于 50 mL 水中，冷至 0℃。将靛红溶液与亚硝酸钠溶液混合。慢慢滴加此混合液，保持内温 0℃ 以下，约 2 h 加完。滴加过程中有大量泡沫产生，加入 4～5 mL 乙醚消泡，加完后继续反应 15 min，得重氮盐（**3**）溶液。

将二水合氯化亚锡 108 g（0.48 mol）溶于 170 mL 浓盐酸中，得一透明液体。将其慢慢滴入上述重氮盐溶液中，约 2 h 加完，而后继续反应 1 h。抽滤，滤液水洗，得砖红色固体。用冰醋酸重结晶，得黄色固体 1H-吲唑-3-羧酸（**1**）14.5 g，收率 45%，mp 260～262℃。

1H-吲唑-3-羧酸也可以用如下方法来合成 [张东峰，王燕，林紫云等. 中国药物化学杂志，2006，16（6）：366]。

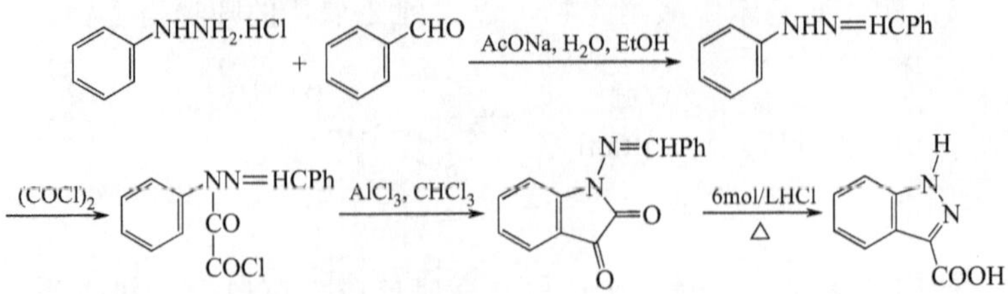

3. 吲唑的其他合成方法

Wray 等〔Wray B C, Stambuli J P. Organic Letters, 2010, 12（20）: 4576〕研究发现，通过使用不同的碱，可以用相同的中间体肟选择性地得到吲唑或咪唑。当使用 2-氨基吡啶做碱时，得到的主产物是 N-苯基-1H-吲唑，产率可达 94%。而使用三乙胺、三正丁胺、N，N-二异丙基乙基胺时，得到的则是相应的 N-苯基 1H-咪唑。

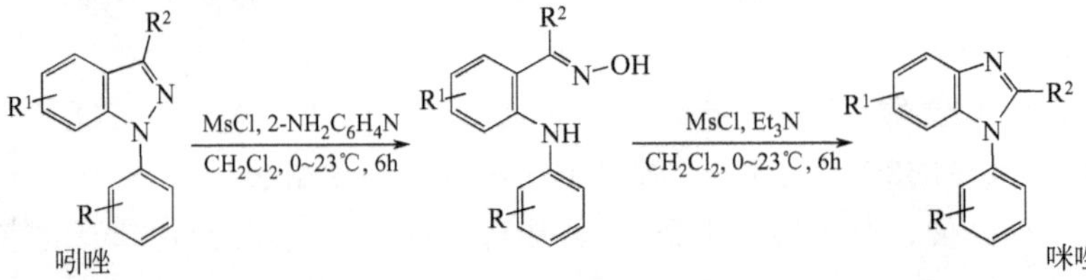

原因是当使用 2-氨基吡啶时，由于其碱性较弱，生成的肟的磺酸酯发生分子内的 S_N2 反应，从而生成吲唑衍生物；而当使用三乙胺等碱性较强的碱时，则是生成的肟磺酸酯发生 Beckmann 重排反应，最终生成苯并咪唑衍生物。

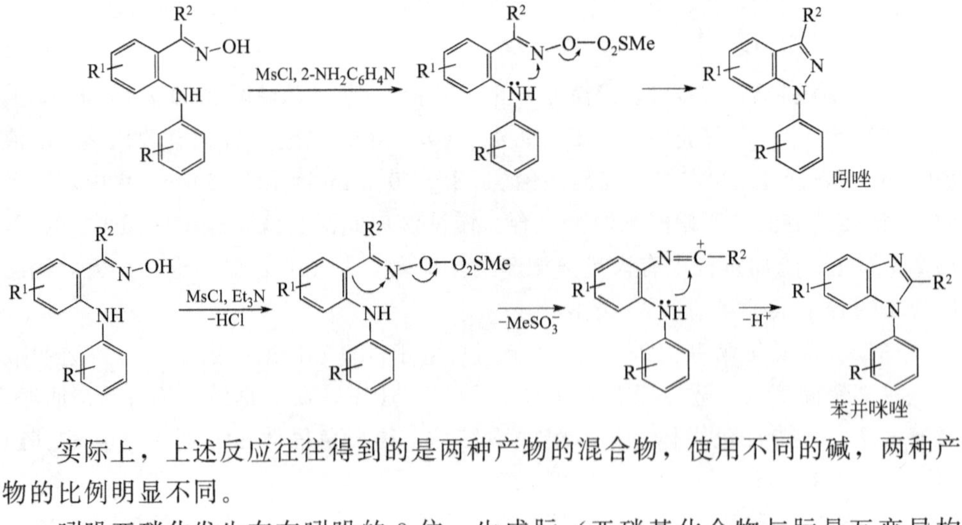

实际上，上述反应往往得到的是两种产物的混合物，使用不同的碱，两种产物的比例明显不同。

吲哚亚硝化发生在在吲哚的 3 位，生成肟（亚硝基化合物与肟是互变异构体），在酸的作用下再进行 N-亚硝基化，经重排得吲唑-3-甲醛类化合物。例如

IGF-1R 抑制剂中间体 6-氟-3-甲酰基吲唑的合成。

6-氟-3-甲酰基吲唑（6-Fluoro-3-formylindazole），$C_8H_5FN_2O$，164.14。红色固体。mp 162℃。

制法 易奋飞，何毅.化学通报，2011，74（8）：760.

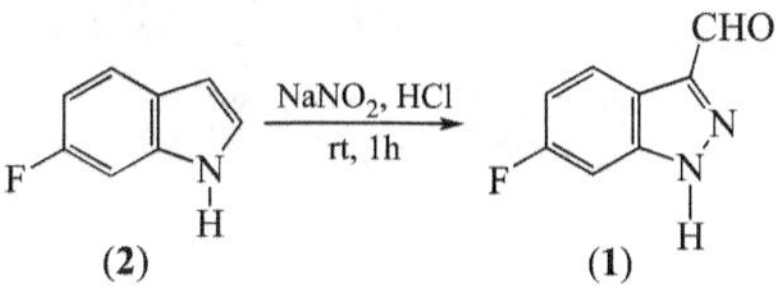

于安有搅拌器、温度计、滴液漏斗的反应瓶中，加入 $NaNO_2$ 63.9 g（0.9259 mol），水 2.3 L 水，搅拌下室温下滴加浓盐酸至 pH 2～3。而后滴加由 6-氟吲哚（**2**）25 g（0.1852 mol）溶于 THF 150 mL 配成的溶液。加完后室温搅拌 30 min，过滤，得 28.2 g 红色固体（**1**），产率 92.9%，mp 162℃。

上述反应的大致过程如下 [G Bachi，Cary C M Lee，D Yang，et al. J Am Chem Soc，1986，108（14）：4115]：

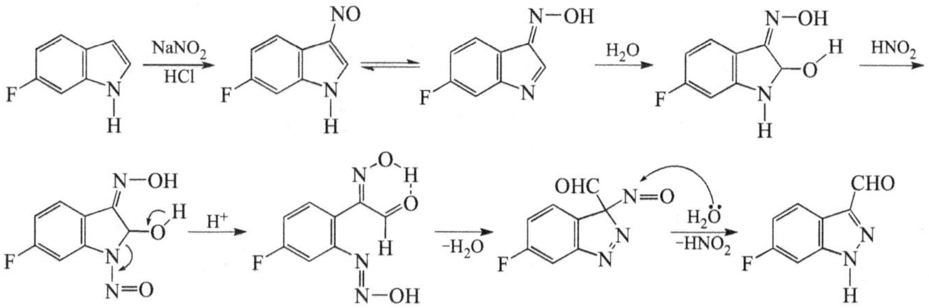

第三章　含三个杂原子的五元芳香杂环化合物

　　这类化合物主要包括含一个硫原子和两个氮原子的五元芳香杂环化合物、含一个氧原子和两个氮原子的五元芳香杂环化合物和含三个氮原子的五元芳香杂环化合物，这些化合物在药物合成中应用十分广泛。

第一节　含一个硫原子和两个氮原子的五元芳香杂环化合物

　　含一个硫原子和两个氮原子的五元芳香杂环化合物基本上为噻二唑类化合物。噻二唑应当有四种异构体，分别是1,2,3-噻二唑、1,2,4-噻二唑、1,2,5-噻二唑和1,3,4-噻二唑及其衍生物。其中最常见、应用最广泛的是1,3,4-噻二唑和1,2,3-噻二唑类化合物。

　　1,3,4-噻二唑　1,2,3-噻二唑　1,2,4-噻二唑　1,2,5-噻二唑

一、1,3,4-噻二唑及其衍生物

　　1,3,4-噻二唑化合物单体本身并不存在，主要是以2,5-二取代物的形式存在的，如2,5-二巯基-1,3,4-噻二唑、2-氨基-5-巯基-1,3,4-噻二唑等。

　　1,3,4-噻二唑衍生物是唑类化合物中的一类重要的化合物，在工业、农业、医药等领域应用广泛。其主要的合成方法如下：

1. 以酰肼类化合物为原料合成 1,3,4-噻二唑类化合物

1,2-二酰肼与 P_2S_5 反应生成 2,5-取代 1,3,4-噻二唑。

$$R^1CONHNHCOR^2 \xrightarrow{P_2S_5} \underset{R^1}{\overset{N-N}{\underset{S}{\bigcirc}}} R^2$$

$$R^1, R^2 = \text{芳基、杂环基}$$

酰肼、硫代酰肼或氨基脒与二硫化碳反应，而后环合，生成含硫取代基的 1,3,4-噻二唑。

$$\text{(反应式)}$$

$$\text{(反应式)}$$

$$\text{(反应式)}$$

例如抗菌素类药物头孢唑林（cefazolin）的中间体 2-甲基-5-巯基-1,3,4-噻二唑的合成。

2-甲基-5-巯基-1,3,4-噻二唑 （2-Mercapto-5-methyl-1,3,4-thiadiazde，5-Methyl-1,3,4-thiadiazole-2-thiol），$C_3H_4N_2S_2$，132.20。白色固体。mp 178～184℃。

制法　章思规.实用精细化学品手册（有机卷，下）.北京：化学工业出版社，1996：1627.

$$\text{(反应式)}$$

于安有搅拌器、温度计、回流冷凝器的反应瓶中，加入乙酸乙酯（**2**）775 g（8.8 mol），水合肼（8 mol），搅拌下加热回流反应 5 h，得乙酰肼的乙醇溶液。冷至 10℃左右，慢慢加入二硫化碳（8.7 mol），于 25℃以下反应 1 h。冰水浴冷却、静置，抽滤。滤饼用无水乙醇洗涤，得 N-乙酰肼基二硫代甲酸钾。低温干燥。将得到的固体粉碎，分批加入安有搅拌器、冷至 -5℃以下的浓硫酸中，注意反应温度不高于 5℃。将反应物搅拌下倒入大量的碎冰中，抽滤，滤饼用冰水洗涤以除去游离的硫酸，低温真空干燥，得白色（**1**），mp 178～184℃，收率 55%～60%。

水合肼与二硫化碳反应可以生成 2,5-二巯基-1,3,4-噻二唑（**1**），（**1**）为医药、农药、染料等的中间体（王雪娟，冯建.化学工程与装备，2011，1：150）。

$$H_2N-NH_2 + 2CS_2 \xrightarrow{-H_2S} \cdots \xrightarrow{NaOH} \cdots \xrightarrow{HCl} \cdots$$

2. 以氨基硫脲、腙或 1-酰基-4-取代氨基硫脲为原料

缩氨基硫脲在硫酸铁铵、三氯化铁等氧化剂作用下关环，可以生成氨基-1, 3,4-噻二唑衍生物。

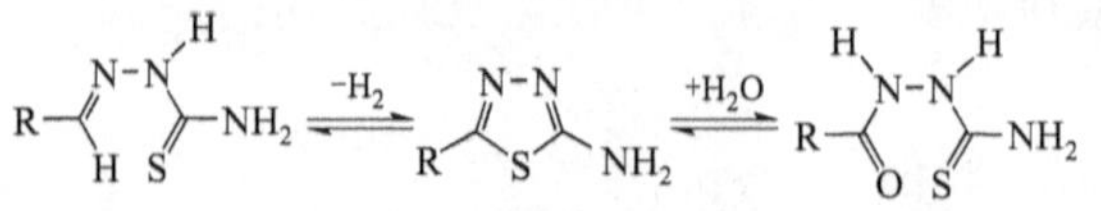

酰基氨基硫脲在硫酸、醋酸等酸性条件下环合，可以生成 2-氨基-1,3,4-噻二唑衍生物。

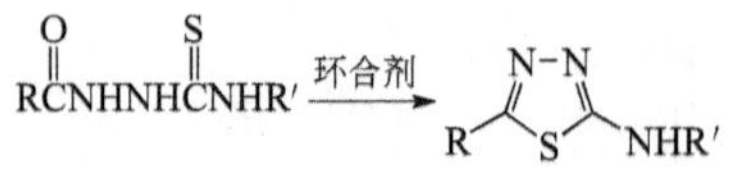

在 POCl₃ 作用下，氨基硫脲与羧酸反应可以生成氨基-1,3,4-噻二唑。反应中可能是羧酸首先与 POCl₃ 生成酰氯，进而与氨基硫脲反应生成酰基硫脲，而后环合。

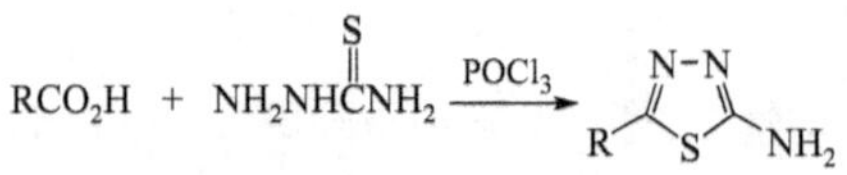

醛与丙二腈反应生成二氰基烯，后者与氨基硫脲反应生成 2-氨基-1,3,4-噻二唑衍生物。

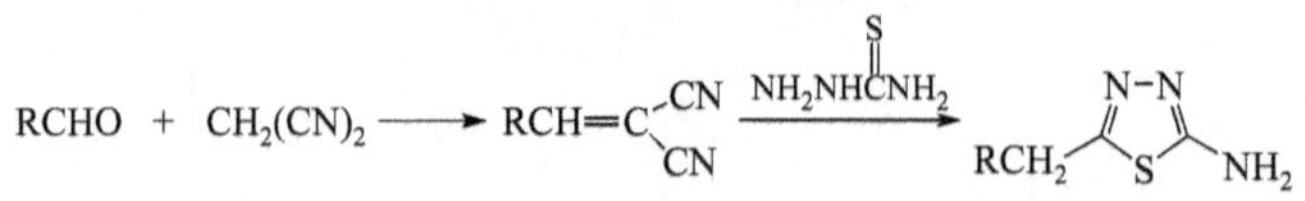

微波技术已经应用于 1,3,4-噻二唑的合成。例如如下反应：

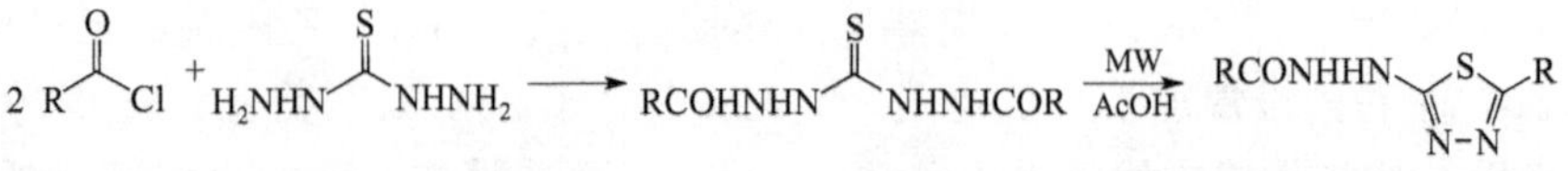

1-酰基-4-取代氨基硫脲在硫酸、醋酸或磷酸催化下脱水，生成氨基-1,3,4-噻二唑衍生物，这是合成氨基-1,3,4-噻二唑衍生物的常用方法。

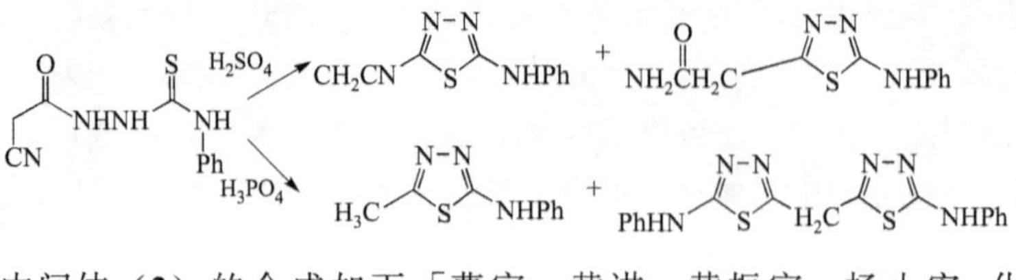

农药中间体（**2**）的合成如下［曹宇，黄讲，黄振宇，杨小宏.化学试剂，2013，35（10）：951］：

$$H_2NNHCNH_2 \text{ (with S)} + ClCH_2COOH \longrightarrow ClCH_2COO^- \cdot H_3^+NNHCNH_2 \text{ (with S)}$$

$$\xrightarrow{\triangle} ClCH_2CO-HNNHCNH_2 \text{ (with S)} \xrightarrow[\triangle]{H_2SO_4} ClCH_2\text{(ring: N-N, S, }C\text{)}-NH_2 \quad (2)$$

3. 1,3,4-噻二唑环上基团的转化

简单的 1,3,4-噻二唑环上基团通过各种化学转化，可以生成新的 1,3,4-噻二唑衍生物。例如：

$$R\text{(ring)}-NH_2 \xrightarrow[Cu]{NaNO_2, HCl} R\text{(ring)}-Cl \xrightarrow{硫脲} R\text{(ring)}-SH$$

二、1,2,3-噻二唑及其衍生物

1,2,3-噻二唑虽然属于富电子的芳香杂环化合物，但由于两个氮原子的影响，碳上的亲电取代并不容易，亲电试剂进攻的是氮原子。亲核取代优先发生在 5 位上。

1,2,3-噻二唑属于弱碱，与硫酸二甲酯反应，在氮上季铵化生成 2-和 3-甲基-1,2,3-噻二唑的混合物。在碳原子上不能发生亲电取代。1,2,3-苯并噻二唑的亲电取代发生在苯环上。

1,2,3-噻二唑具有抗病毒、抗癌、杀菌、杀虫等生物活性，引起人们越来越多的关注，具有 1,2,3-噻二唑活性结构的植物激活剂苯并噻二唑和噻酰菌胺（Tiadinil）已经成功商品化。关于 1,2,3-噻二唑衍生物的合成已有不少报道。

1. α-重氮硫代羰基化合物的环化（Wolff 合成法）

Wolff 曾在 20 世纪初报道了 2-重氮-1,3-二羰基化合物与硫氨反应制备 5-烷基-1,2,3-噻二唑类化合物，随后该方法广泛用于 4 位连有羰基、磷酰基、氰基、烷基、芳基的 5-氨基或巯基的 1,2,3-噻二唑化合物以及苯并噻二唑化合物。该方法通过 α-重氮硫代羰基化合物的环化来实现反应，是合成 1,2,3-噻二唑的有效方法。

$$\begin{array}{c} N_2 \\ \parallel \\ S \end{array}\!\!\begin{array}{c} R^1 \\ \\ R^2 \end{array} \rightleftharpoons \text{(ring: N-N-S, }R^1, R^2\text{)}$$

该方法的关键是原料 α-重氮硫代羰基化合物的制备。目前主要有三种制备方法。

① 在含有 C=S 键的化合物中引入重氮基，例如，α-氨基硫代酰胺重氮化引入重氮基。

$$\begin{array}{c} H_2N \quad CN \\ \\ S \quad NH_2 \end{array} \xrightarrow{NaNO_2, HCl} \left[\begin{array}{c} N_2 \quad CN \\ \\ S \quad NH_2 \end{array} \right] \rightleftharpoons \text{(ring: N-N-S, }CN, NH_2\text{)}$$

② 在重氮化合物的 α 位引入 C ═S 基团，例如，重氮酮的羰基转化为硫羰基。

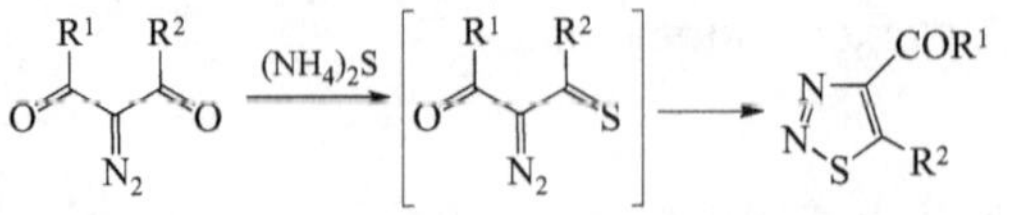

③ 同时引入重氮基和 C ═S，例如如下反应过程：

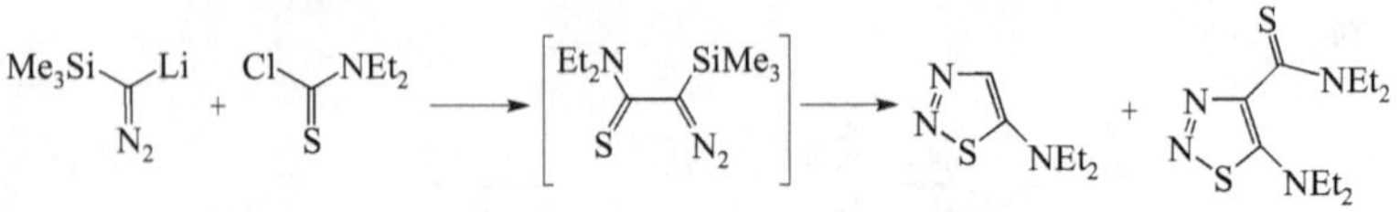

抗生素头孢唑喃（Gefuzoname）的中间体 1,2,3-噻二唑-5-硫醇钠（**3**）的合成如下。

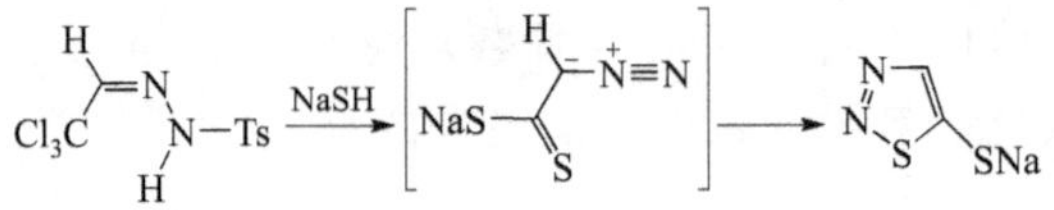

2. 腙类化合物环合法（Hurd-Mori 合成法）

N-酰基或磺酰基腙与氯化亚砜反应，环合生成 1,2,3-噻二唑衍生物，该反应称为 Hurd-Mori 1,2,3-噻二唑合成法，是他们于 1955 年首先报道的〔Hurd C D, Mori R I. J Am Chem Soc, 1955, 77 (20): 5359〕。

其实，N 上含有的吸电子基团除了酰基和磺酰基外，还可以是酰氨基（—CONH₂）、羧酸酯基（—CO₂Me）等。与腙的 C ═N 相连的碳原子上应含有亚甲基（甲基）。

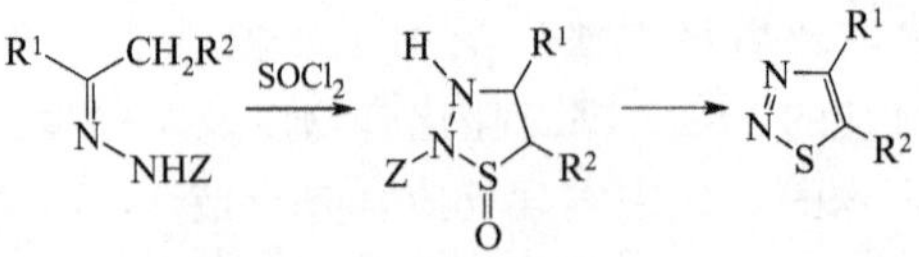

Z = COR. CONH₂, CO₂R, SO₂R

以如下反应表示其反应机理：

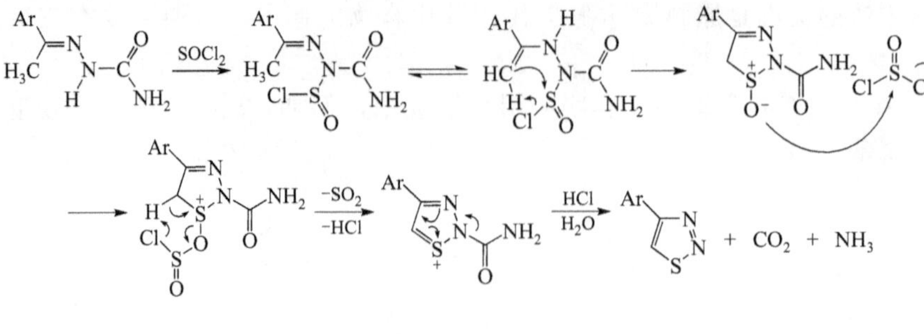

例如广谱抗菌素头孢唑南钠（Cefuzonam sodium）中间体 1，2，3-噻二唑-5-硫钾的合成。

1，2，3-噻二唑-5-硫钾（Potassium 1，2，3-thiadiazole-5-thiolate），$C_2HN_2KS_2$，156.26。结晶。mp 80～82℃。

制法　陈芬儿. 有机药物合成法：第一卷. 北京：中国医药科技出版社，1999：652.

5-甲氧羰基乙基硫-1，2，3-噻二唑（**3**）：在于反应瓶中加入化合物（**2**）10 g（0.04 mol）、乙腈 50 mL，搅拌溶解，冷却下加入氯化亚砜 7.0 mL（0.04 mol），室温搅拌反应 3 h。反应毕，依次用正己烷，正己烷-异丙醚（1：1）提取，合并有机层。依次用饱和碳酸氢钠溶液，水和饱和氯化钠溶液洗涤，无水硫酸镁干燥。过滤，滤液减压回收溶剂得淡褐色油状物（**3**）5.8 g，收率 70%。

1，2，3-噻二唑-5-硫钾（**1**）：于反应瓶中加入（**3**）7 g（0.036 mol），无水乙醇 75 ml，搅拌溶解。加入金属钾 1.5 g（0.038 mol）溶于无水乙醇 75 mL 中而制成乙醇钾溶液。加毕，搅拌 1 h。减压回收溶剂，至剩余物约 12～15 mL，加入乙醚，析出结晶，过滤，得粗品（**1**）用乙醇-乙醚重结晶，得（**1**）4.9 g，收率 91%，mp 80～82℃。

又如新药合成中间体化合物（**4**）的合成（Abramov M A，Dehaen W. Synthesis，2000：1529）。

固相合成法也有报道［Hu Y，Baudart S，Porco J A，Jr. J Org Chem，1999，64（3）：1049］。

3. 重氮烷与 C═S 化合物的环加成（Pechmann 反应）

重氮化合物与各种硫代羰基化合物如硫酮、硫酯、硫代酰胺、二硫化碳、硫代双烯酮、硫光气、硫酰氯、异硫氰酸酯等发生［3＋2］环加成，可以生成 1，2，3-噻二唑类化合物。该反应称为 Pechmann 反应。

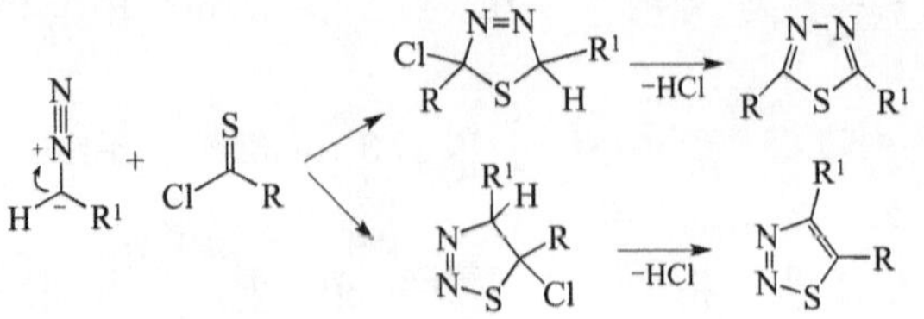

4. 其他含硫杂环化合物的转化

仅以如下一个反应表示之。

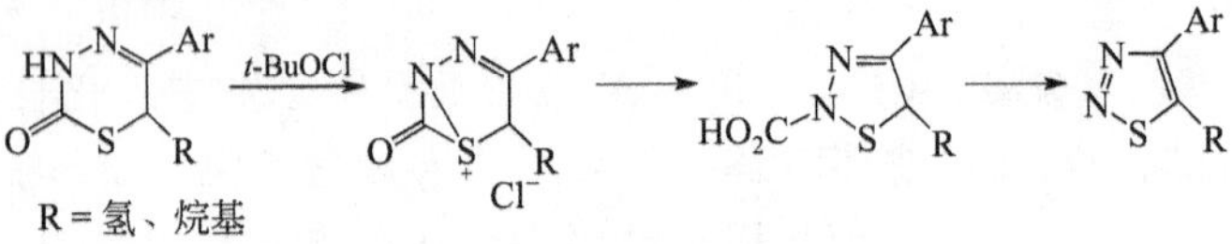

R=氢、烷基

三、1,2,4-噻二唑及其衍生物

1,2,4-噻二唑与 1,2,3-噻二唑和 1,3,4-噻二唑一样，具有芳香性。与碘甲烷的甲基化反应发生在 N_4 上。碳原子上的亲电取代不能发生。遇碱或酸都能开环。

5-氯-1,2,4-噻二唑反应活性较高，可以与多种亲核试剂反应生成相应的取代产物。

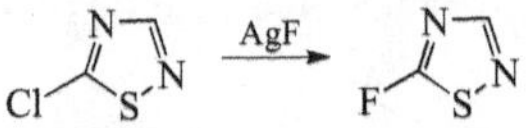

3-氯-1,2,4-噻二唑不能与亲核试剂反应或反应很慢。

1,2,4-噻二唑类化合物的合成方法如下。

3 位和 5 位连有相同取代基的 1,2,4-噻二唑衍生物，可以由硫代酰胺的氧化来合成。H_2O_2 是常用的氧化剂，有时也可以使用 $SOCl_2$、SO_2Cl_2 或 PCl_5。反应机理尚不清楚。

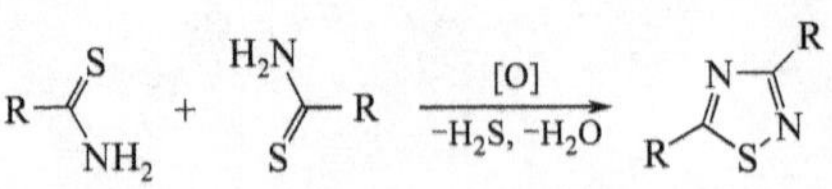

1,2,4-噻二唑分子中的两个氮原子处于间位，因此以胖为起始原料应当是较好的合成方法。以胖为起始原料，先与硫代羧酸酯反应，而后氧化环合，可以生成 1,2,4-噻二唑类化合物。

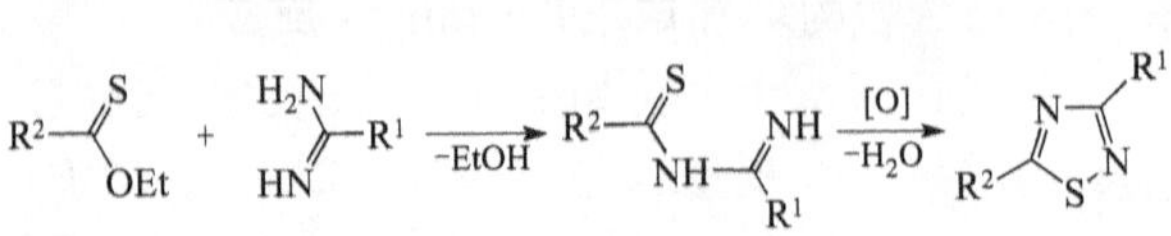

胖与三氯甲基氯化硫发生环合反应可以生成 5-氯-1,2,4-噻二唑类化合物。

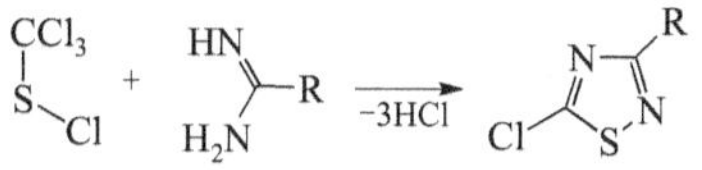

胖与硫氰酸盐在次氯酸钠存在下反应，生成 5-氨基-1,2,4-噻二唑类化合物。

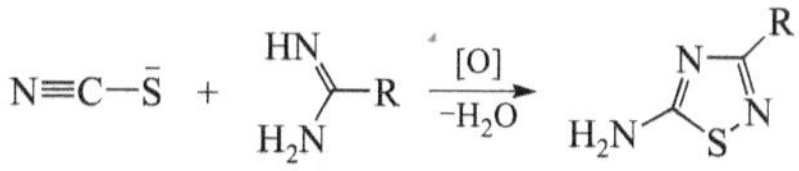

1,2,4-噻二唑不存在于自然界天然产物中，但其许多衍生物具有重要的生物学活性，在药物、农药行业有重要用途。例如抗生素盐酸头孢唑兰（Cefozopran）(**5**)、头孢瑞南（Cefluprenam)(**6**) 等分子中含有 1,2,4-噻二唑的结构单元。

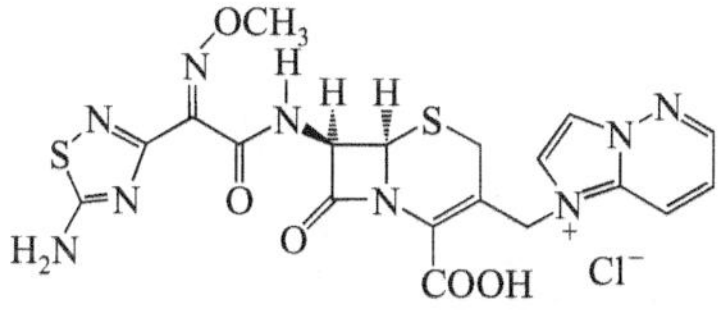

(5) 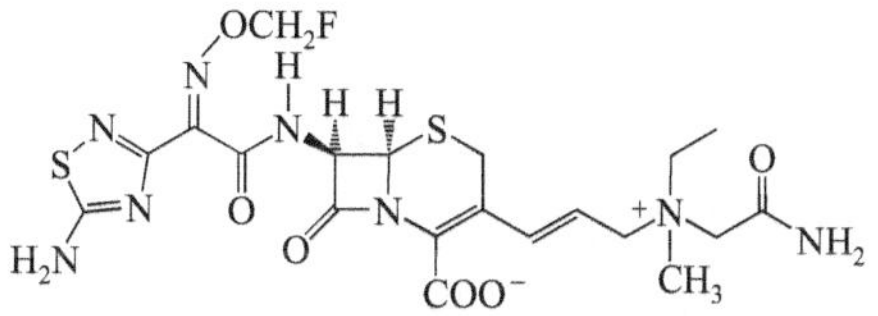　　　　　　　　　　(6)

第二节　含一个氧原子和两个氮原子的五元芳香杂环化合物

这类化合物属于噁二唑类化合物。噁二唑类化合物有四种异构体，其中 1,3,4-噁二唑和 1,2,4-噁二唑应用最广，在药物合成中有重要用途。

1,2,3-噁二唑　　1,2,4-噁二唑　　1,2,5-噁二唑(呋咱)　　1,3,4-噁二唑

一、1,3,4-噁二唑及其衍生物

1,3,4-噁二唑为稳定的中性化合物，其衍生物在医药、农业中应用广泛，很多具有消炎、抗菌、麻醉、止痛、杀虫和植物生长调节作用。合成方法主要有三种。

1. 以氨基硫脲衍生物为原料

氨基硫脲二酰基化合物在醋酸中于醋酸汞存在下回流可以生成 1,3,4-噁二唑类化合物。

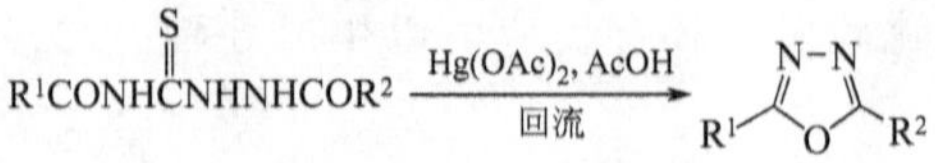

1,4-二取代氨基硫脲在 I_2 的 5％KI 溶液中回流，可以得到 1,3,4-噁二唑类化合物。例如化合物（**7**）的合成：

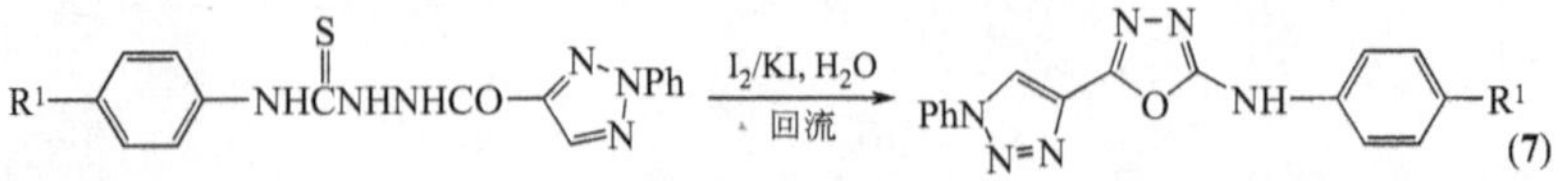

N-酰基硫脲以 1,3-二溴-5,5-二甲基乙内酰脲为氧化剂进行反应，可以高收率地得到 1,3,4-噁二唑类化合物。

2. 双酰肼环化法

双酰肼环合脱水生成 1,3,4-噁二唑衍生物。双酰肼闭环一般需要较高的反应温度和脱水剂。常用的脱水剂有氯化亚砜、三氯氧磷、三甲基氯硅烷、三氟甲磺酰氯、多聚磷酸等。也有使用三氟醋酸酐作脱水剂的报道。例如化合物（**8**）的合成：

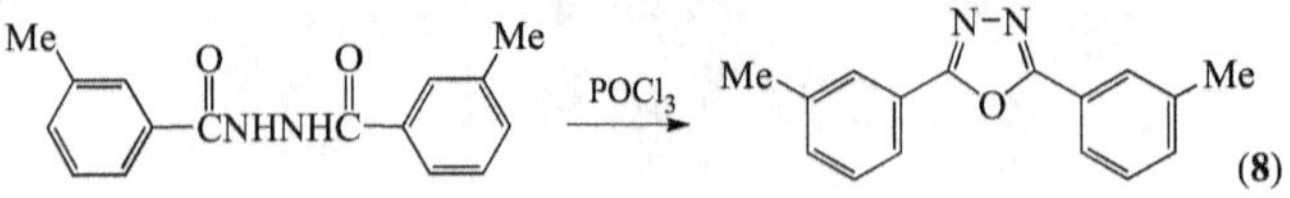

在三氟化硼-乙醚催化剂存在下，酰氯与肼在二氧六环中回流，可以高收率的得到对称的 1,3,4-噁二唑。

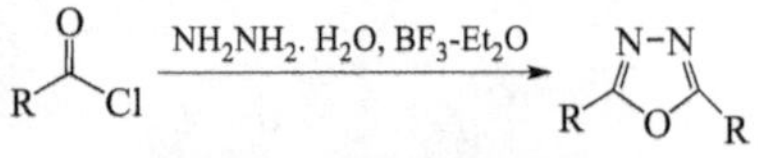

R = 脂肪基、脂环基、芳基

新药开发中间体 2-苯基-5-[（4-苯基噻唑-2-基）甲基]-1,3,4-噁二唑的合成如下。

2-苯基-5-[（4-苯基噻唑-2-基）甲基]-1,3,4-噁二唑 [2-Phenyl-5-[（4-pheny-lthiazol-2-yl)methyl]-1,3,4-oxadiazole]，$C_{18}H_{13}N_3OS$，319.38。淡黄色粉末。mp 139～142℃。

制法　刘俊芝，蔡超，任宏，王建武.合成化学，2007，15（2）：204.

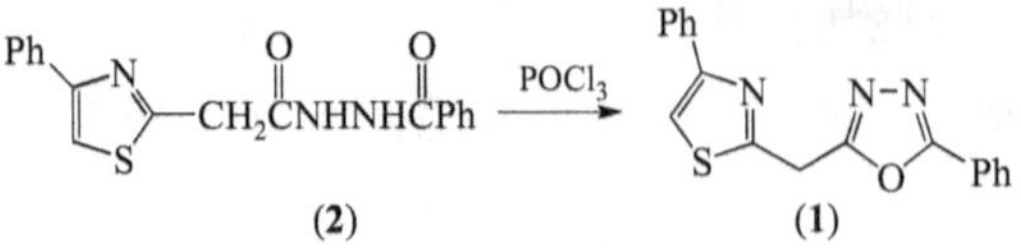

于反应瓶中加入化合物（**2**）1.01 g（3 mmol），慢慢加入 POCl$_3$ 15 mL，于 60～100℃搅拌反应 5 h。冷却，倒入 250 mL 冰水中。抽滤，滤饼进行柱色谱纯化，以石油醚-乙酸乙酯（1:3）洗脱，得淡黄色粉末（**1**），收率 79.3%，mp 139～142℃。

近年来的研究发现，Pd（PPh$_3$）$_4$/PPh$_3$ 作环合剂时，双酰肼可以生成 2,5-二取代的 1,3,4-噁二唑，但有酰肼和芳香酸生成。三氟醋酸酐、三氟化硼-乙醚也可以催化该类反应。

微波技术、固相合成均已应用于该类反应。

$$\text{H}_2\text{NHN} \overset{O}{\underset{}{\|}} \text{R}^1 + \text{R}^2 \overset{O}{\underset{}{\|}} \text{Cl} \xrightarrow[\text{2.MW. 40s}]{\text{1.HMPA, rt, 1h}} \text{R}^2 \overset{\text{N}-\text{N}}{\underset{\text{O}}{\diamond}} \text{R}^1$$

3. 以氨基脲为原料

氨基脲与羧酸在 PPA 作用下环合脱水，生成 1,3,4-噁二唑衍生物。

$$2\text{ArCOOH} + \text{H}_2\text{NNHCNH}_2 \xrightarrow{\text{PPA}} \text{Ar} \overset{\text{N}-\text{N}}{\underset{\text{O}}{\diamond}} \text{Ar}$$

4. 以酰脲为原料

酰脲在室温下用 PhI（OAc）$_2$ 氧化，可以生成 1,3,4-噁二唑衍生物。

$$\text{R}^1\text{CONHN}=\text{CHR}^2 \xrightarrow{\substack{\text{PhI(OAc)}_2 \\ \text{CH}_3\text{OH, rt}}} \text{R}^1 \overset{\text{N}-\text{N}}{\underset{\text{O}}{\diamond}} \text{R}^2$$

酰脲在 KMnO$_4$ 氧化剂存在下，以微波照射，可以生成 2,5-二取代-1,3,4-噁二唑衍生物。

$$\text{H}_2\text{NHN} \overset{O}{\underset{}{\|}} \text{R}^1 + \text{R}^2 \overset{O}{\underset{}{\|}} \text{H} \longrightarrow \text{R}^2\text{CH}=\text{NHN} \overset{O}{\underset{}{\|}} \text{R}^1 \xrightarrow{\text{KMnO}_4,\ \text{MW}} \text{R}^2 \overset{\text{N}-\text{N}}{\underset{\text{O}}{\diamond}} \text{R}^1$$

有些反应可以在无溶剂条件下进行。有人采用研磨的条件实现了如下反应。

也可以使用硝酸铈铵（CAN）作氧化剂，既可以在二氯甲烷溶剂中反应，也可以不用溶剂直接研磨得到不对称的 2,5-二取代 1,3,4-噁二唑衍生物（（Dabiri M，et al. Tetrahedron Lett，2006，47：6983)。

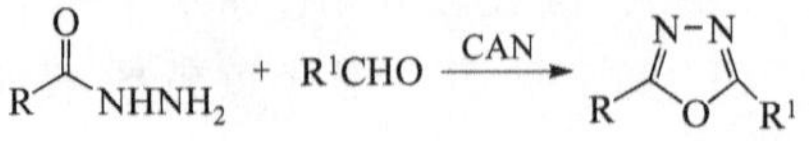

5. 以单酰肼为原料

单酰肼于二硫化碳在碱性条件下反应，可以生成 1,3,4-噁二唑类化合物。

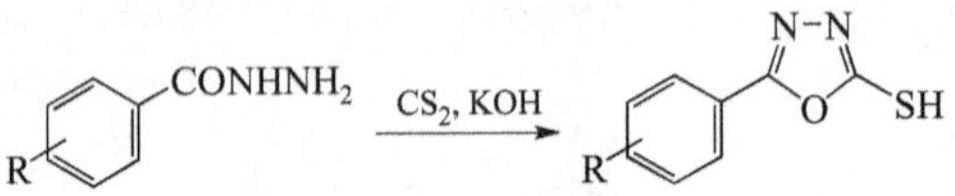

如下反应也可以得到 1,3,4-噁二唑类化合物。

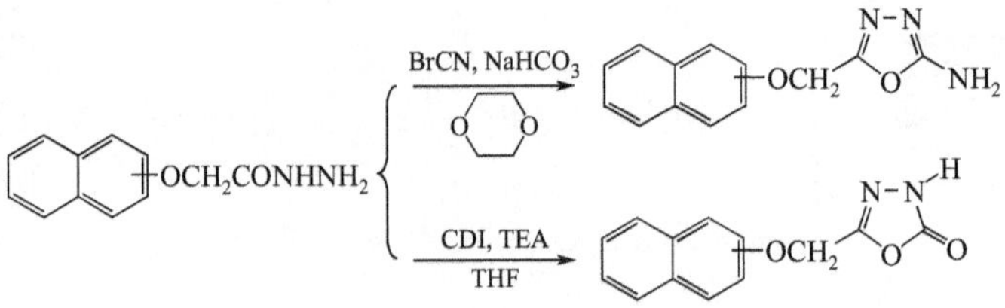

二、1,2,4-噁二唑及其衍生物

已经发现，1,2,4-噁二唑类化合物很多具有抗炎、降压、降血脂等的功能，在药物开发方面受到人们的普遍重视。

1,2,4-噁二唑类化合物有多种合成方法，简述如下。

1. O-酰基氨肟的环合

O-酰基氨肟（羟基脒）的环合是 1,2,4-噁二唑的主要的合成方法之一。羧酸与氨肟在缩合剂存在下加热，生成 3,5-二取代-1,2,4-噁二唑。例如：

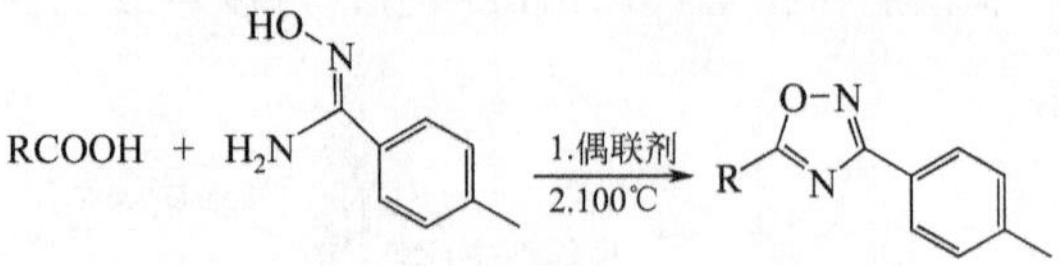

反应中可以使用的偶联剂很多，如 EDC、DCC、BOP-Cl、CDI 等。反应过程如下。

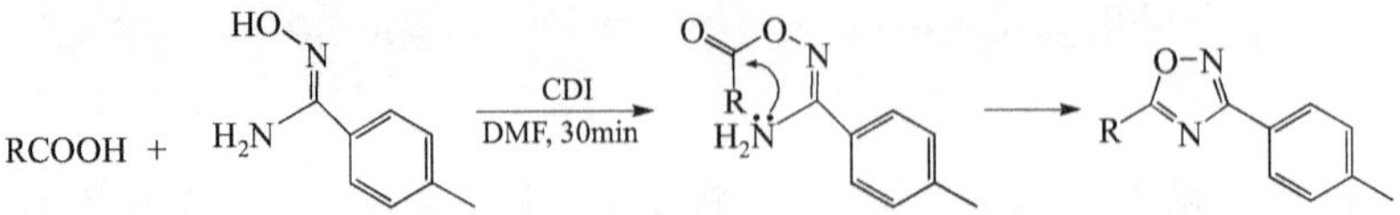

反应中可以使用羰基化合物代替羧酸。例如：

例如脾源性络氨酸酶抑制剂和双噁唑烷酮类药物中间体 1,2,4-噁二唑-3-基-甲胺盐酸盐的合成。

1,2,4-噁二唑-3-基-甲胺盐酸盐 （1,2,4-Oxadiazol-3-yl-methanamine hydrochloride），$C_3H_5N_3O \cdot HCl$，135.55。白色固体

制法 赵春深，周志旭，董磊，宋吾燕.化学试剂，2012，34（3），283.

2-(Boc-氨基)-N'-羟基乙脒 **（3）**：于安有搅拌器的反应瓶中，加入 100 mL 乙醇，4.45 g（0.064 mol）盐酸羟胺，慢慢加入 4.07 g（0.038 mol）碳酸钠，室温搅拌 15 min。回流，慢慢滴加 10 g（0.064 mol）Boc-氨基乙腈的 30 mL 乙醇溶液，滴完后反应 2 h。趁热抽滤，蒸干乙醇。加水，用二氯甲烷提取（30 mL × 2），水洗，无水硫酸镁干燥，蒸除溶剂，得化合物 **（3）** 12.3 g，收率 93.75%。

1,2,4-噁二唑-3-基-甲胺盐酸盐 **（1）**：于安有搅拌器的反应瓶中，加入 100 mL 原甲酸三乙酯，化合物 **（3）** 10 g（0.049 mol），100℃反应 10 min。冷却，用盐酸乙醇调 pH3～4。静置，抽滤，得白色固体 **（1）** 6.37 g，收率 95.9%。

如下反应则使用了酰氯。生成的化合物 **（9）** 为抗菌新药开发中间体［陈东亮，初文毅，鄢明.化学研究与应用，2012，22（2）：176］。

反应中有时也可以采用如下方法进行 O-酰基化：

N-酰基氨肟（羟基脒）的环合也可以生成 1,2,4-噁二唑衍生物。例如［Jakopin Z, Dolenc M S. Current Organic Chemistry，2008，12：850（Review）］。

2. 羟氨基氯与 *N*, *N*-二乙基氨基肟环合

羟氨基氯与 *N*, *N*-二乙基氨基肟环合，生成 1,2,4-噁二唑氧化物，后者在亚磷酸酯作用下脱去氧生成 1,2,4-噁二唑衍生物，但这种方法的收率并不高。

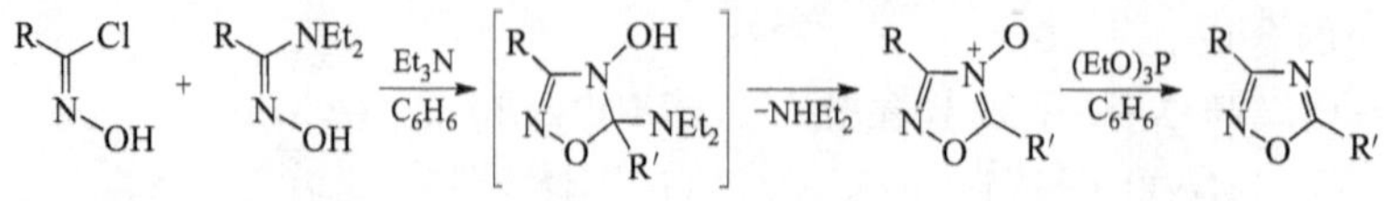

3. 4,5-二氢-1,2,4-噁二唑的氧化

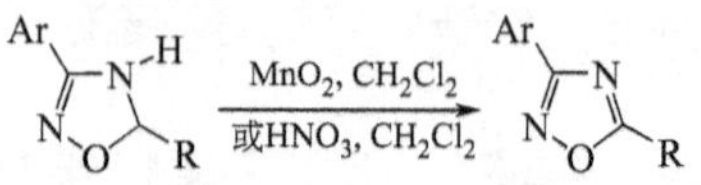

有时也可以使用次氯酸、次氯酸钠、NBS 等作氧化剂。

4. 腈氧化物与腈及有关化合物的 1,3-偶极加成

腈氧化物与腈（CN）1,3-偶极加成［3＋2］可以生成 1,2,4-噁二唑衍生物。例如：

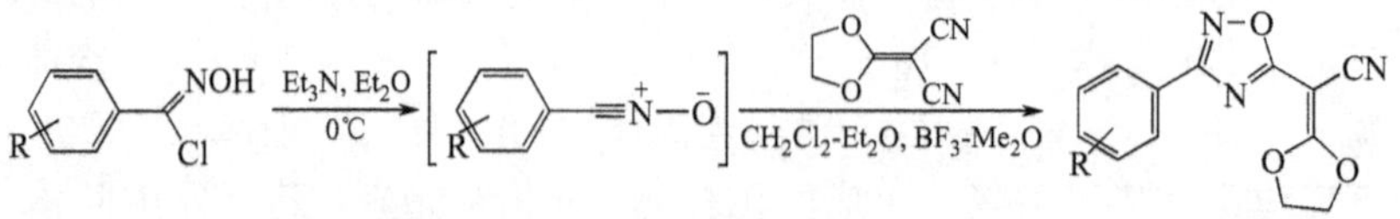

腈氧化物也可以与肟醚反应生成相应的 1,2,4-噁二唑。

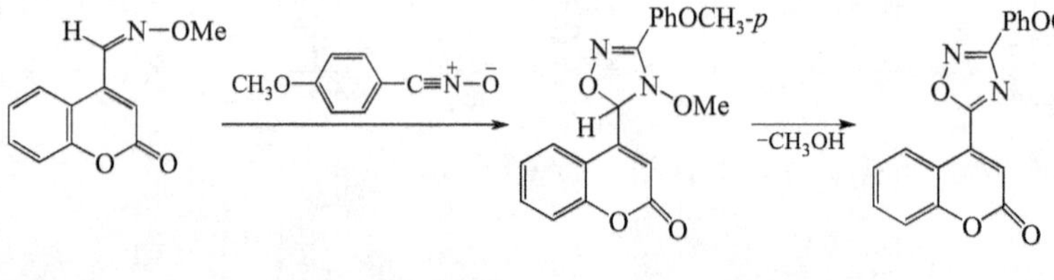

5. 其他杂环化合物的转化

关于其他杂环化合物的转化，仅举如下两个例子。

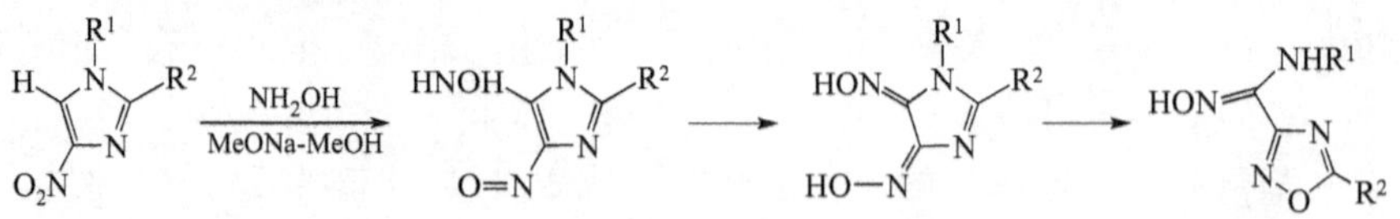

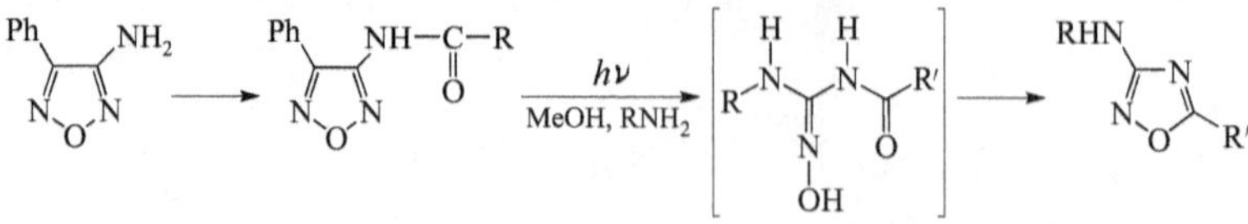

第三节 含三个氮原子的五元芳香杂环化合物

这类化合物为三唑类化合物，主要有 1,2,3-三唑和 1,2,4-三唑以及苯并三唑，在药物合成中有重要用途。作为药效团，其比咪唑具有更低的毒性，已有不少含有三唑基本骨架的药物用于临床，包括抗菌、抗结核、抗癌、抗病毒等药物。

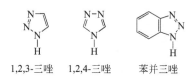

1,2,3-三唑　　1,2,4-三唑　　苯并三唑

一、1,2,3-三唑及其衍生物

$1H$-1,2,3-三唑类化合物是一类重要的氮杂环化合物，易形成氢键和配位键，能发生多种分子间的相互作用。1,2,3-三唑衍生物在自然界中尚未发现，由于其特殊的结构，具有广泛的生物活性，在药物合成中有重要应用，例如抗生素药物头孢曲秦（Cefatrizin）（**10**）分子中含有 1,2,3-三唑结构单位。

HO—〈 〉—CH₂NHCNH—〈 〉—S—〈 〉—CH₂S—〈 〉 **(10)**

1,2,3-三唑的主要合成方法如下。

1. 以盐酸羟胺、水合肼和 2,2-二氯乙醛或乙二醛为原料

2,2-二氯乙醛与盐酸羟胺反应制得 2,2-二氯乙醛肟，后者再与水合肼反应生成乙二醛单肟腙，加入三乙胺后用二氯亚砜处理得到 1,2,3-三唑。

$$Cl_2CHCHO \xrightarrow{NH_2OH} Cl_2CHCH=NOH \xrightarrow{NH_2NH_2} NH_2N=CHCH=NOH \xrightarrow{Et_3N, SOCl_2} HN\overset{N}{\underset{N}{\diagdown}}$$

用 40％乙二醛溶液也可以进行上述反应。

$$\underset{\underset{CHO}{|}}{\overset{CHO}{|}} + NH_2OH + NH_2NH_2 \longrightarrow NH_2N=CHCH=NOH \xrightarrow{Et_3N, SOCl_2} HN\overset{N}{\underset{N}{\diagdown}}$$

2. 以对甲苯磺酰肼、2,2-二氯乙醛（或乙二醛、2,2-二氯-1,1-乙二醇）和氨为原料

$$p\text{-}CH_3C_6H_4SO_2NHNH_2 \longrightarrow \left\{ \begin{array}{l} OHC-CHO, NH_3 \\ Cl_2CHCHO, NH_3 \\ Cl_2CHCH(OH)_2, NH_3 \end{array} \right\} \longrightarrow HN\overset{N}{\underset{N}{\diagdown}}$$

　　对甲苯磺酰肼的丙酸溶液与 2,2-二氯乙醛反应制得磺酰腙，加入到用氨饱和的甲醇中得到 1,2,3-三唑，收率 50.5％；采用氨-甲醇（1∶3）的混合溶液，滴加乙二醛的甲醇液，再加入到氨饱和的甲醇中液中反应得 1,2,3-三唑；使用 2,2-二氯-1,1-乙二醇代替乙二醛，也可以得到 1,2,3-三唑。

3. 以叠氮化物与炔或烯为原料

　　叠氮酸或叠氮化合物与炔发生 1,3-偶极加成反应 [3＋2] 生成 1,2,3-三唑类化合物。

　　若使用端基炔则生成 1,4-二取代-1,2,3-三唑。

　　叠氮化物 $PhCH_2N_3$ 和乙炔在溶剂（如乙酸乙酯）中反应，得苄基三唑（81.3％），后者氢解生成 1,2,3-三唑（89.8％）。

　　丙炔酸与由叠氮化钠制得的叠氮酸在苯中回流得 4-羧基-1,2,3-三唑，常压下加热至 230℃ 脱羧，得到近理论量的 1,2,3-三唑。

　　该合成路线局限性在于炔键必须和强吸电子基团相连。

　　含有腈基吸电子基团的非端基炔也可以和 NaN_3 发生环加成反应 [Jarowski P D, Wu Y L, Schweizer W B, Diederich F. Org Lett, 2008, 10 (15)：3347；Chem Commun, 2005：737]。

　　一些烯类化合物也可以与叠氮化物反应生成 1,2,3-三唑。Barluenga 等以 (E)-β-溴代芳乙烯和 NaN_3 为原料，合成了 1H-1,2,3-三唑化合物（Barluenga J, Valdes C, Beltren G, et al. Angew Chem Int Ed, 2006, 45：6893）。这是首例以 Pd（0）催化下无机叠氮化合物参与的 1,3-偶极化加成反应。

Ar—CH=CH—Br + NaN₃ $\xrightarrow[\text{1,4-二氧六环 (DMSO)，90~110℃}]{\text{Pd}_2\text{(dba)}_3, \text{4,5-双二苯基膦-9,9-二甲基氧杂蒽}}$

4. 1,2,3-三唑的其他合成方法

叠氮苯与苯乙腈在醇钠作用下反应生成 1,4-二苯基-5-氨基-1,2,3-三唑，而后在吡啶存在下，N 上在苯基重排生成 4-苯基-5-苯氨基-1,2,3-三唑。

PhN₃ + PhCH₂CN $\xrightarrow{\text{CH}_3\text{ONa}}$ [H₂N—...—Ph] $\xrightarrow{\text{吡啶}}$ [PhNH—...—Ph]

第一步的反应过程如下：

PhCH₂C≡N $\xrightarrow[\text{-EtOH}]{\text{EtO}^-}$ PhCHC≡N $\xrightarrow{}$:N=N—N̈—Ph $\longrightarrow$

苯甲酰异硫氰酸酯与重氮甲烷乙醚溶液反应生成 5-苯甲酰胺-1,2,3-噻二唑，后者在 2 mol/L 的氢氧化钠溶液回流，生成 5-巯基-1,2,3-三唑，其为头孢羟胺唑丙二醇（Cefatrizine propyleneglycol）的合成中间体。

5-巯基-1,2,3-三唑（5-Mercapto-1,2,3-triazole），$C_2H_3N_3S$，101.02。无色固体。mp 60℃。bp 70~75℃/1.3kPa。溶于氯仿、乙酸乙酯，易溶于水，有弱酸性。

制法　孙昌俊，曹晓冉，王秀菊. 药物合成反应——理论与实践. 北京：化学工业出版社，2007：449.

C₆H₅CNCS + CH₂N₂ $\longrightarrow$ [...NHCOC₆H₅] $\longrightarrow$ HS—[...]

   (2)   **(3)**   **(1)**

5-苯甲酰胺-1,2,3-噻二唑（**3**）：于反应瓶中加入苯甲酰异硫氰酸酯（**2**）50.6 g（0.31 mol），乙醚 400 mL，冷至 0℃，通入氮气，慢慢滴加 0.685 mol/L 的重氮甲烷乙醚溶液 453 mL（0.31 mol）。加完后于 0℃搅拌反应 1 h。抽滤，收集固体，真空干燥，得 5-苯甲酰胺-1,2,3-噻二唑（**3**）23.3 g，mp 232～257℃。纯品 mp 267℃。母液浓缩，可得产品 2 g。收率 40%。1,2,3-三唑-5-硫醇（**1**）：于反应瓶中加入上述化合物 8.2 g（0.04 mol），2 mol/L 的氢氧化钠 80 mL（0.16 mol），通入氮气回流反应 24 h。冷至 0℃。滴加浓盐酸 25 mL。过滤回收生成的苯甲酸。滤液用食盐饱和。用乙酸乙酯提取（30 mL×3）。合并提取液，

饱和食盐水洗涤，无水硫酸镁干燥。减压除溶剂，剩余的黏稠物真空蒸馏，收集 70～75℃/1.3 kPa 的馏分，得油状化合物（**1**）2.85 g，收率 70%，固化后 mp 52～59℃（产品容易氧化，可直接转化为钾盐保存）。

硫基三唑化合物通过碱金属催化还原脱硫基可以生成 1,2,3-三唑。例如：

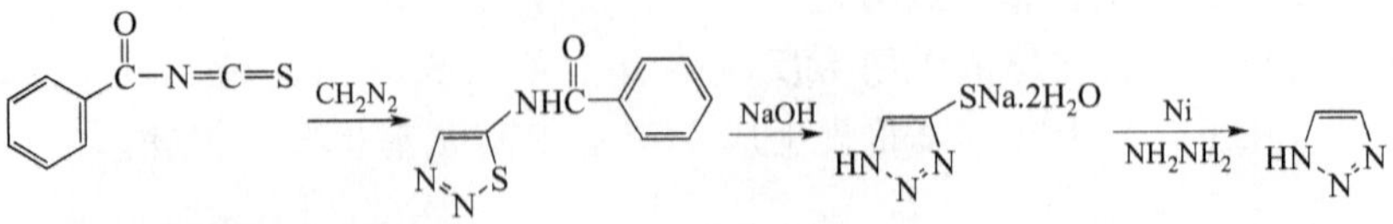

1,2-二羰基化合物的二腙氧化后生成 1-氨基-1,2,3-三唑衍生物。

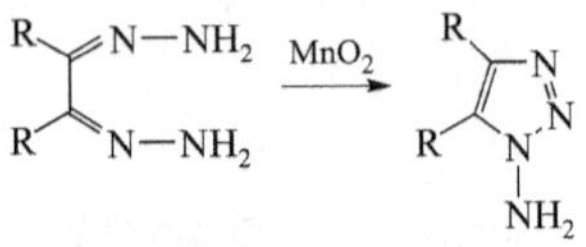

但 1,2-二苯基二腙加热或氧化时则生成 2-苯基-1,2,3-三唑。

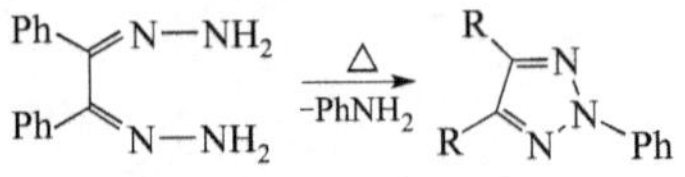

膦叶立德试剂和叠氮化合物反应可以合成 N-取代-1,2,3-三唑。例如（王乃兴.有机化学，2008，28：361）。

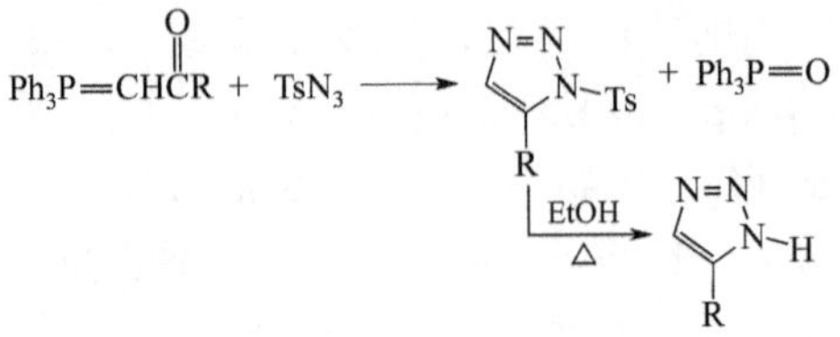

二、1,2,4-三唑及其衍生物

$1H$-1,2,4-三唑是重要的医药、农药、染料中间体。尤其在医药领域，呈现出多种生物活性，已成为近几年来药物研究与开发的热点和重点领域之一。例如抗肿瘤药米曲佐（Letrozole）（**11**）、转移性乳腺癌治疗药阿那曲唑（Anastrozole）（**12**）分子中含有 1,2,4-三唑的结构单元。

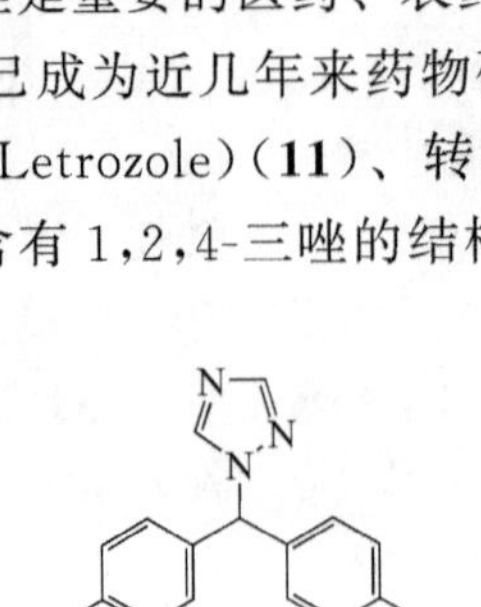

(11)

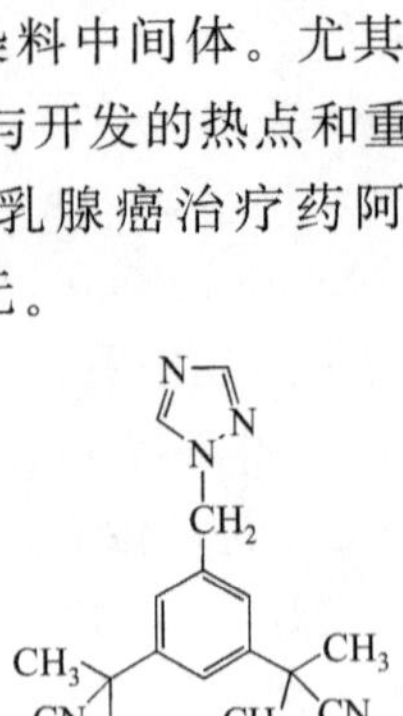

(12)

1,2,4-三唑衍生物有多种合成方法，以下仅介绍比较常见的几种。

1. 以肼或肼的取代物为原料

1,2,4-三唑分子中有两个 N 原子相邻，因此，以肼或取代肼为原料是方便的合成方法。

以甲酰胺、水合肼为原料，经脱氨、脱水可以得到1,2,4-三唑。1,2,4-三唑（**13**）是合成抗肿瘤药米曲佐（Letrozole）、转移性乳腺癌治疗药阿那曲唑（Anastrozole）的中间体。

$$2\ HCONH_2\ +\ NH_2NH_2 \cdot H_2O\ \longrightarrow\ (13)$$

以甲酸-水合肼-甲酰胺为原料可以合成1,2,4-三唑。甲酸首先与水合肼成盐，再与甲酰胺缩合，可以得到95%收率的1,2,4-三唑。

$$HCO_2H\ +\ NH_2NH_2 \cdot H_2O\ \longrightarrow\ HCO_2NH_3NH_2\ +\ H_2O$$

$$HCO_2NH_3NH_2\ +\ 3\ HCONH_2\ \longrightarrow\ +\ NH_3\ +\ 2H_2O\ +\ 2HCO_2H$$

肼与二酰胺（酰亚胺）反应生成1,2,4-三唑，该反应称为 Einhorn-Brunner 合成法。

氨基胍硫酸盐与甲酸反应可以生成3-氨基-1,2,4-三唑，其为治疗及预防冠心病、心绞痛、心肌梗死等疾病的药物曲匹地尔（Trapymin）等的中间体。

3-氨基-1,2,4-三氮唑（3-Amino-1,2,4-triazole），$C_2H_4N_4$，84.08。无色结晶。mp 159℃。溶于水、乙醇、氯仿。

制法 孙昌俊，曹晓冉，王秀菊.药物合成反应——理论与实践.北京：化学工业出版社，2007：445.

于反应瓶中加入碳酸氢氨基胍（**2**）68 g（0.5 mol），慢慢加入 2.5 mol/L 的稀硫酸 100 mL 中，至不再产生二氧化碳气体后，沸水浴加热反应 1 h，然后于 2，0 kPa 减压浓缩至干，得白色固体。滴加无水甲酸和 2～3 滴浓硝酸，沸水浴加热 24 h。向所得糖浆状物中加水 100 mL，于 50℃ 加热溶解，慢慢加 25 g 碳酸钠，减压蒸发至干。加无水乙醇 200 mL 煮沸提取二次，提取液过滤，蒸出乙醇。剩余物在 50 mL 乙醇和 50 mL 乙醚中粉碎，过滤，干燥，得 3-氨基-1，2，4-三氮唑（**1**）33～36 g，收率 79%～86%，mp 125～143℃。用 140 mL 无水乙醇重结晶，活性炭脱色后，加入 50 mL 乙醚，冷冻得纯品 20～25 g，mp 148～153℃。

酰肼与酰胺或硫代酰胺发生环合反应生成 1，2，4-三唑，该反应称为 Pellizzari 反应。该方法需要高温，其间经历酰胺腙中间体。

例如抗焦虑药依替唑仑（Etizolam）原料药的合成。

依替唑仑（Etizolam），$C_{17}H_{15}ClN_4S$，342.85。白色固体。mp 147～148℃。

制法　陈芬儿. 有机药物合成法：第一卷. 北京：中国医药科技出版社，1999：995.

于反应瓶中加入化合物（**2**）38.1 g（0.1 mol），甲醇 200 mL，水合肼 8 mL，搅拌数分钟，生成红色透明溶液，随后析出固体。室温搅拌 2 h，冰浴冷却。过滤，甲醇洗涤，得黄色固体（**3**）28.6 g，收率 89%，mp 214～216℃（分解）。

依替唑仑（**1**）：于反应瓶中加入化合物（**3**）6.4 g（0.02 mol），乙醇 100 mL，原乙酸三乙酯 16 g（0.1 mol），浓硫酸 1 mL，搅拌回流 1 h。减压浓缩，加入碳酸氢钠水溶液，乙酸乙酯提取，无水碳酸钾干燥。过滤，减压回收溶剂。剩余物中加入石油醚-丙酮，析出结晶。过滤，用石油醚-丙酮重结晶，得白色固体（**1**）6.1 g，收率 89%，mp 147～148℃。

又如焦虑症治疗药物阿普唑仑（Alprazolam）原料药（**14**）的合成（陈芬儿. 有机药物合成法：第一卷. 北京：中国医药科技出版社，1999：28。

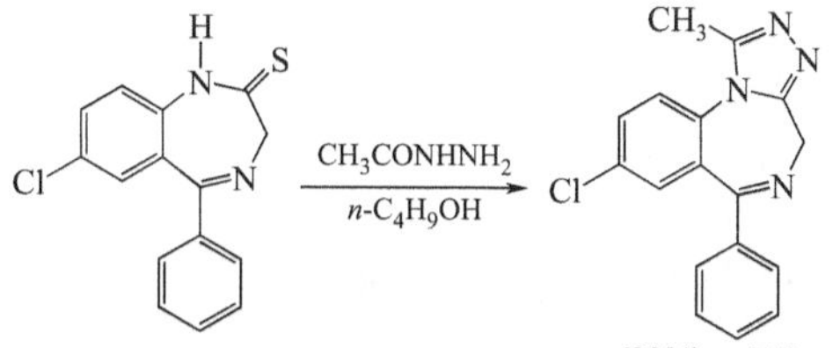

(80%)　(14)

催眠药三唑仑（Triazolam）原料药（**15**）的合成如下（陈芬儿.有机药物合成法：第一卷.北京：中国医药科技出版社，1999：548。

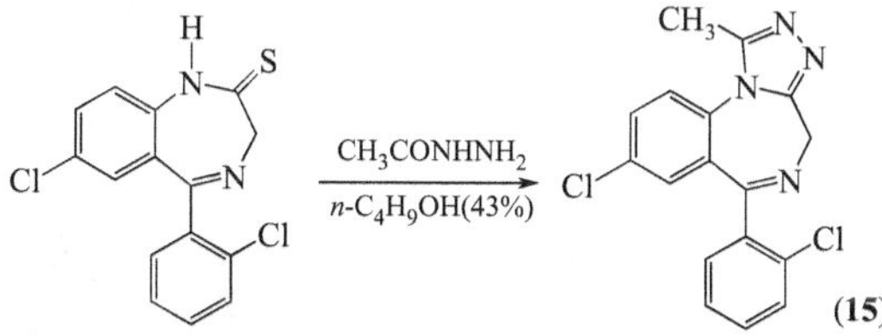

2-肼基吡啶与尿素一起于 160℃ 加热，可以生成抑郁病治疗药盐酸曲唑酮（Trazodone hydrochloride）的中间体 1,2,4-三唑并［4,3-*a*］吡啶-3（2*H*）酮（**16**）（孙昌俊，曹晓冉，王秀菊.药物合成反应——理论与实践.北京：化学工业出版社，2007：453）。

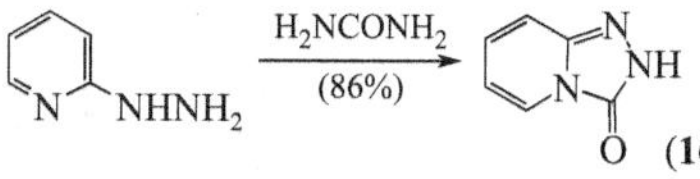

1,2-二酰肼与氨缩合环化生成 1,2,4-三唑。

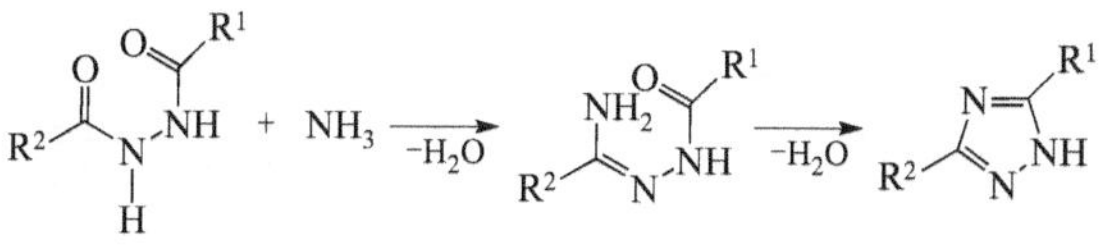

肼基甲酸酯与异硫氰酸酯反应生成氨基硫脲衍生物，后者关环可以生成 1,2,4-三唑酮衍生物，

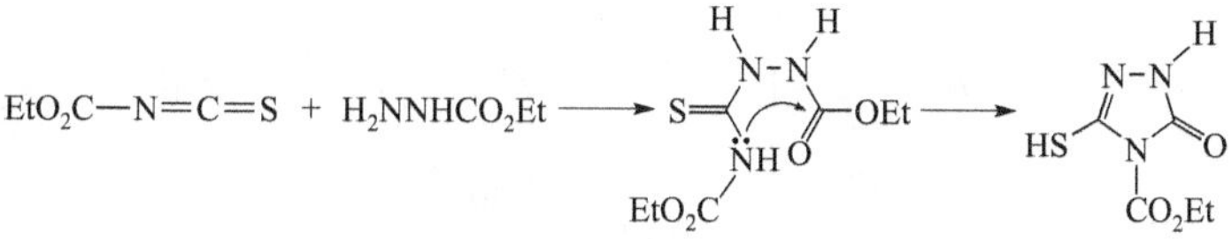

氨基胍碳酸氢盐与草酸一起加热可以生成 5-氨基-1,2,4-三唑-3-甲酸（**17**），收率 93%。

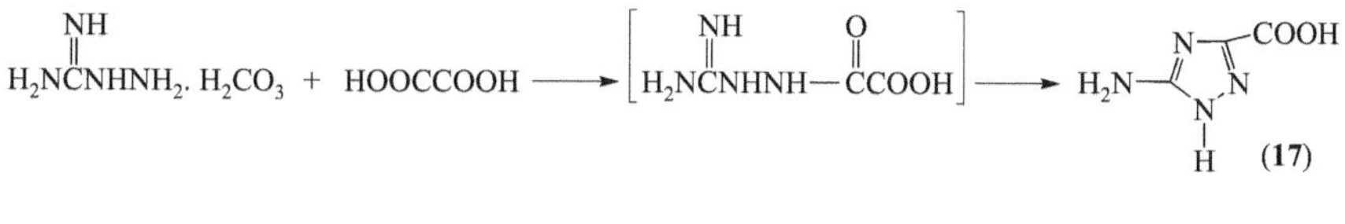

如下肼的衍生物与酰氯反应也可以生成1,2,4-三唑类化合物。

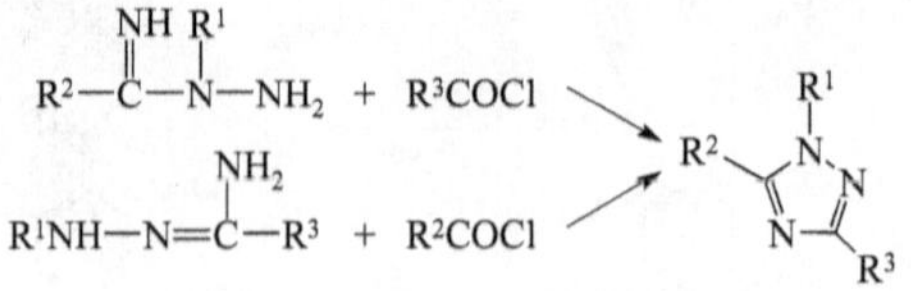

2. 以与腈基亚胺相关的化合物为原料

该方法实际上属于1,3-偶极加成反应。卤腙通过脱卤化氢生成腈基亚胺，后者与连有 C＝N、CNO、CN 等基团的化合物反应，生成1,2,4-三唑类化合物。

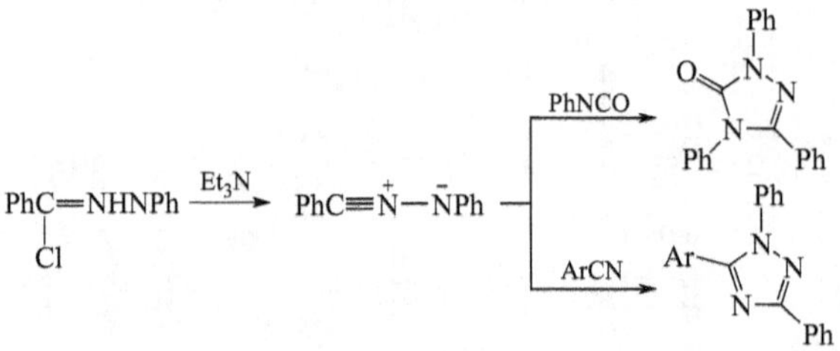

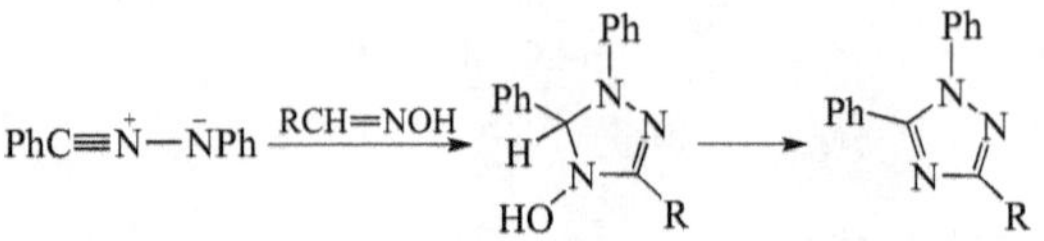

3. 以其他杂环化合物为原料

以其他杂环化合物为原料合成1,2,4-三唑，以下是几个例子。

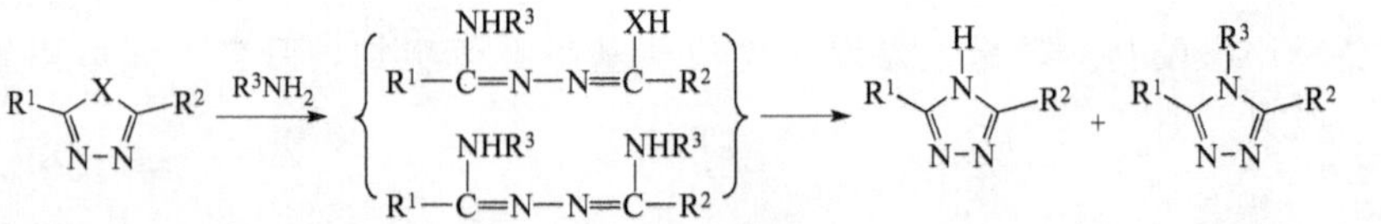

均三嗪与肼盐于无水乙醇中回流，几乎可以得到理论量的1,2,4-三唑。

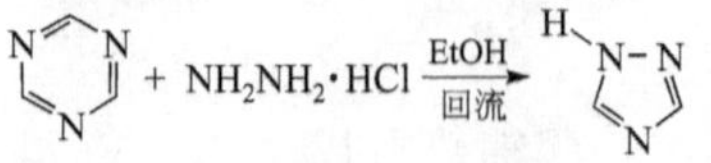

由1,2,4-三唑进行结构改造，可以得到新的1,2,4-三唑衍生物。

三、苯并三唑及其衍生物

苯并三唑存在三个互变异构，在溶液中平衡几乎完全形成 1*H*-结构（下式中两端的结构）。

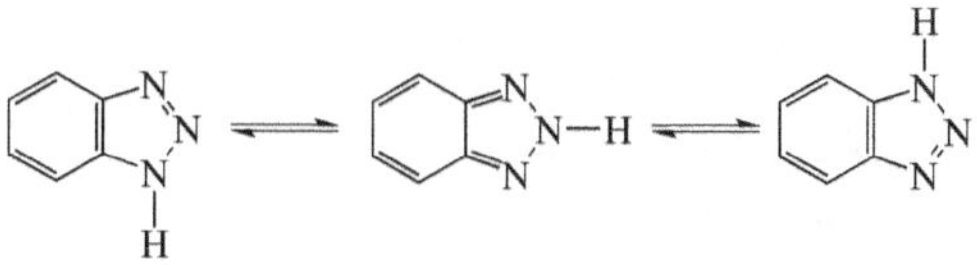

（结构式）

苯并三唑的烷基化生成 1-烷基和 2-烷基化产物的混合物。比例取决于烷基化试剂。酰基化、磺化发生在 1 位氮上。

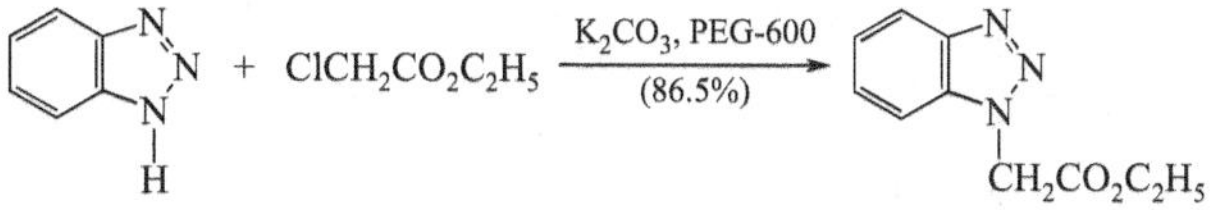

（反应式）

亲电取代只发生在苯环上。用高锰酸钾氧化生成 1,2,3-三唑-4,5-二羧酸。

1-苯基苯并三唑光照条件下几乎定量的生成咔唑（Graebe-Ullmann 反应）。

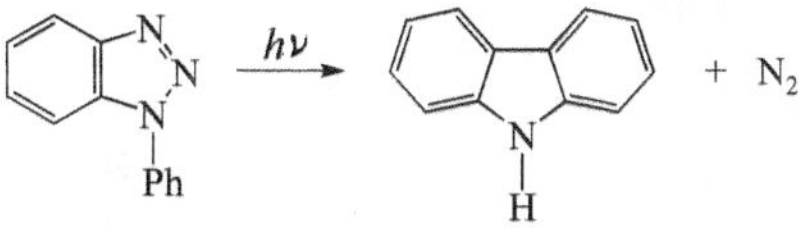

（反应式）

苯并三唑类化合物在自然界中并不存在。苯并三唑是一种重要的精细化工产品，主要用于铜和铜合金的缓蚀剂、金属防锈剂、照相防雾剂、有机合成中间体等。在医药领域也有重要应用。多巴胺拮抗剂阿立必利（Alizaprid)(**18**) 是一种止吐药，分子中含有苯并三唑的结构单元。

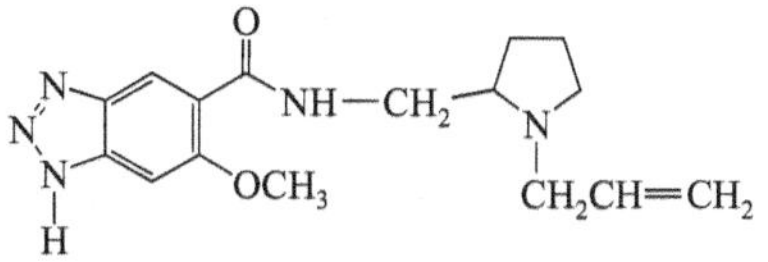

（结构式 **18**）

苯并三唑主要合成方法如下。

1. 邻苯二胺法

邻苯二胺与亚硝酸钠在酸性条件下重氮化，而后关环，得到在医药合成中可以作为免疫调节剂抑氨肽酶 B 素等的中间体苯并三唑。

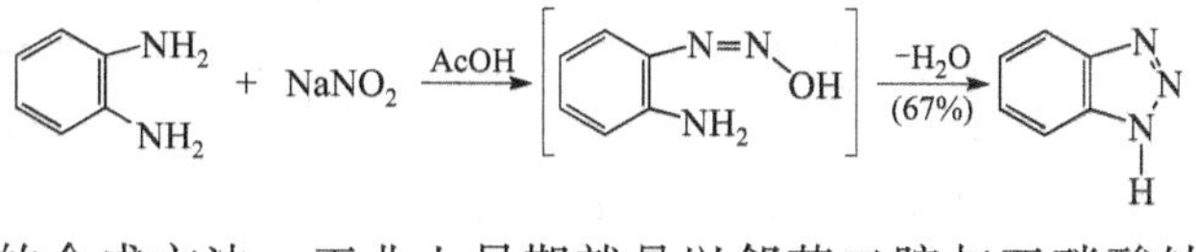

（反应式）

这是传统的合成方法。工业上早期就是以邻苯二胺与亚硝酸钠在醋酸中反应来生产苯并三唑的。但该方法条件苛刻，收率不高。后来在具体实施中，又有常压法和高压法。高压法是在压力 $4.8 \times 10^6 \sim 6.9 \times 10^6 Pa$ 压力下，于 $200 \sim 300 ℃$，使邻苯二胺与亚硝酸钠水溶液直接反应，而后酸化，得到产物。由于反应过程中不使用酸，从而减少了偶联副反应，提高了收率。

强效止吐药盐酸阿立必利（Alizapride hydrochloride）中间体 6-甲氧基-1H-苯并 $[d]$ $[1,2,3]$ 三唑-5-甲酸甲酯的合成如下。

6-甲氧基-1H-苯并 $[d]$ $[1,2,3]$ 三唑-5-甲酸甲酯（Methyl 6-methoxy-1H-benzo $[d]$ $[1,2,3]$ triazole-5-carboxylate），$C_9H_9N_3O_3$，207.19。mp190～192℃。

制法 陈芬儿. 有机药物合成法：第一卷. 北京：中国医药科技出版社，1999：711.

于反应瓶中，加入化合物（**2**）294 g（1.5 mol）、浓盐酸（$d=1.18$）550 mL，搅拌溶解。冷却至 0～5℃，滴加亚硝酸钠 108 g（127 mol）溶于 500 mL 水的溶液。滴毕，升温至 35℃，搅拌 0.5 h。冷却，过滤。依次用二氯甲烷、水洗涤，干燥，得（**1**）256 g，收率 82.4%，mp190～192℃。

2. 苯并咪唑酮法

苯并咪唑酮与亚硝酸钠水溶液于 190℃、高压下反应，再经酸化、洗涤、干燥，得到苯并三唑。苯并咪唑酮是由邻苯二胺与尿素合成的，显然成本较高，限制了在制备中的应用。

3. 邻硝基苯肼法

邻硝基苯肼在氨水、异丙醇、乙二醇混合溶剂中，于 140℃高压反应，可以得到 1-羟基苯并三唑，而后用铜-三氧化铬作催化剂进行脱氧加氢，生成苯并三唑。

邻硝基氯苯与水合肼反应，经邻硝基苯肼中间体再转化为 1-羟基苯并三唑，这一过程随着水合肼的过量其收率从 87% 上升到 95% 以上。水合肼用醇-水-肼共沸蒸馏来回收。1-羟基苯并三唑还原生成苯并三唑。该方法收率高，具有重要的应用价值。1-羟基苯并三唑是合成增强免疫功能药物乌苯美司（Ubenimex）的中间体，也是多肽保护剂。

1-羟基苯并三唑（1-Hydroxybenzotriazole），$C_6H_5N_3O$，135.13。白色固体。mp 157℃。

制法　① 黄维德，陈常庆.多肽合成.北京：科学出版社，1985：11.② 马新起，宋群立，姚莉等.化学研究，2000，11（3）：58.

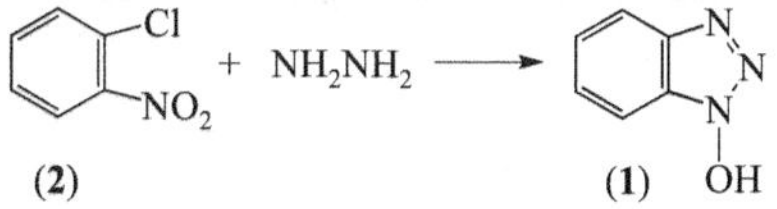

于 100 mL 圆底烧瓶中加入邻硝基氯苯（**2**）15.76 g（0.1 mol），水合肼 14.55 mL（0.3 mol），乙醇 50 mL，安上回流冷凝器，油浴加热回流 5 h。冷却，过滤。滤液减压浓缩，剩余物加入少量水溶解。乙醚提取后，水层于冰浴中冷却，慢慢加入浓盐酸酸化至酸性，析出沉淀。过滤，水洗。热水中重结晶，得化合物（**1**）7.41 g，mp 157℃，收率 55%。

该反应马新起等以邻硝基氯苯与肼的摩尔比 1：4，加入邻硝基氯苯化学量的 90% 的正庚醇，于 118℃反应 5 h，收率达 98.5%。

第四章　含四个氮原子的五元芳香杂环化合物(四唑)的合成

四唑是含四个氮原子五元环化合物，其环骨架为平面结构。理论上四唑有三种异构体，其中 $1H$-四唑和 $2H$-四唑的存在已被实验证实，是一种互变异构体。一般所说的四唑是 $1H$-四唑，因为在互变过程中其为主要成分。但自然界尚未发现四唑及其衍生物。

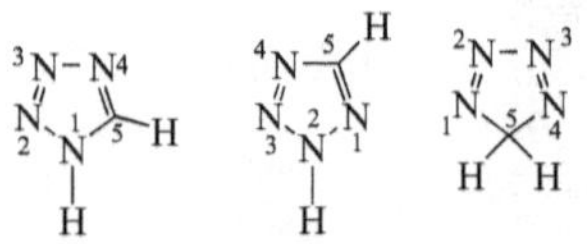

$1H$-四唑　　$2H$-四唑　　$5H$-四唑

四唑分子中含有三个类吡啶氮原子和一个类吡咯氮原子，有六个离域的 π-电子，符合 $(4n+2)$ 规则，具有芳香性。

四唑的 N—H 具有很强的酸性（$pK_a=4.89$），与醋酸相当（$pK_a=4.76$），与其他唑相比是最强的。

$1H$-四唑衍生物在生物化学和制药工业上有重要应用。四唑类药物可以作为羧酸酯基的生物电子等排体，用作血管紧张素 Ⅱ 受体拮抗剂以治疗高血压、糖尿病肾病和充血性心力衰竭，例如氯沙坦（Losartan），坎地沙坦（Candesartan）等。戊四唑（Pentylenetetrazole)(**1**) 是中枢神经系统的活性强心剂。

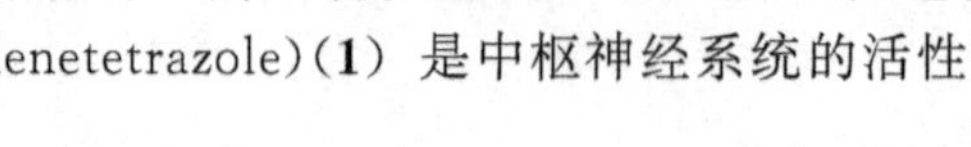

一些抗生素类药物分子中含有四唑的结构，如二盐酸头孢替安（Cefotiam hydrochloride）、氟氧头孢（Flomoxef）、头孢特仑酯（Cefterampivoxil）等。

四唑具有爆炸性，使用时应特别注意。

四唑环中含有四个氮原子和一个碳原子，因此，最常用的合成方法是使用含一个氮原子的化合物（如腈、伯胺以及酰胺等）与叠氮化合物反应来制备，但开发新制备方法仍是近年来四唑化合物合成的热点课题。

一、酰胺或亚胺氯化物与叠氮试剂作用

以酰胺和叠氮化物为原料是制备取代四唑类化合物的重要方法之一。反应中酰胺先产生活性亚胺中间体，后者与叠氮物反应后发生环合得到1,5-二取代四唑类化合物。取代酰胺类化合物在氮气保护下与 PCl_5 反应生成活性中间体氯代亚胺，然后与叠氮化物反应，最后环合得到四唑化合物。

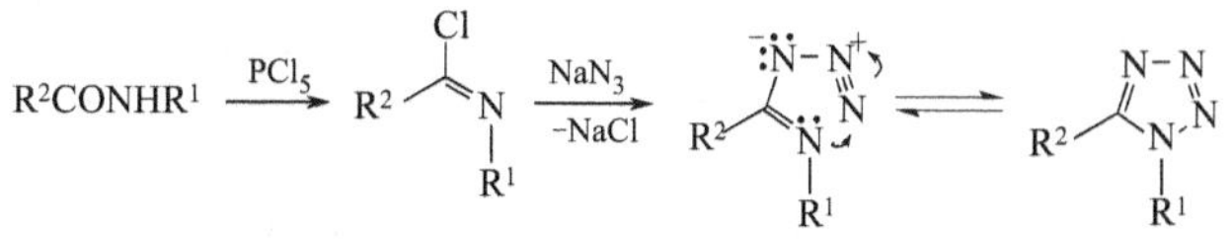

叠氮酸可以由叠氮钠与酸反应生成，这是合成1,5-二取代四唑的一种方便方法，但使用叠氮化合物时要注意安全，有时可以使用三甲基硅基叠氮（Webster S P，Binnie M，McConnell K M M，et al. Bioorg Med Chem Lett，2010，20：3265。

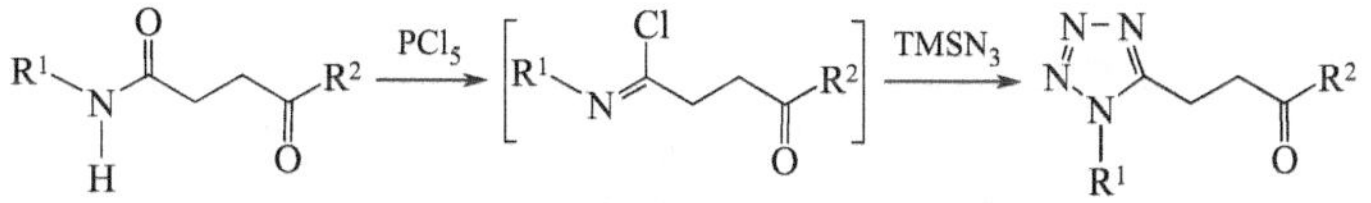

α-氨基酰胺类化合物在偶氮二甲酸二乙酯、Ph_3P 作用下与 $TMSN_3$ 反应，生成四唑化合物（Li J，Stephanie Y，Tao S-Y. et al. Bioorg Med Chem Lett，2008，18：1825）。

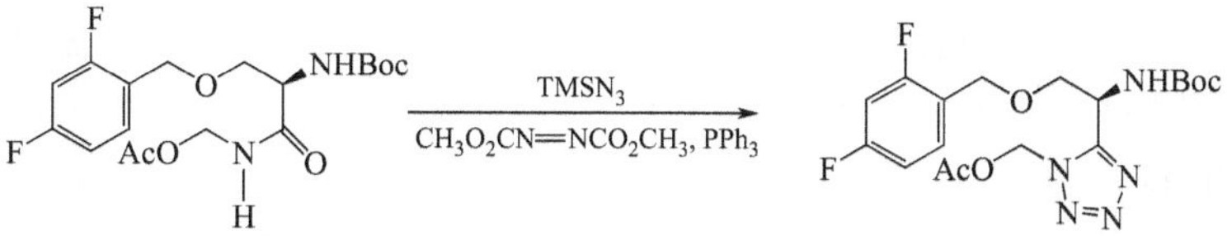

反应的大致过程如下：

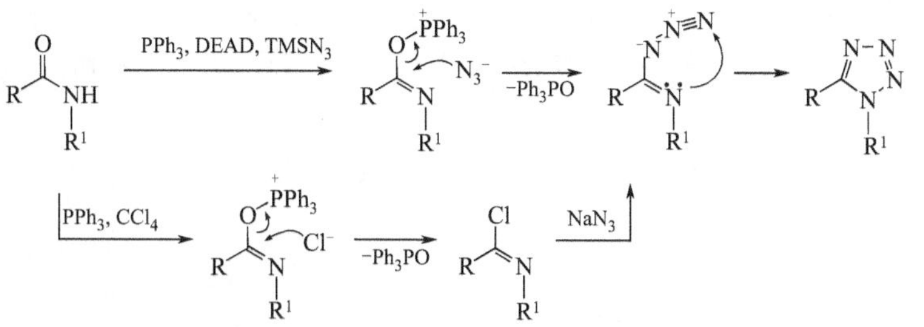

例如如下抗高血压药物四唑沙坦类的中间体的合成 ［John V Duncia，Michael E Pierce and Joseph B Santella Ⅲ. J Org Chem，1991，56（6）：2395］：

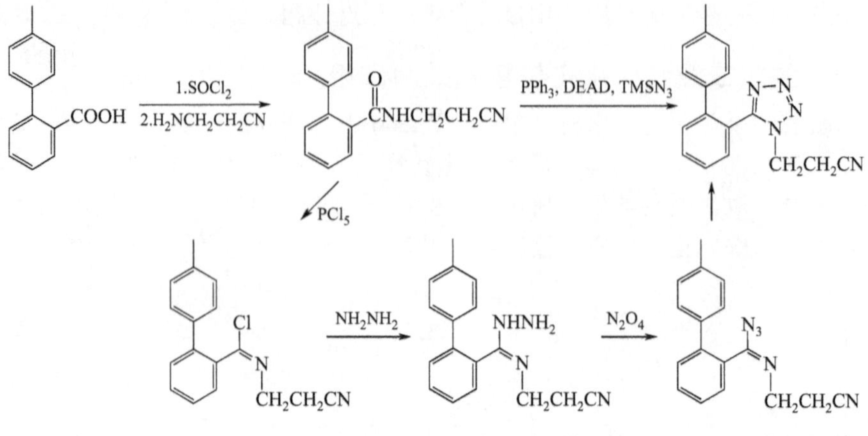

二、腈类化合物与叠氮化合物的［3+2］环加成

叠氮化物与腈类化合物的环化反应是四唑化合物的经典合成方法。叠氮离子（叠氮钠的 DMF 的溶液）与腈发生［3+2］环加成生成 5-取代四唑。

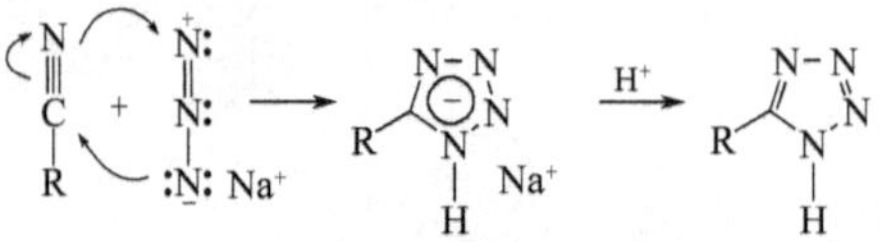

若使用烷基、芳基、三甲基硅基叠氮化物与腈或异腈反应，则生成 1,5-和/或 2,5-二取代四唑。

根据使用的催化剂类型，可分为非金属催化环化和金属催化环化。

（1）非金属催化环化　一些酸性化合物如氯化铵、三乙胺盐酸盐和醋酸是叠氮化物与有机腈发生环加成反应的常用的有效催化剂。一般认为，反应是按照［3+2］偶极环加成机理进行的。

例如利尿药阿佐塞米（Azosemide）原料药的合成如下。

阿佐塞米 ［Azosemide, 2-Chloro-5-(1H-tetrazol-5-yl) -4-[(2-thienylmethyl) amino] benzenesulfonamide］，$C_{12}H_{11}ClN_8O_2S_2$，370.83。白色或黄白色结晶性粉末。mp 226℃（分解）。易溶于 DMF，难溶于甲醇、乙醇，几乎不溶于水，遇光变黄。

制法　陈芬儿. 有机药物合成法：第一卷. 北京：中国医药科技出版社，1999：53.

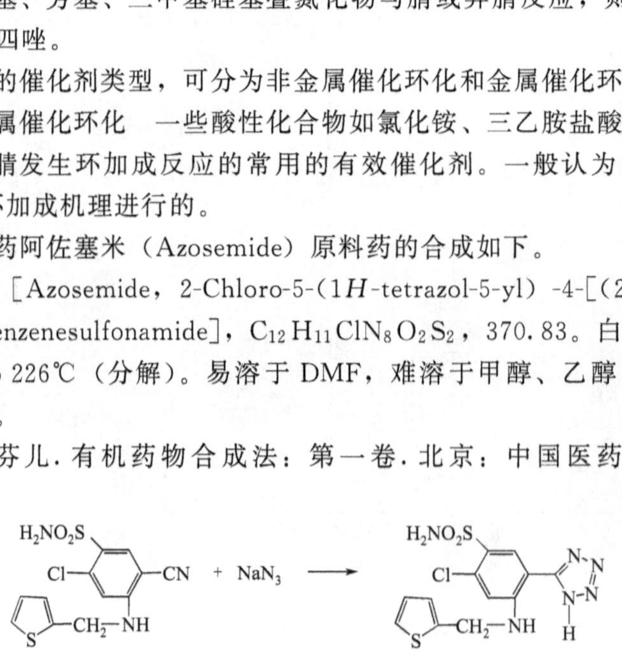

　　于安有搅拌器、温度计、回流冷凝器的反应瓶中，加入 4-氯-5-氨磺酰基-2-($2'$-噻吩甲氨基) 苯甲腈 (**2**) 8.75 g (0.027 mol)，DMF100 mL，叠氮钠 3.6 g (0.055 mol)，氯化铵 3.02 g (0.056 mol)，搅拌下于 100℃反应 3 h。减压回收溶剂后，加入适量的水和 2 mol/L 的氢氧化钠溶液，搅拌溶解。加入活性炭加热脱色。趁热过滤，用醋酸调至弱酸性，析出固体。抽滤，水洗、干燥，得粗品。用甲醇重结晶，得化合物 (**1**) 3.7 g，收率 37%，mp 218～221℃。

　　如下抗高血压药物四唑沙坦类的中间体 (**2**) 也可以用该方法来合成：

　　又如抗炎药头孢特仑酯 (Cefteram piroxil) 中间体 (**3**) 的合成 (陈芬儿. 有机药物合成法：第一卷. 北京：中国医药科技出版社，1999：647)：

　　抗生素拉氧头孢钠 (Latamoxef disodium) 等的中间体 5-乙氧羰甲基-1H-四唑的合成如下。

5-乙氧羰甲基-1H-四唑 (5-Ethoxycarbonylmethyltetrazole)，$C_5H_8N_4O_2$，156.14。无色结晶。mp 128～130℃。

　　制法　陈仲强，陈虹. 现代药物的制备与合成. 北京：化学工业出版社，2008：338.

　　于安有搅拌器、温度计、回流冷凝器的反应瓶中，加入氰基乙酸乙酯 (**2**) 67.8 g (0.60 mol)，叠氮钠 43 g (0.66 mol)，氯化铵 35.4 g (0.66 mol)，DMF260 mL，搅拌下于 90℃反应 8 h。减压蒸出溶剂，剩余物中加入 260 mL 水，以盐酸调至 pH2。冷却，过滤，冷水洗涤，干燥后得类白色化合物 (**1**) 73 g，收率 77.9%。以异丙醇重结晶，得无色结晶 60.5 g，收率 64.5%，mp 128～130℃。

　　微波技术已用于该反应。乙酸催化下，二苯基乙腈与 NaN₃ 的环化经微波辐射 10 min，可得到相应的四唑。

此外，异腈、异硫腈与叠氮化物也可经［3＋2］偶极环加成来制备四唑化合物。其中异腈与叠氮化物的环化是直接在四唑环 1 位引入取代基团的重要方法（L El Kaim，L Grimaud，P Patil，Org Lett，2011，13：1261），而以异硫腈为原料则是直接制备 5-巯基或烃基巯基取代四唑化合物的重要途径（B Saha，S Sharma，D Sawant，B Kundu. Tetrahedron，2008，64：8676）。

例如药物合成中间体 5-氯-1-苯基四唑的合成，其分子中的氯原子可以被多种亲核基团取代，从而生成新的四唑类化合物。

5-氯-1-苯基四唑（5-Chloro-1-phenyltetrazole），$C_7H_5ClN_4$，180.60。结晶状固体。mp 122~123℃。

制法　Maggiulli C A，Paine R A. Brit Pat，1128025. 1968.

于安有搅拌器、回流冷凝器的反应瓶中，加入叠氮钠 25 g（0.353 mol），水 120 mL，室温下搅拌溶解。加入由苯基异腈二氯化物（**2**）66.7 g（0.383 mol）溶于 300 mL 丙酮配成的溶液。搅拌下慢慢加热，逐渐由 25℃升温至 50℃，15 min 后加热至回流，而后回流反应 1.5 h。冷却，加入等体积的水，搅拌 15 h。抽滤，水洗，干燥。产品用甲醇重结晶，得化合物（**1**）51.88 g，收率 75%，mp 122~123℃。

（2）金属催化环化　金属催化合成四唑化合物的机理与非金属催化环化类似，不同之处在于金属催化剂不仅能与叠氮酸根络合，也能与腈基 N 配位，活化腈类化合物，使其更容易被 N_3^- 进攻。

铜盐作为催化剂已广泛应用于有机合成领域，一价铜离子（Cu^+）在环化制备四唑化合物时有较好的催化效果。对甲氧基苯乙腈与叠氮三甲基硅烷在 Cu_2O 催化作用下回流反应，四唑化合物的产率 84％。铜-锌合金纳米粒也能催化该反应，产率高达 90％。当用苯环上被硝基取代的腈反应时，其目标产物对硝基苯基四唑的产率可达到 96％。

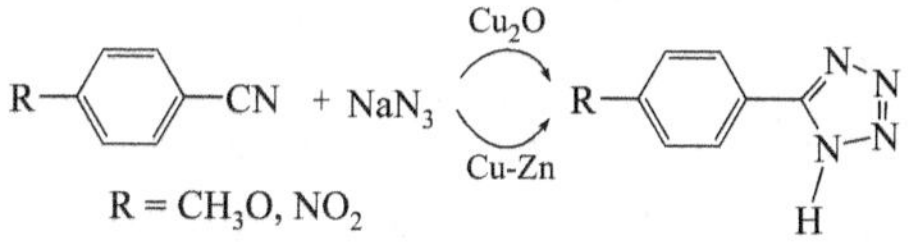

$$R = CH_3O, NO_2$$

含有叠氮基和腈基的化合物在金属铜的催化下可发生分子内环化（黄家吉，贺晓鹏，董菁等. 合成化学，2010，18：64）。

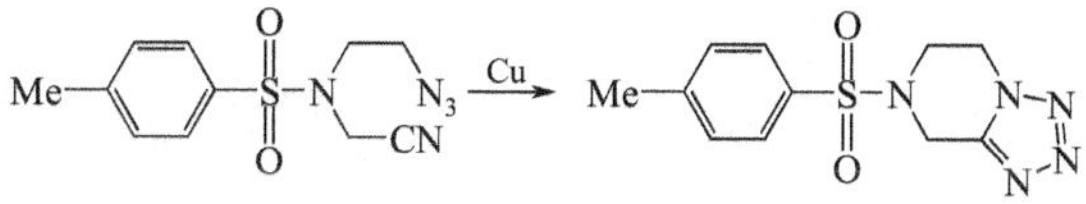

金属锌盐也用于催化四唑的合成，特别是溴化锌。取代磺酰亚胺腈和叠氮化钠在 $ZnBr_2$ 催化下反应，得到 5-取代四唑（Mancheño O G；Bolm，C. Org Lett，2007，9：2591）。

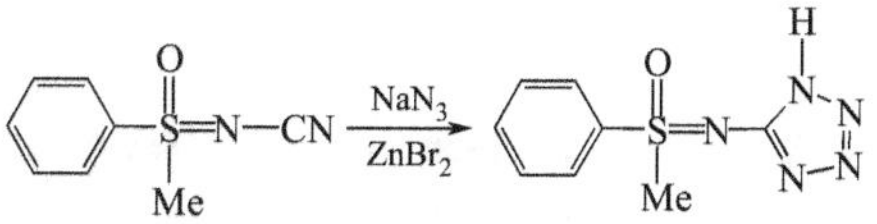

铁盐在制备四唑环的反应中也具有较好的催化效果。萘腈在 $FeCl_3$-SiO_2 催化作用下与 NaN_3 反应得到芳基四唑化合物（Nasrollahzadeh M，Bayat Y，Habibi D，Moshaee S. Tetrahedron Lett，2009，50：4435）。

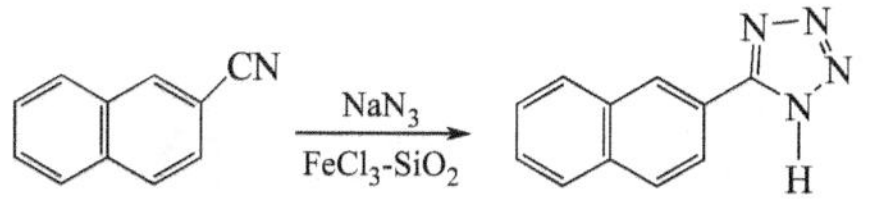

另外，锆、钯、有机锡、铟等催化在腈与叠氮化物反应合成四唑的报道也很多，而且各具特点。

三、叠氮化物与胺类化合物环化

胺类化合物来源较广，是制备 N-四唑类化合物的重要原料。

氨基噻吩类化合物与叠氮化钠、原甲酸乙酯在乙酸作用下环化生成四唑，产率最高达 91％（Pokhodylo N T，Matiychuk V S，Obushak M D. Tetrahedron，2008，64：1430）。

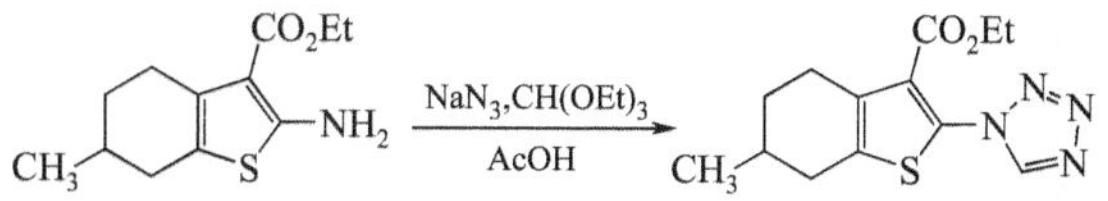

原甲酸乙酯参与制备四唑化合物的反应均具有如下的类似反应机理。

上述机理中并未生成亚胺，在有些反应中将胺转化为亚胺，再与叠氮化合物反应生成四唑。苯胺等与原甲酸酯反应可以生成相应的亚胺，再与叠氮化合物反应生成四唑。氨基酸的氨基采用类似的方法也可以生成四唑。

芳胺类化合物和叠氮化钠、原甲酸乙酯发生该反应，既可以在离子液体（［bbim］$^+$Br$^-$）和二甲亚砜混合溶剂中反应（产率在80％以上），也可以在钠沸石催化下反应（收率80％）(Dighe S N，Jain K S，Srinivasan K V. Tetrahedron Lett，2009，50：6139)。

药物开发中间体 2-(1H-四唑-1-基)-4,5,6,7-四氢-1-苯并噻吩-3-羧酸乙酯的合成如下。

2-(1H-四唑-1-基)-4,5,6,7-四氢-1-苯并噻吩-3-羧酸乙酯［Ethyl 2-(1H-tetrazol-1-yl)-4,5,6,7-tetrahydro-1-benzothiophene-3-carboxylate］。C$_{12}$H$_{14}$N$_4$O$_2$S，278.33。白色结晶。mp 88℃。

制法　Pokhodylo N T, Matiychuk V S, Obusake M D. Tetrahedron, 2008, 64 (7)：1430.

于反应瓶中加入化合物（**2**）50 mmol，原甲酸三乙酯37.9 mL（0.23 mol），叠氮钠3.9 g（60 mmol），冰醋酸40 mL，搅拌下加热回流反应2 h。冷至室温，慢慢加入7 mL浓盐。过滤，滤液减压浓缩。剩余物用乙醇重结晶，得白色固体（**1**），收率81％，mp 88℃。

如下叠氮化合物与胺也可以发生反应生成四唑衍生物。

氨基硫代甲酸酯与叠氮钠液可以进行反应生成含巯基的四唑类化合物。例如抗生素二盐酸头孢替安中间体 1-[2-(N，N-二甲氨基) 乙基]-5-巯基-1H-四唑的合成如下。

1-[2-(N，N-二甲氨基) 乙基]-5-巯基-1H-四唑 [1-[2-(Dimethylamino) ethyl]-1H-tetrazole-5-thiol]，$C_5H_{11}N_5S$，173.24。mp 218～219℃。

制法　陈芬儿. 有机药物合成法：第一卷. 北京：中国医药科技出版社，1999：212.

于反应瓶中，加入化合物（**2**）520 g（2.92 mol）、叠氮化钠 190 g（2.92 mol），乙醇 1.05 L 和水 2.1 L，加热搅拌回流 3 h。再加入（**2**）52 g 和乙醇 100 mL 的溶液，继续搅拌回流 1 h。反应毕，冷却至 20℃，加入水 2.0 L，用浓盐酸调至 pH2～2.5，减压回收乙醇。剩余液经氢型离子交换树脂吸附，水洗至 pH7，再用 5％氨水洗提，洗脱液减压浓缩，冷却，析出结晶。过滤，干燥，得（**1**）350 g，收率 68.5％，mp 218～219℃。

又如抗菌药氟氧头孢（Flomoxef）中间体（**4**）的合成（陈芬儿. 有机药物合成法：第一卷. 北京：中国医药科技出版社，1999：256）：

Joo 等（Y.-H Joo，J M Shreeve，Org Lett，2008，10：4665）以溴化氰与叠氮钠、胺反应，合成了氨基四唑。

四、醛、酮类化合物与叠氮酸反应

酮与叠氮酸在酸性条件下反应可以生成四唑。反应需要 2 分子的叠氮酸，第一分子叠氮酸与酮发生 Schmidt 反应生成酰胺，酰胺脱水生成亚胺，而后与第二分子的叠氮酸反应生成四唑。例如用于急性传染病、麻醉药及巴比妥类药物中毒时引起的呼吸抑制、急性循环衰竭的药物戊四唑的合成：

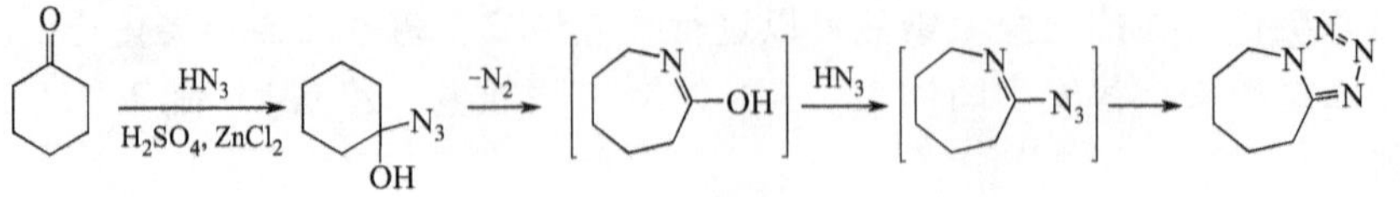

反应也可以在无溶剂条件下用环己酮、叠氮钠、三氯化铝一起研磨进行，收率达 95%。

戊四唑 (Pentylenetetrazole)，$C_6H_{10}N_4$，138.17。mp 59℃。

制法 Eshghi Hossein, Hassankhani Asadollah. Synthetic Communications, 2005, 35 (8)：1115-1120.

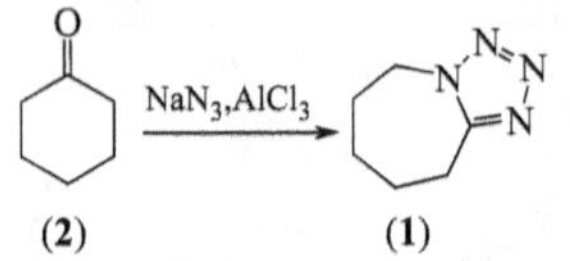

于玛瑙研钵中加入环己酮（**2**）1 mmol，叠氮钠 4 mmol，三氯化铝 3 mmol，于 50℃ 研磨 12 min。冷至室温，加入 5 mL 水，二氯甲烷提取 2 次。合并有机层，无水氯化钙干燥。过滤，浓缩，得化合物（**1**），收率 95%。

酮与三甲基叠氮硅烷在 Lewis 酸催化下缩合生成叠氮亚胺，随后环化生成 1,5-二取代四唑。

五、四唑化合物的其他制备方法

酰脲、酰肼与重氮盐反应可以得到四唑，氨基胍与亚硝酸反应可以生成 5-氨基四唑。分子内含有双偶氮基的化合物加热缩合可以生成四唑类化合物。

重氮盐与腙类化合物反应也可制备四唑化合物，产率可达 81%。

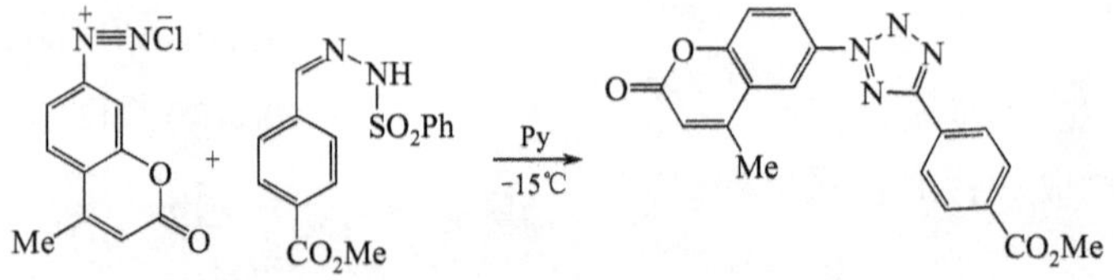

氨基胍与亚硝酸反应生成 5-氨基四唑。

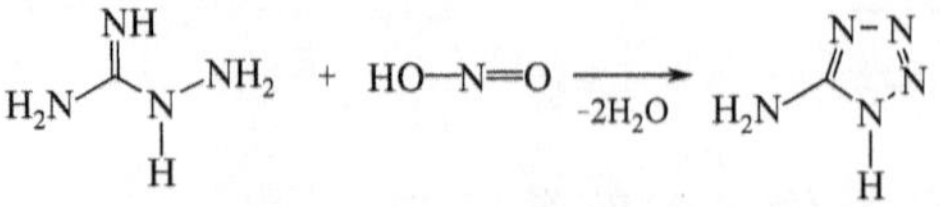

一些并环的四唑可以由叠氮化合物来合成，例如（J K. Laha, G D Cuny. Synthesis, 2008：4002）：

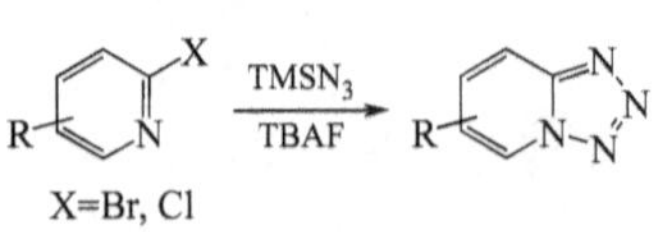

又如（J M Keith，J Org Chem，2006，71：9540）

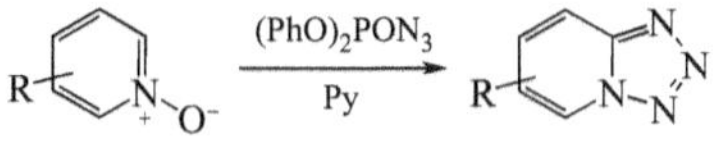

硫氰酸酯、异氰酸酯与叠氮钠反应可以生成四唑类化合物。例如：

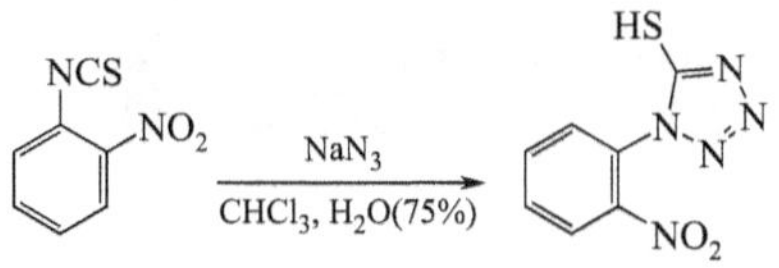

又如镇痛药盐酸阿芬太尼（Alfentanil hydrochloride）中间体（**5**）的合成（陈芬儿. 有机药物合成法：第一卷. 北京：中国医药科技出版社，1999：702）：

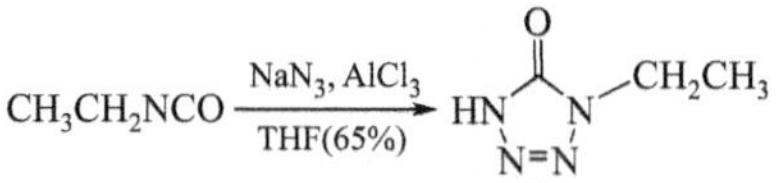

异硫氰酸酯与 NaN$_3$ 反应，，可以生成抗生素盐酸头孢甲肟（Cefmenoxime）中间体（**6**）（陈芬儿. 有机药物合成法：第一卷. 北京：中国医药科技出版社，1999：702）：

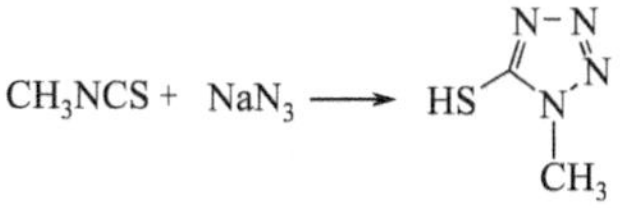

此外，利用四唑结构中 NH 的强亲核性对四唑环进行结构修饰也是制备四唑衍生物的重要方法，不再赘述。

第五章　含一个杂原子的六元芳香杂环化合物的合成

　　含一个杂原子的六元环化合物主要是含氧、氮、硫原子的化合物，包括吡喃、吡喃酮、吡啶、噻喃及其苯并衍生物如香豆素、色酮等，这些化合物大都有重要的生物学活性，在药物及其中间体的合成中占有非常重要的地位。

第一节　含一个氧原子的六元杂环化合物

　　常见的含有一个氧原子的六元杂环化合物有如下几种，其合成方法、性质各不相同，仅以个别实例说明之。

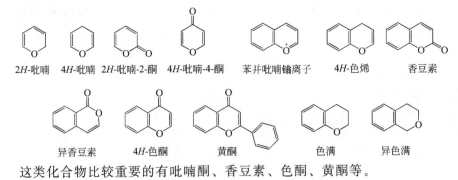

2*H*-吡喃　4*H*-吡喃　2*H*-吡喃-2-酮　4*H*-吡喃-4-酮　苯并吡喃鎓离子　4*H*-色烯　　香豆素

异香豆素　　4*H*-色酮　　　黄酮　　　　色满　　　异色满

这类化合物比较重要的有吡喃酮、香豆素、色酮、黄酮等。

一、2-吡喃酮类化合物

吡喃酮有三个结构异构体，2-吡喃酮、3-吡喃酮和 4-吡喃酮。

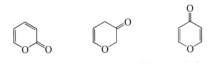

2*H*-吡喃-2-酮　2*H*-吡喃-3(4*H*)-酮　4*H*-吡喃-4-酮

2H-吡喃-2-酮也叫 α-吡喃酮，实际上是一种不饱和内酯。而 2H-吡喃-3(4H)-酮和 4H-吡喃-4-酮（γ-吡喃酮）则具有不饱和酮的性质。2H-吡喃-2-酮和 4H-吡喃-4-酮的苯衍生物广泛存在于自然界中。目前已发现许多吡喃酮类化合物具有重要的生物学功能，如抗炎、抗肿瘤、抗病毒等。化合物（**1**）是艾滋病毒（HIV）蛋白酶的有效抑制剂，化合物（**2**）已经用作强心剂。

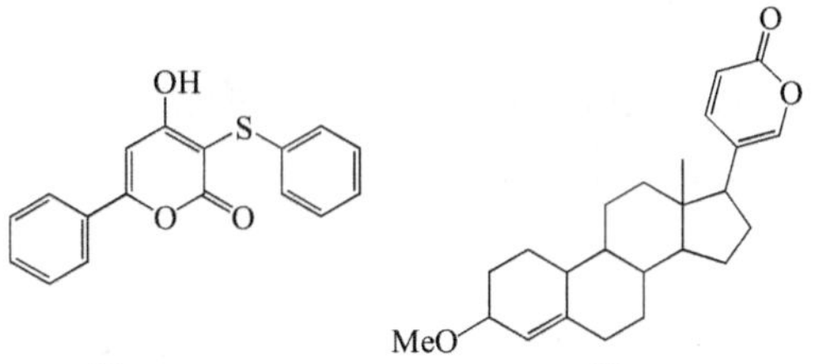

（1）　　　　　**（2）**

吡喃酮类化合物在化学性质上，除了具有一般的 α，β-不饱和羰基化合物的性质外，还具有环状不饱和内酯和环状烯醚的性质。在与各种试剂反应时，要比 α，β-不饱和羰基化合物的反应复杂得多。

α-吡喃酮的一种方便的合成方法是用苹果酸失水先生成甲酰基醋酸，而后两分子的甲酰基醋酸发生双分子缩合，生成阔马酸（Coumalic acid），后者脱羧生成 α-吡喃酮。

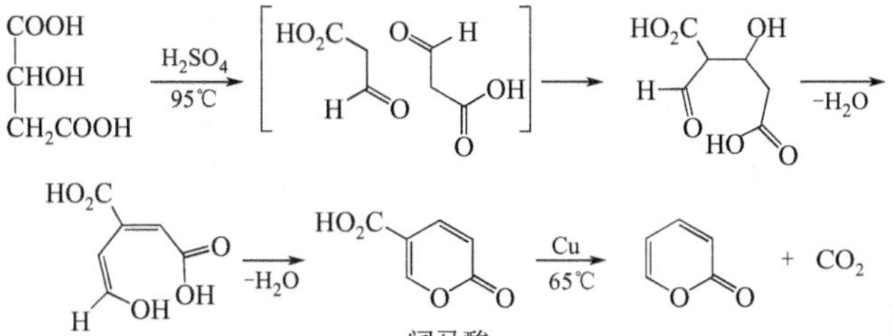

如下反应则生成了多甲基 α-吡喃酮衍生物［孙军，袁鸹，马德埠等.华东理工大学学报.2005，31（2）：177］。

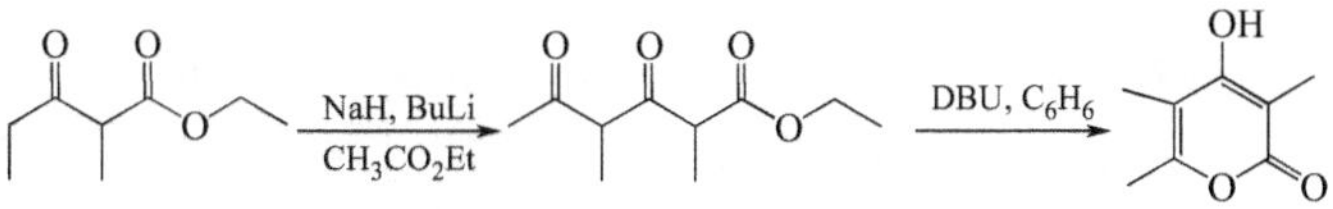

乙烯基乙酸与甲醛在硫酸作用下首先生成 5，6-二氢-2-吡喃酮，后者用 NBS 处理，生成 α-吡喃酮（Nakagawa M，Saegusa J，Tonozuka M，et al. Org Synth，1988，Coll Vol 6：462）。

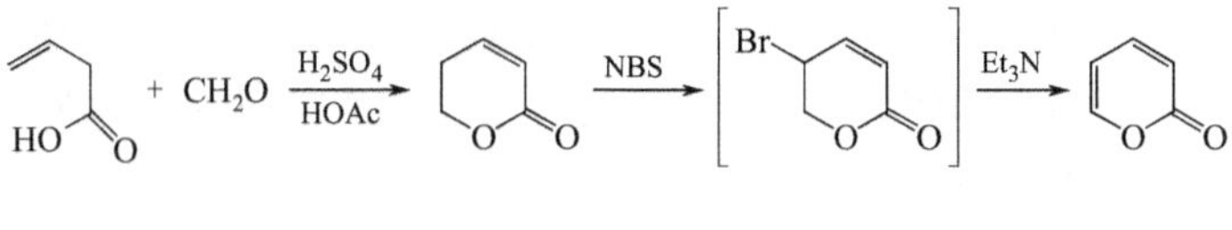

通过 Diels-Alder 反应可以合成 α-吡喃酮类化合物。例如以二氯乙烯酮为亲双烯体，与各种取代的 α，β-不饱和酮（作为双烯体）反应，加成后再脱去一分子氯化氢，最终得到相应的 α-吡喃酮衍生物。

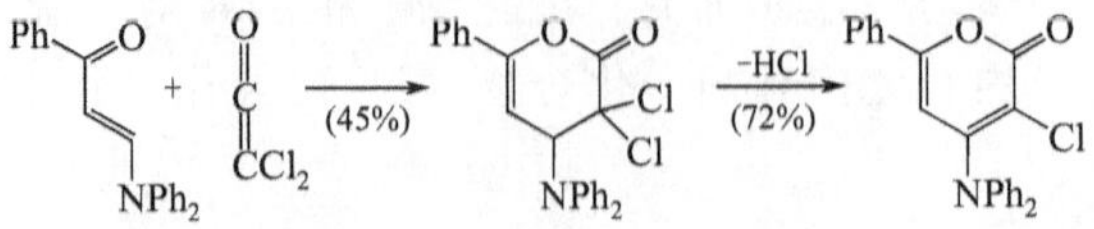

炔酮与丙二酸酯，或丙炔酸（酯）与 1,3-二酮在碱催化下先发生 Michael 加成，而后缩合关环，可以分别生成 α-吡喃酮类化合物。

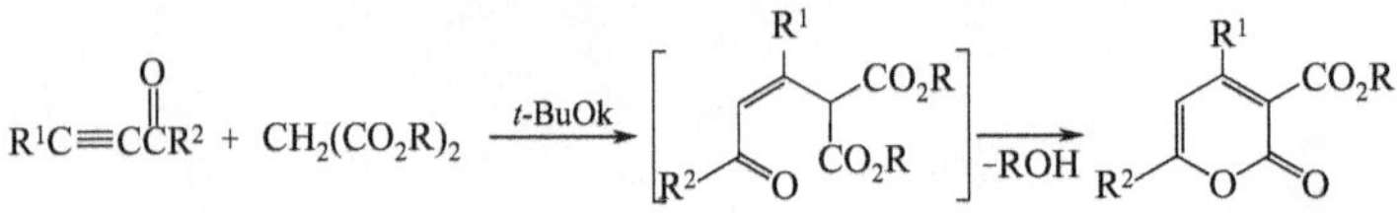

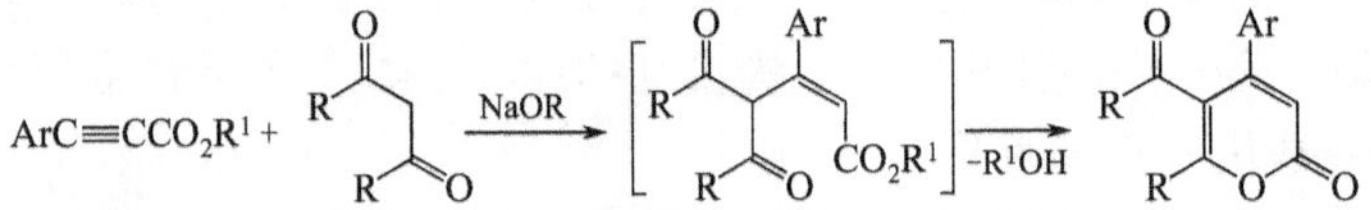

上述两个反应，第一步都是 Michael 加成，生成的中间体进一步发生烯醇化和内酯化，最后生成 α-吡喃酮类化合物。

巴豆酸酯（未取代或 γ-取代）与草酸二酯在碱催化下发生缩合生成 δ-羰基戊烯酸酯，后者在酸存在下缩合关环，再经水解、脱羧生成 α-吡喃酮类化合物。

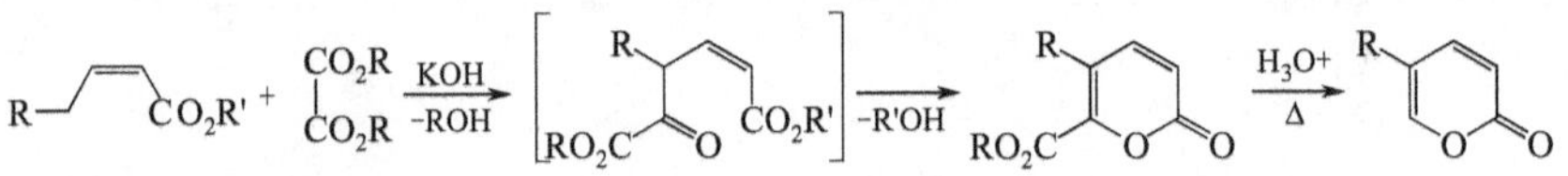

二、香豆素类化合物

香豆素又名 1,2-氧萘酮或苯并-2-吡喃酮，是邻羟基肉桂酸的内酯，是重要的香料、医药中间体。香豆素是车叶草中的主要芳香化合物成分，其他植物如薰衣草和草木樨中也存在。

香豆素容易在碱性条件下水解生成相应的顺式肉桂酸盐溶液，但顺式肉桂酸不能分离，因为酸化时又会内酯化生成香豆素。同时在碱溶液中会异构化为反式肉桂酸。

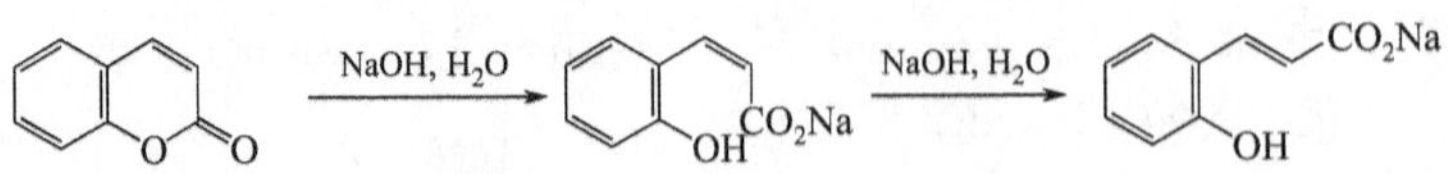

香豆素在过量 $AlCl_3$ 催化下与溴发生苯环上的亲电取代反应生成 6-溴香豆素，但直接与溴反应时则发生杂环双键的加成，消除 HBr 后生成 3-溴香豆素。这是合成卤代香豆素的方法之一。

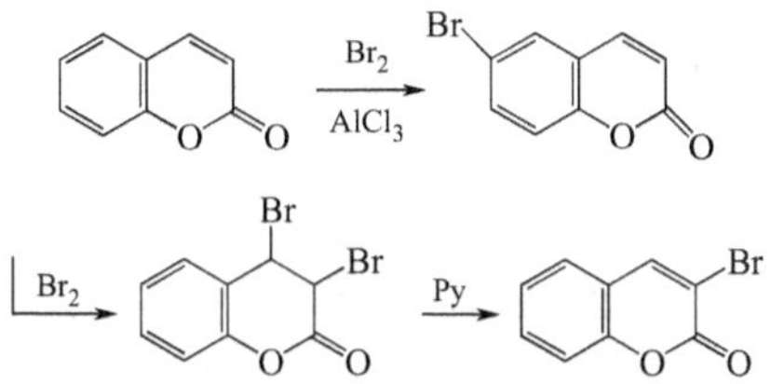

香豆素属于内酯结构，可以被还原，例如：

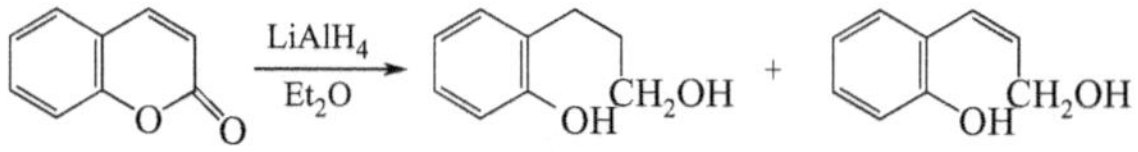

香豆素还可以作为亲双烯体与双烯发生 Diels-Alder 反应。

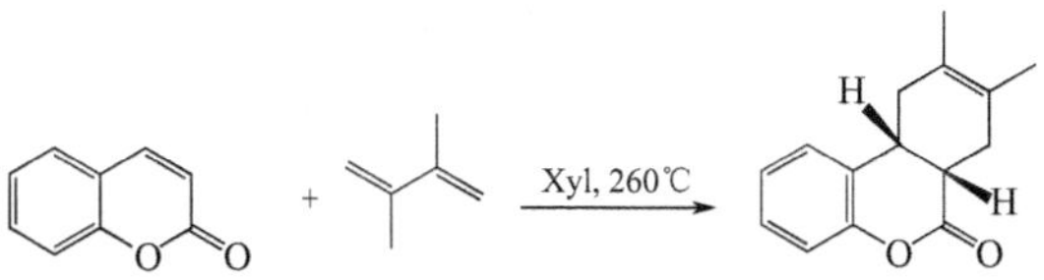

香豆素类化合物合成方法主要有如下几种。

1. Pechmann 合成法

在强酸存在下，苯酚与 β-酮酸酯发生环缩合反应生成香豆素类化合物，该方法称为 v Pechmann 合成法，是由 v Pechmann 于 1883 年首先报道的。

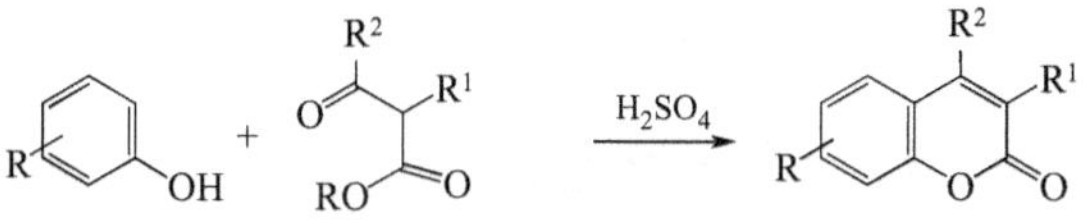

反应机理如下：

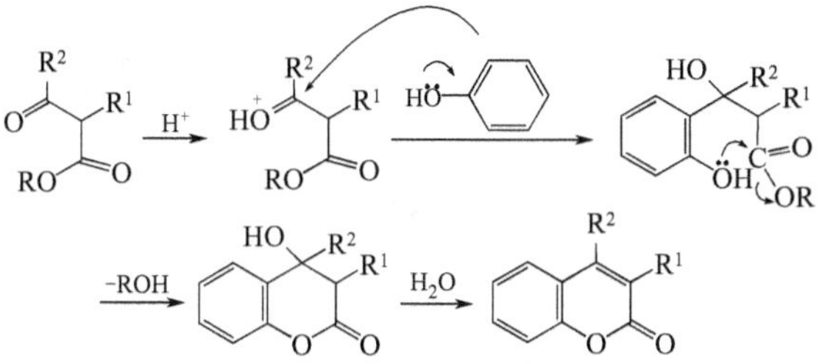

反应的第一步是烯醇化的 β-酮酸酯与苯酚发生环上的亲电取代，而后内酯化、脱水生成香豆素衍生物。

按照这种机理，亲核性更强的间苯二酚应当更容易进行该类反应，事实上正是如此。在该反应中，多元酚与乙酰乙酸乙酯反应的收率较高，而苯酚的收率实际上不高，均苯三酚、连苯三酚、α-萘酚等都适用于该反应。多元酚除了与乙酰乙酸酯反应外，还可以与环状 β-酮酸酯反应。

对于苯酚来说，苯环上的取代基性质和位置对反应有影响，烷基影响较小。但当苯环上连有硝基或羧基时，反应甚至不能发生。

苯环上取代基的位置对反应也有影响。间甲苯酚与乙酰乙酸乙酯或其他 β-酮酸酯发生缩合的速率最快，对甲苯酚次之，邻甲苯酚最差。间和对氯苯酚可以与乙酰乙酸乙酯反应，而邻氯苯酚则不能进行该反应。

1,2,4-三乙酰氧基苯和乙酰乙酸乙酯在 75% 的硫酸存在下，可以发生该反应生成 6,7-二羟基-4-甲基香豆素。

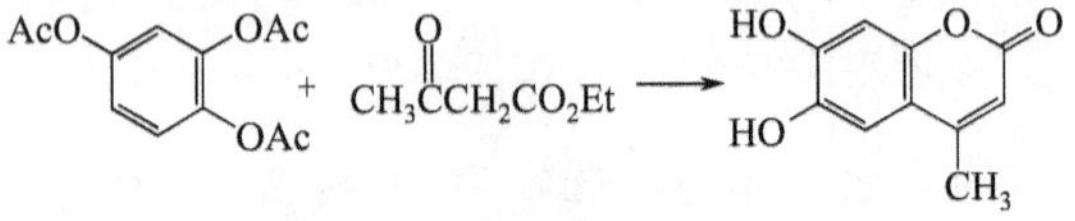

β-醛基酸也可以发生该反应，但 β-醛基乙酸不稳定，可以由苹果酸在硫酸作用下原位产生。用作荧光指示剂和酸碱指示剂的 7-羟基香豆素（**3**）的合成如下：

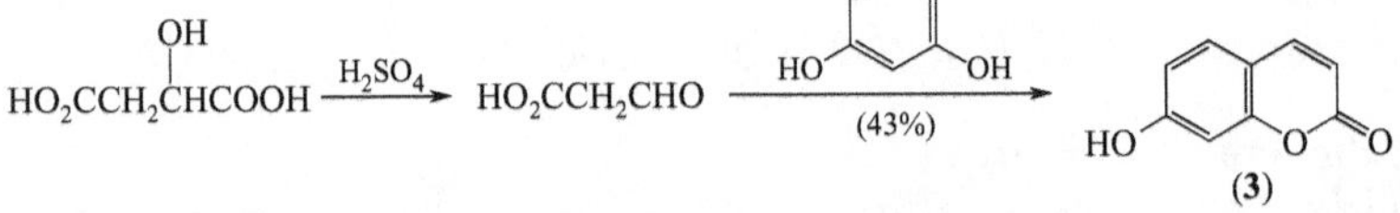

马来酸和富马酸与对甲苯酚在硫酸作用下可以高收率的得到香豆素衍生物。

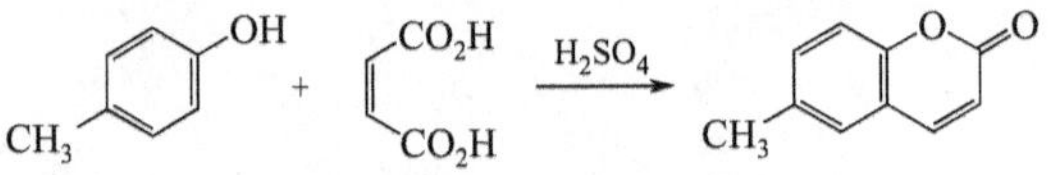

羟基噻吩类化合物与乙酰乙酸乙酯也可以发生反应，生成类似于香豆素的结构。

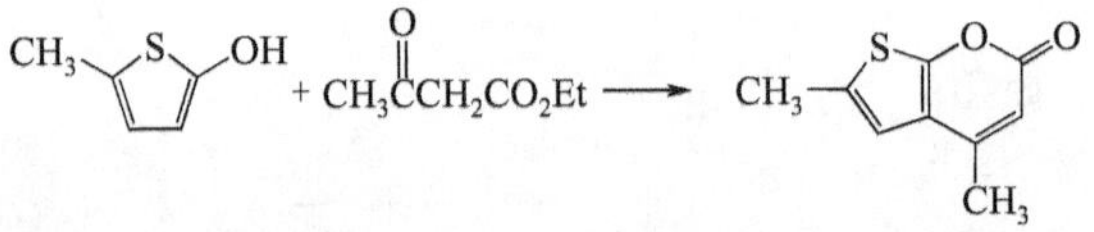

心脏病治疗药乙胺香豆素盐酸盐（**4**）的合成如下：

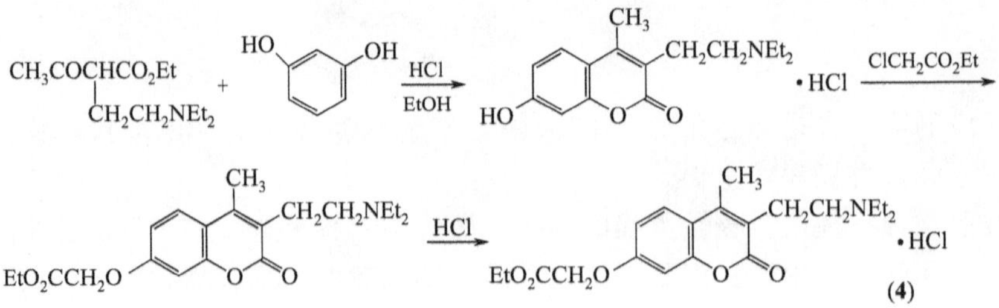

Simonis 以 P_2O_5 代替硫酸，使酚与乙酰乙酸乙酯反应，得到的不是香豆素，而是色酮。该反应则称为 Simonis 反应，是由 Simonis 于 1913 年首先报道的。

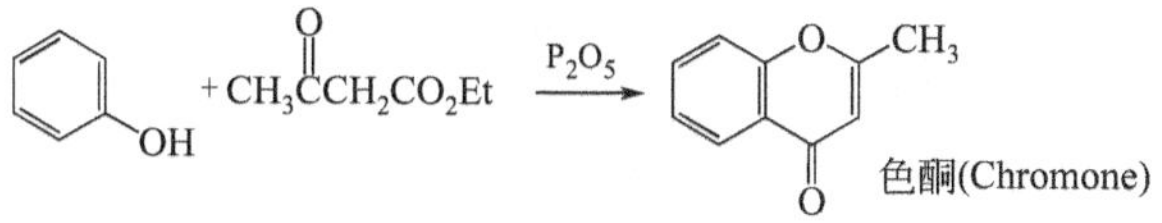

色酮(Chromone)

用硫酸作催化剂几乎总是得到香豆素衍生物，β-萘酚与乙酰乙酸乙酯反应时得到了香豆素类化合物和色酮类化合物的混合物。

有时可以使用 $POCl_3$ 代替硫酸。一些不能使用硫酸的反应，有时也可以使用 $POCl_3$。

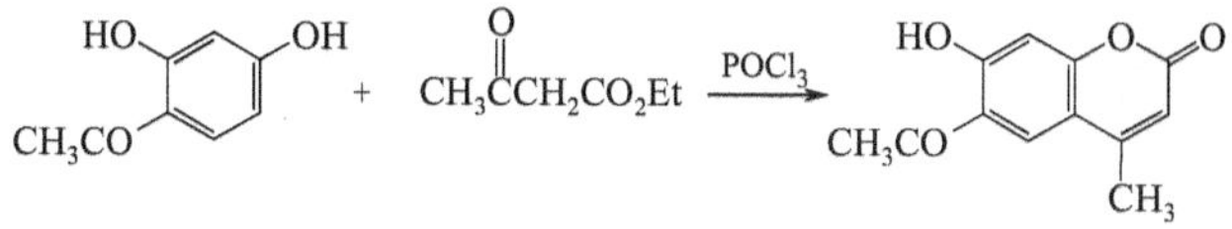

上述反应在硫酸催化下难以进行。

一些 Lewis 酸如无水 $AlCl_3$ 有时也可以使用。不仅 $AlCl_3$ 可以催化缩合反应，有时甚至可以改变缩合的方向得到不同的香豆素衍生物。例如上述反应不用 $POCl_3$ 而改用无水 $AlCl_3$，则得到了另一种香豆素衍生物。

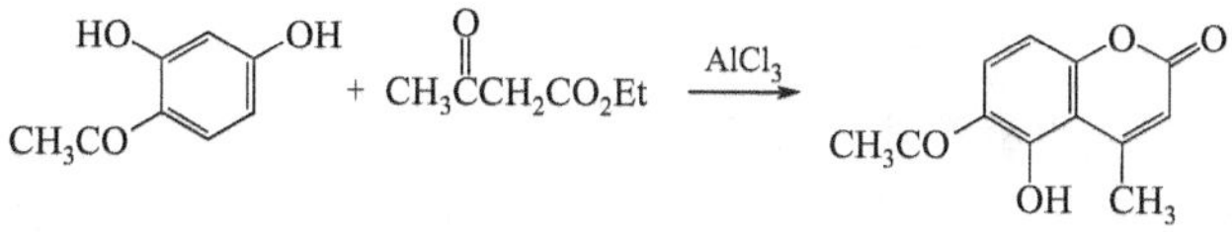

又如如下反应：

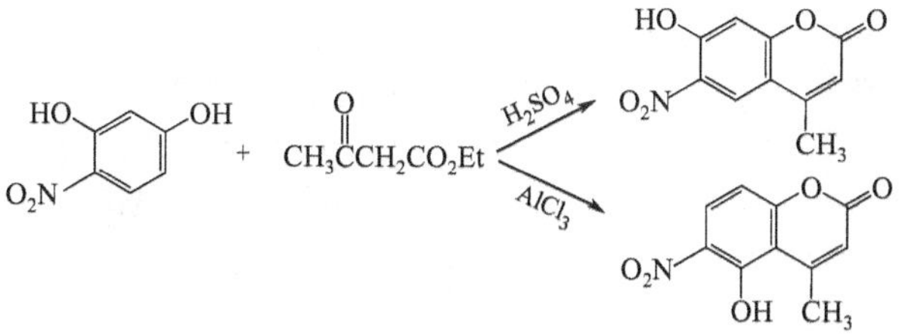

使用 $AlCl_3$ 作催化剂，可能按照如下机理进行反应。

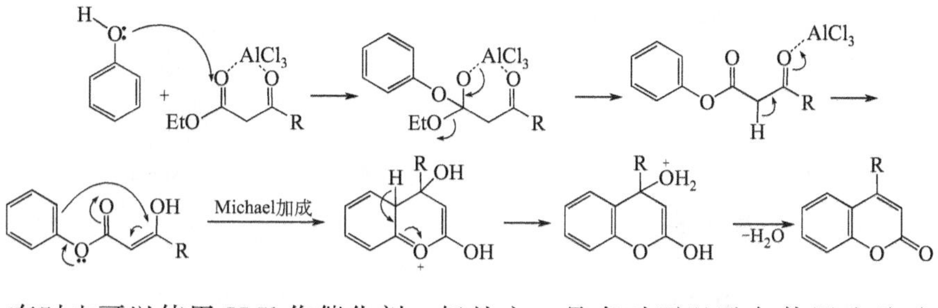

有时也可以使用 HCl 作催化剂，好处之一是有时可以避免使用硫酸时芳环上的磺化反应。

文献还报道了很多其他催化剂，如醇钠、醋酸钠、硼酸酐、氯化铁、氯化锡、四氯化钛、氯化亚砜等。

也可用如下反应来合成 4-羟基香豆素衍生物，生成的 3-苄基-4-羟基香豆素是合成心脏病治疗药普罗帕酮（Propafenone）等的中间体。

3-苄基-4-羟基香豆素（3-Benzyl-4-hydroxycoumarin），$C_{16}H_{12}O_3$，252.27。土黄色固体。mp 200～203℃。可溶于碱，不溶于水。

制法　孙昌俊，曹晓冉，王秀菊. 药物合成反应——理论与实践. 北京：化学工业出版社，2007：447.

$$PhCH_2CH(CO_2C_2H_5)_2 \ + \ PhOH \xrightarrow{\triangle} \text{(1)} \ + \ C_2H_5OH$$

(2)　　　　　　　　　　　　　　　**(1)**

于安有韦氏分馏柱的 500 mL 反应瓶中，加入苄基丙二酸二乙酯（**2**）252 g（1.0 mol），苯酚 98 g（1.04 mol），慢慢加热升温，使生成的乙醇不断蒸出。待反应瓶中温度升至 300℃时，再反应 30 min。稍冷后，将反应物倒入甲苯中，冷后析出固体。抽滤，冷甲苯洗涤，干燥，得土黄色 3-苄基-4-羟基香豆素（**1**）182 g，收率 71.5%，mp 200～203℃。

2. Perkin 反应合成香豆素类化合物

芳香醛与脂肪酸酐在碱性催化剂存在下加热，生成 β-芳基丙烯酸衍生物的反应，称为 Perkin 缩合反应。

$$ArCHO + (RCH_2CO)_2O \xrightarrow{RCH_2CO_2K} ArCH{=}CRCOOH \ + \ RCH_2COOH$$

Perkin 反应通常仅适用于芳香醛和无 α-H 的脂肪醛。芳醛的芳基可以是苯基、萘基、蒽基、杂环基等。适用的催化剂一般是与脂肪酸酐相对应的脂肪酸钠（钾）盐，有时也使用三乙胺等有机碱。有报道称，使用相应羧酸的铯盐，可以缩短反应时间和提高产物的收率，原因是铯盐的碱性更强。

由于羧酸酐 α-H 的活性不如醛、酮 α-H 活性高，而且羧酸盐的碱性较弱，所以 Perkin 反应常在较高温度下进行。催化剂钾盐的效果比钠盐好。但温度高时，容易发生脱羧和消除反应而生成烯烃。

$$PhCH{-}CH_2{-}\overset{\overset{O}{\|}}{C}{-}O^- \xrightarrow[-HO^-]{\triangle} PhCH{=}CH_2 \ + \ CO_2$$

Perkin 反应生成的 α,β-不饱和酸有顺反异构体，占优势的异构体为 β-碳上大基团与羧基处于反位的异构体。

$$PhCHO+(CH_3CH_2CO)_2O \xrightarrow{CH_3CH_2CO_2Na} $$

（主）　　　　　　　　（次）

苯环上的醛基邻位上如果有羟基，生成的不饱和酸将失水环化，生成香豆素类化合物。例如水杨醛与醋酸酐发生 Perkin 反应，顺式异构体可自动发生内酯化生成香豆素，而反式异构体发生乙酰基化生成乙酰香豆酸。

香豆素　　　　　乙酰香豆酸

例如香料及医药中间体香豆素的合成。

香豆素（Coumarin, $2H$-1-Benzopyran-2-one），$C_9H_6O_2$，146.18。无色斜方或长方晶体。mp 71℃，bp 301.7℃。溶于乙醇、氯仿、乙醚，稍溶于热水，不溶于冷水，有香荚兰豆香，味苦。

制法　孙昌俊，曹晓冉，王秀菊. 药物合成反应——理论与实践. 北京：化学工业出版社，2007：453.

于安有韦氏分馏柱的 500 mL 反应瓶中，加入水杨醛（**2**）122 g（1.0 mol），醋酸酐 306 g（3.0 mol），无水碳酸钾 35 g（0.25 mol），慢慢加热至 180℃，同时控制馏出温度在 120～125℃。至无馏出物时，再补加醋酸酐 51 g（0.5 mol），控制反应温度在 180～190℃之间，馏出温度在 120～125℃。内温升至 210℃时，停止加热。趁热倒入烧杯中，用碳酸钠水溶液洗至中性。减压蒸馏，收集 140～150℃/1.3～2.0 kPa 的馏分。再用乙醇-水（1:1）重结晶，得香豆素（**1**）85 g，收率 58%，mp 68～70℃。

又如水杨醛与丙酸酐在丙酸钠的作用下，通过 Perkin 反应和脱水缩合，生成 3-甲基香豆素（**5**），（**5**）可作为香料使用。

3. Knoevenagel 反应合成香豆素类化合物

醛、酮与含活泼亚甲基的化合物，例如丙二酸、丙二酸酯、氰乙酸酯、乙酰乙酸乙酯等，在缓和的条件下即可发生缩合反应，生成 α, β-不饱和化合物，该类反应称为 Knoevenagel 缩合反应。反应结果是在羰基的位置上引入了亚甲基。用通式表示如下：

$$\underset{R^1}{\overset{O}{\underset{}{\parallel}}}\!\!\underset{R^2}{C} + \underset{Z'}{\overset{Z}{\underset{}{}}}\!\!CH_2 \xrightarrow{\text{碱}} \underset{R^2}{\overset{R^1}{\underset{}{}}}C=C\underset{Z'}{\overset{Z}{\underset{}{}}} + H_2O$$

常用的催化剂为碱，例如吡啶、哌啶、丁胺、二乙胺、氨-乙醇、甘氨酸、氢氧化钠、碳酸钠、碱性离子交换树脂等。

式中，Z 和 Z′可以是 CHO、RC=O、COOH、COOR、CN、NO₂、SOR、SO₂R、SO₂OR、或类似的吸电子基团。当 Z 为 COOH 时，反应中常常会发生原位脱羧。

反应中若使用足够强的碱，则只含有一个 Z 基团的化合物（CH₃Z 或 RCH₂Z）也可以发生该反应。

反应中还可以使用其他类型的化合物，如氯仿、2-甲基吡啶、端基炔、环戊二烯等。实际上该反应几乎可以使用任何含有可以被碱夺取氢的含有 C-H 键的化合物。

Knoevenagel 反应可以看作是羟醛缩合的一种特例，在这里亲核试剂不是醛、酮分子，而是活泼亚甲基化合物。若用丙二酸作为亲核试剂，则消除反应与脱羧反应同时发生。

$$R\!-\!\overset{O}{\overset{\parallel}{C}}\!-\!R + CH_2(COOH)_2 \xrightarrow{\text{碱}} R_2\!\!\underset{O-C-O}{\overset{OH}{\underset{}{C}}}\!\!-CHCOOH \xrightarrow[-CO_2]{-H_2O} R_2C\!=\!CHCOOH$$

Knoevenagel 反应有时也可以被酸催化。超声波可以促进反应的进行，也可以在无溶剂条件下利用微波照射来完成反应。沸石、过渡金属化合物如 SmI₂、BiCl₃ 等也用于促进 Knoevenagel 反应。

Doebner 主要在使用的催化剂方面作了改进，用吡啶-哌啶混合物代替 Knoevenagel 使用的氨、伯胺、仲胺，从而减少了脂肪醛进行该反应时生成的副产物 β, γ-不饱和化合物。不仅反应条件温和、反应速率快、产品纯度和收率高，而且芳醛和脂肪醛均可获得较满意的结果。有时又叫 Knoevenagel-Doebner 缩合反应。

该类反应常用的溶剂是苯、甲苯，并进行共沸脱水。

利用 Knoevenagel 反应可以合成香豆素类化合物。邻羟基苯甲醛与含活泼亚甲基化合物（如丙二酸酯、氰基乙酸酯、丙二腈等）在哌啶存在下发生环合反应，生成香豆素-3-羧酸衍生物，该方法比 Perkin 反应要温和得多。

$$R\!\!\overset{CHO}{\underset{OH}{\bigcirc\!\!\!\bigcirc}} + \underset{COOR}{\overset{Y}{\underset{}{}}} \xrightarrow{\text{哌啶}} R\!\!\overset{Y}{\underset{OH}{\bigcirc\!\!\!\bigcirc}}\!\!COOR \xrightarrow{-ROH} R\!\!\overset{Y}{\underset{O}{\bigcirc\!\!\!\bigcirc}}\!\!O$$

Y=CN, COOR, CONH₂等

水杨醛与乙酰乙酸乙酯反应，生成医药中间体 3-乙酰基香豆素（**6**）[何延红，官智.西南师范大学学报：自然科学版，2012，37（1）：122]。

水杨醛与丙二腈或丙二酸二乙酯反应，都可以得到香豆素类化合物。

由于该方法使用了弱碱，避免了醛、酮的自身缩合，使反应的适用范围扩大。

香豆素-3-羧酸乙酯是重要的香料及有机合成、药物合成中间体，其一种合成方法如下。

香豆素-3-羧酸乙酯（Ethyl coumarin-3-carboxylate），$C_{12}H_{10}O_4$，218.21。白色结晶。

制法　徐翠莲，杨楠，刘善宇等.河北农业大学学报，2009，43（4）：468.

于反应瓶中加入水杨醛（**2**）2.44 g（20 mmol），丙二酸二乙酯 4.17 g（26 mmol），哌啶 0.3 mL，3 滴醋酸，磁力搅拌下微波加热 6 min。冷却后结晶。用乙醇重结晶，得化合物（**1**），收率 84.5%。

4. Wittig 反应合成香豆素类化合物

邻羟基苯乙酮与膦叶立德在甲苯中回流，可以较高收率地得到香豆素类化合物。取代的邻羟基苯乙酮类化合物是比较容易得到的原料，通过该方法可以方便地得到目标化合物。

如下反应则是在 N，N-二乙基苯胺中回流得到香豆素类化合物。

其实，反式肉桂酸酯是不太容易转化为香豆素的，在反应过程中可能发生了如下转化过程，以对甲氧基水杨醛为例表示如下［Harayama T，Nakatsuka K，Nishioka H，et al. Chem Pharm Bull，1994，42（10）：2170］：

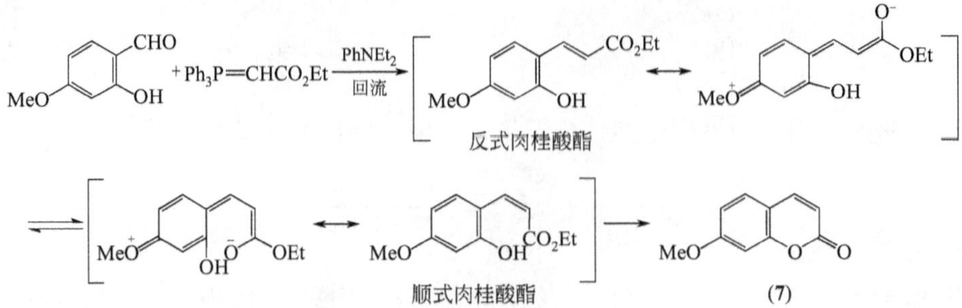

生成的产物 7-甲氧基香豆素（**7**）是重要的医药中间体。

5. Reformatsky 反应合成香豆素类化合物

对于 3,4-二取代的香豆素类化合物，用普通的方法制备比较困难。但可以设计合适的原料，利用 Reformatsky 反应的条件通过多步反应，最终转化为香豆素类化合物。例如如下反应：

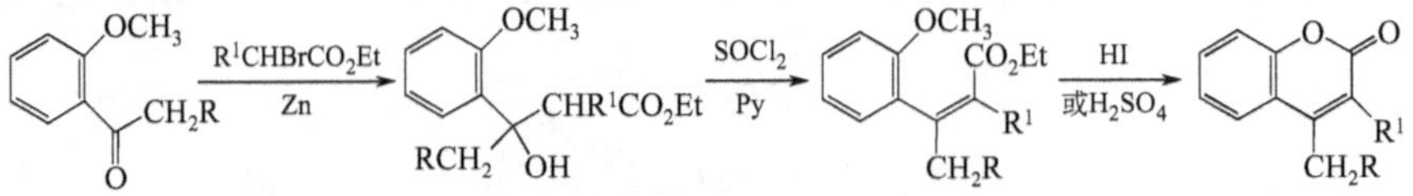

6. 以酚和不饱和酸（酯）为原料合成香豆素类化合物

以对甲苯酚和丁烯二酸为原料可以合成香料 6-甲基香豆素。反应机理可能是烯在酸催化下对活泼芳环的亲电取代，而后再关环。

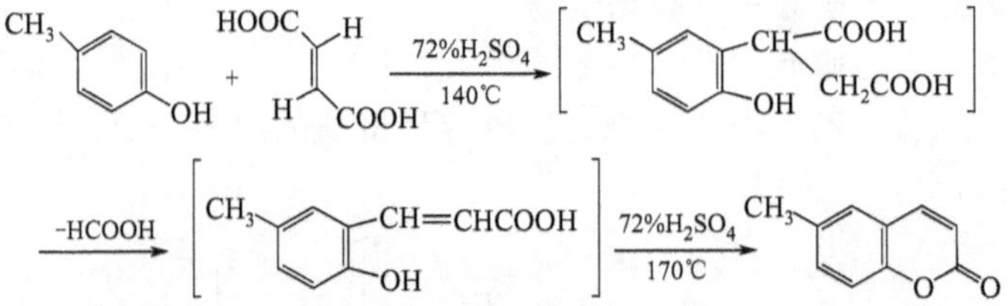

在 Pd（0）催化剂存在下，酚与丙炔酸酯可以发生反应生成香豆素类化合物。例如 5，7-二羟基香豆素（**8**）的合成：

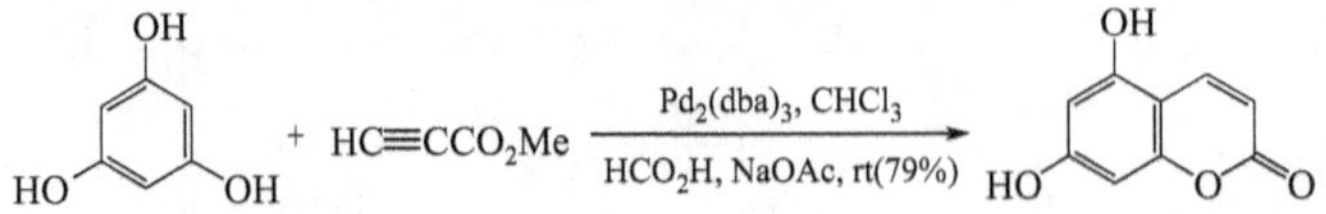

又如：

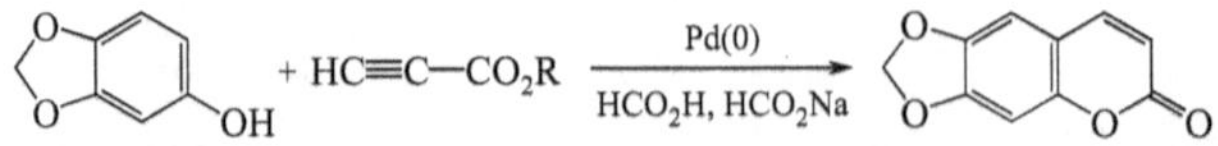

将邻溴苯酚用适当的方法转化为相应的不饱和酸酯，而后在 Pd 催化剂作用下可以环合生成香豆素类化合物。例如〔曹丽薇，贝逸智，华林根.分子催化，1991，5（4）：296〕：

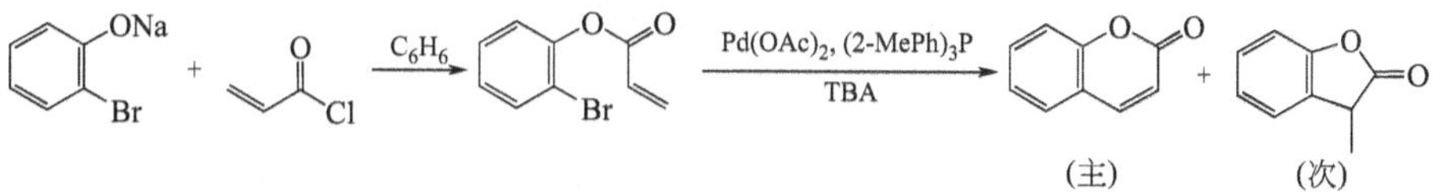

该方法虽然收率不高，但分离出了苯并五元环化合物。

肉桂酸与苯酚类化合物在酸催化下发生苯酚环上的 F-C 反应，而后羧基与酚羟基酯化脱水，可以生成香豆素衍生物。例如抗尿失禁药物酒石酸托特罗定（Tolterodine tartrate）中间体 6-甲基-4-苯基-3,4-二氢香豆素的合成。

6-甲基-4-苯基-3,4-二氢香豆素（6-Methyl-4-phenyl-3,4-dihydrocoumarin），$C_{16}H_{14}O_2$，238.29。白色固体。mp 82～83℃。

制法　周淑晶，魏海，李秋萍等.黑龙江医药科学，2011，34（2）：39.

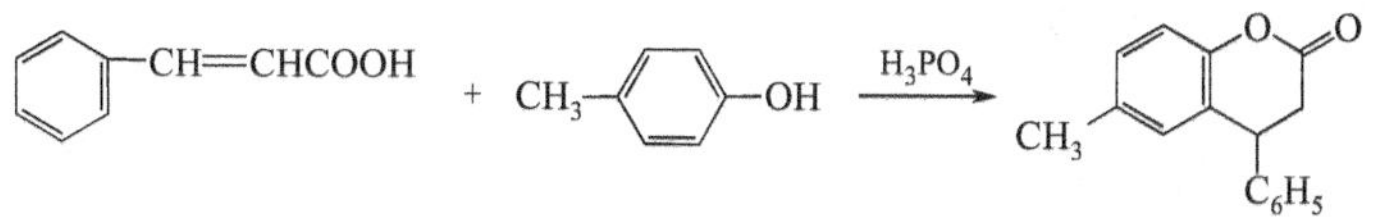

于反应瓶中加入化合物（**2**）3.8 g（0.026 mol），对甲苯酚 3 g（0.028 mol），加热熔化。加入 1 mL 浓磷酸，于 110℃回流 2.5 h。冷却，加入乙酸乙酯 10 mL 溶剂，水洗。有机层用无水硫酸钠干燥。过滤，浓缩。剩余物用乙醇重结晶，得白色固体（**1**）4.6 g，收率 74％，mp 82～83℃。

7. 其他合成方法

邻位金属化的酚醚与烷氧亚甲基丙二酸酯进行加成，生成的加成物在酸作用下脱去酚醚保护基，再内酯化脱去 ROH，可以生成香豆素类化合物。

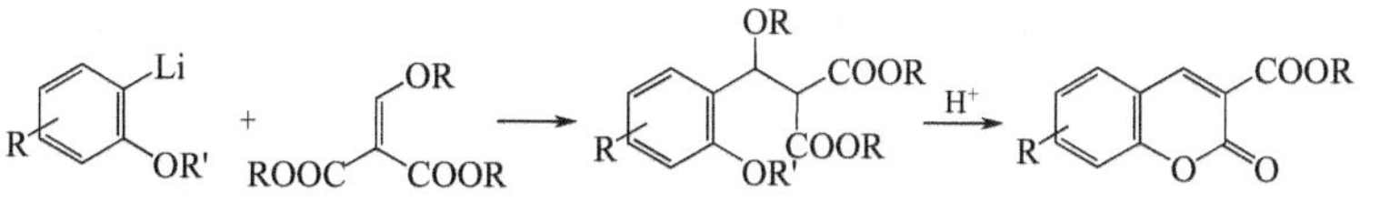

4-羟基香豆素是治疗心血管疾病的药物硝苄香豆素（Acenocoumarol）以及抗凝血药物新抗凝、华法林等的中间体，其合成方法如下。

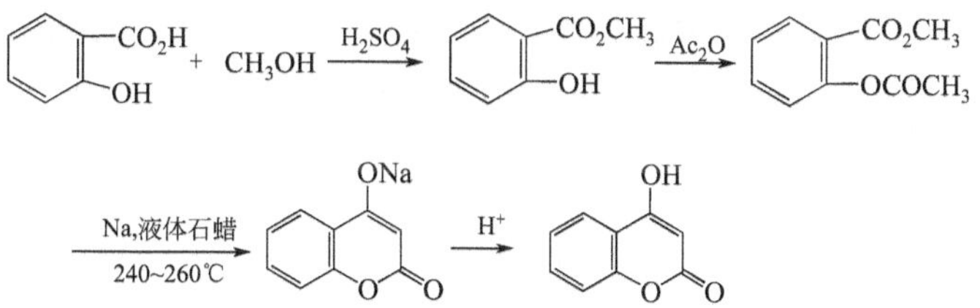

三、4-吡喃酮和色酮类化合物

4-吡喃酮类化合物最常用的合成方法是 1,3,5-三酮类化合物的分子内缩合环化。例如丙酮与两分子的草酸二乙酯在醇钠作用下缩合生成 1,3,5-三酮类化合物，而后再在酸性条件下关环，再经水解、脱羧，得到 4-吡喃酮。

如下 1,3,5-三酮在酸催化剂存在下分子内脱水可以生成 4-吡喃酮衍生物。

1,3,5-三酮类化合物还可以用如下方法来制备。1,3-二酮类化合物在氨基钾作用下生成过渡态双负离子，双负离子发生碳上的酰基化反应生成三酮，最后在强酸作用下环化生成 4-吡喃酮类化合物。

4-甲氧基-丁-3-烯-2-酮 A 转化为相应的烯醇锂盐与酰氯反应，得到 c 位上酰化的交替共轭化合物 B（1,3,5-三酮的等价体），B 在催化量的三氟醋酸催化下发生环合生成 4-吡喃酮类衍生物。

丙酮衍生物与醋酸在多聚磷酸作用下，可以生成 1,3,5-三酮，而后关环生成 4-吡喃酮。例如：

使用醋酸和醋酸酐，与多聚磷酸一起加热可以以 70% 的收率得到 2,6-二甲基-4-吡喃酮。

　　这是目前合成 4-吡喃酮衍生物的最简单的方法。虽然反应机理尚不清楚，但也提出了一些看法，即在多聚磷酸作用下，醋酸或醋酸酐自身缩合生成乙酰乙酸，乙酰乙酸再进一步发生双分子环合而后重排生成 2,6-二甲基-4-吡喃酮。

　　乙酰乙酸乙酯在碳酸氢钠作用下反应，两分子之间进行缩合，可以得到 3 位连有乙酰基的-2-吡喃酮，而后在硫酸作用下重排，得到 4-吡喃酮衍生物。

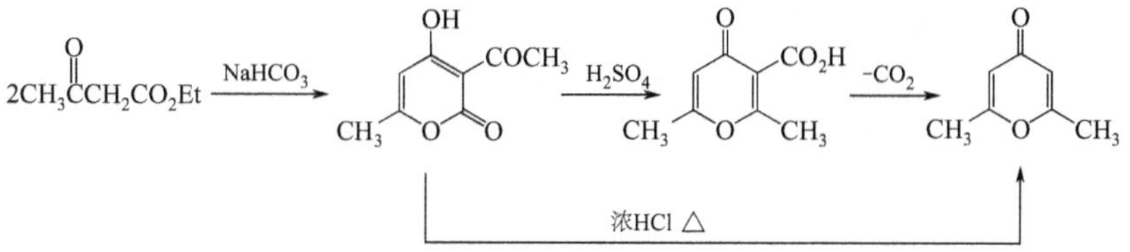

重排过程大致如下：

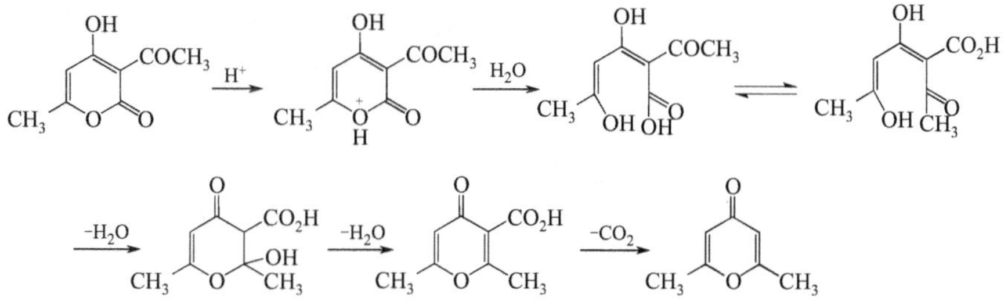

不对称的 2,6-二取代-4-吡喃酮，可以用丙酮与炔酸酯反应来制备。

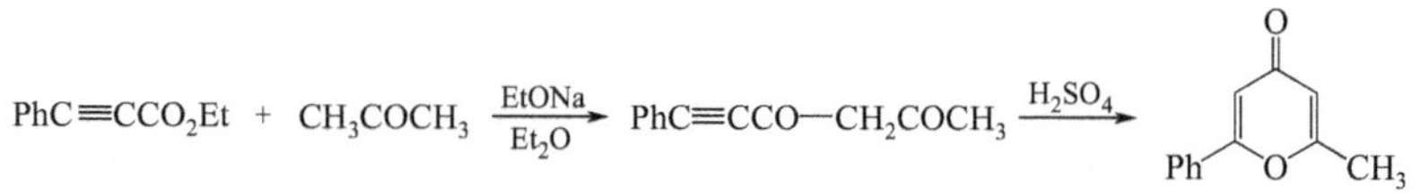

利用 F-C 反应可以生成苯并吡喃酮类化合物。例如：

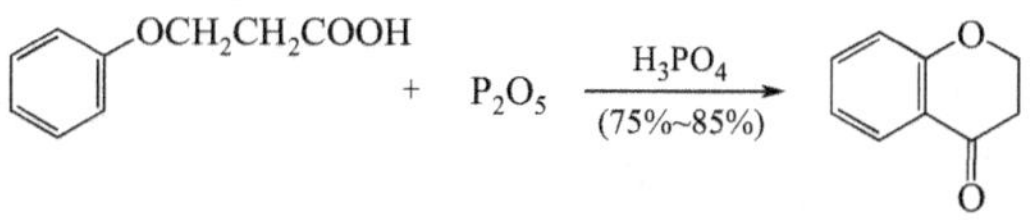

　　自然界中存在量最大、也是最重要的 4-吡喃酮类化合物是苯并-4-吡喃酮，即色酮及其衍生物。虽然色酮本身还未从天然物种中分离得到，但其衍生物，特别是羟基取代的色酮、2-苯基取代色酮（黄酮）、3-苯基取代色酮（异黄酮）和稠环色酮在自然界是广泛存在的。其中很多具有重要的生物活性，是开发新药的一条重要途径。例如临床上使用的治疗心绞痛的中草药葛根，其中的主要有效成分是葛根素（**9**），具有扩张冠脉、增加冠脉血流量和脑血流量的作用，属于异黄酮的衍生物，结构如下：

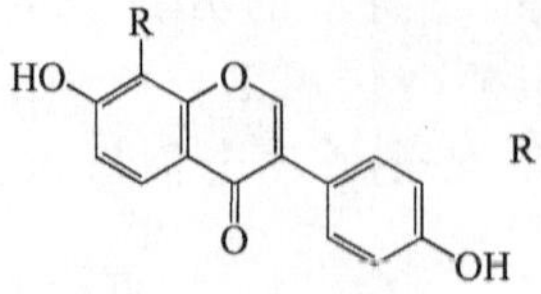

葛根素(mp 187℃)　**(9)**

色酮和黄酮从结构上看都属于苯并 4-吡喃酮类化合物。它们通常是以邻羟基苯乙酮为起始原料来合成的。

邻羟基苯乙酮与羧酸酯在碱的作用下首先发生 Claisen 酯缩合反应生成邻羟基芳基-1,3-二酮，后者发生分子内的环化反应生成色酮或黄酮类化合物。

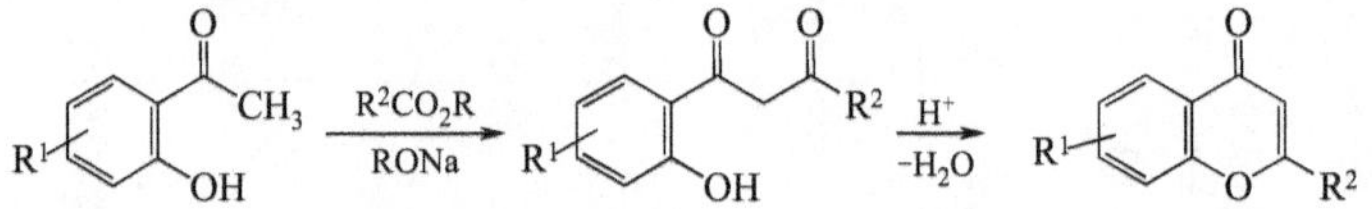

若将邻羟基苯乙酮转化为相应的酯，后者在碱的作用下异构化（Baker-Venkataraman 重排），最终也可以得到色酮或黄酮类化合物。

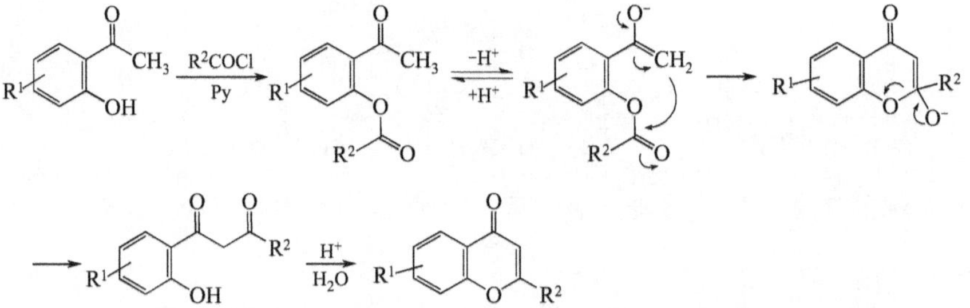

Baker-Venkataraman 重排反应是合成黄酮类化合物的一种重要方法。

合成黄酮类化合物的另一种方法是查耳酮在高级醇的溶液中被二氧化硒氧化环合。

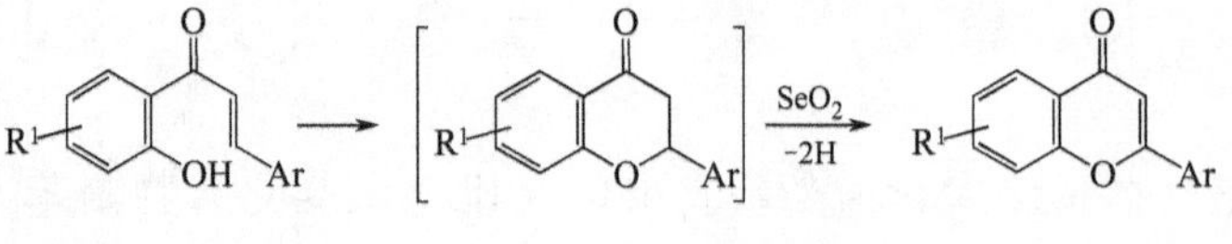

上述反应的第一步是酚羟基对 α，β-不饱和酮的 Michael 加成，第二步是氧化脱氢。

抑制肿瘤血管生成的治疗剂补骨脂二氢黄酮（Bavachin）原料药的合成如下。

补骨脂二氢黄酮（Bavachin），$C_{20}H_{20}O_4$，324.38。白色晶体。mp 184～185℃。

制法　于令军，胡永州.中国药学杂志，2005，40（13）：1029.

2,4-二羟基-5-异戊烯基苯乙酮（**3**）：于安有搅拌器、滴液漏斗的反应瓶中，加入 2,4-二羟基苯乙酮（**2**）5.0 g（0.033 mol），125 mL 无水丙酮，搅拌下滴加 1.3 mol/L 的 NaOH 水溶液 10 mL。待析出固体后过滤，干燥。将得到的钠盐加入 75 mL 无水苯中，加热回流，滴加 3.0 g 异戊烯基溴，反应 4 h。再滴加 3.0 g 异戊烯基溴，继续加热回 15 h。减压蒸去溶剂，残留物加 60 mL 水稀释，乙醚提取，用无水硫酸钠干燥。过滤，蒸去乙醚，残留物过硅胶柱纯化，以苯-石油醚洗脱，得 980 mg 白色针状晶体（**3**），mp 143～144℃（文献 144～145℃，产率 14%）。

4-甲氧基亚甲氧基-5-异戊烯基-2-羟基苯乙酮（**4**）：将 660 mg（3 mmol）化合物（**3**）、0.5 g 无水碳酸钾、50 mL 无水丙酮混合均匀后，加入 300 mg（3.75 mmol）氯甲基甲醚，加热回流 30 min。冷却，抽滤，减压蒸去丙酮，残留物过硅胶柱纯化，以石油醚-醋酸乙酯（20∶1）洗脱，得到 580 mg 淡黄色液体（**4**），产率 73%。

4,4-二甲氧基亚甲氧基-5-异戊烯基-2-羟基查尔酮（**5**）：将 470 mg 化合物（**4**）与 296 mg（1.78 mmol）对甲氧基亚甲氧基苯甲醛混合于 3 mL 乙醇中，冷却至 0℃。另将含 1.5 g KOH 的 60% 乙醇水溶液 3 mL 冷却至 0℃后，滴加到混合液中。氮气保护下冰浴冷却搅拌 3 h，然后室温搅拌 3 h。将反应液倒入冰水中，用稀盐酸酸化至 pH3～4。用乙醚萃取后，乙醚液水洗至中性，无水硫酸钠干燥。过滤，蒸去乙醚，残留物过硅胶柱纯化（石油醚-醋酸乙酯 15∶1），得 550 mg 黄色胶状物（**5**），产率 75%。

4′,7-二甲氧基亚甲氧基-6-异戊烯基黄烷酮（**6**）：将 500 mg（1.21 mmol）化合物（**5**）和 500 mg 无水醋酸钠混合于 5 mL 乙醇中，加 3 滴水使醋酸钠溶解，加热回流 24 h。将反应液倒入冰水中，用乙醚萃取。有机相水洗后用无水硫酸钠干燥，浓缩，残留物过硅胶柱纯化（石油醚-醋酸乙酯 10∶1），得 360 mg 淡黄色胶状物（**6**），产率 72%。

补骨脂二氢黄酮（**1**）：将 300 mg（0.73 mmol）化合物（**6**）溶于 10 mL 甲醇中，加入 2 mL 3 mol/L 的盐酸，加热回流 30 min。冷却后加水 15 mL，用醋酸乙酯萃取。水洗，干燥，浓缩。剩余物过硅胶柱纯化，用乙醇-水重结晶，得 180 mg 白色晶体（**1**），产率 76%，mp 184～185℃（文献值：mp 189℃）。

在 Et_2NH 存在下，以 Pd（0）为催化剂，邻羟基或邻乙酰氧基碘苯与端基炔发生羰基化环化反应，生成色酮或黄酮。中间体苯基炔基酮可以分离出来（H Miao，Z Yang. Org Lett，2000，2：1765）。

异黄酮类化合物同样在药物合成中有重要的用途。例如抗骨质疏松药依普黄酮（Ipriflavone）的中间体 7-羟基异黄酮的合成。

7-羟基异黄酮（7-Hydroxyisoflavone），$C_{15}H_{10}O_3$，238.24。白色固体。mp 286～288 ℃。

制法　① 刘悍，汤建国. 化工生产与技术，2009，16（1）：18，② 陈芬儿. 有机药物合成法：第一卷. 北京：中国医药科技出版社，1999：957

将苯乙酸（2.72 g，20 mmol）和间苯二酚（**2**）2.20 g（20 mmol）溶于新蒸的三氟化硼乙醚（20 mL）中，加热至 85℃，磁力搅拌反应 3 h（TLC 显示原料消失），然后冷却至 20℃，再逐滴滴加 DMF（30 mL），得化合物（**3**）的溶液。

将 DMF（55 mL）冷却至 20℃，然后分批加入 PCl_5 6.30 g（30 mmol），再加热至 55℃，磁力搅拌反应 20 min，得淡红色混合物备用。

控温 20℃ 以下，30 min 内将上述混合物逐滴滴加到混合物（**3**）中，然后在室温下磁力搅拌反应 2 h；将此反应混合物倒入 100 mL 甲醇的盐酸溶液（0.1 mol/L）中，加热至 70℃，恒温 20 min，冷却静置过夜，抽滤、水洗、干燥，用 50% 的乙醇重结晶，得白色固体（**1**）4.38 g，产率 92.1%，mp 286～288℃。

第二节　含一个氮原子的六元芳香杂环化合物

这类化合物主要有吡啶、喹啉、异喹啉类化合物，它们在药物合成中占有非常重要的地位。

一、吡啶及其衍生物

吡啶可以看做是苯分子中的一个 CH 被氮原子替换的化合物，属于 6π 电子的芳香六元杂环化合物。由于氮原子的各向异性，环上各个位置有不同的电子云密度。吡啶的 2，4，6 位电子云密度最低，氮原子上最高。

吡啶环上可以发生亲电取代反应，但比苯慢得多，与硝基苯相似，亲电取代发生在氮原子的间位上。

吡啶环上的亲核取代发生在 2 位和 4 位上。Chichibabin 反应是有机化学史吡啶上的第一个亲核取代反应。吡啶和氨基钠于甲苯或二甲苯中反应，可以区域选择性地生成 2-氨基吡啶。

可能的反应过程如下：

反应中通过与钠络合形成四元环中间体，因而比较稳定，最后脱去 NaH 而生成 2-氨基吡啶。正是因为生成四元环中间体而使得区域选择性提高。当然，实际过程可能复杂得多，也有人提出了自由基机理，其理由是反应中有自由基二聚物生成。

吡啶催化加氢生成可以生成哌啶。

吡啶环本身不容易被氧化，因而有时可以作为氧化反应的溶剂，但吡啶在过酸作用下可以氧化为 N-氧化物，而吡啶 N-氧化物和磷（Ⅲ）如 PCl_3、PPh_3 以及 $O=P(OC_2H_5)_3$ 等作用，则会失去氧恢复吡啶环的结构。这在制备各种不同位置取代基的吡啶中是非常重要的。

吡啶本身在自然界中并不以游离状态存在，但其衍生物广泛存在于生物体内，并且具有明显的生物活性。

维生素 B_6（**10**）是重要的维生素类药物，临床上用于治疗动脉硬化、谢顶、胆固醇过高、低血糖症、以及怀孕初期的呕吐、手术后呕吐等，维生素 B_6 的 5 位羟甲基用卤素原子取代，而后进行双硫化反应，则生成一种合成药物吡硫醇

（Pyritinol）（**11**）。吡硫醇完全没有维生素 B$_6$ 的作用，其可以促进脑内葡萄糖和氨基酸代谢功能，临床上应用于治疗由于脑外伤、脑震荡和脑炎等引起的后遗症。

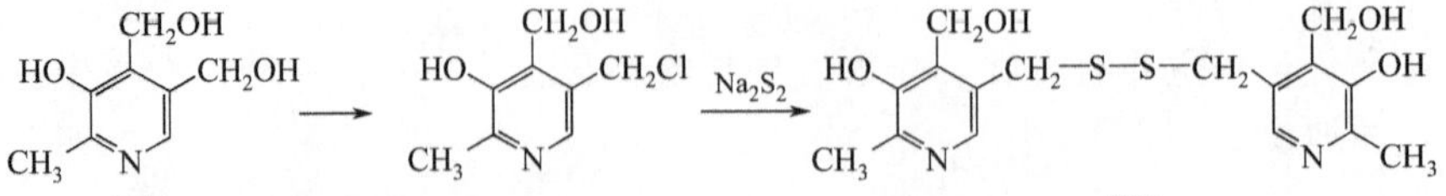

（**10**）　　　　　　　　　　　　　　　　　　　　　　　（**11**）

异烟肼（Isonicotinic acid hydrazide）（**12**）是治疗结核病的药物，硝苯地平（Nifedipine）（**13**）是抗高血压药物。

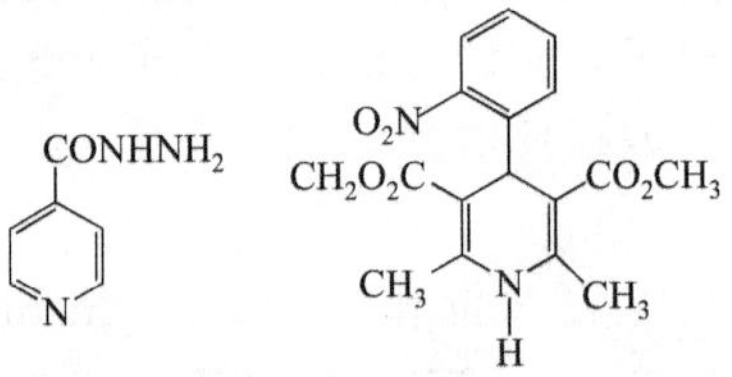

（**12**）　　　　　　　　　　（**13**）

吡啶类化合物的合成方法很多，仅介绍如下几种常见的合成方法。

1. 由 1,5-二羰基化合物与氨反应合成吡啶衍生物

1,5-二羰基化合物与氨反应首先生成 1,4-二氢吡啶，后者氧化脱氢生成吡啶。氨与不饱和的 1,5-二羰基化合物或其等价物（如吡喃鎓离子）反应，直接生成吡啶。

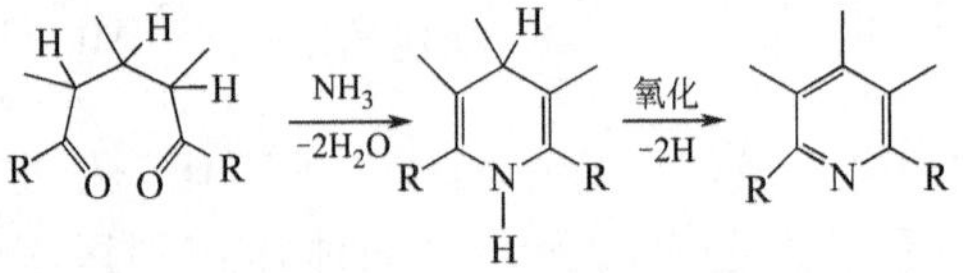

具体例子如下：

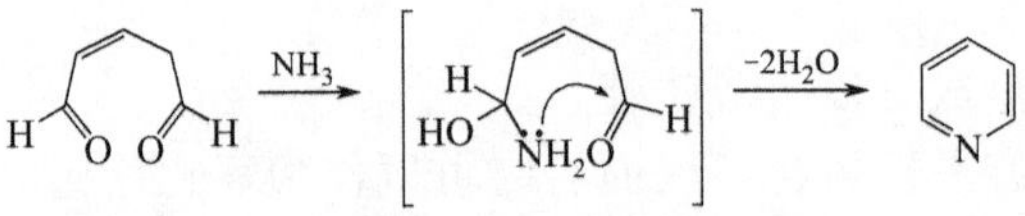

这类反应的副反应是 1,5-二羰基化合物的自身羟醛缩合。

含四个碳原子以上是 α，β-不饱和醛与甲醛缩合，而后在催化剂存在下和氨反应，则得到吡啶或相应的取代吡啶。

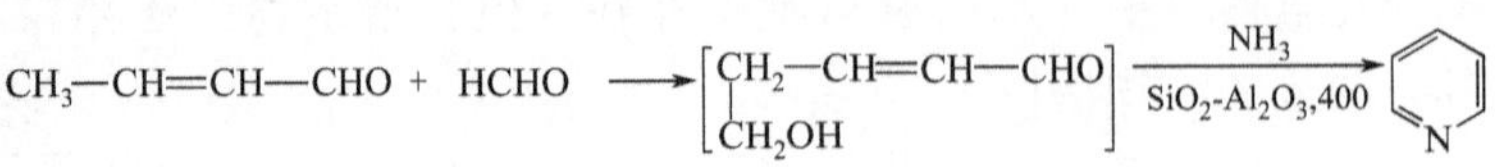

α，β-不饱和酮与乙烯基醚发生杂 Diels-Alder 反应，生成 2-烷氧基-3,4-二氢-2*H*-吡喃，其相当于 1,5-二酮类化合物，与羟胺反应直接生成吡啶衍生物。

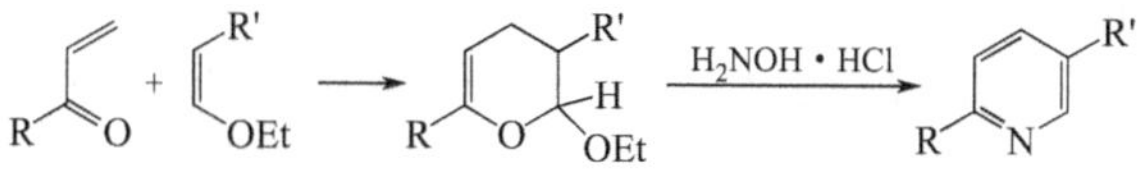

1,5-二酮与氨反应生成环状的 1,4-二氢吡啶，其通常不稳定，容易脱氢生成具有芳香性的吡啶衍生物。

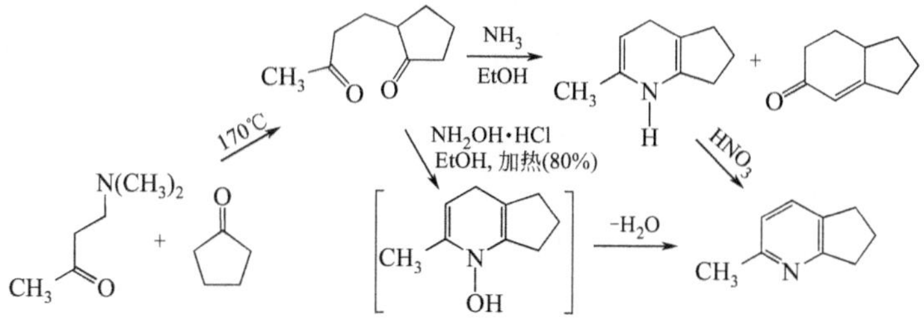

上述反应中以羟胺代替氨有独到的好处。不仅可以避免分子内的羟醛缩合，而且还可以免去脱氢步骤，因为生成的 N-羟基中间体可以脱水，直接生成吡啶衍生物。例如：

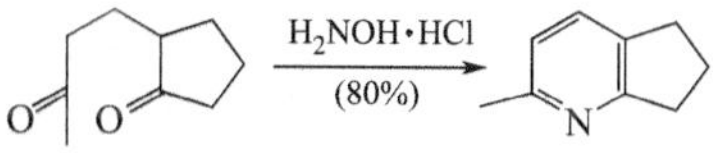

广谱抗真菌药环吡酮胺（Ciclopirox olamine）中间体 4-甲基-6-环己基-1-羟基-2（1H）-吡啶酮的合成如下。

4-甲基-6-环己基-1-羟基-2（1H）-吡啶酮 [6-Cyclohexyl-1-hydroxy-4-methylpyridin-2（1H）-one]，$C_{12}H_{17}NO_2$，207.27。mp 144℃。

制法　陈芬儿. 有机药物合成法：第一卷. 北京：中国医药科技出版社，1999：281.

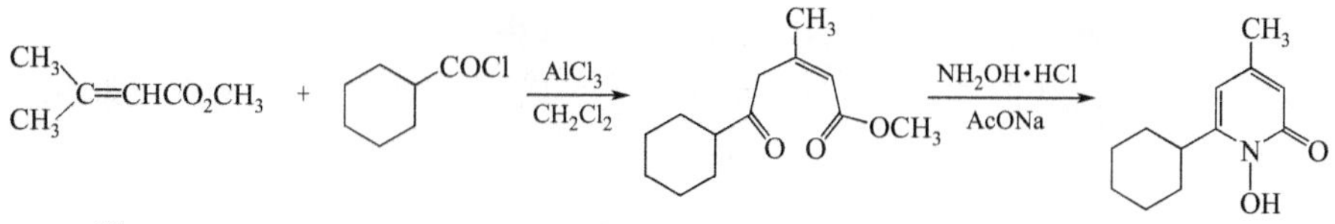

3-甲基-4-环己基甲酰基-2-丁烯酸甲酯（**3**）：于反应瓶中加入 3-甲基-2-丁烯酸甲酯（**2**）57 g（0.5 mol），二氯甲烷 200 mL，无水三氯化铝 66.7 g（0.5 mol），搅拌下滴加由环己基甲酰氯 75 g（0.51 mol）溶于 100 mL 二氯甲烷的溶液。加完后回流反应 5 h。加水 300 mL，分出有机层，水层用二氯甲烷提取。合并有机层，水洗，无水硫酸钠干燥。过滤，浓缩，得化合物（**3**），92.6 g，收率 83%，直接用于下一步反应。

4-甲基-6-环己基-1-羟基-2(1H)-吡啶酮（**1**）：于反应瓶中加入化合物（**3**）11.2 g（0.05 mol），醋酸钠 46 g（0.56 mol），盐酸羟胺 4.0 g（0.05 mol），水

8 mL，甲醇 15 mL，室温搅拌 20 h。加入由氢氧化钠 4 g 和 8 mL 水配成的溶液，室温搅拌 1 h。用苯提取数次，水层以盐酸调至 pH6，析出固体。冷却，过滤，水洗，干燥，得化合物（**1**）3.5 g，收率 40%，mp 144℃。

2. Chichibabin 吡啶合成法

醛与氨发生缩合反应生成吡啶类化合物，该反应称为 Chichibabin 吡啶合成法，是由俄国化学家 Chichibabin 于 1906 年首先报道的，

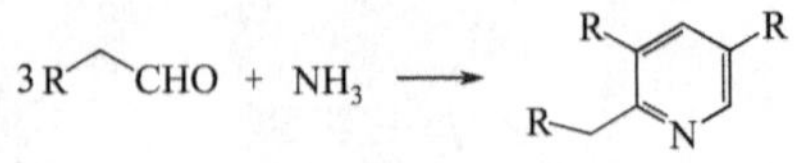

可能的反应机理如下：

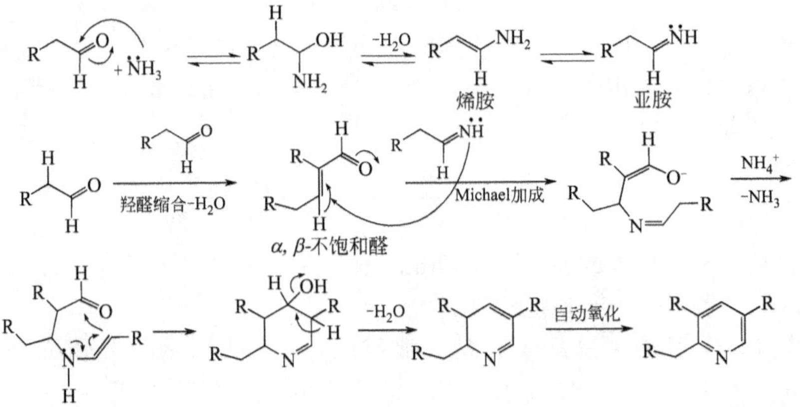

反应中醛与氨反应生成烯胺，烯胺的互变异构体是亚胺。两分子的醛在氨的作用下发生羟醛缩合反应生成 α,β-不饱和醛，后者与亚胺发生 Michael 加成反应，而后环化、脱水、自动氧化，最终生成吡啶类化合物。

该反应一个较好的例子是乙醛与氨反应生成 2-甲基-5-乙基吡啶。此反应必须使用 4 个乙醛分子和一个氨分子反应。

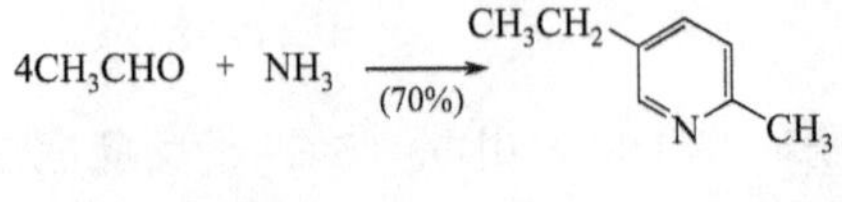

但在上述反应中，实际上只有三个乙醛分子进入到烷基取代吡啶的环状结构中。如果假设这个反应是按照上述机理进行的，则第四个乙醛分子的作用可能是更有利于环的芳构化过程。

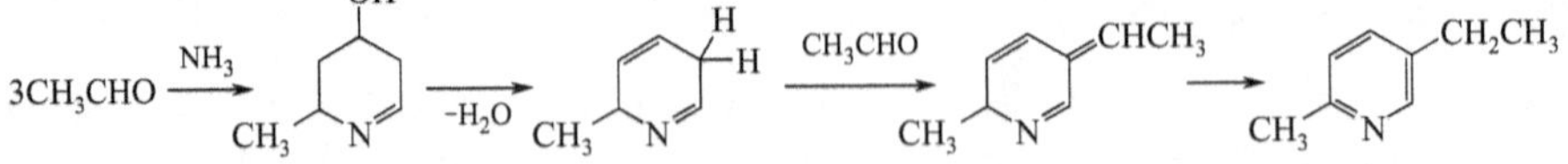

3. Hantzsch 合成法

两分子 β-羰基化合物（二酮、乙酰乙酸酯等）、一分子醛和一分子氨发生四分子反应，生成 1,4-二氢吡啶，后者脱氢生成吡啶。例如乙酰乙酸乙酯、醛和氨反应，生成二氢吡啶，后者氧化、水解、脱羧，最后生成烃基二甲基吡啶。该反应称为 Hantzsch 吡啶合成法。Hantzsch 合成法是最常用的吡啶合成法，该方法使用范围广，而且使用灵活。

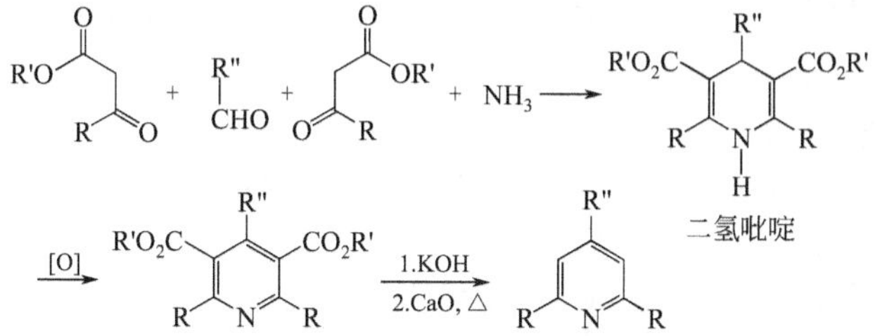

二氢吡啶衍生物的氧化比较方便的方法是用硝酸-硫酸水溶液（或铁氰化钾）。脱去羧酸酯基的方法是先皂化再脱羧，也可以用碱石灰实现一步脱去羧酸酯基。

可能的反应过程如下：

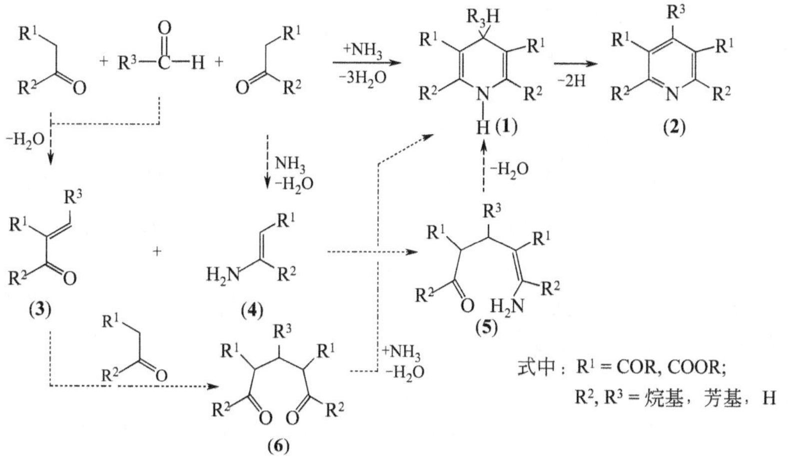

1,4-二氢吡啶（**1**）可以通过两种途径生成。在第一条途径中，氨与 β-二羰基化合物反应生成 β-烯胺酮（**4**），醛与 β-二羰基化合物发生 Knoevenagel 缩合反应生成 α，β-不饱和羰基化合物（**3**），（**3**）与（**4**）发生 Michael 加成反应生成 5-氨基-4-戊烯酮（**5**），（**5**）经环缩合生成 1,4-二氢吡啶（**1**）。另一条途径是由两分子 β-二羰基化合物和一分子醛首先发生 Knoevenagel 缩合反应，再发生 Michael 加成反应生成 1,5-二羰基化合物（**6**），（**6**）和氨反应生成 1,4-二氢吡啶（**1**）。（**1**）氧化或脱氢则生成吡啶衍生物（**2**）。值得注意的是，无论哪一条途径，最终都是原料醛的羰基碳成了吡啶的 C-4 位碳原子。很多情况下第二条途径似乎更容易进行，而且 1,5-二羰基化合物可以分离。

这种方法生成的 1,4-二氢吡啶衍生物，由于在每个 β 位都连有共轭的取代基而较稳定，并且在脱氢之前容易分离出来。用硝酸或亚硝酸可以发生典型的氧化反应生成吡啶衍生物。其他氧化剂如硝酸铈铵、蒙脱土负载的硝酸铜、膨润土负载的二氧化锰等也可以顺利地完成这种氧化。

例如缓激肽拮抗剂吡卡酯（Pyricarbates）、治疗蛲虫病药物司替碘铵（Stilbazium）、用于血管扩张、降血脂、抗血小板凝集药吡扎地尔（Pirozadil）等的中间体 2,6-二甲基吡啶的合成。

2,6-二甲基吡啶（2,6-Dimethylpyridine），C_7H_9N，107.16。无色油状液体。mp $-5.5℃$，bp $144℃$，d_4^{20} 0.9252。能与 DMF、THF 混溶，易溶于冷水，溶于乙醇、乙醚等有机溶剂。

制法　孙昌俊，曹晓冉，王秀菊.药物合成反应——理论与实践.北京：化学工业出版社，2007：450.

2,6-二甲基二氢吡啶-3,5-二羧酸乙酯（3）：于反应瓶中加入乙酰乙酸乙酯（2）52 g（0.51 mol），冷至 0℃，加入 40％的甲醛水溶液 15 mL，几滴二甲胺，在 0℃ 反应 6 h，而后室温反应 40 h。分出有机层，水层用乙醚提取。合并有机层和乙醚层，无水氯化钙干燥，减压蒸出溶剂。剩余物加入等体积的乙醇，冷至 0℃，通入氨气 1 h，室温放置 40 h，过滤，滤液于沸水浴加热，蒸出大部分乙醇。加入约 400 mL 95％的乙醇重结晶，得浅黄色 2,6-二甲基二氢吡啶-3,5-二羧酸乙酯（3）36 g，收率 71％，mp 181～183℃。

2,6-二甲基吡啶-3,5-二羧酸乙酯（4）：将上述化合物（3）加入 1 L 反应瓶中，加入水 50 mL，冷却下小心加入浓硝酸（d1.42）9 mL，浓硫酸 7.5 mL。搅拌下沸水浴加热反应 15 min，生成深红色溶液。冷却，加入 100 g 碎冰和 100 mL 水，用浓氨水调至碱性。滤出生成的固体，冷水洗涤，用乙醇-水重结晶，得无色 2,6-二甲基吡啶-3,5-二羧酸乙酯（4）22.5 g，mp 71～72℃，收率 64％。

2,6-二甲基吡啶（1）：于 100 mL 蒸馏瓶中，加入上述化合物（4）10 g（0.04 mol），碱石灰（10～14 目）60 g，安上蒸馏装置，油浴加热至 250℃ 左右进行蒸馏，直至 105℃ 以下无馏出物为止。撤去油浴，电热套加热，换接受瓶，加热至瓶底暗红色，且无馏出物为止。馏出物加固体氢氧化钾。乙醚提取。蒸出乙醚，并继续蒸馏，收集 142～145℃ 的馏分，得 2,6-二甲基吡啶（**1**）3 g，收率 66%。

Hantzsch 反应的原理具有典型性，以不同的羰基化合物为原料，可以有多种合成吡啶环的方法，这些方法大都有和 Hantzsch 反应相似的反应机制。

1,3-二酮与醛、氨反应的例子如下。

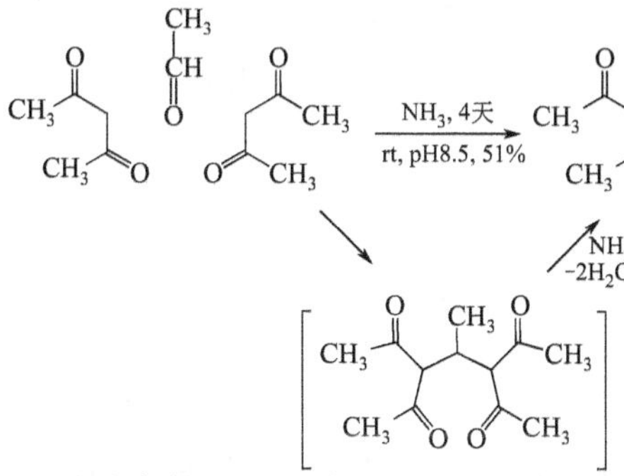

不对称的 1,4-二氢吡啶可以通过 Hantzsch 合成法分两步来合成。分别地制备醇醛缩合产物，然后与氨和不同的 1,3-二羰基组分或烯胺酮进行第二步反应。例如强效钙拮抗剂盐酸尼卡地平（Nicardipine hydrochloride）中间体（**14**）的合成 [张学民，解季芳，管作武等.中国医药工业杂志，1990，21（3）：104]：

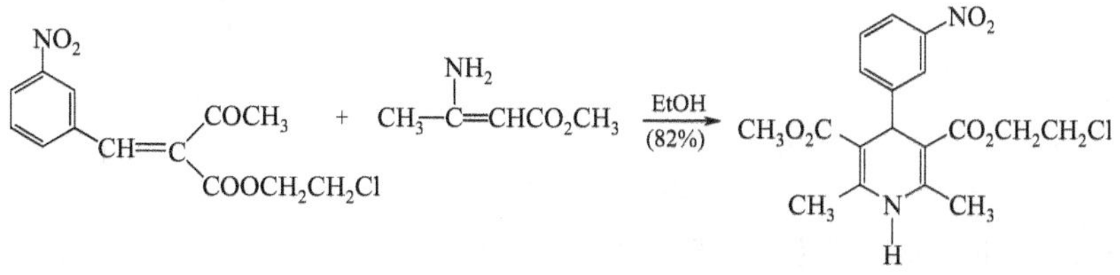

在改进的 Hantzsch 合成法中，用 β-烯胺酮代替一分子 β-二羰基化合物，烯酮与 β-烯胺酮（或者 1,5-二羰基化合物）与氨发生环缩合反应生成 1,4-二氢吡啶。例如对于经典合成法（2 mol 乙酰乙酸乙酯，1 mol 苯甲醛，1 mol 氨）的改进，由乙酰乙酸乙酯、苯甲醛和 β-烯胺酮（1：1：1）或者苯亚甲基乙酰乙酸乙酯与氨基巴豆酸酯（1：1）都可以生成 1,4-二氢吡啶-3,5-二羧酸酯。

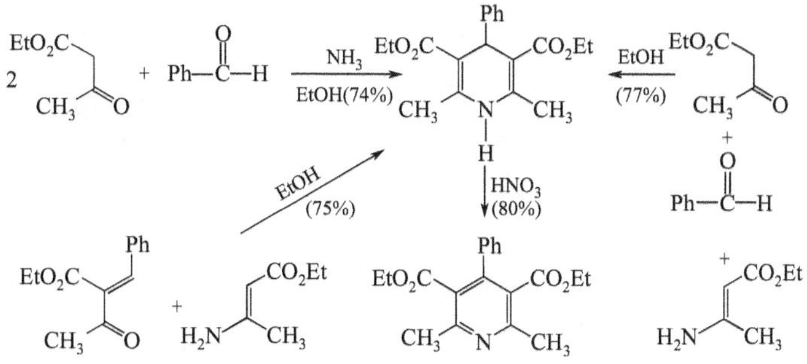

最简单的 1,3-二羰基化合物是丙二醛，但因其不稳定而难以直接用于合成中，将其制成烯醇醚则可以很好地应用于有机合成中。例如 2-甲基吡啶-3-羧酸乙酯的合成。

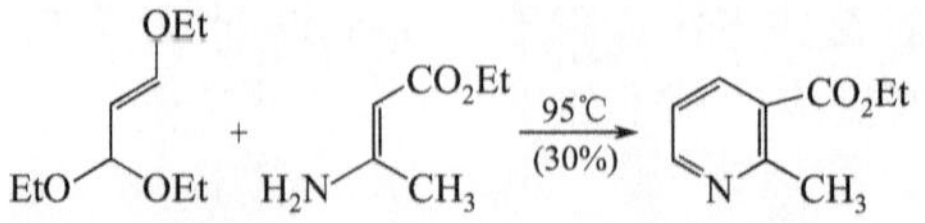

Hantzsch 反应在药物合成中应用广泛，例如治疗心脏病的药物硝苯地平（Nifedipine）（**15**）的化学合成。

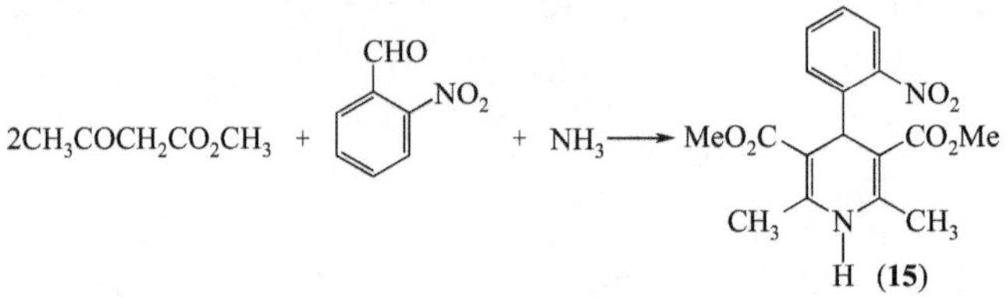

又如如下各种钙拮抗剂药物尼索地平（Nisoldipine）（**16**）、尼群地平（Nitrendipine）（**17**）、尼莫地平（Nimodipine）（**18**）等，均可以按照相似的方法来制备。

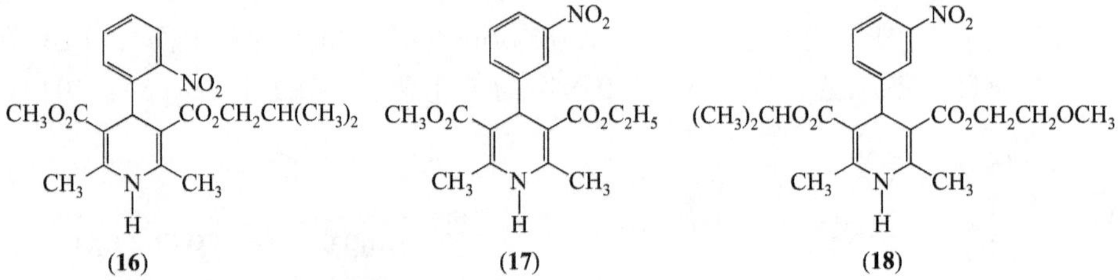

4. Guareschi-Thorpe 缩合反应（2-吡啶酮合成法）

氰基乙酸乙酯与 β-二羰基化合物在氨存在下反应生成吡啶-2-酮。该反应称为 Guareschi-Thorpe 缩合反应。该反应最早是由 Guareschi 于 1896 年首先报道的。

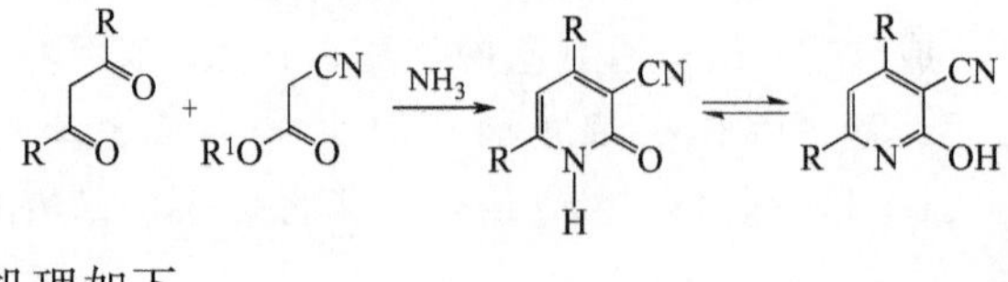

可能的反应机理如下：

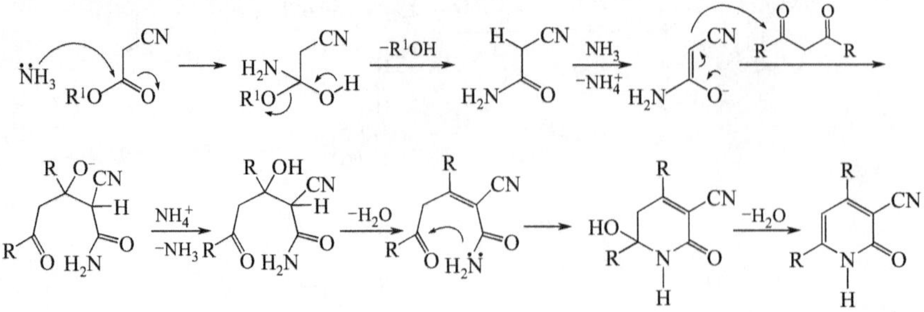

例如强心药米力农（Milrinone）原料药的合成。

米力农（Milrinone），$C_{12}H_9N_3O$，211.22。浅黄色固体。

制法 陈芬儿. 有机药物合成法：第一卷. 北京：中国医药科技出版社，1999：428.

1-(4-吡啶基)-2-(二甲氨基）乙烯基甲基酮（**3**）：于干燥的反应瓶中加入4-吡啶基丙酮（**2**）12 g（0.08 mol），N，N-二甲基甲酰胺二甲基缩醛 35 g（0.30 mol），乙腈 10 mL，加热回流反应 2 h。减压蒸出溶剂，冷却，加入适量氯仿。搅拌溶解后，用氧化铝柱（索氏提取）加热回流提取 1～1.5 h。将提取液减压浓缩，冷却后固化。用四氯化碳-环己烷重结晶，得淡黄色针状结晶（**3**）13.5 g，收率 80.3%，mp 118℃。

米力农（**1**）：于反应瓶中加入化合物（**3**）11.5 g（0.06 mol），氰乙酰胺 5.5 g（0.07 mol），甲醇钠 7 g（0.12 mol），DMF 200 mL，回流反应 1 h。减压回收溶剂，加入乙腈 80 mL，加热溶解。冷至 10℃，析出固体。过滤，于 55℃干燥，得褐色固体。用 85 mL 水溶解，活性炭脱色后，用盐酸调至 pH6.5～7。过滤析出的固体，用 DMF-H_2O 重结晶，得浅黄色固体（**1**）6.72 g，收率 53.1%，mp ＞300℃。

β-二羰基化合物的两个羰基的活性有足够的差异，则其中亲电性更强的羰基与 3-氨基烯酮、3-氨基丙烯酸酯或氰基乙酰胺的中心碳原子反应，只生成两个吡啶或吡啶酮的异构体之一。

使用 $H_2NCOCH_2C(NH_2)=NH \cdot HCl$ 代替氰基乙酰胺，生成 2-氨基吡啶-3-甲酰胺。

3-氰基-6-甲基-2（1）-吡啶酮的合成如下（林原斌，刘展鹏，陈红飚. 有机中间体的制备与合成. 北京：科学出版社，2006：722）：

用硝基乙酰胺代替氰基乙酰胺，则生成 3-硝基-2-吡啶酮。

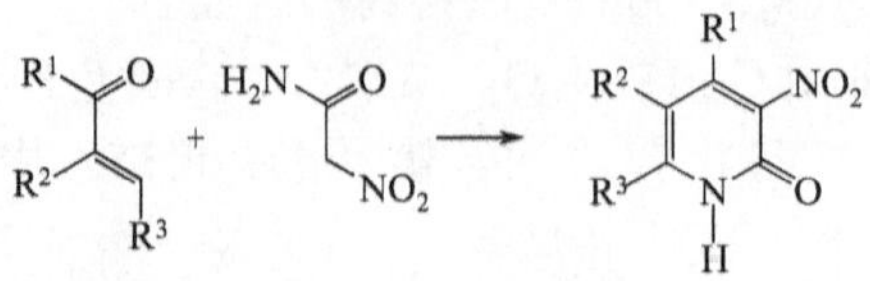

如前所述，吡啶酮类化合物，特别是 2 位和 4 位的吡啶酮化合物很容易发生异构化，生成相应的羟基吡啶，但主要以酮式存在。

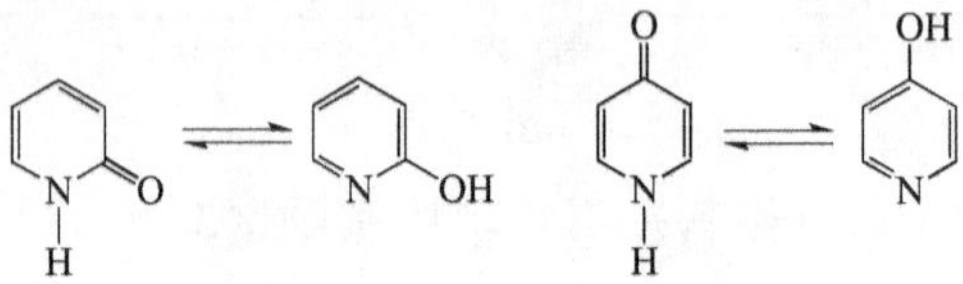

但 3-羟基吡啶尚未见到有酮式存在的互变异构体，主要表现为"酚"的性质。不过，通常它是以两性离子的形式存在的，只有在低介电常数的溶剂中时，才以"酚"的形式存在。

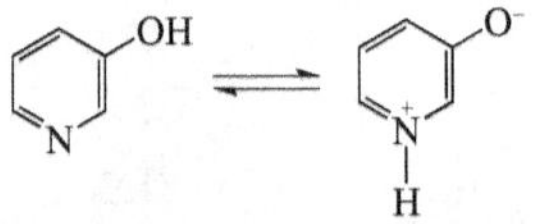

2 位和 4 位的吡啶酮化合物当在碱性条件下进行烷基化反应时，主要生成 N-烷基化产物。例如：

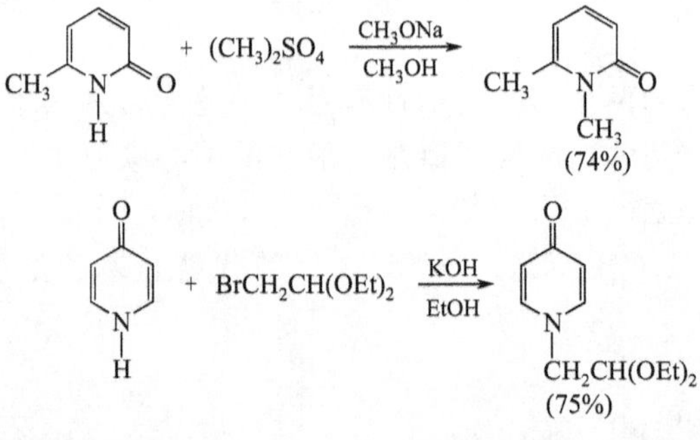

然而，当用银盐代替碱金属盐来进行 4 位吡啶酮的烷基化反应时，则主要得到 O-烷基化产物。原因是碱金属盐中的烷基化反应，是以 S_N2 的方式进行的，亲核中心是环上的氮原子。而在银盐存在的情况下，是电负性的氧进攻烷基化试剂的带正电的碳原子，基本上与 S_N1 的情况相当。

像吡啶酮这样的一些既可以生成 N-烷基化产物，又可以生成 O-烷基化产物的分子，即它们可能同时含有两种不同性质的离子状态，通常将这类化合物称为"两可离子"（Ambident）。

在如下反应中也存在这种情况。

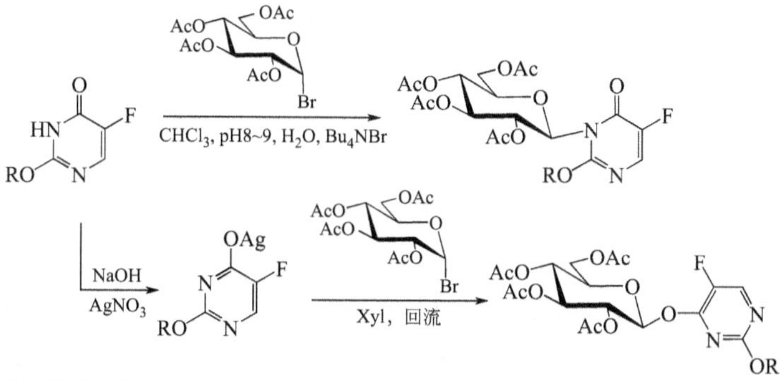

5. 扩环重排合成法

含氮的三元或五元杂环化合物经分子内重排，可以扩环生成六元吡啶环。例如连有烯丙基侧链的氮杂环丙烯，可以发生分子内重排生成各种相应的取代吡啶衍生物。这是实验室合成吡啶类化合物的一种较好的方法（Padwa A，et al. J Org Chem，1978，43：2029，3757）。

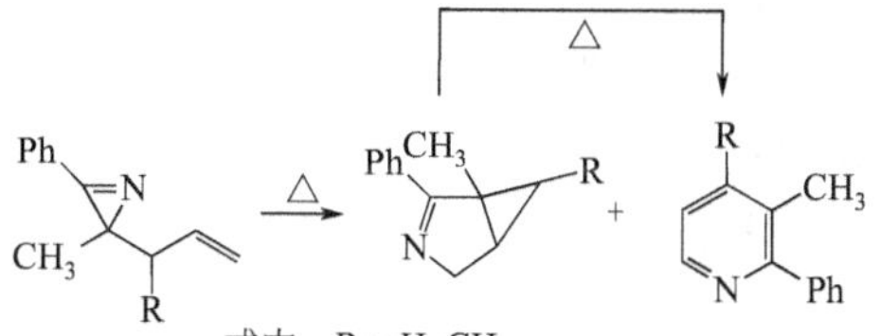

式中：R = H，CH₃

反应可能是按照如下方式进行的：

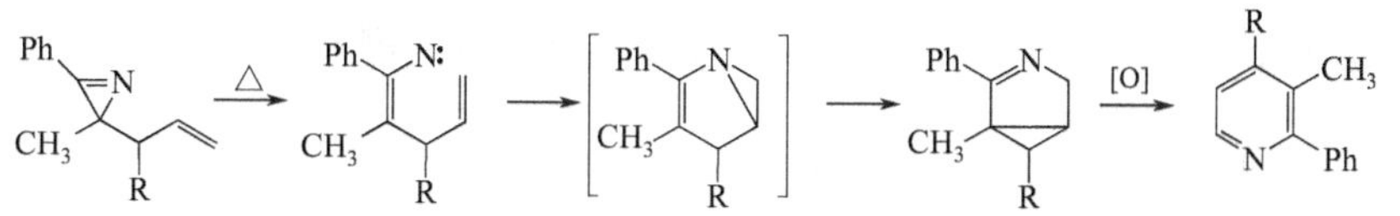

连有炔丙基侧链的氮杂环丙烯加热也可以生成吡啶衍生物。

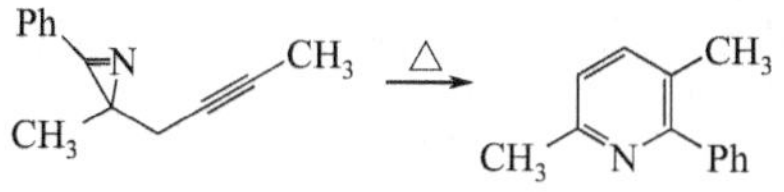

异噁唑分子中具有一个类似于环状肟型结构，发生分子内重排时，N-O键断裂，同时又重新发生关环反应，生成吡啶衍生物。

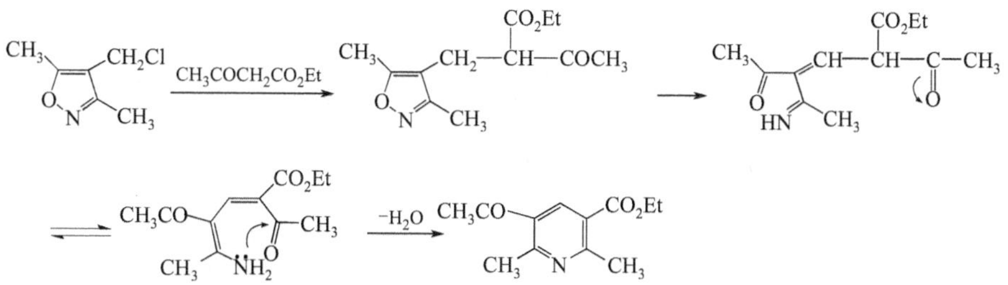

噁唑环中的二烯键可以作为双烯体与一个亲双烯体发生 Diels-Alder 反应，加成物可以看成是二氢噁唑与四氢呋喃并合的杂环化合物，后者经扩环重排，氧桥断裂，最后生成吡啶衍生物。例如：

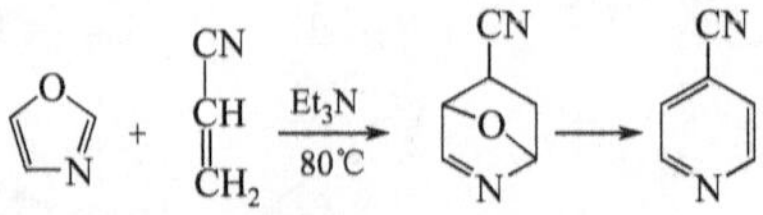

例如利尿药盐酸西氯他宁（Cicletanine hydrochloride）中间体 2-甲基-3-羟基-4,5-二羟甲基吡啶（维生素 B$_6$）（**19**）的合成（陈芬儿. 有机药物合成法：第一卷. 北京：中国医药科技出版社，1999；762）：

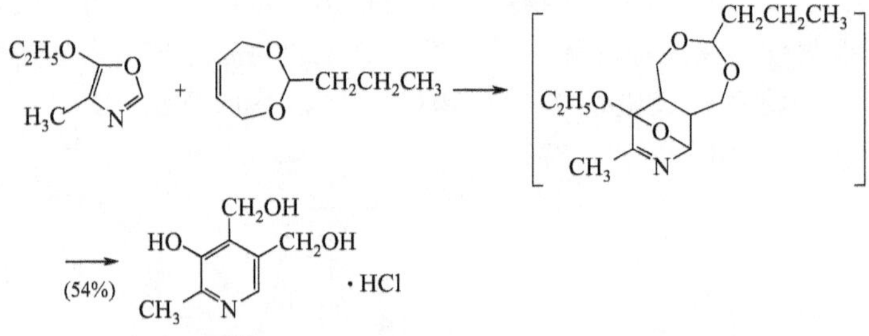

（54%）

（**19**）

6. 吡啶的其他合成方法

吡啶环进行环的结构改造，可以生成吡啶的衍生物，这也是合成吡啶衍生物的常用方法。2-烃基吡啶可以通过吡啶与烃基锂反应来制备。

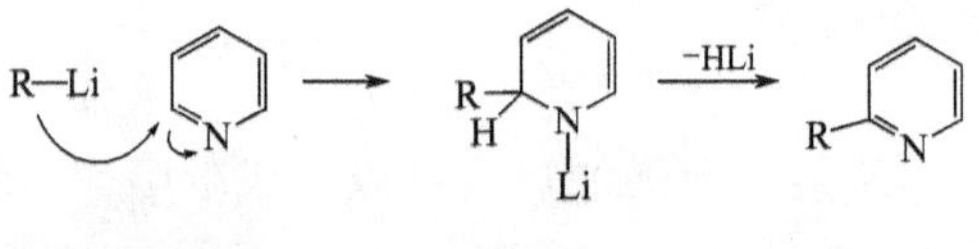

吡啶用过氧化氢和乙酸氧化可以生成吡啶 N-氧化物。吡啶 N-氧化物可以发生吡啶环上的取代反应，取代基可以进入吡啶氮原子的邻、对位。最后用三氯化磷处理，生成取代吡啶。

4-羟基吡啶与二甲胺盐酸盐在 HMPT 中反应，可以生成有机合成中重要的催化剂 DMAP。

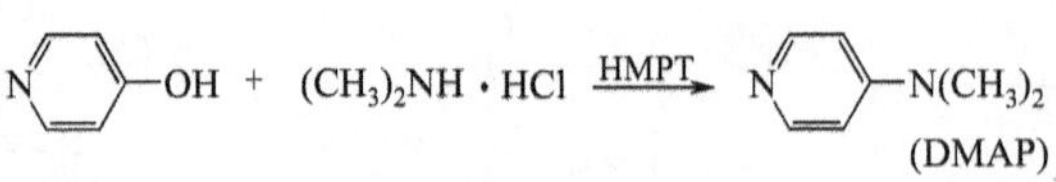

DMAP 也可以采用如下方法来合成。

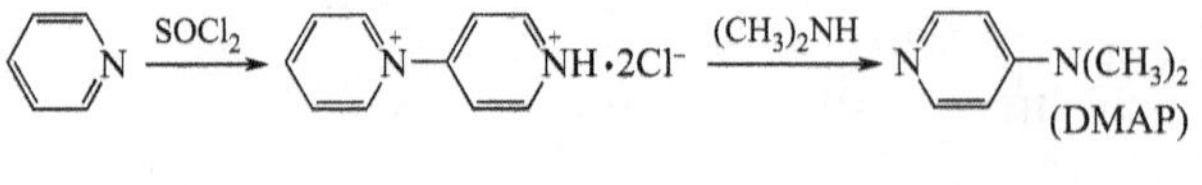

当然还有很多其他合成方法。吡啶加氢可以生成六氢吡啶（哌啶）。

二、喹啉及其衍生物

吡啶与苯环并合有三种产物：喹嗪鎓离子、喹啉和异喹啉。

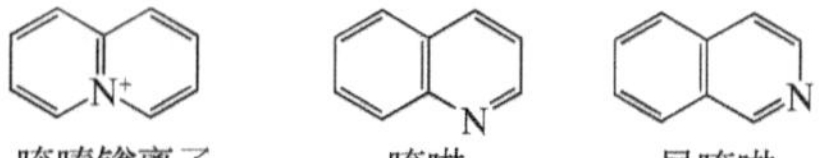

喹嗪鎓离子　　　喹啉　　　异喹啉

主要的喹啉类化合物有如下几种：

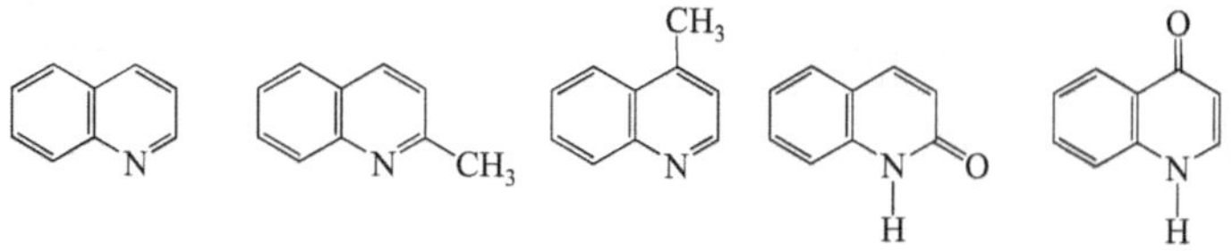

喹啉　　　2-甲基喹啉　　　4-甲基喹啉　　　2-喹啉酮　　　4-喹啉酮

喹啉与萘和吡啶具有相似性，可以预见也能发生取代、加成等各种类型的反应。但应注意各种反应的位置和相对活性。

与吡啶相似，喹啉氮原子上可以质子化、烷基化、酰基化、被过氧酸氧化为 N-氧化物。环上的亲电取代发生在活性更强的苯环上。亲电取代通过喹啉鎓离子而发生，位置选择性顺序为：$C_8 > C_5 > C_6 > C_7 > C_3$。

喹啉与硝酸的硝化反应在温和的条件下即可发生，由于硝化反应在强酸性条件下进行，氮原子完全质子化，反应只能发生的苯环上。

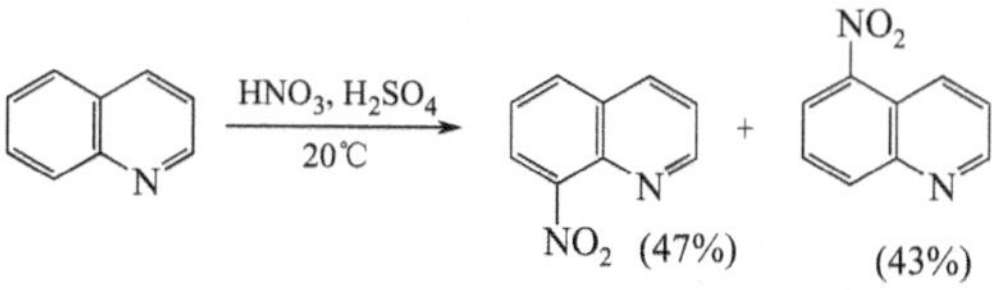

喹啉的卤化反应可以通过不同的方法和机理进行。在硫酸中用溴溴化，以硫酸银作催化剂，生成 5 位和 8 位的单溴化物，比例为 1:1。

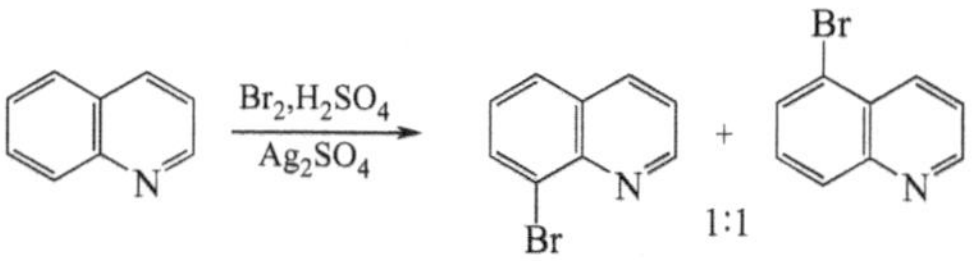

但在 $AlCl_3$ 催化剂存在下，则主要生成 5 位溴化产物，这可能是由于 N 原子与 $AlCl_3$ 生成配合物而使 8 位位阻增大而引起的。但在吡啶存在下用溴溴化，则生成唯一产物 3-溴喹啉。此时反应机理发生了变化，可以用加成-消除机理来进行解释。首先溴依次在 N、C_2、C_3 位加成，而后脱溴和溴化氢得到相应的产物。

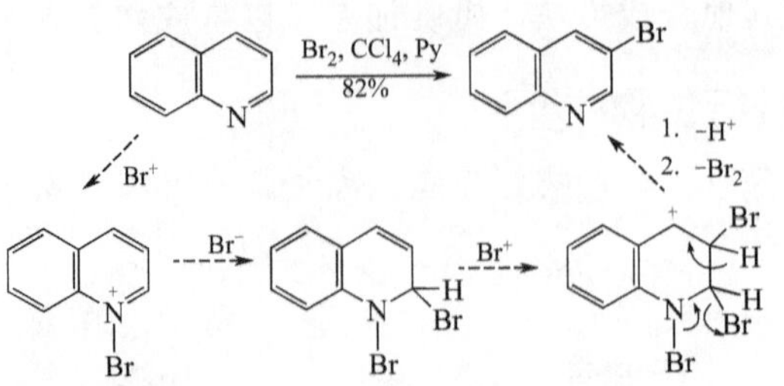

磺化反应产物则取决于反应温度。喹啉与发烟硫酸反应，90℃时生成喹啉-8-磺酸，提高反应温度则喹啉-5-磺酸的比例增大。在170℃和硫酸汞存在下，喹啉-5-磺酸为唯一产物，可能是 N/Hg 配位使得 8 位产生大的空间位阻造成的。300℃时，喹啉-6-磺酸为唯一产物，其为热力学稳定的产物。

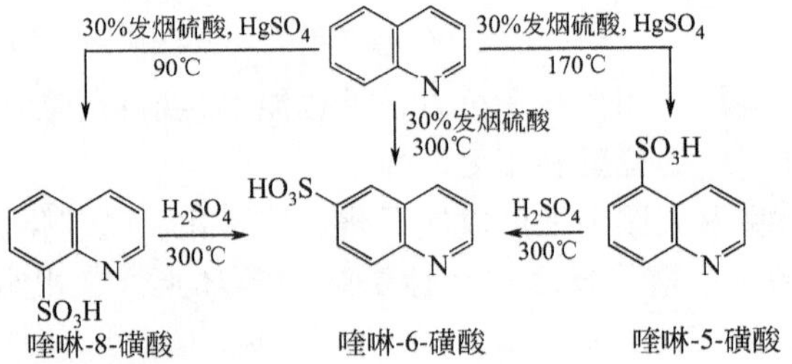

喹啉-8-磺酸 喹啉-6-磺酸 喹啉-5-磺酸

喹啉可以被过氧酸氧化为 N-氧化物，其性质与吡啶 N-氧化物相似。

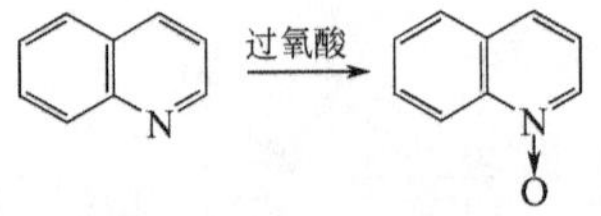

喹啉体系的两个环都可以被氧化。在碱性条件下用高锰酸钾氧化，此时苯环被氧化，生成吡啶二羧酸。在酸性条件下则吡啶环容易被氧化，例如如下反应。

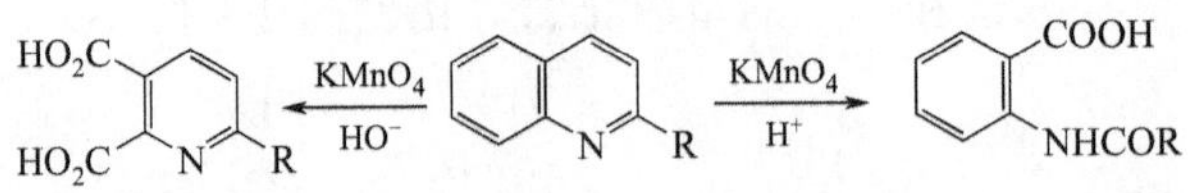

喹啉还原时，吡啶环更容易被还原。用四氢铝锂或二乙基氢化铝还原喹啉，生成 1,2-二氢喹啉；而用锂或钠在液氨中还原，则生成 1,4-二氢喹啉。

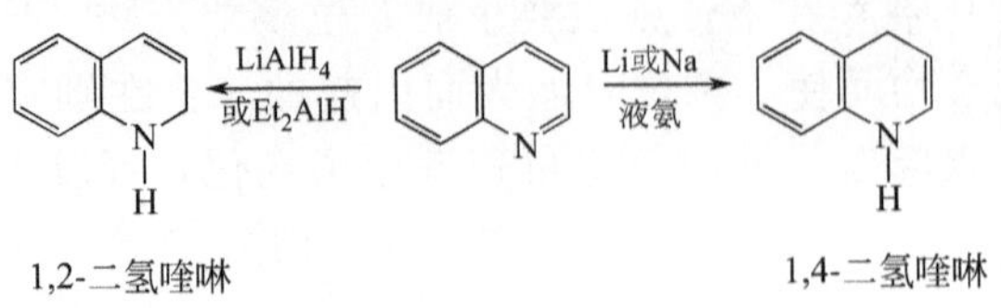

1,2-二氢喹啉 1,4-二氢喹啉

催化氢化时，反应条件不同，还原产物也不同。例如：

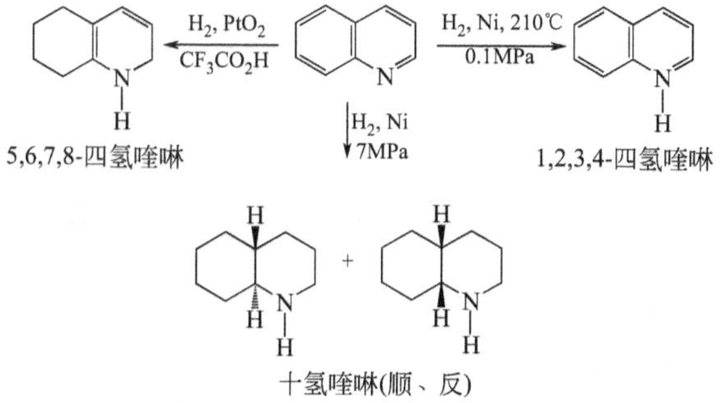

5,6,7,8-四氢喹啉

1,2,3,4-四氢喹啉

十氢喹啉(顺、反)

　　喹啉吡啶环上的侧链 α-H 具有弱酸性，吡啶环上各个位置的甲基氢的酸性顺序是：4-CH$_3$＞2-CH$_3$≫3-CH$_3$。因此，2-甲基喹啉和4-甲基喹啉可发生碱或酸催化下的缩合反应，如醇醛缩合、Claisen 缩合以及 Michael 反应等。喹啉氮上的季铵化可以增强2位和4位甲基的酸性。

　　使用不同的碱，可以实现 2,4-二甲基喹啉的区域选择性缩合反应。例如：

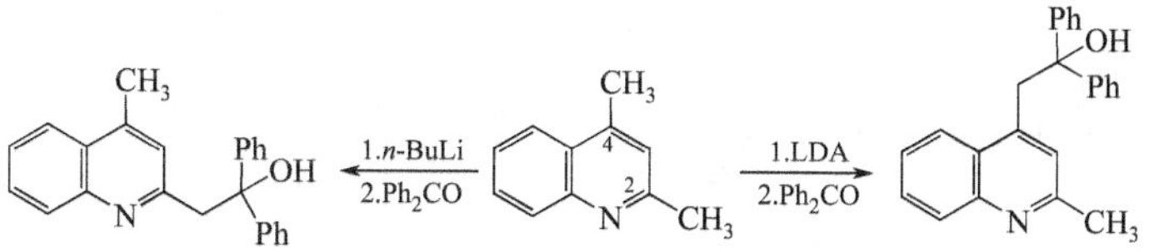

　　上述反应中，丁基锂碱性强。锂可以与喹啉氮原子配位，脱去2位甲基的质子，生成稳定的负离子中间体，反应容易发生在2位。LDA 碱性较弱，而4位甲基氢的酸性较强，此时反应发生在4位。

　　喹啉类化合物在药物合成中具有重要的应用。8-羟基喹啉及其一些卤化物用作抗菌剂，氯喹（Chloroquine）（**20**）是一种抗疟药。喹诺酮类化合物如环丙沙星（Ciprofloxacin）（**21**）等是临床上常用的抗菌剂。抗癌药喜树碱（Camptothecine）（**22**）分子中具有喹啉环的结构。

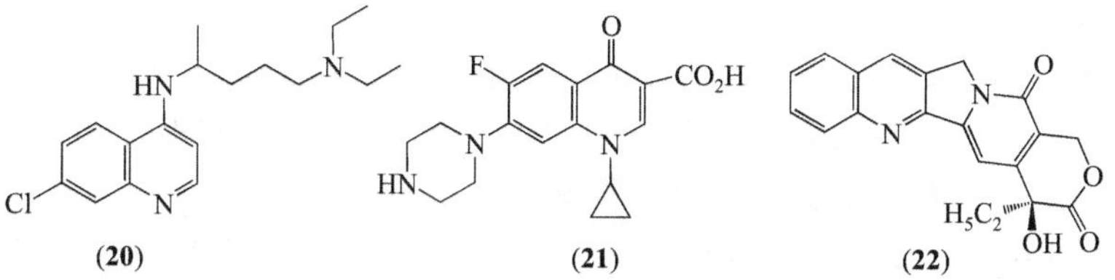

| (20) | (21) | (22) |

　　喹啉有多种不同的合成方法，但从成键反应的类型来看，主要还是通过碳杂键和碳碳键的形成来合成的。本节只介绍其中几种常见的喹啉类化合物的合成方法。

1. Skraup 和 Doebner-von Miller 喹啉合成法

　　苯胺或其衍生物与无水甘油、浓硫酸及适当的氧化剂一起加热可以生成喹啉或其衍生物。该反应是由 Skraup Z H 于 1880 年首先报道的。一般只有当反应进行剧烈时才能得到较高的收率。但由于反应猛烈有时难以控制。加入少量硫酸亚铁或硼酸可缓和反应。浓硫酸为脱水剂，有时用磷酸代替。氧化剂可以用与芳香胺相对应的芳香硝基化合物，还原后生成的芳香胺可以继续参与反应，也可以直接用硝基苯。还可用碘、五氧化二砷、氧化铁、硫酸铁、氯化铁、氯化锡等，但不能用强氧化剂。甘油含水多，产率下降，但用碘作氧化剂，甘油可不必无水。

整个反应是按如下步骤进行的。

首先是甘油在硫酸作用下脱水生成丙烯醛，苯胺再与丙烯醛发生 Michael 加成生成 β-苯氨基丙醛。后者再在酸催化下环化脱水，生成 1,2-二氢喹啉。最后二氢喹啉被硝基苯氧化脱氢生成喹啉。硝基苯则被还原为苯胺，可继续参加反应。该反应的反应机理，已经通过分离得到的中间体、产物中取代基的分布以及 ^{13}C 标记法得到证实。

例如氯化喹啉类抗阿米巴药物喹碘仿（Chiniofon）、氯碘喹啉（Iodochloro-hydrxyquinolin）、双碘喹啉（Diiodohydroxyquinolineine）等的中间体 8-羟基喹啉的合成。

8-羟基喹啉（8-Hydroxyquinoline），C_9H_7NO，145.16。白色结晶或结晶性粉末。mp 76℃，bp 约 267℃。易溶于乙醇、苯、氯仿、丙酮、无机酸水溶液，几乎不溶于水、乙醚。有酚味，遇光变黑。

制法　Furniss B S, Hannaford A J, Rogers V, et al. Vogel's Textbook of Practical Chemistry. Longman London and New York. Fourth edition, 1978：912.

于安有搅拌器、温度计、滴液漏斗、回流冷凝器的反应瓶中，加入甘油 200 g，搅拌下慢慢加入浓硫酸 140 g，而后依次加入邻氨基苯酚（**2**）100 g（0.917 mol）、邻硝基苯酚 50 g。慢慢滴加 30% 的发烟硫酸 65 g。加热至 125℃，立即停止加热，反应放热并升温至 140℃左右。待内温降至 135℃时，再加入发烟硫酸 33 g，保持在 137℃以下加完。加完后保温反应 4 h。冷至 100℃以下，慢慢倒入 10 倍量（以邻氨基苯酚计）的水中，搅拌下加热至 75～80℃，以 30% 的氢氧化钠溶液中和，继续加热至析出油状物。静止，倾去水层，油状物冷后固化。得 8-羟基喹啉粗品。经减压升华，得纯品 8-羟基喹啉（**1**），收率 72%。

由于 Skraup 反应使用的是甘油，所以，该方法在合成吡啶环上没有取代基的喹啉类化合物时应用非常广泛，特别是稠杂环类化合物。例如（Fujiwara H，Kitagawa K. Heterocycles，2000，53：409）：

（75%）

该反应适用于氨基邻位至少一个位置未被取代的芳香伯胺。反应中使用甘油、硫酸和氧化剂。但芳环上含有一些活泼基团的芳香胺，由于不能经受强烈的反应条件而不适用于 Skraup 反应。例如乙酰基、氰基、甲氧基、氟等。对氨基苯乙酮、2-氰基-5-甲基苯胺、对甲氧基苯胺、3-硝基-4,5-二甲氧基苯胺、2-硝基-4-甲氧基-5-氟苯胺，3-硝基-1-氨基藜芦醚等都未得到相应的喹啉衍生物。原因是这些基团太活泼，或者反应中降解，或者在反应中水解。

萘、蒽、菲、芘的伯胺容易发生 Skraup 反应生成相应的苯并喹啉衍生物。1-萘胺只生成一种产物，而 2-萘胺则可能生成两种产物，但实际上只在 1 位发生反应。

联苯二胺类化合物也可以与 2 分子的甘油反应生成联喹啉类化合物。

由于反应中是甘油首先脱水生成丙烯醛，丙烯醛与苯胺发生 Michael 加成，最后生成喹啉类化合物，所以，也可以不用甘油而直接用丙烯醛或其他 α,β-不饱和醛与芳香胺反应来制备喹啉及其衍生物，但此时的反应为 Doebner-von Miller 改进的喹啉合成法。

反应机理与 Skraup 反应相同。也有人提出了其他反应机理。

α,β-不饱和羰基化合物可以是醛或酮。取代基可以在羰基的 α 位或 β 位，从而得到 3-取代或 2-取代喹啉。若使用 α,β-不饱和酮，则生成 4 位取代的喹啉。

当然，也可以使用取代的芳香伯胺和 α,β-不饱和羰基化合物反应，合成苯环和吡啶环都连有取代基的喹啉衍生物。例如 Li 等在浓盐酸中加入相转移催化剂，使邻氨基苯甲酸和巴豆醛反应，合成了药物中间体 2-甲基-8-喹啉羧酸。

2-甲基-8-喹啉羧酸（2-Methyl-8-quinoline carboxylic acid），$C_{11}H_9NO_2$，187.20。浅黄色固体。mp 152～154℃。

制法　Li X G，Cheng X，Zhou Q L. Synth Commun，2002，32（16）：2477.

于安有搅拌器、温度计、滴液漏斗、回流冷凝器的反应瓶中，加入邻氨基苯甲酸（**2**）2.74 g（20 mmol），苄基三乙基氯化铵 228 mg（1 mmol），浓盐酸 40 mL，甲苯 10 mL，搅拌下加热至 80～90℃。慢慢加入巴豆醛 3.3 mL（40 mmol），于相同温度搅拌反应 1.5 h。冷至室温，用浓氨水中和至 pH3～4，以氯仿提取。有机层用饱和盐水洗涤，无水硫酸钠干燥。过滤，减压浓缩。剩余物用 95% 的乙醇重结晶，得浅黄色固体（**1**）2.12 g，收率 57%，mp 152～154℃。

2. Friedländer 喹啉合成法

邻氨基苯甲醛、乙醛在氢氧化钠溶液存在下发生缩合反应生成喹啉，后来称为 Friedländer 喹啉合成反应。目前一般指邻氨基芳香族醛或酮与各种含 α-氢的羰基化合物发生缩合，生成喹啉类化合物的反应。

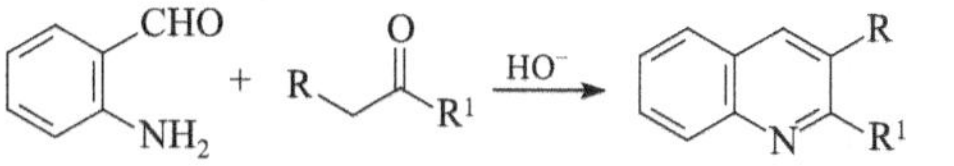

该反应可以被碱或酸催化，有时加热也可以进行反应。碱催化的反应机理如下：

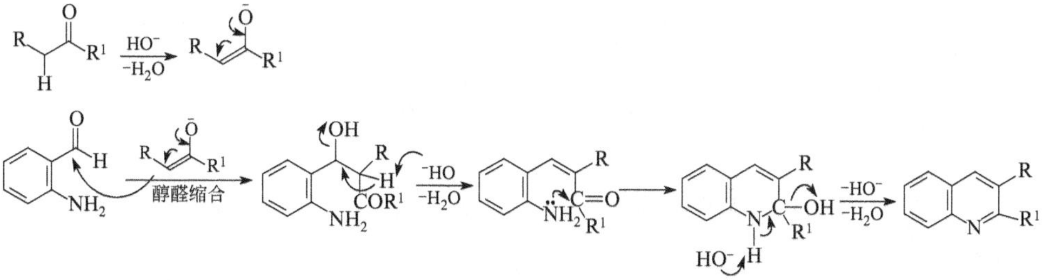

反应中首先是具有 α-亚甲基的羰基化合物在催化剂作用下发生烯醇式互变，生成烯醇（在碱性条件下生成烯醇负离子），后者与邻氨基芳香羰基化合物进行醇醛缩合反应生成 α，β-不饱和羰基化合物。紧接着发生分子内的氨基对羰基的亲核加成，最后分子内脱水生成喹啉衍生物。

实际上该反应的适用范围比较广。邻氨基取代的芳香醛、酮及其衍生物与适当取代的醛、酮或其他羰基化合物（至少羰基的 α 位具有一个亚甲基），在酸或碱性条件下理论上都可以发生该反应。可以用于合成喹啉环上 2 位至 8 位有取代基的喹啉衍生物。

反应也可能是先生成 Schiff 碱，而后再环合、脱水生成喹啉。

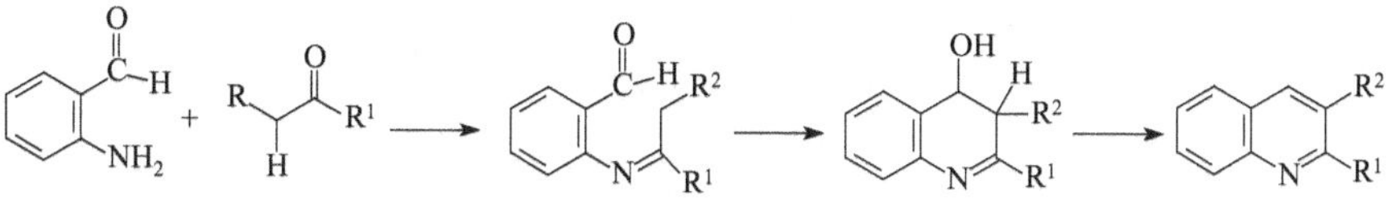

具体究竟按照哪种机理进行，与两种原料的具体结构有关，很有可能两种机理同时存在。

在如下反应中，首先发生 Claisen 缩合，而后再发生氨基与羰基的反应，最后生成喹啉类化合物。

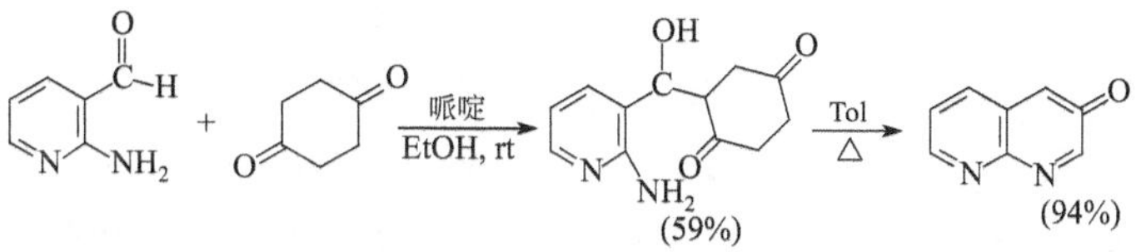

而在下面的反应中，则首先生成了 Schiff 碱，而后再关环生成喹啉。

R=CH₃, C₆H₅ ... (>70%)

Friedländer 反应常用的催化剂是碱或酸，有时也可以不使用催化剂。有时有无催化剂或使用酸或碱催化剂会得到不同的反应产物。经典的 Friedländer 是在碱催化剂存在下于溶剂中加热来实现的。常用的碱催化剂有氢氧化钠、氢氧化钾、哌啶、醇钠、碱金属碳酸盐、吡啶、离子交换树脂等。典型的活泼亚甲基化合物是乙醛、环己酮、β-酮酸酯、脱氧苯偶姻等。

酸催化常用的催化剂是盐酸、硫酸、对甲苯磺酸、多聚磷酸等，有时也可以使用有机酸如乙酸。

不用催化剂时，往往反应温度较高，因为温度低时很多缩合中间体不能发生环合反应。

有时也可以使用邻硝基芳香族羰基化合物，硝基还原生成氨基直接参与反应。例如医药中间体 2-乙基-3-喹啉酸盐酸盐的合成。

2-乙基-3-喹啉酸盐酸盐（2-Ethyl-3-quinolinecarboxylic acid hydrochloricde），$C_{12}H_{11}NO_2 \cdot HCl$，237.69。黄色固体。mp 190～192℃。

制法 Brian R McNaughton and Benjamin L Miller. Org Synth，2008，85：27.

2-乙基-3-喹啉酸甲酯（**3**）：于安有搅拌器、温度计、回流冷凝器、通气导管的反应瓶中，加入 3A 分子筛（二氯甲烷洗涤后于 200℃至少干燥 24 h）10 g，邻硝基苯甲醛（**2**）10 g（66.2 mmol），丙酰基乙酸甲酯 8.3 mL（66.2 mmol），无水氯化锌 18.0 g（132 mmol），氮气保护，加入无水甲醇 175 mL，搅拌下电热套加热至 67℃反应 1 h。于 5 min 内分批进入氯化亚锡 62.7 g（331 mmol）。继续于 67℃搅拌反应 12 h。冷至室温。于烧杯中加入碳酸钾 45.7 g（331 mmol），完全溶于 300 mL 水中。搅拌下慢慢加入反应瓶中，调至 pH8，约需 225 mL，生成浅橙色浆状物。加入 200 mL 乙醚，过滤，滤饼和反应瓶用乙醚洗涤。滤饼转移至锥形瓶中，加入 300 mL 乙酸乙酯，30 min 后过滤。合并滤液（含水和有机层），转移至 2 L 分液漏斗中，分出水层，有机层用盐水洗涤。无水硫酸镁干燥，过滤。滤液减压浓缩（40℃，10.64 kPa），得黄色油状液体（**3**）。

2-乙基-3-喹啉酸盐酸盐（**1**）：将上述化合物（**3**）中加入 THF100 mL，75 mL 2.0 mol/L 的氢氧化锂水溶液，室温搅拌 12 h。旋转浓缩蒸出 THF，得羧酸锂的溶液。

上述溶液中慢慢加入 50 mL 12 mol/L 的盐酸调至 pH1，生成的黄色浆状物搅拌 5 min。冰盐浴冷至 0℃，抽滤，乙醚洗涤，真空干燥 24 h（22℃，26 Pa），得浅黄色固体化合物（**1**）11.2～11.4 g，mp 190～192℃，收率 71%～72%。

使用不同的催化剂（酸或碱），有时得到的主要产物也可能不同。例如：

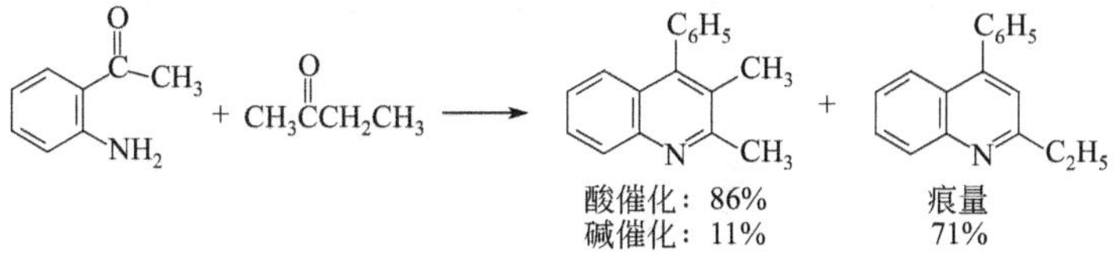

4-氨基尼克甲醛与 2-丁酮在乙醇中反应，当用乙醇钠作催化剂时，几乎完全得到 2,3-二甲基-1,6-二氮杂萘；当用哌啶作催化剂时，则得到了两种不同的产物，二者几乎等量。

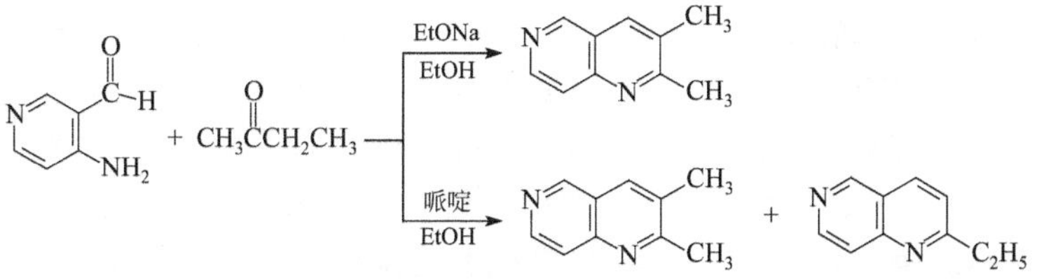

在如下反应中，酸催化和直接加热得到不同的产物，而在碱作用下基本不反应。

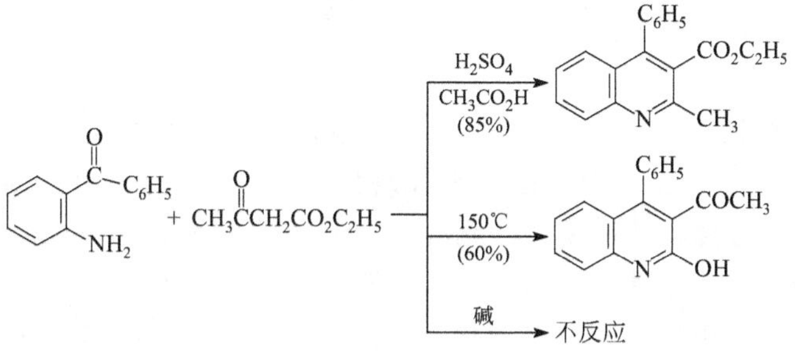

使用该方法制备喹啉类化合物收率有时并不高，但该方法具有一定的应用范围，一般适用于制备喹啉的杂环上连有取代基的衍生物。特别适用于制备 3 位上有取代基的喹啉衍生物。后者用其他方法往往存在较大困难。例如 3-硝基喹啉和 3-苯磺酰基喹啉衍生物的合成：

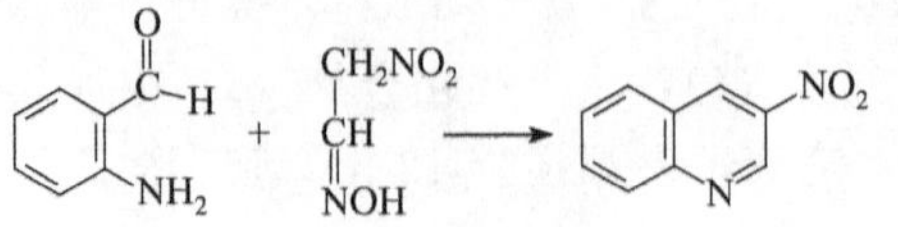

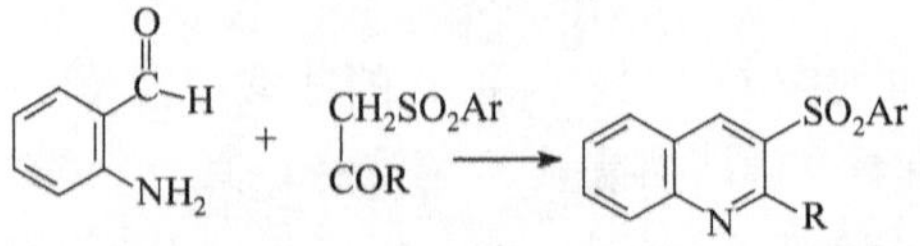

很多邻氨基芳香醛可以发生 Friedländer 反应。例如如下各种醛：

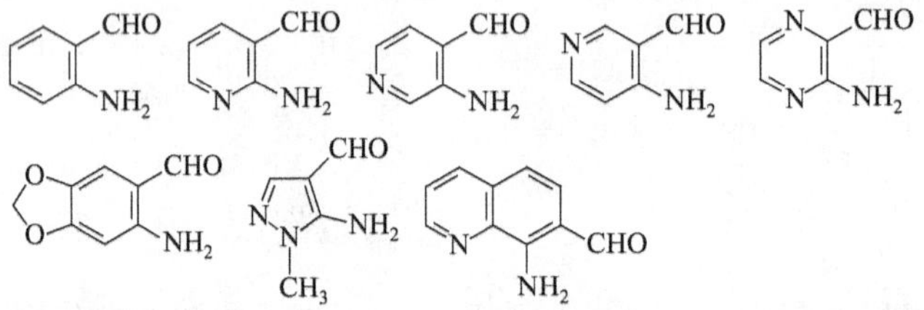

同样，也有多种具有 α-氢的羰基化合物可以发生 Friedländer 反应。例如醛、脂肪族酮、环酮、环二酮、芳香-脂肪混合酮、1,3-二羰基化合物（如乙酰乙酸乙酯、2,4-戊二酮）等。

有时也可以用邻氨基芳香腈来代替邻氨基芳香醛。例如抗老年痴呆症药物他克林（Tacrine）等的中间体 9-氨基四氢吖啶的合成。

9-氨基四氢吖啶（9-Aminotetrahydroacridine），$C_{13}H_{14}N_2$，198.26。白色结晶。mp 182～184℃。溶于氯仿、二氯甲烷、热甲苯。

制法 孙昌俊，曹晓冉，王秀菊. 药物合成反应——理论与实践. 北京：化学工业出版社，2007：440.

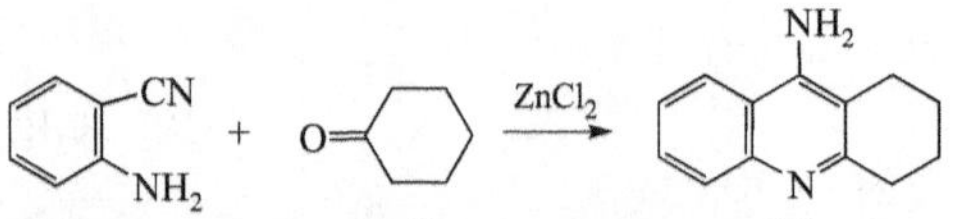

于安有搅拌器、回流冷凝器的反应瓶中，加入邻氨基苯甲腈（**2**）11.8 g（0.1 mol），环己酮（**3**）100 mL，无水氯化锌 14 g（0.1 mol），加热回流反应30 min。冷却，过滤，滤饼用环己酮洗涤。将滤饼悬浮于 400 mL 水中，用 30% 的氢氧化钠溶液调至碱性。用二氯甲烷提取三次。合并提取液，水洗，无水硫酸镁干燥，蒸出二氯甲烷。剩余物以甲苯重结晶，得白色化合物（**1**）33 g，收率94.2%，mp 182～184℃。

邻氨基苯甲醛与环二酮反应，根据反应条件不同，可以发生一元缩合和二元缩合，很多情况下二元缩合是所希望得到的化合物，因为此时二元缩合产物往往是具有桥型或空腔结构，容易与金属离子配合，具有特殊的用途。例如：

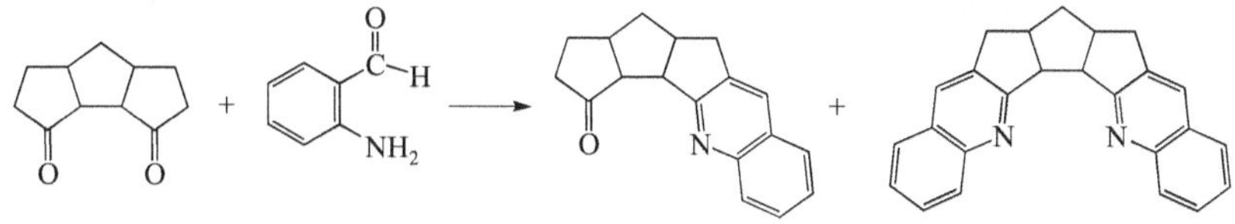

一元缩合物　　　　　二元缩合物

2-氨基-3-吡啶甲醛与 β-羰基磷酸酯在氢氧化钠的甲醇溶液反应，得到2-取代-1,8-二氮杂萘，并未得到2,3-二取代-1,8-二氮杂萘，反应具有很高的区域选择性。

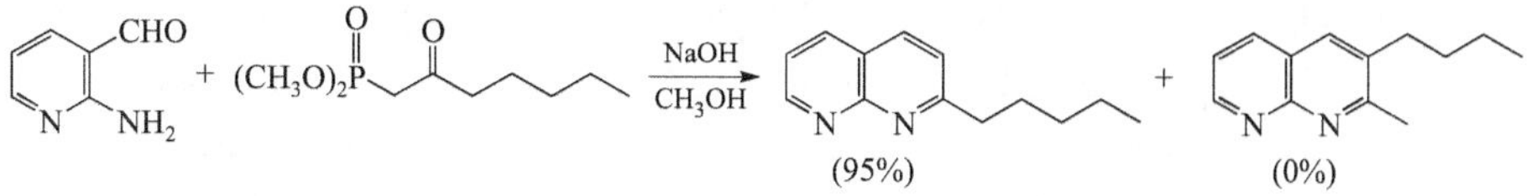

(95%)　　　　　(0%)

当使用不对称的酮时，区域选择性是 Friedländer 反应的一个突出问题。通过在酮的 α-碳上引入磷酸酯基，则区域选择性明显提高。

3. Combes 喹啉合成法

在酸催化剂存在下，苯胺与 β-二酮反应可以生成喹啉类化合物，称为 Combes 喹啉合成法。

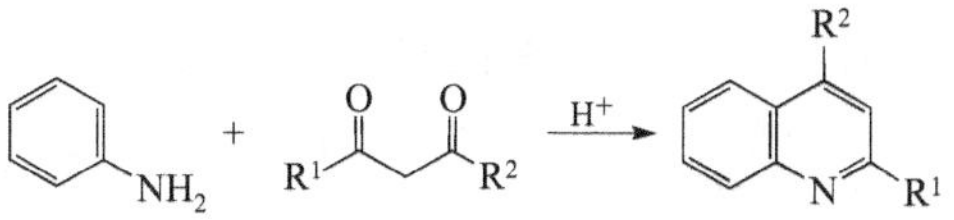

反应机理如下：

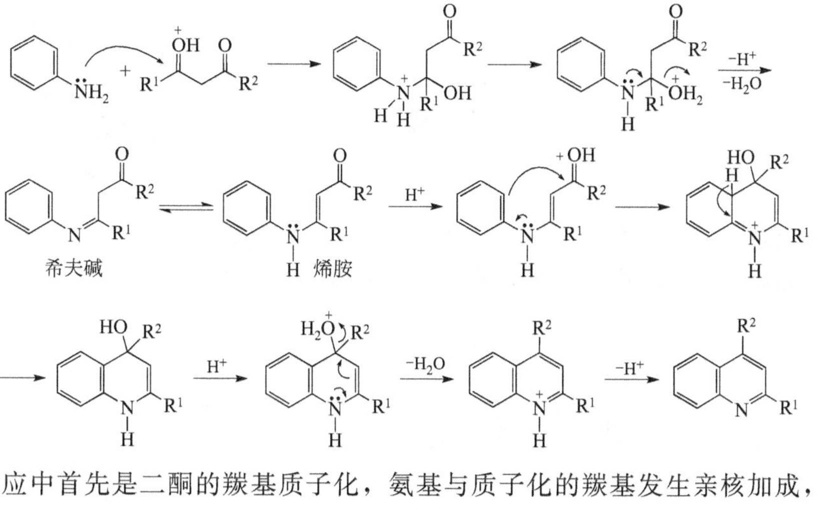

反应中首先是二酮的羰基质子化，氨基与质子化的羰基发生亲核加成，消去水后生成希夫碱，希夫碱互变为烯胺。烯胺在酸催化下进行分子内的芳环上的亲电取代而关环，再经一系列变化生成喹啉类化合物。

反应中生成的烯胺，发生 6π-电子的电环化也是可能的：

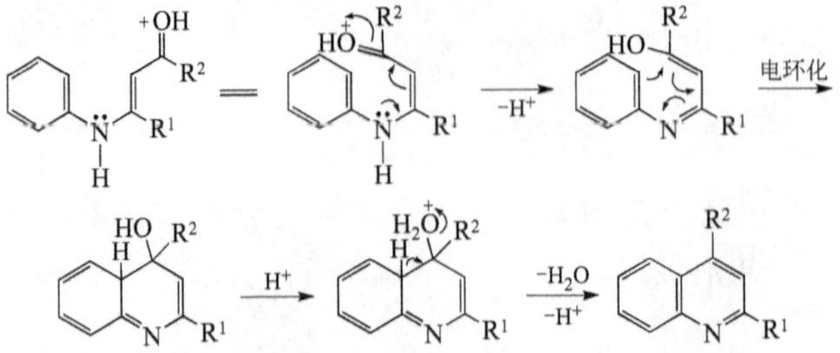

该反应的起始原料芳基伯胺，氨基至少有一个邻位没有取代基，因为成环时是在氨基的邻位。β-二酮可以是对称的，也可以是不对称的。不对称的β-二酮与芳香胺反应第一步生成希夫碱可能生成两种异构体，哪一种异构体为主要产物，取决于第一步生成希夫碱的能力，性质活泼的羰基更容易生成希夫碱。β-酮醛也可以发生该反应，醛基更容易生成希夫碱。当然，生成希夫碱的能力还受反应温度等因素的影响。

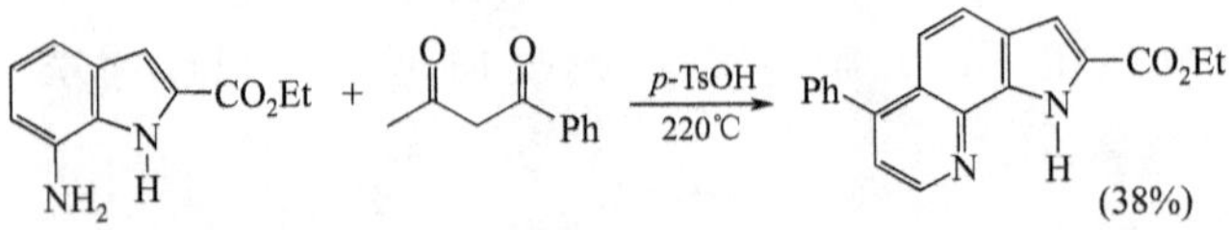

第二步成环反应，对于对称的芳香伯胺，成环没有选择性，但对于芳环上有取代基的芳香伯胺，成环反应的选择性和产物的生成会受到反应介质的酸性和反应温度的影响。例如：

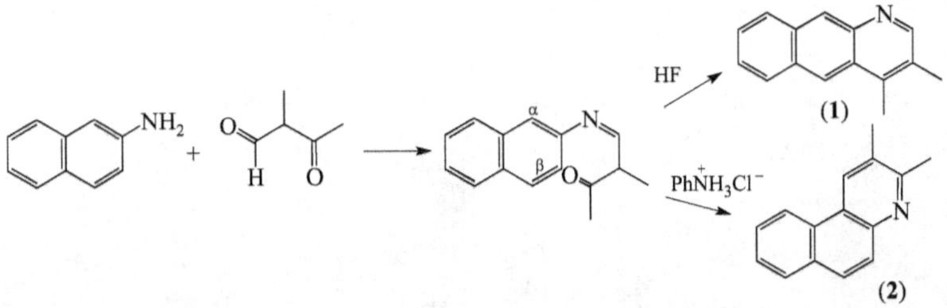

在上述反应中，在 HF 存在下，成环时主要发生在 β 位，生成化合物（**1**）；在苯胺盐酸盐存在下则主要发生的 α 位，生成化合物（**2**）。

又如如下反应：

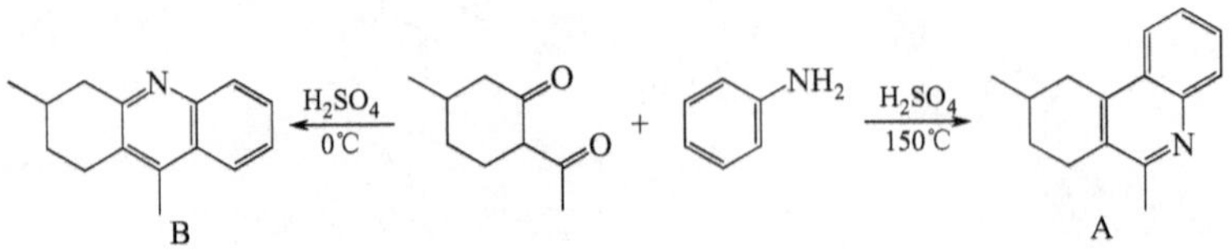

在上述反应中，化合物 A 的生成，是在硫酸催化下高温反应，此时更有利于 1,3-二酮的环外羰基生成希夫碱，最终生成化合物 A；在低温条件下，环上羰

基慢慢生成希夫碱，而后关环生成化合物 B。

有机合成中间体 2,4-二甲基苯并［g］喹啉的合成如下 （Anderson A G, Jr, Lok B. J Org Chem，1972，37：3952）：

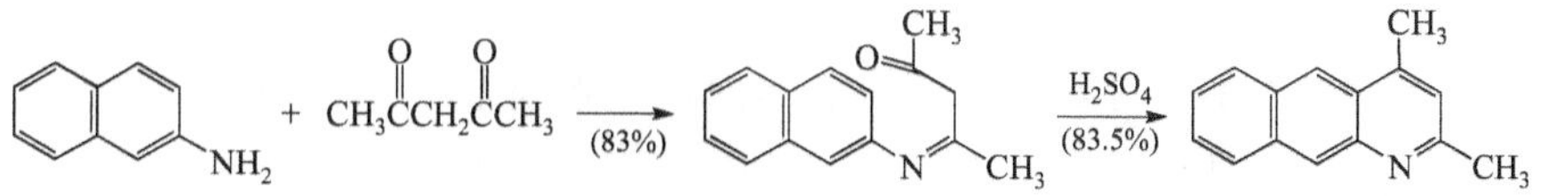

1,3-丙二醛可以发生该反应，但 1,3-丙二醛不稳定，可以将其转化为相应的等价物来进行反应。例如 ［Magnus P，Eisenbeis S A，Fairhurst R A，et al. J Am Chem Soc. 1997，119 （24）：5591］：

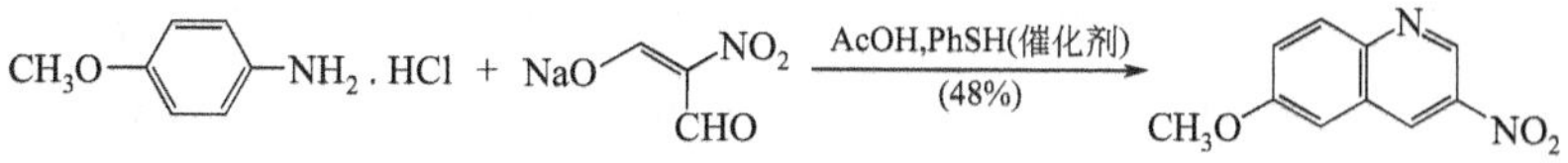

4. Pfitzinger 反应

以靛红或其衍生物为起始原料，在碱性条件下与酮反应，生成喹啉-4-羧酸或其衍生物。该反应是 Friedländer 反应的一种特例，可以不使用邻氨基苯甲醛类化合物而用靛红。该反应是由 Pfitzinger 于 1886 年首先报道的。

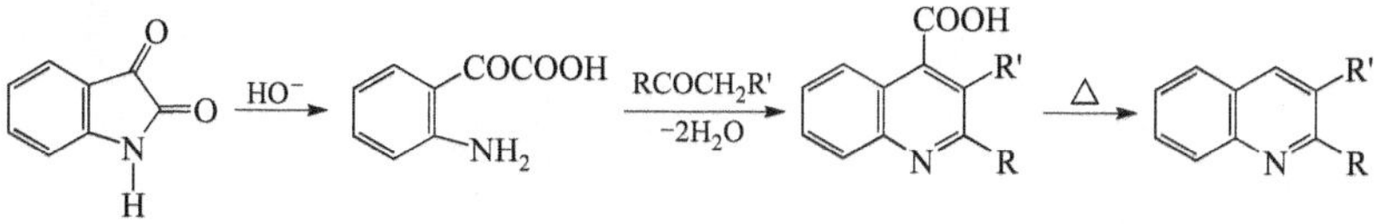

例如：

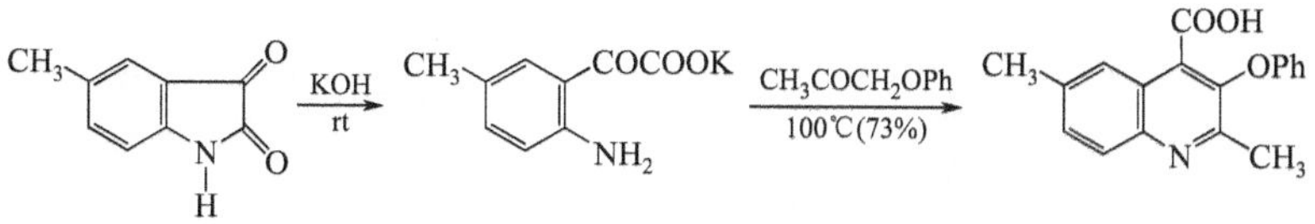

反应的大致过程如下。

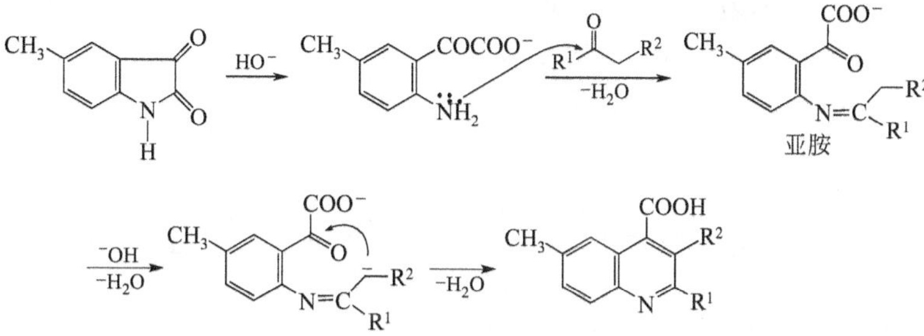

靛红在碱性条件下很容易水解生成游离氨基和羧酸盐，氨基对羰基进行亲核加成、脱水生成亚胺，亚胺再对羰基进行加成关环、脱水生成喹啉-4-羧酸。

生成的喹啉-4-羧酸，分子中的羧基在一定的条件下可以脱去。

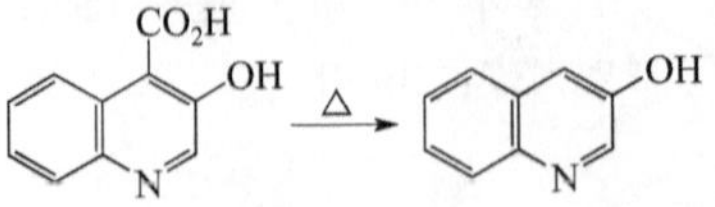

靛红（**23**）及其衍生物可以由苯胺为原料来制备。（**23**）为止吐药盐酸格拉司琼（Granisetron hydrocholride）的中间体。

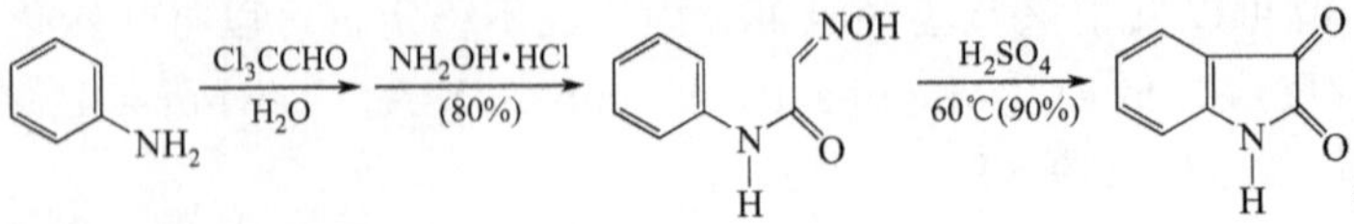

此反应的应用范围比较广，靛红分子中苯环上可以连有对碱稳定的取代基，使用的羰基化合物其中至少一个 α-碳上有两个氢原子，即具有 $RCOCH_2R'$ 的结构，其中 R 和 R' 可以是脂肪族的，也可以是芳香族的。反应得到的取代喹啉-4-羧酸加热时，容易脱去二氧化碳生成相应的喹啉衍生物，但也有少数可能失去一氧化碳而生成 4-羟基喹啉衍生物。

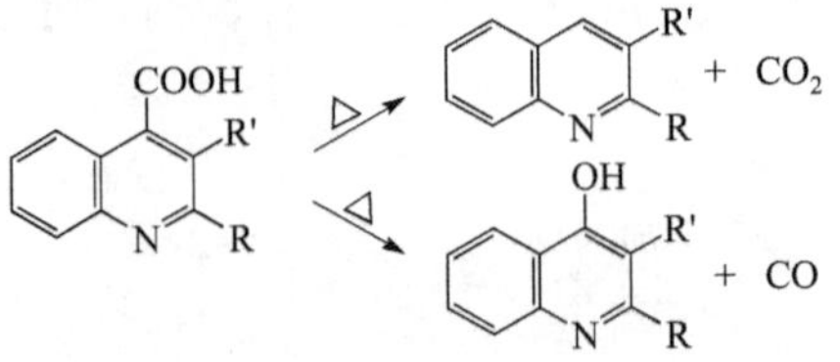

靛红与双环酮类化合物反应，可以生成四环化合物。例如：

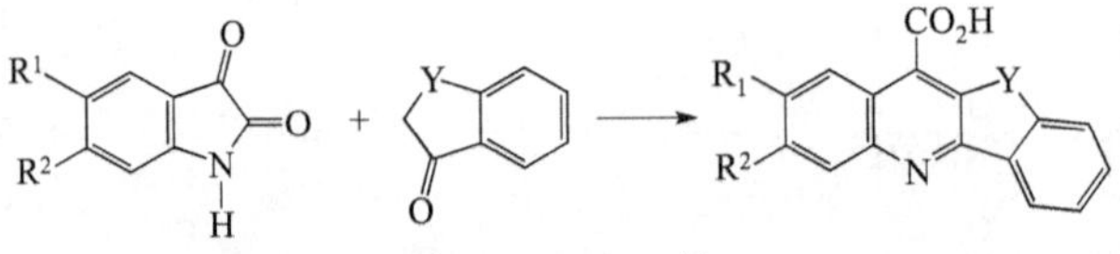

$$Y = O, S, (CH_2)_n 等$$

例如有机合成中间体 6-氯-3-甲基-2-苯基喹啉-4-羧酸的合成。

6-氯-3-甲基-2-苯基喹啉-4-羧酸（6-Chloro-3-methyl-2-phenylquinoline-4-car-boxylic acid），$C_{17}H_{12}ClNO_2$，297.74。mp 314℃。

制法　Lackey K，Sternbach D. Synth，1993（10）：993.

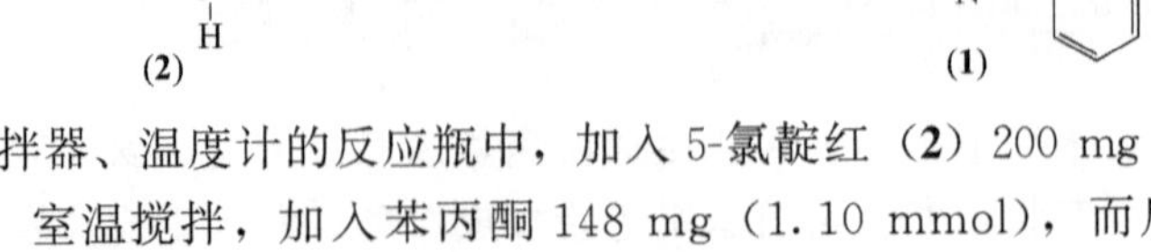

于安有搅拌器、温度计的反应瓶中，加入 5-氯靛红（**2**）200 mg（1.10 mmol），冰醋酸 3 mL，室温搅拌，加入苯丙酮 148 mg（1.10 mmol），而后置于预热至

75℃的油浴中反应 5 min。加入浓盐酸 1 mL，安上回流冷凝器，于 105℃搅拌反应 16 h。冷至室温，加入 5 mL 水。冷却，过滤，依次用冷乙醇（3 mL）、乙醚（6 mL）洗涤，得化合物（**1**）302 mg，收率 92%，mp 314℃。

微波已用于该反应。例如〔（Zhu H，Yang R F，Yun L H.Chin Chem Lett，2010，21（1）：35〕：

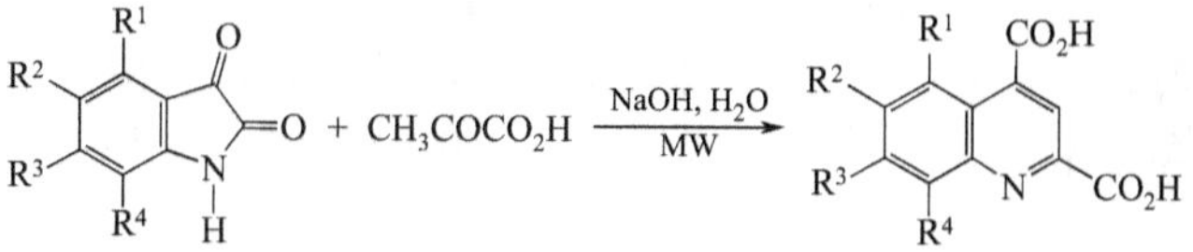

5. Conrad-Limpach-Knorr 喹啉合成法（Conrad-Limpach 反应）

芳胺与 β-酮酸酯缩合，而后在惰性溶剂如二苯醚中加热发生分子内环合可以生成喹诺酮衍生物。这是合成喹诺酮类化合物的一种方便方法。该方法是由 Conrad M，Limpach L 于 1887 年首先报道的。例如：

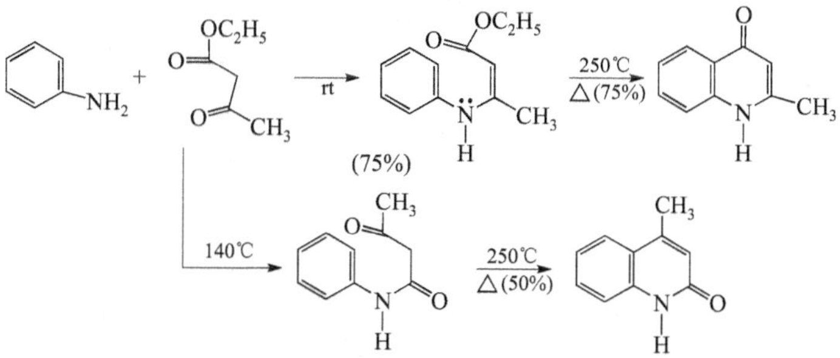

反应在较低的温度下进行，苯胺与 β-酮酸酯反应得到动力学控制的产物 β-苯氨基丙烯酸酯，后者高温环化生成 4-喹诺酮类化合物；在高温下，苯胺与 β-酮酸酯反应得到 β-酮酸酯酯基胺解的产物酰基苯胺，环化后生成 2-喹诺酮。

反应机理如下：

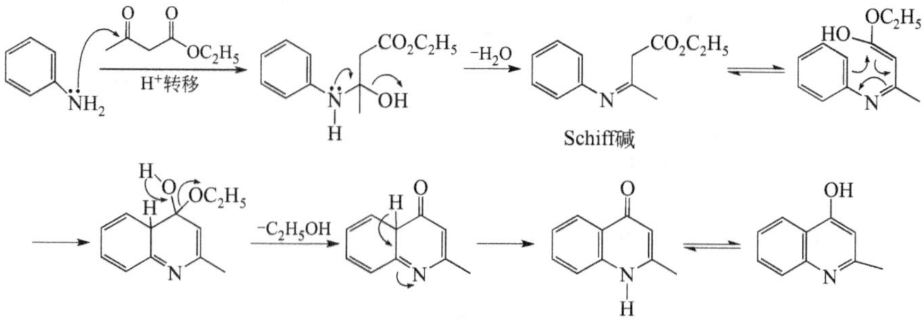

反应中首先是氨基对酮羰基的亲核加成，脱水后生成希夫碱，希夫碱互变，生成 6π 电子的共轭体系，后者立即发生电环化而关环，最后生成 4-喹诺酮。4-

喹诺酮可以发生互变生成 4-羟基喹啉。

反应中间体 Schiff 碱可以互变为 β-氨基丙烯酸酯。

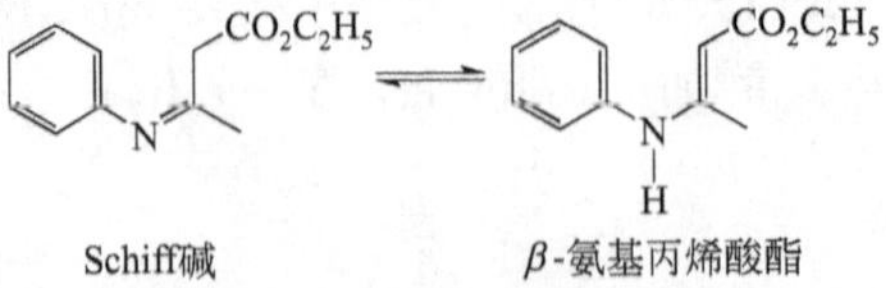

Schiff碱　　　　　　β-氨基丙烯酸酯

因此，有时也可以直接使用 β-芳氨基丙烯酸酯进行该反应。

该反应最早是将苯胺和乙酰乙酸乙酯一起直接加热生成 2-甲基-4-羟基喹啉，收率较低（30%），后来加入惰性溶剂如二苯醚、矿物油，于 240～250℃加热 20 min，产物的收率达到 90%～95%。

该反应适用于各种不同的芳香胺，芳环上可以连有烷基、硝基、卤素、烷氧基等。也适用于杂环类芳香胺。由于关环时温度较高，有些不稳定而容易分解的化合物往往收率较低，甚至采用此方法缺失制备价值。

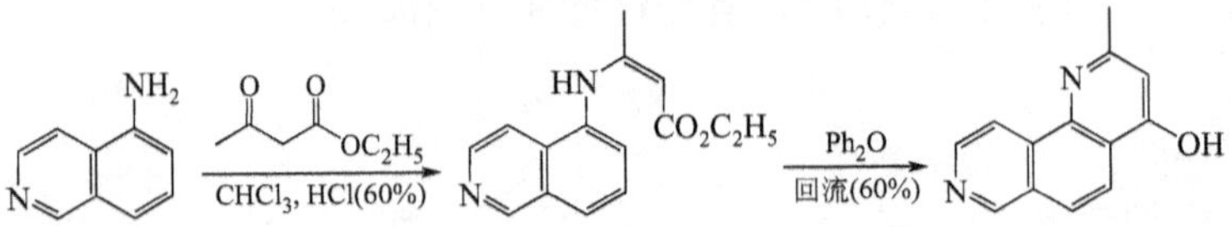

β-酮酸酯并不限于乙酰乙酸乙酯，也可以使用其他类似化合物，例如如下反应。

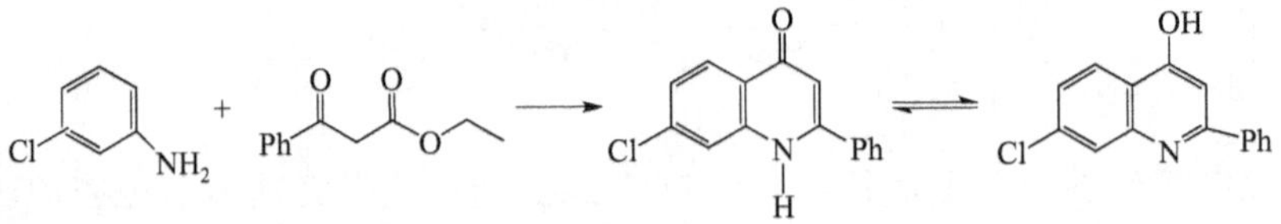

又如间氯苯胺与氧代丁二酸二乙酯的反应：

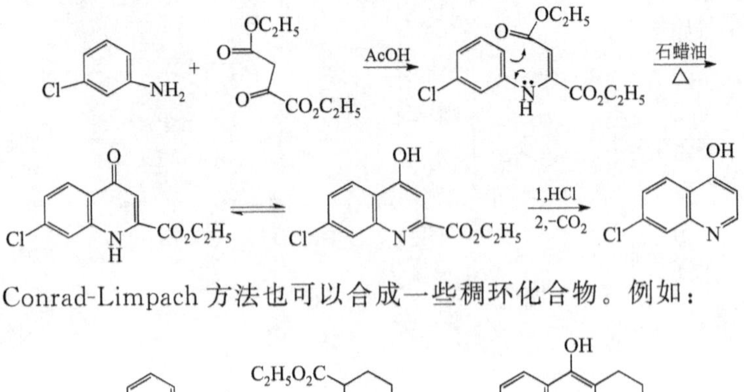

采用 Conrad-Limpach 方法也可以合成一些稠环化合物。例如：

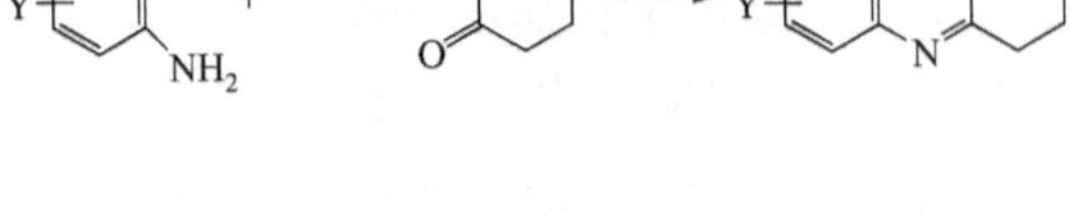

α-取代的乙酰乙酸乙酯可以与芳香胺反应生成 3 位取代的 4-喹啉酮。

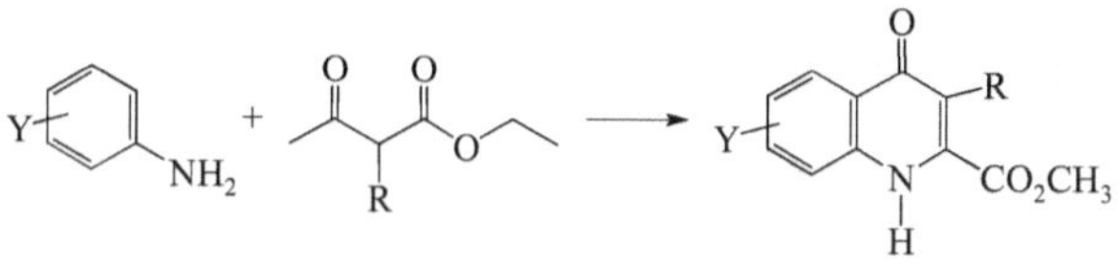

2 位没有取代基的 4-喹啉酮不能用 Conrad-Limpach 方法合成，但可以由 β-芳氨基丙烯酸酯来制备。

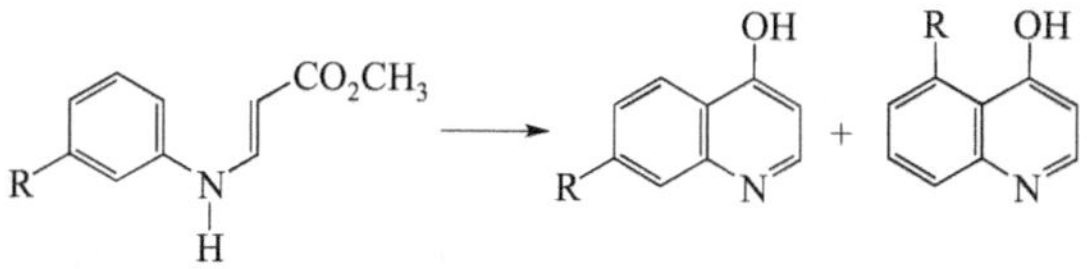

3 位取代的 4-喹啉酮可以用酯的甲酰基衍生物来制备。例如：

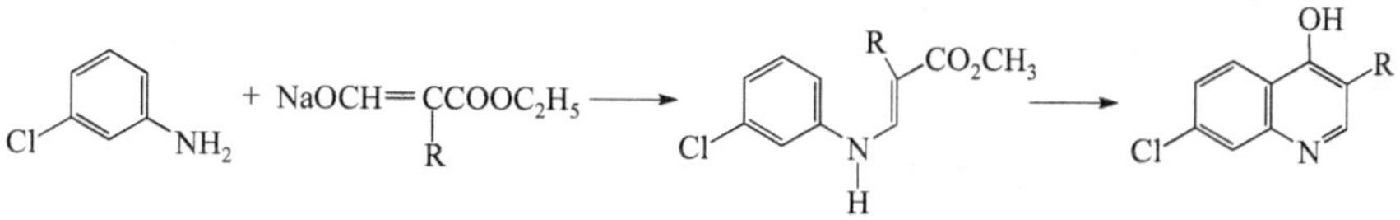

盐酸洛美沙星中间体（**24**）的合成如下（陈仲强，陈虹. 现代药物的制备与合成. 北京：化学工业出版社，2007：133）：

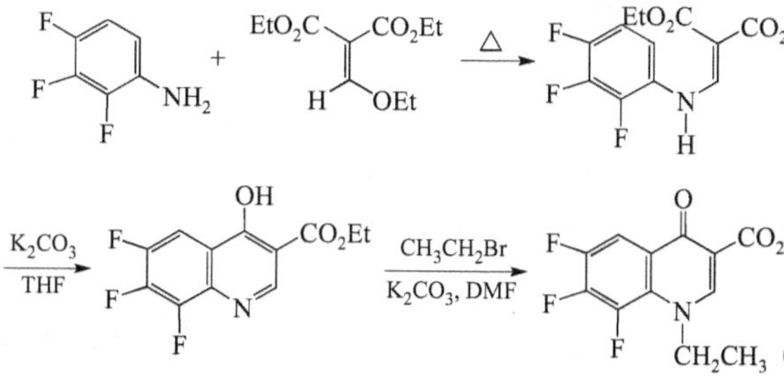

又如抗生素阿帕西林钠（Apalcillin sodium）等的中间体 4-羟基-1,5-萘啶-3-羧酸乙酯的合成。

4-羟基-1,5-萘啶-3-羧酸乙酯（Ethyl 4-hydroxy-1,5-naphthyridine-3-carboxylate），$C_{11}H_{10}N_2O_3$，218.21。

制法 陈芬儿. 有机药物合成法：第一卷. 北京：中国医药科技出版社. 1999：19.

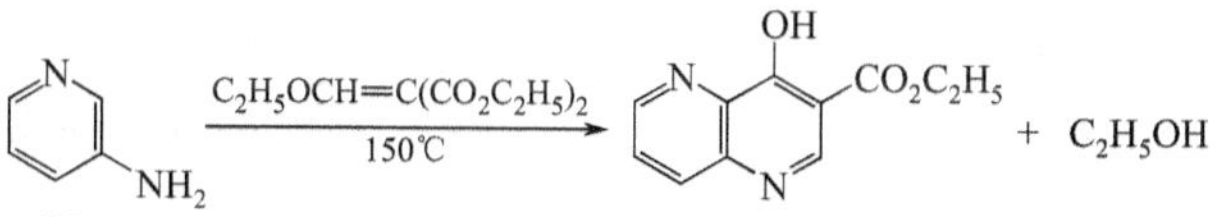

于安有搅拌器、温度计、回流冷凝器的反应瓶中，加入 2-氨基吡啶（**2**）23.5 g（0.25 mol），乙氧亚甲基丙二酸二乙酯 54 g（0.25 mol），搅拌下加热至 150℃，蒸出反应中生成的乙醇，回流反应 1 h。冷却，析出固体。加入石油醚，过滤，用石油醚洗涤至洗涤液无色。干燥，得化合物（**1**）45 g，收率 82%。

使用如下改进的 Conrad-Limpach 方法，也可以合成相应的 4-喹啉酮类化合物。芳环上的 R 基团，可以是不同位置的卤素原子、烷氧基、三氟甲基等。

$$ArNH_2 + \overset{CO_2CH_3}{\underset{CO_2CH_3}{C}} \longrightarrow \quad \xrightarrow[-CH_3OH]{\triangle} \quad$$

丙二酸酯与原甲酸酯反应可以生成乙氧亚甲基丙二酸酯，其可以作为中间体进行 Conrad-Limpach 反应。

$$H_2C\overset{CO_2C_2H_5}{\underset{CO_2C_2H_5}{}} + HC(OC_2H_5)_3 \longrightarrow C_2H_5OCH=C\overset{CO_2C_2H_5}{\underset{CO_2C_2H_5}{}} \xrightarrow{ArNH_2} ArNHCH=C\overset{CO_2C_2H_5}{\underset{CO_2C_2H_5}{}}$$

乙氧亚甲基丙二酸酯也可以通过如下方法来合成：

$$(C_2H_5O)_2CHCOOCH_3 + HC(OC_2H_5)_3 \longrightarrow (C_2H_5O)_2CH(COOC_2H_5)_2 \longrightarrow C_2H_5OCH=C\overset{CO_2C_2H_5}{\underset{CO_2C_2H_5}{}}$$

盐酸芦氟沙星中间体（**25**）的合成如下（陈仲强，陈虹. 现代药物的制备与合成. 北京：化学工业出版社，2007：131）。

$$\xrightarrow[\text{EtOH}]{\text{Na}_2\text{CO}_3} \quad \xrightarrow[\text{PPA(总收率69\%)}]{C_2H_5OCH=C(CO_2C_2H_5)_2} \quad (25)$$

丙二酸二烷基酯直接与芳香胺反应，可以生成 2,4-二羟基喹啉衍生物。例如：

$$RHC\overset{CO_2C_2H_5}{\underset{CO_2C_2H_5}{}} + Y-\hspace{-4pt}\bigcirc\hspace{-4pt}-NH_2 \longrightarrow \quad \longrightarrow$$

酰基丙二酸酯与芳香胺反应可以生成 3-酰基-2,4-二羟基喹啉衍生物。例如：

$$CH_3O-\hspace{-4pt}\bigcirc\hspace{-4pt}-NH_2 + CH_3COCH(COOC_2H_5)_2 \longrightarrow$$

β-氯代烃基亚甲基丙二酸二乙酯与芳香胺反应，可以生成 2-烃基-4-喹啉酮衍生物。例如：

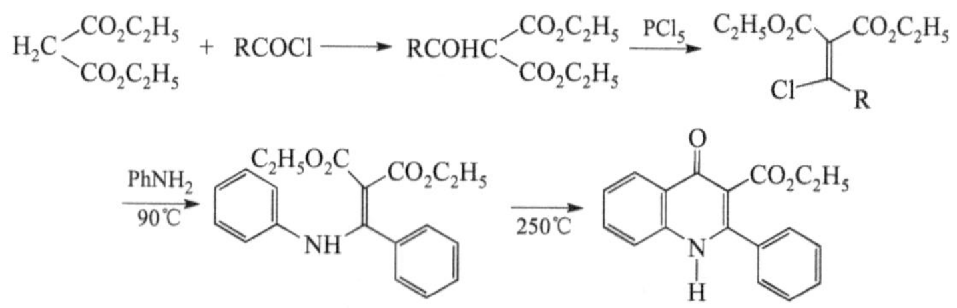

喹诺酮类化合物在药物化学中占有重要地位。喹诺酮类抗菌药物具有抗菌谱广、作用机制独特、高效低毒等特点。迄今为止，喹诺酮类抗菌药物发展很快，已经有十几种药物上市，例如：环丙沙星、依诺沙星、洛美沙星、诺氟沙星、曲伐沙星、巴洛沙星、加替沙星、莫西沙星、克林沙星、氧氟沙星、吉米沙星、雷沙星等。

6. 喹啉类化合物的其他合成方法

喹啉类化合物还有很多合成方法，采用哪种合成路线更合适，往往取决于起始原料。

吖啶可以看做是苯并喹啉，可以通过如下合成路线来制备：

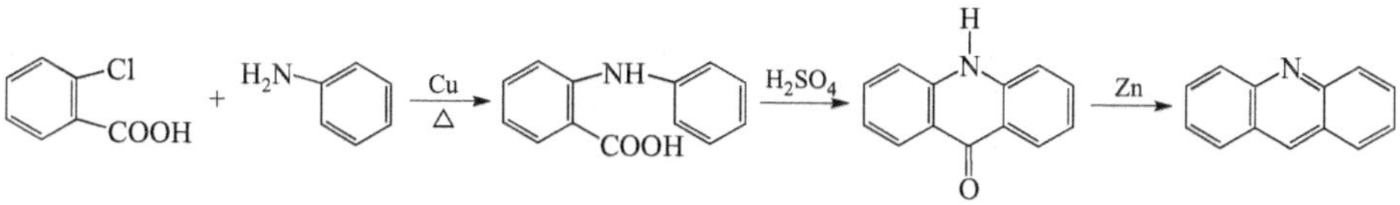

喹啉环上取代基的转化可以生成新的喹啉类化合物。例如：

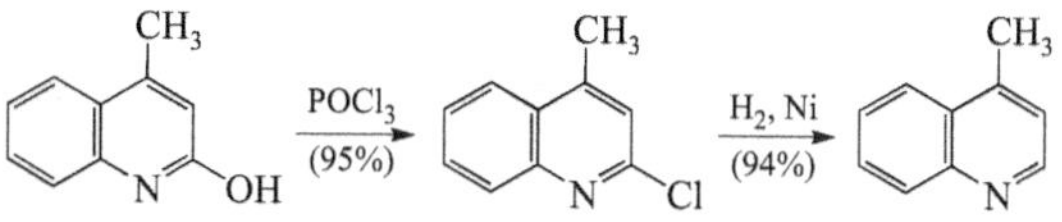

2-卤代吡啶衍生物与有机胺反应，也可以生成喹啉类衍生物。例如甲苯磺酸托氟沙星中间体（**26**）的合成（陈仲强，陈虹. 现代药物的制备与合成. 北京：化学工业出版社，2007：135）：

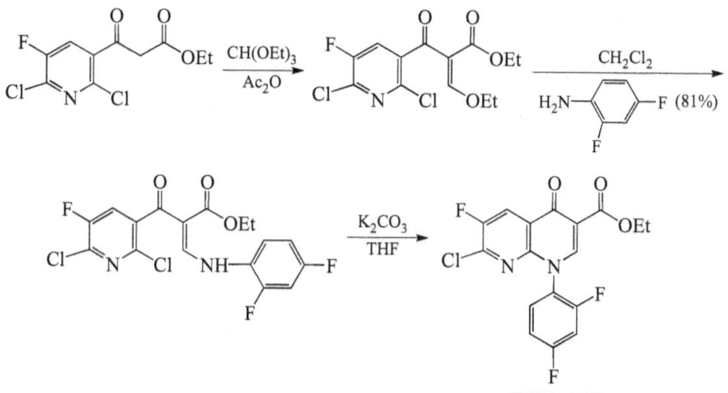

(86%) (**26**)

抗菌药司氟沙星（sparfloxacin）的中间体（**27**）的合成如下（陈仲强，陈虹.现代药物的制备与合成.北京：化学工业出版社，2007：136）。

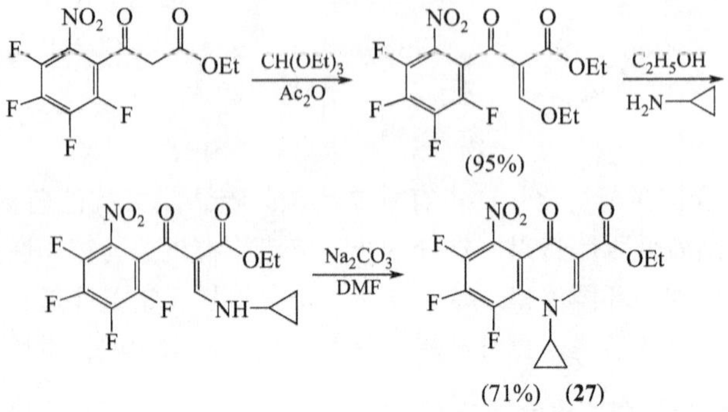

（95%）

（71%）（**27**）

三、异喹啉及其衍生物

异喹啉可以看成是萘分子中的一个 β-CH 被一个氮原子取代的衍生物，与喹啉是同分异构体。

异喹啉的性质与喹啉和吡啶有许多相似之处，可以发生质子化、烷基化、酰基化、被过酸氧化生成 N-氧化物，N-过氧化物环上可以发生亲电取代和亲核取代，环可以被氧化或还原。

异喹啉的亲电取代发生在苯环上，而且优先发生在 5 位和 8 位。例如：

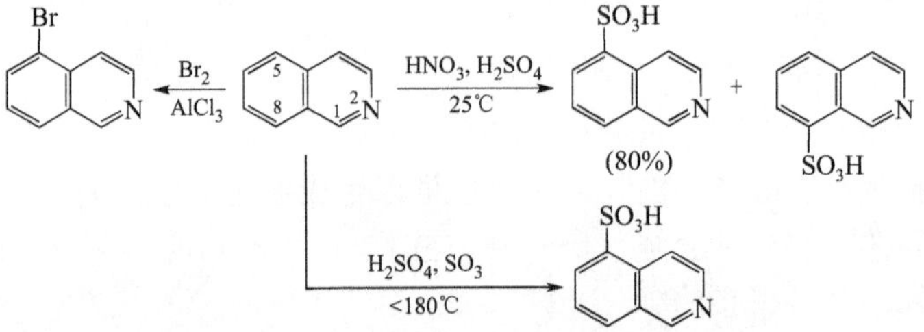

（80%）

异喹啉的亲核取代发生在吡啶环上，而且优先发生在 1 位。

异喹啉可以被高锰酸钾氧化，反应条件不同，氧化产物也不相同。在碱性条件下氧化为邻苯二甲酸和吡啶-3,4-二甲酸；在中性条件下则氧化为邻苯二甲酰亚胺。

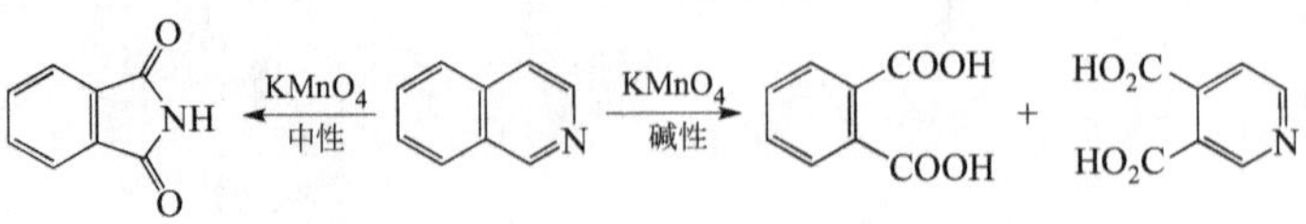

环上的取代基性质对氧化反应有影响，例如如下反应：

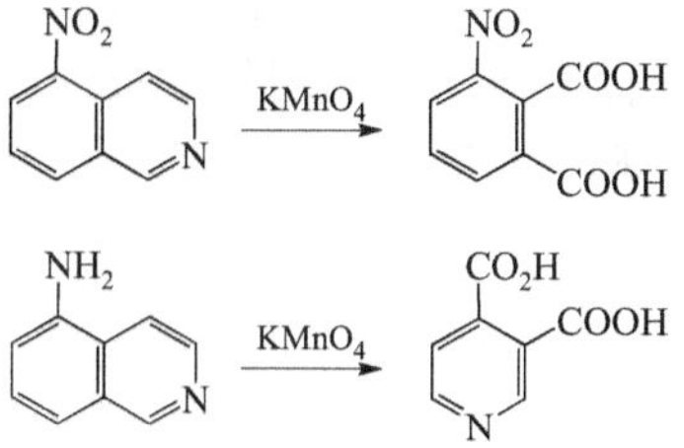

异喹啉既可以被催化氢化，也可以被化学还原剂还原。催化氢化受介质的酸性影响较大。

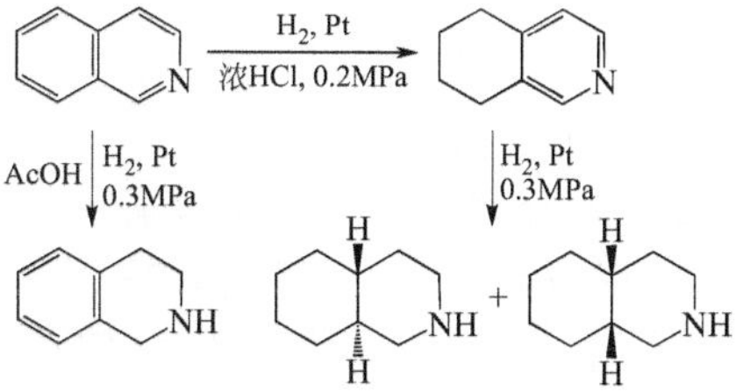

以二乙基氢化铝为还原剂，异喹啉还原为1,2-二氢化物；用钠/液氨或 Sn/HCl 还原，生成1,2,3,4-四氢衍生物，异喹啉鎓离子被硼氢化钠还原为1,2,3,4-四氢衍生物。

异喹啉衍生物广泛存在于自然界中，已发现的异喹啉生物碱达600余种，是已知生物碱中最多的一类，在天然产物和药物研究等方面具有重要用途。例如抗抑郁药诺米芬辛：（Nomifensine）(**28**) 和抗血吸虫药吡喹酮（Praziquantel）(**29**) 就是1,2,3,4-四氢异喹啉的衍生物。

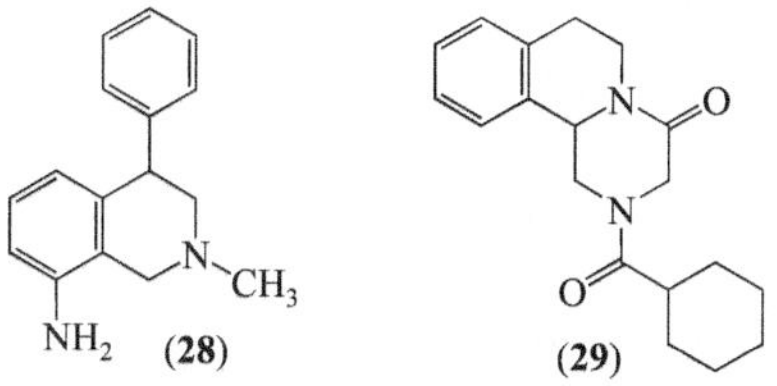

异喹啉类化合物的合成方法也比较多，以下仅介绍其中的几种。

1. Bischler-Napieralski 异喹啉合成反应

β-苯乙胺的 N-酰基衍生物，在惰性溶剂中，在催化剂存在下发生分子内缩合、脱水，生成3,4-二氢异喹啉类化合物，该反应是由 Bischler A 和 Napieralski B 于1893年首先报道的，称为 Bischler-Napieralski 反应。这是合成异喹啉类化合物最常用的方法。

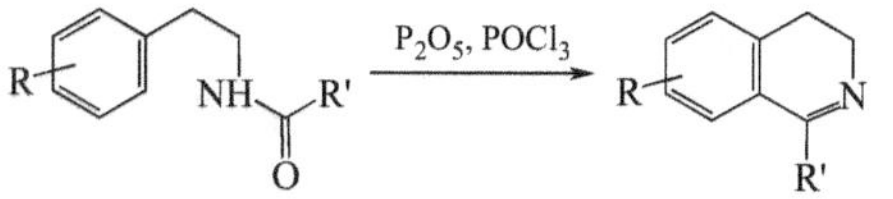

关于该反应的反应机理，用 $POCl_3$ 作催化剂时，发现发生环化反应的中间体是腈基正离子。目前人们普遍接受的机理是 Foder 提出的酰基亚胺氧盐和腈盐中间体的机理。Foder 还发现，反应中加入 $SnCl_4$、$ZnCl_2$ 可以加速环化反应。

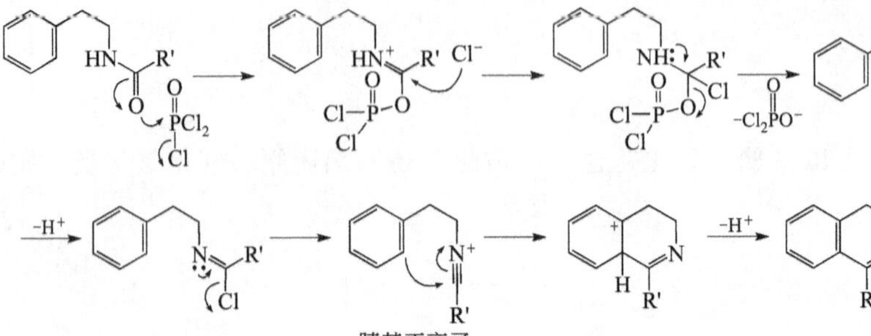

腈基正离子

如果酰胺先用 PCl_5 处理，分离出生成的亚胺氯 $ArCH_2CH_2N{=\!=}CR'Cl$，再加热环化，可以得到更高收率的产物。该类反应的中间体是腈基正离子。

该反应常用的催化剂是 $POCl_3/P_2O_5$，还可以使用 PCl_5、$AlCl_3$、$SOCl_2$、$ZnCl_2$、Al_2O_3、$POBr_3$、$SiCl_4$、PPA 等。对酸敏感的底物，可以使用 $Tf_2O/$DMAP。常用的溶剂有甲苯、硝基苯、苯、氯仿、THF 等。在合成方法上，近年来报道了固相合成法、微波促进的合成法、离子液体中的合成法等。

例如非细胞毒性抗肿瘤药物德氮吡格（Tetrazanbigen，TNBG）中间体（**30**）的合成：

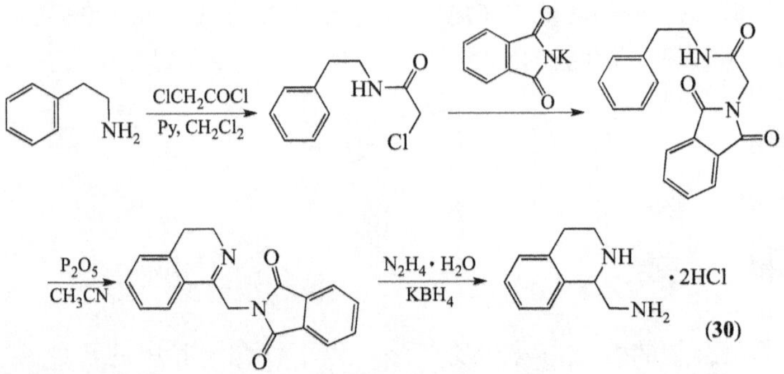

又如抗胃溃疡药洛氟普啶盐酸盐（Revaprazan hydrochloride）的中间体 1-甲基-2,3-二氢异喹啉的合成。

1-甲基-2,3-二氢异喹啉（1-Methyl-2,3-dihydroisoquinoline），$C_{10}H_{11}N$，145.20。黄色油状液体。

制法　李桂珠，刘秀杰，王宝杰等.沈阳药科大学学报，2007，27（6）：337.

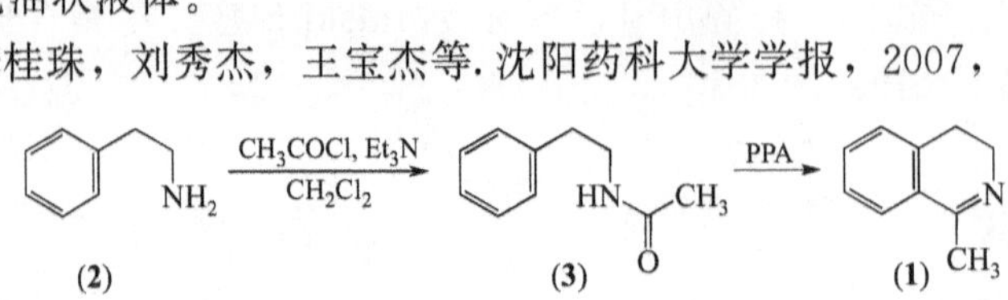

N-乙酰基苯乙胺（**3**）：于安有搅拌器、温度计、滴液漏斗的反应瓶中，加入苯乙胺 12.6 mL（0.1 mol），二氯甲烷 100 mL，三乙胺 14 mL（0.1 mol），冷至 0℃，搅拌下滴加乙酰氯 6.9 mL（0.1 mol）。加完后室温搅拌反应 10 min。水洗 3 次，无水硫酸钠干燥。过滤，减压蒸出溶剂，得白色固体（**3**）15.5 g，收率 91%，mp 51～52℃。

1-甲基-2,3-二氢异喹啉（**1**）：于安有搅拌器、温度计的反应瓶中，加入多聚磷酸 135 g（0.4 mol），化合物（**3**）16.3 g（0.1 mol），于 160℃ 搅拌反应 1.5 h。将反应物倒入冷水中，以 8% 的氢氧化钠溶液中和至 pH 8，乙酸乙酯提取 3 次。合并有机层，无水硫酸镁干燥。过滤，活性炭脱水后减压蒸馏，得黄色油状液体（**1**）13.0 g，收率 89.7%，纯度 99.6%（GC）。

该反应的适用范围较广，苯环上可以连有取代基，因为环化时属于芳环上的亲电取代反应。所以，给电子取代基有利于环化反应，而吸电子基团不利于环化反应。

苯环上取代基的位置对环化反应的位置有影响。当给电子基团处于间位时，在给电子基团的对位环化容易进行，因为此时空间位阻最小。例如：

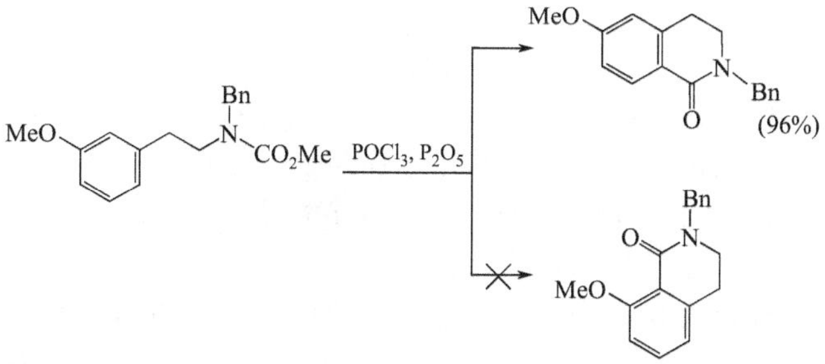

除了苯环以外，其他芳香环状化合物也可发生该反应。

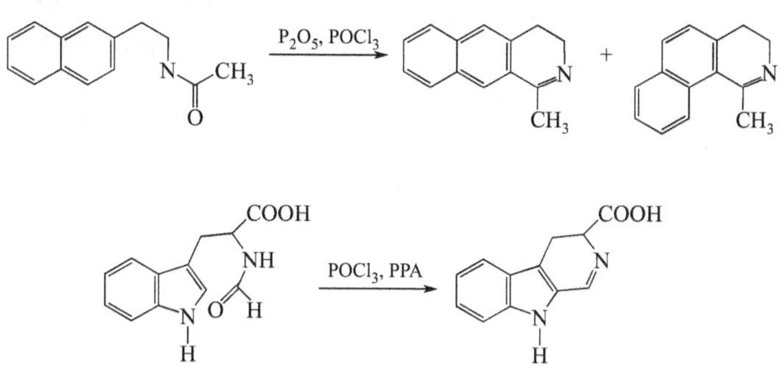

N 上的酰基。可以是脂肪烃酰基（含甲酰基），芳香烃酰基，有时也可以是 N 上直接连有羧酸酯基。

芳烃的 β-乙氨基上可以连有取代基，反应后得到连有取代基的相应产物。

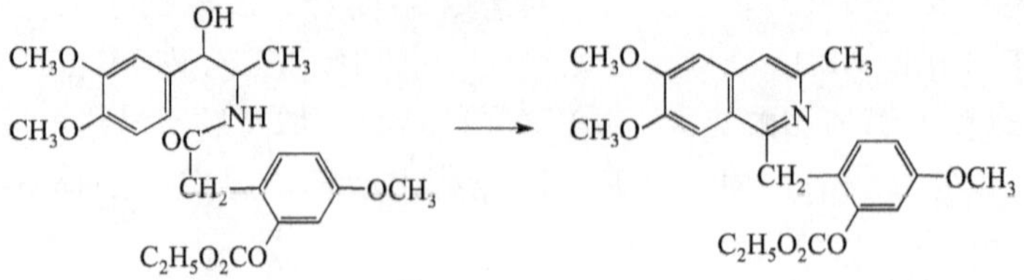

芳香族 β-乙胺也可以发生该反应。例如：

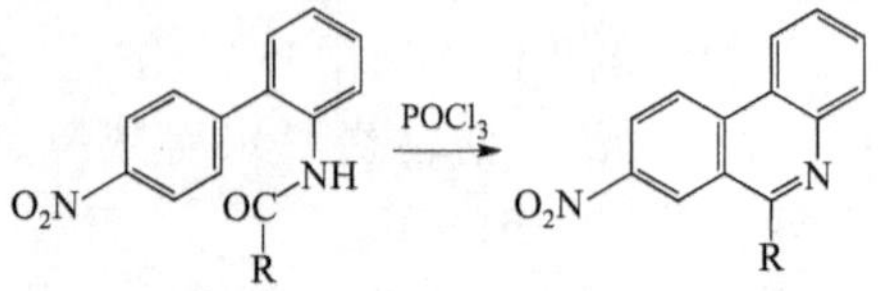

相应的硫代酰胺也可以发生该类反应。例如：

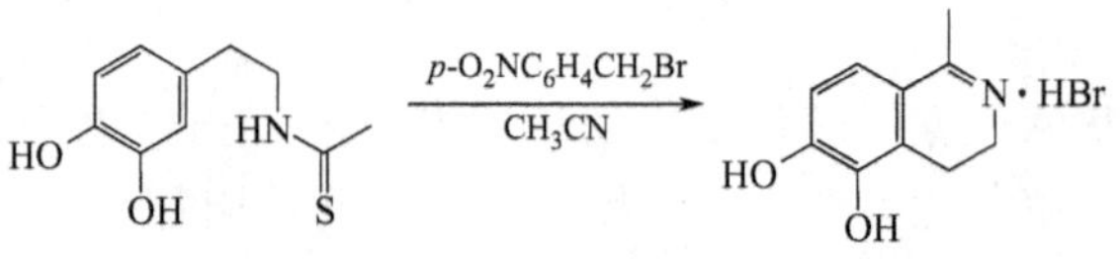

关于该反应的手性合成，也已有很多报道。

2. Pictet-Spengler 合成法

β-芳基乙胺在酸性溶液中与羰基化合物缩合，生成 1,2,3,4-四氢异喹啉，该反应是由 Picter A 和 Spengler T 于 1911 年首次报道的，称为 Pictet-Spengler 反应，又叫 Pictet-Spengler 异喹啉合成法。

反应中常用的羰基化合物是醛、如甲醛或甲醛缩二甲醇、苯甲醛等。有时也可以使用活泼的酮。实际上，该反应是 Mannich 氨甲基化的一种特例。

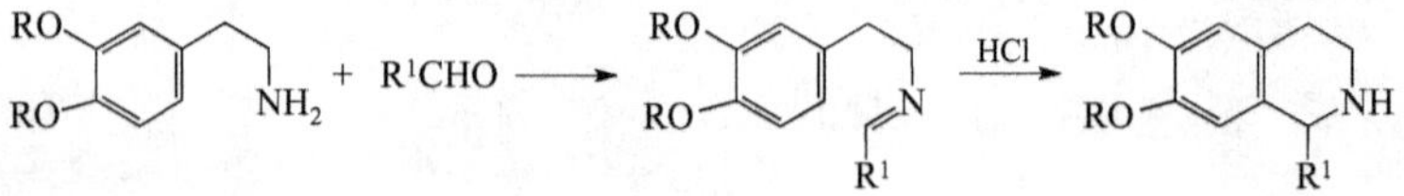

可能的反应机理如下：

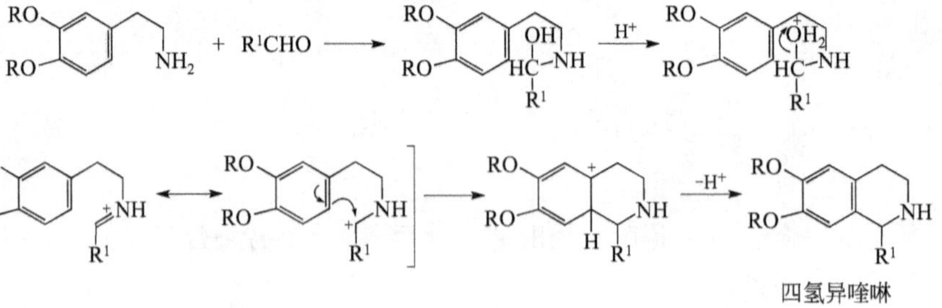

在上述反应中，β-芳基乙胺首先与醛反应生成 α-羟基胺，脱水后生成亚胺，

后者在酸催化下与芳环发生分子内亲电取代反应而关环，得到四氢异喹啉衍生物。

例如高血压病治疗药喹那普利（Quinapril）中间体（**31**）的合成（陈芬儿. 有机药物合成法：第一卷. 北京：中国医药科技出版社，1999：334）：

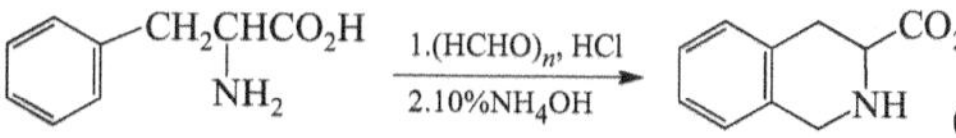

又如非去极化型肌松药苯磺酸阿曲库铵（Atracurium Besilate）中间体 6,7-二甲氧基-1,2,3,4-四氢异喹啉草酸盐的合成。

6,7-二甲氧基-1,2,3,4-四氢异喹啉草酸盐（6,7-Dimethoxy-1,2,3,4-tetra-hydroisoquinoline oxalate），$C_{11}H_{15}NO \cdot C_2H_2O_4$，283.28。mp 214～215℃。

制法 陈芬儿. 有机药物合成法：第一卷. 北京：中国医药科技出版社，1999：120.

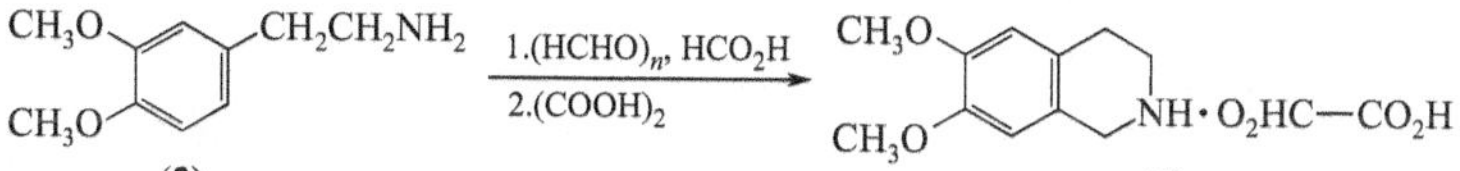

于干燥的反应瓶中加入化合物（**2**）5.0 g（0.0276 mol），多聚甲醛 0.85 g，甲酸 30 mL，于 40℃ 搅拌反应 24 h。减压回收甲酸，剩余物中加入 100 mL 乙醇，而后倒入由草酸 5.0 g（0.044 mol）溶于 50 mL 醋酸的溶液中，析出固体。过滤，干燥，得化合物（**1**）6.83 g，收率 87℃，mp 214～215℃。

生成的四氢异喹啉脱氢生成异喹啉衍生物，是合成异喹啉类化合物的一种方法。

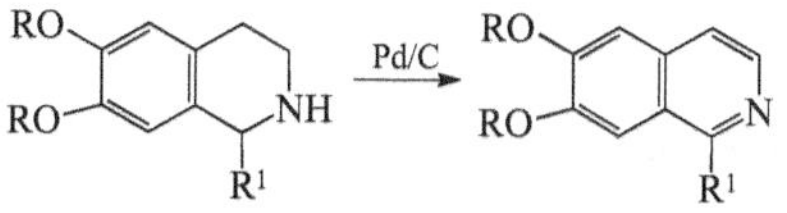

显然，β-芳基乙胺环上的取代基性质对反应有影响。若芳环闭环位置上电子云密度增加，则有利于反应的进行；反之。电子云密度降低则不利于反应的进行。因此，芳环上应具有使芳环活化的基团，如烷氧基、羟基等。例如3,4-亚甲二氧基苯乙胺与3,4-亚甲二氧基苯乙醛反应，可以得到1-取代的四氢异喹啉。

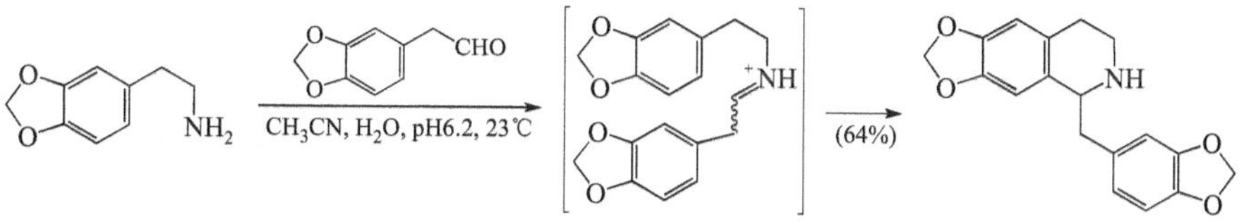

又如：

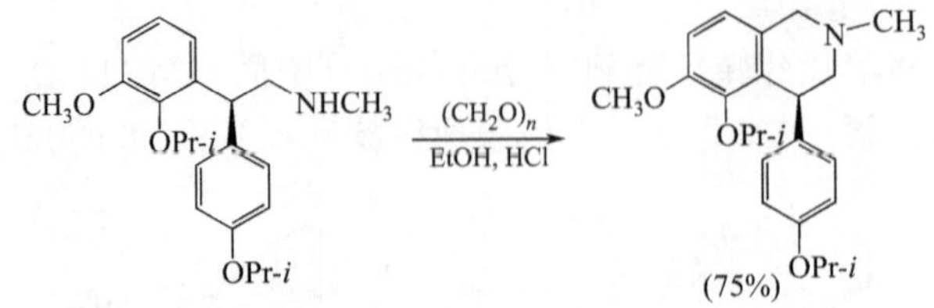

按照上述观点，吲哚乙胺（色胺）的 Pictet-Spengler 环化反应应当比苯乙胺容易，事实正是如此。

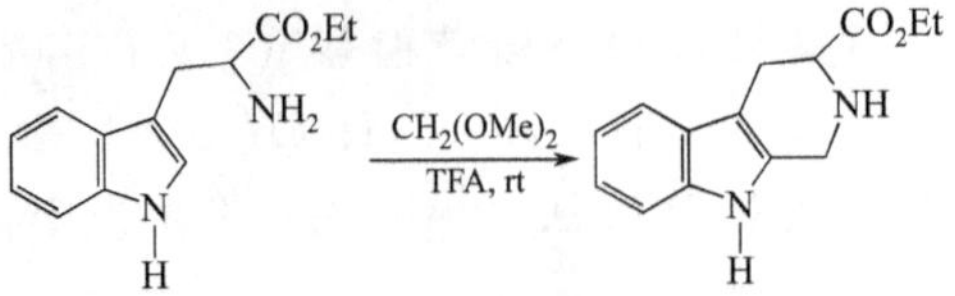

如下反应也属于 Pictet-Spengler 环化反应。

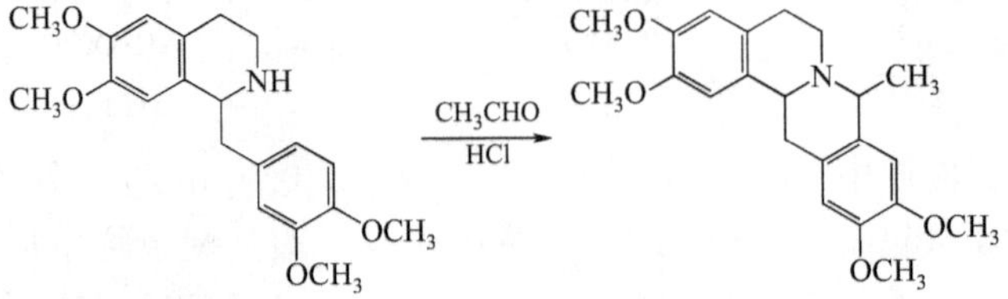

该反应的一种变化是使用 N-羟甲基或 N-甲氧基甲基衍生物作为起始反应物，例如如下反应：

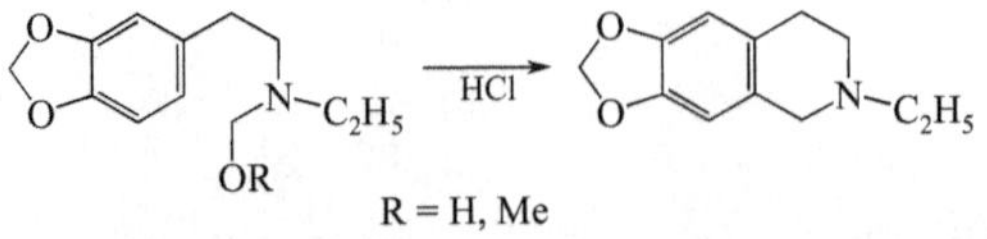

R = H, Me

该反应常用无机酸作催化剂，例如盐酸、硫酸等，许多反应是在弱酸性条件下进行的。

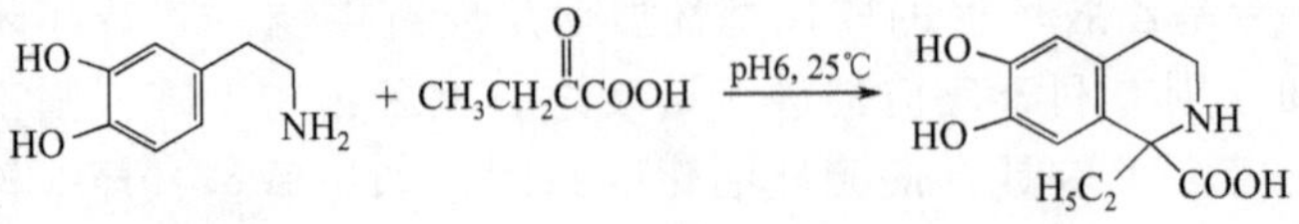

三氟化硼也可作为催化剂，例如［倪峰，蒋慧慧，施小新.合成化学，2009，17（1）：10］：

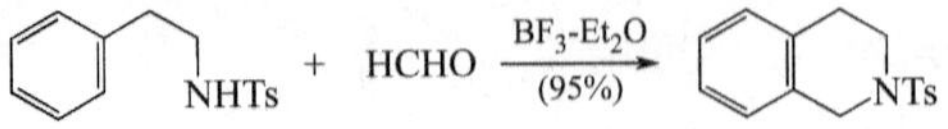

又如［Luo Shengjun，Zhao Jingrui，Zhai Hongbin. J Org Chem，2004，69（13）：4548］：

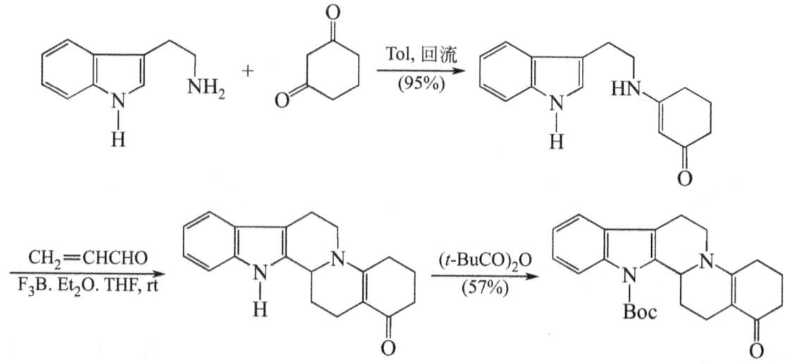

有人研究了 Zn（OTf）$_2$ 和 In（OTf）$_3$ 等十余种镧系金属的 Lewis 酸催化的 Pictet-Spengler 环化反应。其中 Yb（OTf）$_3$ 被认为是目前最好的 Lewis 酸催化剂。

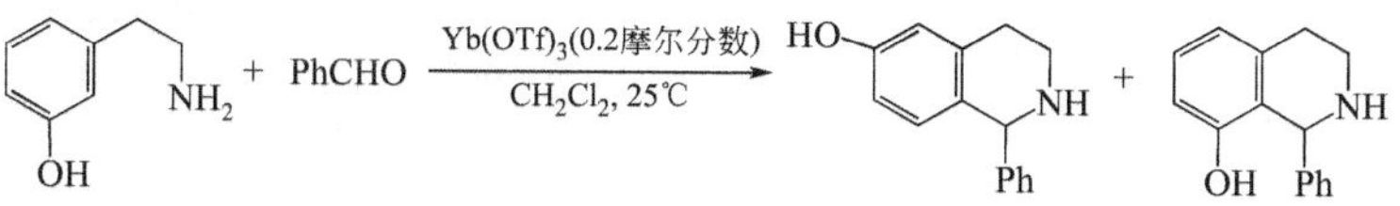

若使用更强的酸如三氟甲磺酸（TFSA）作催化剂，芳环上无取代基或连有烷基取代基时也可以发生该反应。

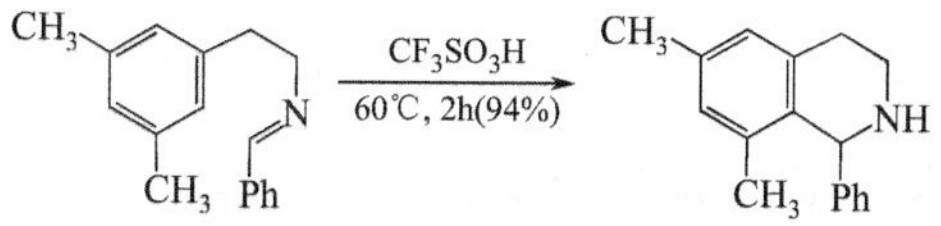

在该反应中使用的 β-芳乙胺，可以是伯胺或仲胺，也可以使用氨基酸类化合物。其中苯乙胺、吡咯乙胺、β-吲哚乙胺应用较多，特别是 β-吲哚乙胺最常用。

在 Pictet-Spengle 反应过程中，闭环一步的闭环位置受取代基性质的影响。例如 3-甲氧基苯乙胺与甲醛在甲酸存在下的反应，闭环发生在甲氧基的对位，生成 6-甲氧基四氢异喹啉衍生物，而当在 3-甲氧基苯乙胺的 2 位上引入三甲基硅基时，则闭环发生在 2 位上，生成 8-甲氧基四氢异喹啉衍生物。

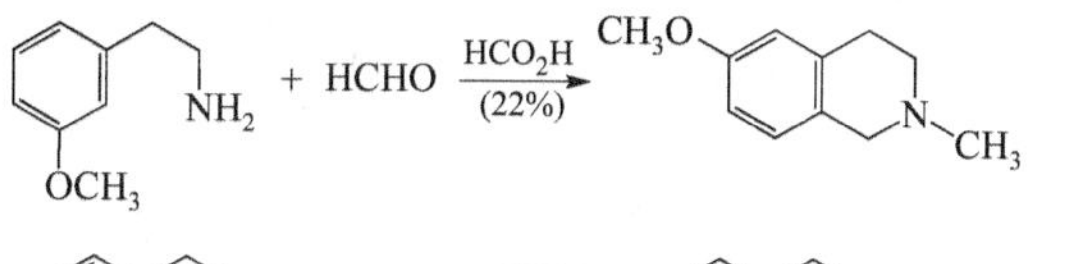

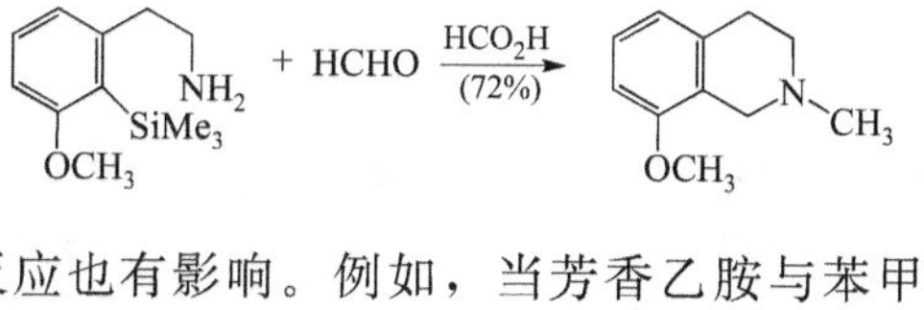

反应温度对该反应也有影响。例如，当芳香乙胺与苯甲醛或其他醛反应时，随着反应温度的不同，产物中顺反异构体的比例会发生变化。

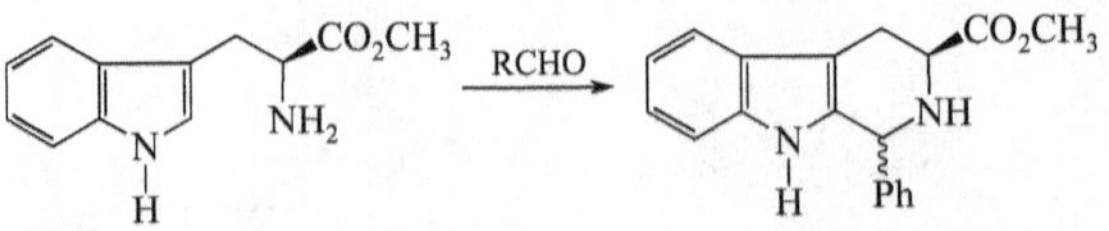

醛	CH₂Cl₂, 0℃			C₆H₆, 回流		
	顺式：反式	收率/%		顺式：反式	收率/%	
PhCHO	82：18	74		37：63	76	
C₆H₁₁CHO	71：29	71		59：41	85	
CH₃CH₂CH₂CHO	80：20	72		47：53	88	
PhCH₂CH₂CHO	83：17	75		51：49	83	
(CH₃)₂CHCHO	83：17	82		43：57	76	

该方法的最显著的特点是可以在合成中一步建立多个环，是合成异喹啉和咔啉的一种简洁高效的方法，在合成中广泛应用。

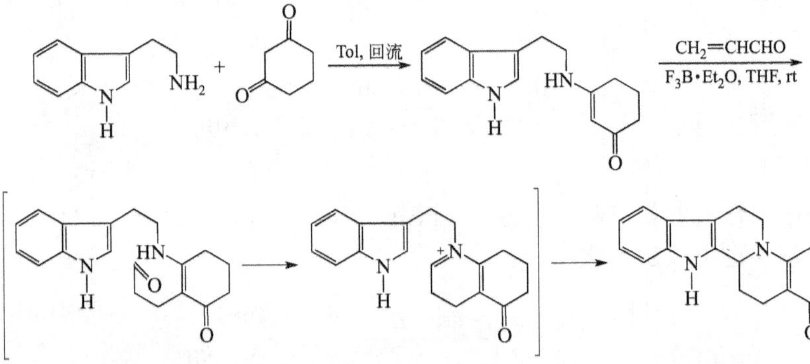

β-(2-萘基) 乙胺与甲醛反应生成 1,2,3,4-四氢-7,8-苯并异喹啉，但在同样条件下，β-(1-萘基) 乙胺与甲醛反应没有得到环化产物。这也进一步说明，萘的 α 位比 β 位更活泼。

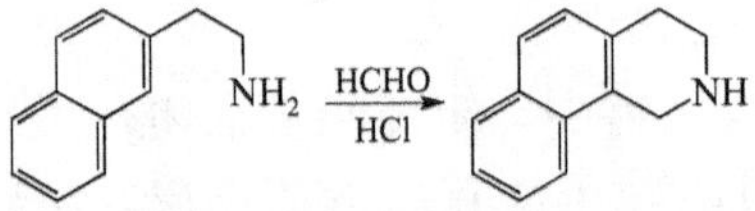

微波照射下的 Pictet-Spengler 反应的具体例子如下 [Pal B, Jaisankar P, Girl V S. Synth Commun, 2003, 33 (13)：2339]。

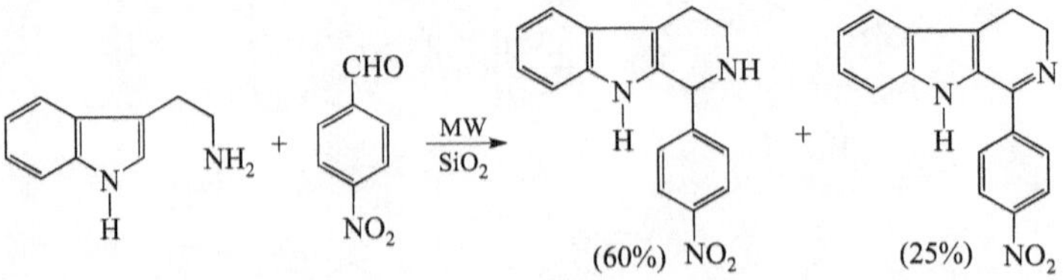

Pictet-Spengler 反应的羰基化合物，醛最容易进行反应。半缩醛、缩醛在酸性条件下很容易原位生成醛参与反应。各种醛糖类化合物以半缩醛的形式存在，可以与富电子的苯乙胺发生反应。例如：

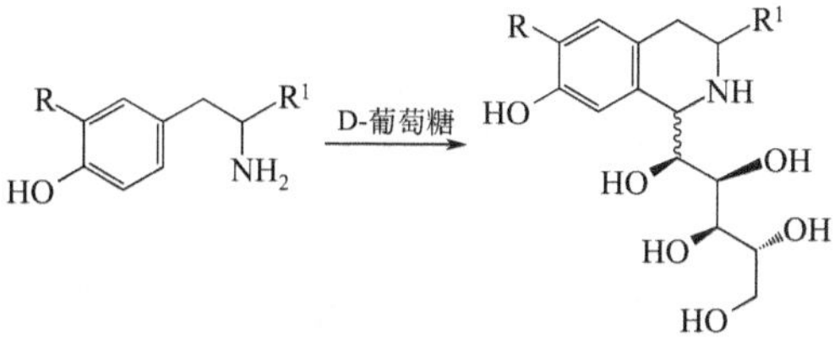

酮的活性低于醛，反应相对较困难。使用微波加热或使用沸石催化剂，可以使反应顺利进行。

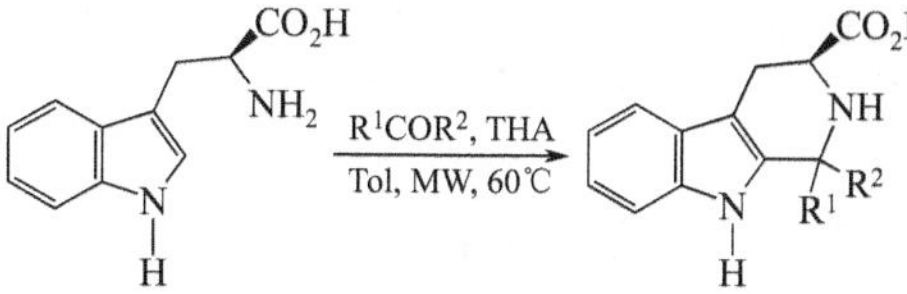

乙醛酸及其衍生物、酮酸、酮酸酯等可以作为羰基化合物参与 Pictet-Spengler 环化反应。

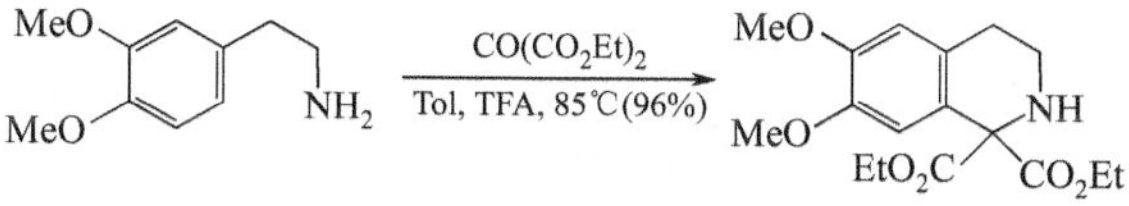

一些羰基化合物的等价物也可以进行 Pictet-Spengler 环化反应，这些等价物主要是 N,O-缩醛类杂环化合物，如 1,3-噁嗪烷（Oxazinane）、1,3-噁唑烷（Oxazolidine）。

Oxazinane　　Oxazolidine

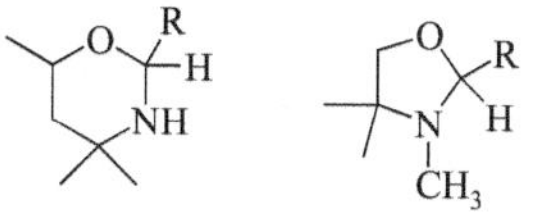

这些等价物极大地拓展了 Pictet-Spengler 环化反应的应用范围。

近年来报道了一些非经典的 Pictet-Spengler 反应。例如以乙醇为溶剂，乙酸为催化剂，使芳香醛或脂肪醛与如下化合物进行 Pictet-Spengler 反应，得到了一系列吡咯并 [1,2-a] 喹喔啉化合物（Kolshorn H，Meier H，Abonia R. et al. J Heterocyclic Chem，2001，38：671）。

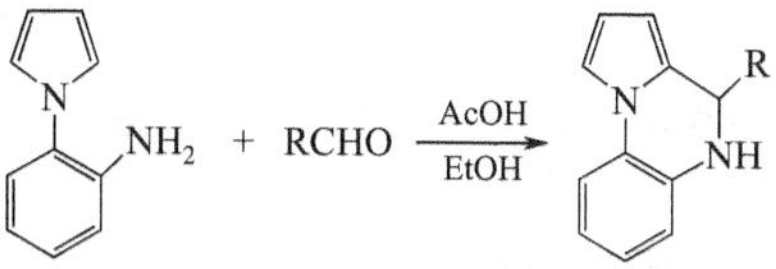

Kubdu（Agarwal P K，et al. Tetrahedron，2009，65：1153）等利用非经典的 Pictet-Spengler 反应合成了嘧啶并喹啉类化合物。

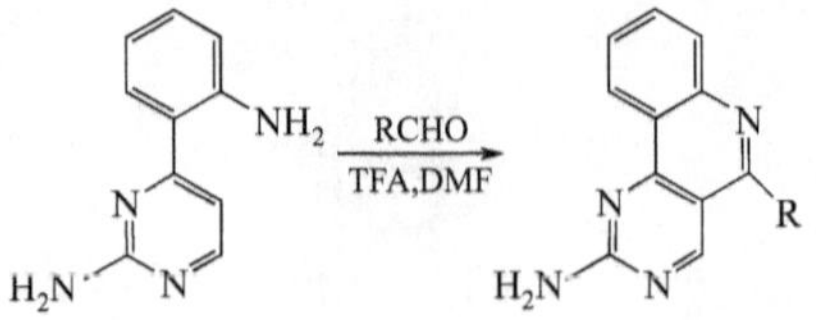

郑连友等曾报道了如下非经典的 Pictet-Spengler 反应〔郑连友，党群，郭四根，柏旭.高等学校化学学报，2006，27（10）：1869〕。

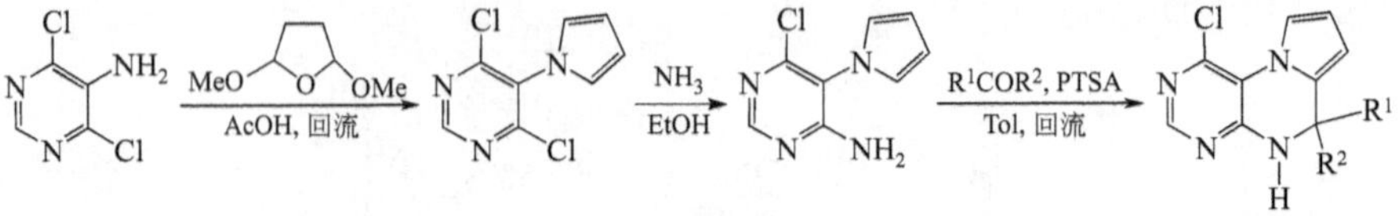

近年来报道了一些氧杂、硫杂 Pictet-Spengler 反应，使用 β-芳乙醇、β-芳乙硫醇为原料，与羰基化合物在酸性条件下反应，生成含氧、含硫杂原子的环状化合物，分别称为氧杂 Pictet-Spengler 反应和硫杂 Pictet-Spengler 反应。例如（Larghi E L，Kaufman T S. Synthesis，2006：187）：

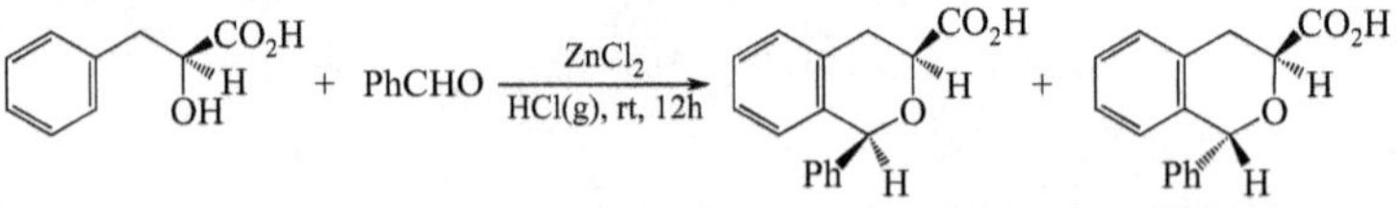

(67%)*cis*:*trans* 为 90:10

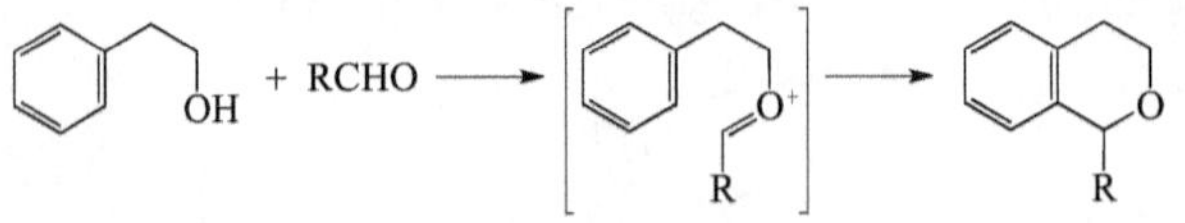

赵宝祥等〔赵宝祥，沙磊，谭伟等.有机化学，2004，24（10）：1303〕曾报道了如下反应：

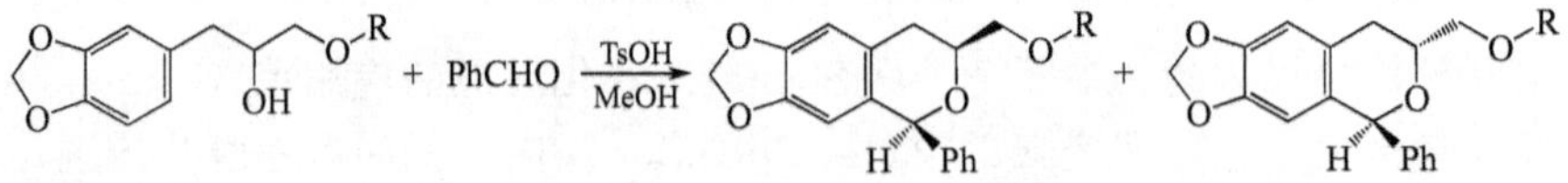

如下反应可以看作是硫杂 Pictet-Spengler 反应，但反应机理已不相同。

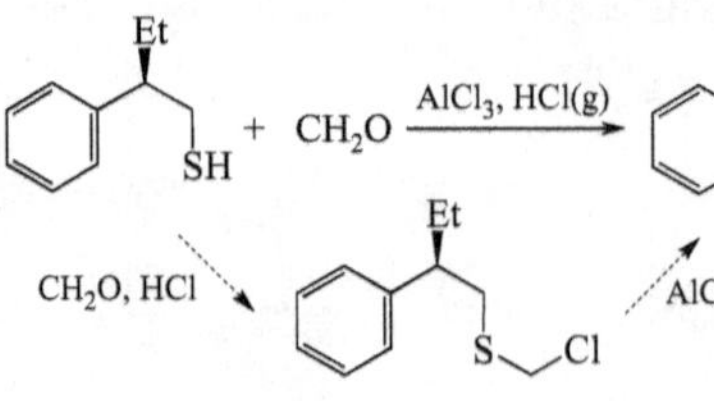

目前，越来越多的研究者对不对称 Pictet-Spengler 环化反应进行了研究，并已取得了一定的进展。研究主要集中在两个方面，一是使用手性的原料，二是使用手性的催化剂。

　　1972 年，Brossi 等用天然氨基酸（具有手性）不对称合成异喹啉生物碱。L-多巴与甲醛、乙醛反应得到 3-羧基取代的四氢异喹啉，其中 1S 构型的产物对映体过量百分率达 95％。

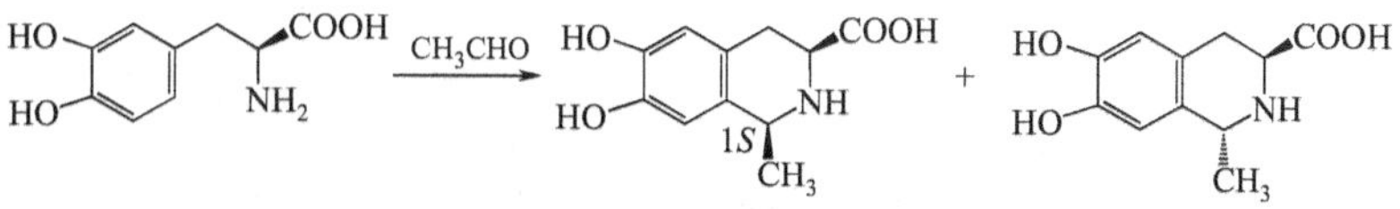

　　有人用多巴胺与光学纯的醛糖缩合合成异喹啉，选择性很高（1R∶1S 为 9∶1），可能是由于亚胺对芳环进行亲电取代时，受手性中心的制约所致。

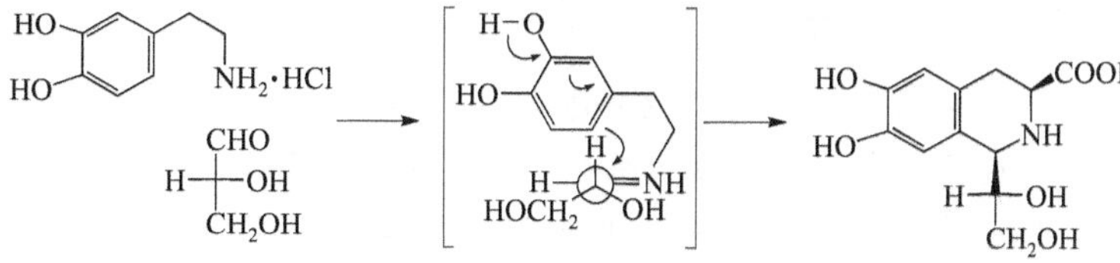

　　采用手性配体进行不对称诱导的研究相对较多。例如如下反应，16 个反应底物，环化后的产物 ee 值在 62％～96％之间［Seayad J，Seayad A M，List B. J Am Chem Soc，2006，128（4）：1086］。

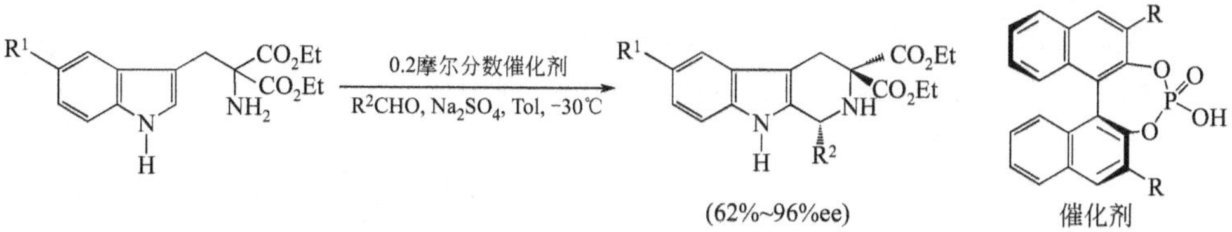

(62%~96%ee)　　　　　催化剂

　　又如（Taylor M S，Jacobsen E N. J Am Chem Soc，2004，126：10558）：

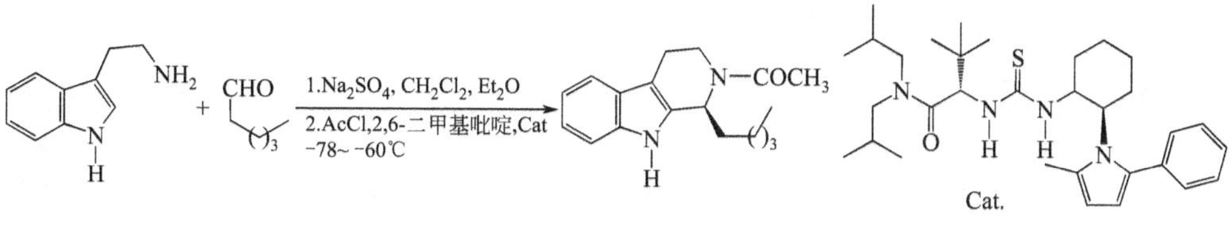

Cat.

3. Pomeranz-Fritsch 合成法

　　在酸性介质中，氨基缩乙醛与芳香醛发生缩合、关环反应生成异喹啉类化合物，该类反应称为 Pomeranz-Fritsch 异喹啉合成反应。

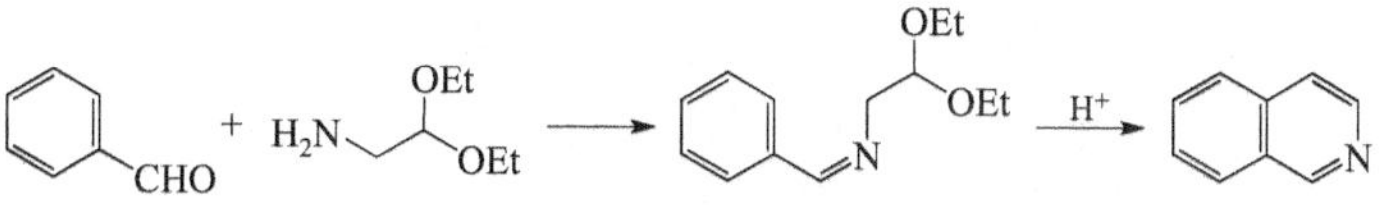

　　反应机理如下：

反应中首先是氨基对质子化的羰基进行亲核加成，脱水后生成希夫碱。希夫碱再经过芳环上的亲电取代等一系列变化，最后生成异喹啉类化合物。

希夫碱的生成是容易的，室温或加热条件下即可完成反应。得到的希夫碱可以直接用于下一步环合，也可以纯化后用于下一步反应。

环合反应常用硫酸作催化剂，硫酸的浓度范围从发烟硫酸到 70% 的硫酸。可以单独使用硫酸，也可以使用硫酸与气体氯化氢、醋酸、氧化磷、三氯氧磷等，有时也用浓盐酸。

例如抗血小板药物中间体 7-羟基异喹啉的合成。

7-羟基异喹啉（7-Hydroxyisoquinoline），C_9H_7NO，145.16。淡黄色片状结晶。mp 226~228℃。

制法　张惠斌，冯玫华，彭司勋. 中国药科大学学报，1991，22（6）：326.

N-(3-羟基) 苄亚基-2,2-二乙氧基乙胺（**3**）：于安有搅拌器、回流冷凝器的反应瓶中，加入间羟基苯甲醛（**2**）2.4 g 和氨基乙缩醛 2.7 g，用无水苯 30 mL，回流反应 1 h。稍冷，加入 10 g 无水硫酸镁，煮沸 10 min。抽滤，滤液浓缩至约 10 mL，而后加入石油醚（60~90℃）至有少量白色结晶析出。放置，冷却，析出大量白色针状结晶。过滤，干燥，得产品（**3**）3.2 g，mp 66.5~67.5℃，收率为 70.5%。

7-羟基异喹啉（**1**）：将 60% 硫酸 10 mL 置冰浴中，冷冻后加入化合物（**3**）2.0 g，在通 N_2 避光条件下于冰盐浴中搅拌 8 h，室温放置 12 h。将棕红色反应液倒入冰水中，浓氨水中和至 pH 6~7，再以饱和 Na_2CO_3 溶液调至 pH 8，有大量淡黄色沉淀析出。抽滤，以 90% 乙醇重结晶，得淡黄色片状结晶（**1**）1.03 g，mp 226~228℃，收率 78.6%。

该方法的一种改进是将苄基胺与乙二醛的半缩醛进行反应生成相应的异喹啉

类化合物。该方法称为 Schlittler-Muller 异喹啉改进合成法。

该方法在后来的研究中做了很多改进，其中之一是分两步合成四氢异喹啉。将反应中生成的希夫碱原位氢化为氨基乙缩醛，而后经酸催化环合-氢解，得到四氢异喹啉衍生物。

4-羟基四氢异喹啉　　　　1,2-二氢异喹啉

例如药物中间体 5-甲氧基-2,3-亚甲基二氧基-1,2,3,4-四氢异喹啉盐酸盐的合成。

5-甲氧基-2,3-亚甲基二氧基-1,2,3,4-四氢异喹啉盐酸盐 （5-Methoxy-2,3-methylenedioxy-1,2,3,4-tetrahydroisoquinoline hydrochloride）。$C_{11}H_{13}NO_3 \cdot HCl$，243.69 无色针状结晶。mp 279~284℃。

制法　Ishii H，Ishida T. Chem Pharm Bull，1984，32：3248.

5-甲氧基-2,3-亚甲基二氧基苄基氨基二乙基乙缩醛 **（3）**：于常压氢化反应瓶中，加入 2,3-亚甲基二氧-5-甲氧基苯甲醛 **（2）** 3.0 g，氨基乙醛二乙基缩醛 2.22 g，无水乙醇 70 mL，PtO_2 0.024 g，室温常压氢化反应。反应完后，滤去催化剂，减压浓缩至干。剩余物减压蒸馏，收集 187℃/266 Pa 的馏分，得无色油状液体 **（3）** 4.08 g。

5-甲氧基-2,3-亚甲基二氧基-1,2,3,4-四氢异喹啉盐酸盐 **（1）**：将上述化合物 **（3）** 0.21 g 加入 6 mol/L 的盐酸 6.76 mL 中，将生成的溶液加入由 10% 的 Pd/C 催化剂 0.035 g 悬浮于 5 mL 乙醇的悬浮液中，室温常压氢化反应 48 h。加热溶解生成的沉淀，滤去催化剂。滤液减压浓缩至干，甲醇中重结晶，得无色针

状结晶（**1**）0.085 g，mp 279～284℃。

当使用芳基酮时，可以得到1-取代的异喹啉类化合物。

另外一种改进方法是苄基胺与卤代乙缩醛的反应，生成异喹啉衍生物，该方法称为Bobbitt改进法（Grajewska A，Rozwadowska M D. Tetrahedron Asymmetry，2007：18，2910）。

在不对称合成方面，近年来也有了迅速的发展。使用手性的苄基醇与磺酰氨基乙缩醛反应，得到手性的反应产物，再经环合，得到1位为手性的1,2-二氢异喹啉衍生物。

R = OMe, R¹ = H, R² = Me
R = Me, R¹ = OBn, R² = CH₂OBn

如下反应则在四氢异喹啉的3位引入了手性中心（Anakabe E，Vicario J L，Badia D，et al. Eur J Org Chem，2001：4343）。

第三节　含一个硫原子的六元杂环、
七元杂环化合物

这类化合物数量不多。含一个硫原子的六元杂环化合物主要有噻喃及其衍生物；含一个硫原子的七元杂环化合物主要有硫杂䓬及其衍生物。它们都具有分子内硫醚的结构和性质。噻喃氢化则生成环己硫醚。

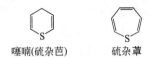

噻喃(硫杂芑)　　　硫杂䓬

噻喃有两种异构体，1,2-噻喃和1,4-噻喃。噻喃本身用途并不大，但其衍生物在新药开发中有重要意义。例如治疗银屑病、痤疮，并用于角化异常性疾病、毛囊皮脂腺疾病、皮肤癌前期病变等疾病的药物他扎罗汀（Tazarotene）（**32**）分子中含有苯并四氢噻喃的结构单位。

(32)

单环硫杂草不太稳定，很容易发生分子内重排，生成其同分异构体。

环上含有多个较大的取代基的硫杂草，稳定性明显提高。硫杂草生成的砜类化合物是稳定的。

硫杂草类化合物在自然界中发现的很少，但人们已经发现，某些苯并硫杂草具有很好的生物学活性，并已引起了医药工作者的重视。例如抗精神病药物佐替平（Zotepine）分子中含有硫杂草的结构单位，其合成方法如下。

佐替平（Zotepine），$C_{18}H_{18}ClNOS$，331.86。

制法　① 陶晓虎，潘强彪，于万胜等. 精细化工，2012，29（1）：101；② Ueda I，Sato Y，Maeno S，Umio S. Chem Pharm Bull，1978，26（10）：3058.

8-氯二苯并［b，f］硫杂草-10（11H）-酮（**3**）：于反应瓶中加入化合物（**2**）21 g（0.075 mol），PPA 25 g，慢慢加热至120℃，搅拌反应1.5 h。趁热倒入200 g冰水中，氯仿提取。合并有机层，依次用5%的氢氧化钠水溶液、水洗涤，无水硫酸钠干燥。过滤，浓缩，乙酸乙酯中重结晶，得浅灰色固体（**3**）18.1 g，收率93%，mp 121～123℃。

佐替平（**1**）：于反应瓶中加入化合物（**3**）52 g，碳酸钾55 g，甲基异丁基酮260 mL（其中含水25.5 mL），回流反应1.5 h。加入新蒸馏的N，N-二甲基氨基氯乙烷57.6 g，继续回流反应5.5 h。加入210 mL水，分出有机层，水层用甲基异丁基酮 120 mL 提取。合并有机层，无水硫酸镁干燥。过滤，减压浓缩。得到的油状物用环己烷重结晶，得化合物（**1**）51.3 g，收率 77.5%。

邻卤代苯甲醛与 4-巯基丁酸酯在碱性条件下首先生成硫醚，而后发生分子内的缩合，可以生成苯并硫杂䓬衍生物（Ikemoto T，Ito T，Nishiguchi A，et al. Tetrahedron，2004，60：10851）。

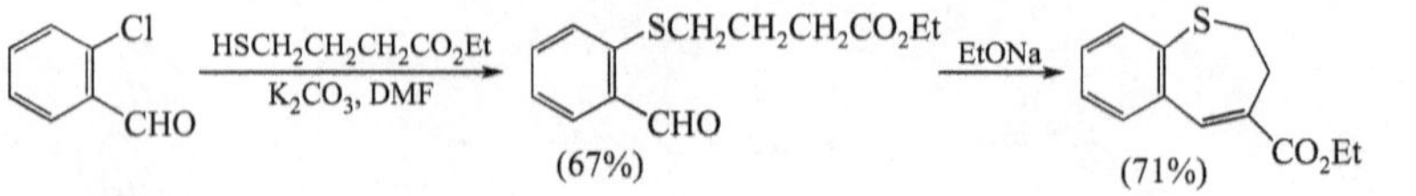

Girgis 等采用如下方法合成了苯并硫杂䓬类化合物（Girgis A S，Mishriky N，et al. Bioorg Med Chem，2007，15：2403）。

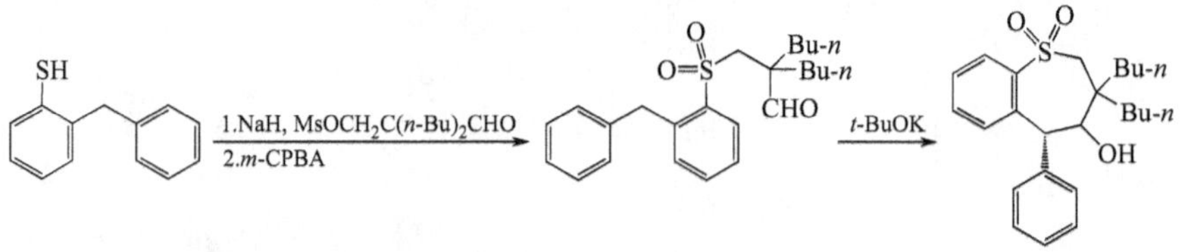

苯并噻喃的衍生物主要有如下几种：

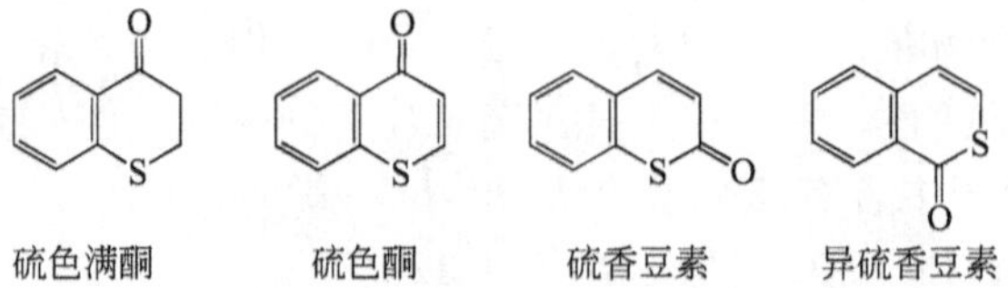

硫色满酮　　　硫色酮　　　硫香豆素　　异硫香豆素

硫色满酮是一类具有高脂溶性、低水溶性的含硫原子杂环化合物。据报道具有广泛的生理活性，易于通过真菌的细胞膜，并能改变真菌细胞的超微结构，破坏其细胞壁、细胞膜的结构与功能，引起细胞内容物流出导致真菌死亡。研究表明硫色满酮系列化合物对新型隐球菌、酵母菌、小孢子丝菌、霉菌及毛癣菌等几种重要的病源菌都有较强的抑制活性。目前已经引起人们的关注。其合成方法主要是芳基硫醚类化合物的关环。例如硫色满酮（Thiochromanone）等的中间体 6-氟-4-硫色满酮的合成。

6-氟-4-硫色满酮（6-Fluoro-thiochroman-4-one），C_9H_7FOS，182.16。浅黄色片状结晶。mp 92~94℃。

制法　孙昌俊，曹晓冉，王秀菊. 药物合成反应——理论与实践. 北京：化学工业出版社，2007：458.

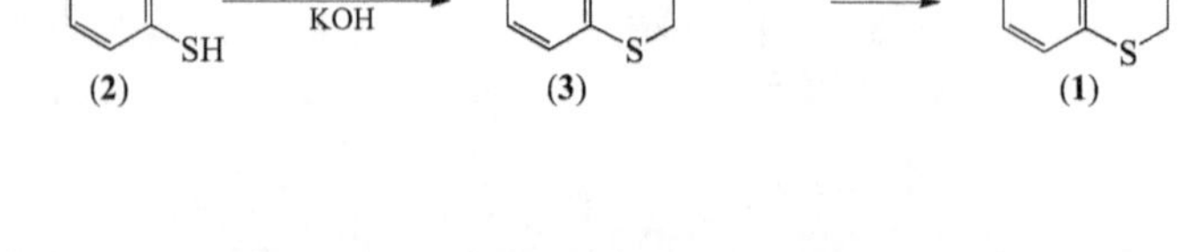

β-对氟苯硫基丙酸（**3**）：于反应瓶中加入对氟苯硫酚（**2**）12.8 g（0.1 mol），60 mL 水，氢氧化钾 6 g，溶解后加入适量 95% 的乙醇。另将 β-氯代丙酸 12 g（0.11 mol）溶于含 15 g（0.11 mol）碳酸钾的 100 mL 水中。将此溶液加入反应瓶中，回流反应 6 h。减压蒸出乙醇，剩余物冷却，过滤。滤液用盐酸酸化，析出固体。抽滤，水洗，干燥，得 β-对氟苯硫基丙酸（**3**）16 g，收率 80%。

6-氟-4-硫色满酮（**1**）：将 β-对氟苯硫基丙酸（**3**）10 g（0.05 mol）加入 60 mL 浓硫酸中，摇动使之溶解，室温放置过夜。慢慢倒入冰水中，析出浅黄色固体。抽滤，依次用碳酸氢钠水溶液、水洗涤，50% 的乙醇重结晶，得浅黄色片状结晶 6-氟-4-硫色满酮（**1**）4 g，收率 44%，mp 92～94℃。

硫色酮类化合物也可以用如下方法来合成。

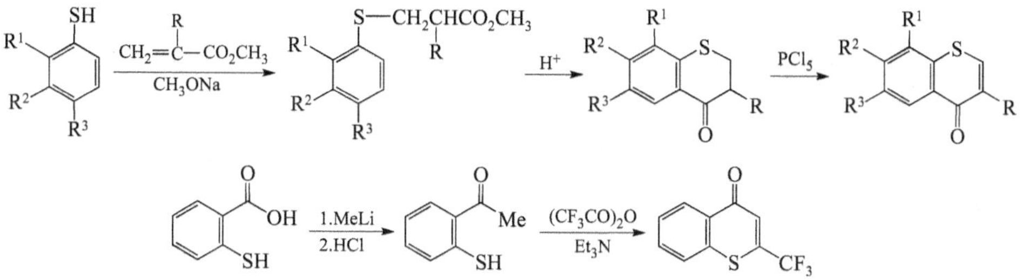

第六章　含两个杂原子的六元芳香杂环化合物

含两个杂原子的六元杂环化合物主要有嘧啶、吡嗪、哒嗪等及其苯并类化合物。它们的分子中都含有两个亚胺氮原子，每个氮原子提供一个电子形成大 π 键，属于等电子（$4n+2$）的封闭共轭体系，具有芳香性。同吡啶相比，环上更难发生亲电取代反应，但比吡啶容易发生亲核取代反应。这类化合物在药物及其中间体的合成中应用非常广泛。

嘧啶　　吡嗪　　哒嗪

第一节　嘧啶类化合物

嘧啶类化合物是含有嘧啶环的杂环化合物，嘧啶环是由 2 个氮原子和 4 个碳原子构成的含有共轭 π 键的六元环，两个氮原子处于六元环的间位。

嘧啶是一个钝化的芳香环，其活性与 1,3-二硝基苯或 3-硝基吡啶差不多。给电子基团（氨基、羟基）可以提高嘧啶环的亲电取代活性。

嘧啶环 2-,4-,6 位上的甲基都可以发生醇醛缩合反应和 Claisen 缩合反应，而且这些反应优先发生在 4 位上。

4,5-二甲基嘧啶的溴化可以通过控制反应条件，实现区域选择性反应。在离子状态下（溴的乙酸溶液）优先在 4 位甲基上反应，而在自由基状态（NBS 的四氯化碳溶液）则优先在 5 位上反应。

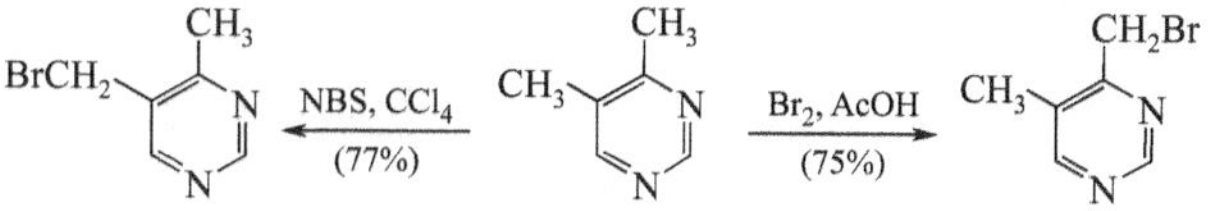

　　嘧啶类化合物是生命活动中一类很重要的物质，广泛存在于人体及生物体内，如核酸中最常见的 5 种含氮碱性组分中就有 3 种含嘧啶结构，即尿嘧啶、胞嘧啶和胸腺嘧啶。嘧啶类化合物因具有较强的生物活性而受到广泛关注，已经开发出的带有嘧啶环结构的药物越来越多，例如抗癌药 5-氟尿嘧啶（**1**）、抗癌药甲氧苄氨嘧啶（trimethoprim）（**2**）和抗菌药海克替啶（Hexetidine）（**3**）等。

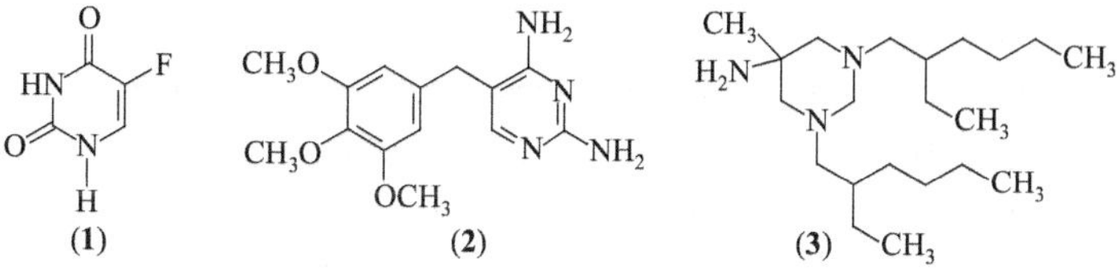

　　嘧啶环中两个氮原子处于间位，所以合成嘧啶环的最好方法是使同一碳原子上连有两个氨基的化合物与 1,3-二羰基化合物反应，用通式表示如下：

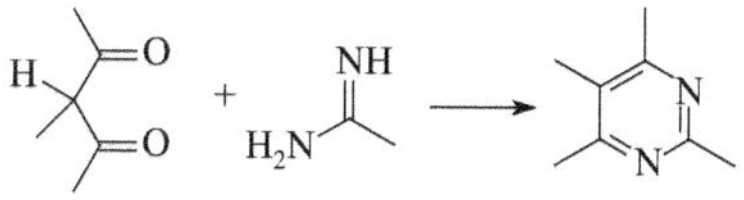

　　常用的 1,3-二羰基化合物有：1,3-二醛（酮）、1,3-醛酮、1,3-醛酯、1,3-酮酯、1,3-二酯、1,3-醛腈、1,3-酮腈、1,3-酯腈、1,3-二腈等。

　　同碳上连有两个氨基的化合物有脲、硫脲、胍〔$(H_2N)_2C=NH$〕、脒（$R-C(NH_2)=NH$）等，选用上述二氨基化合物可分别使嘧啶环的 2 位碳原子上连有羟基、巯基、氨基和烷基。

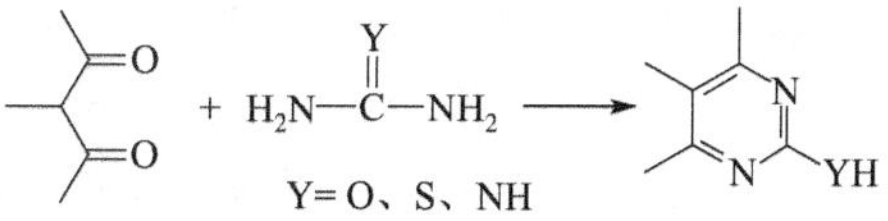

　　显然选用的原料与嘧啶环上取代基的种类和位置有关系。选用适宜的 1,3-二羰基化合物可以使制得的嘧啶的 4 位、5 位或 6 位具有所需的取代基。

　　从化学键的形成来看，嘧啶类化合物的合成大都是通过 C-N 键的形成来合成的，从反应机理上来看，是亲核试剂氨基氮首先进攻羰基碳原子，而后消除水分子。所以，氮原子的亲核性强弱对环合反应有直接影响。例如，用硫脲进行环合比尿素来得容易，原因是硫脲中的硫比尿素中的氧电负性小，吸电子能力比氧低，故硫脲分子中氮原子的亲核能力比尿素分子中的氮原子强，反应更容易进行。胍和脒与 1,3-二羰基化合物的环合反应也比较容易进行。

一、以 1, 3-二酯为原料

以 1,3-二酯为原料，可以合成 4,6-二羟基嘧啶衍生物。例如镇静催眠药苯巴比妥（**4**）及硫喷妥钠（**5**）的合成：

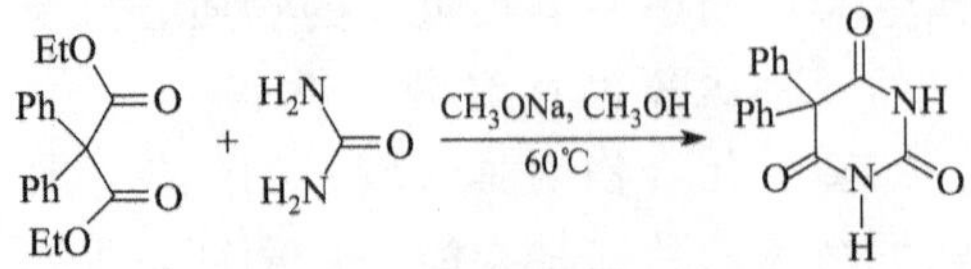

上述 1,3-二酯实际上是二烃基丙二酸酯衍生物，也可以是单取代丙二酸酯或丙二酸酯。丙二酸酯与乙脒反应，生成中枢性降压药莫索尼定（Moxonidine）等的中间体 2-甲基-4,6-二羟基嘧啶。

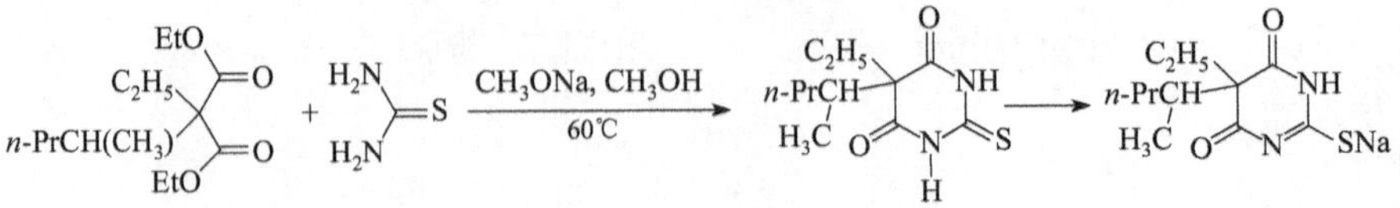

2-甲基-4,6-二羟基嘧啶（4,6-Dihydroxy-2-methylpyrimidine），$C_5H_6N_2O_2$，126.11。白色结晶。mp 339℃（分解）。

制法　孙昌俊，曹晓冉，王秀菊. 药物合成反应——理论与实践. 北京：化学工业出版社，2007：454.

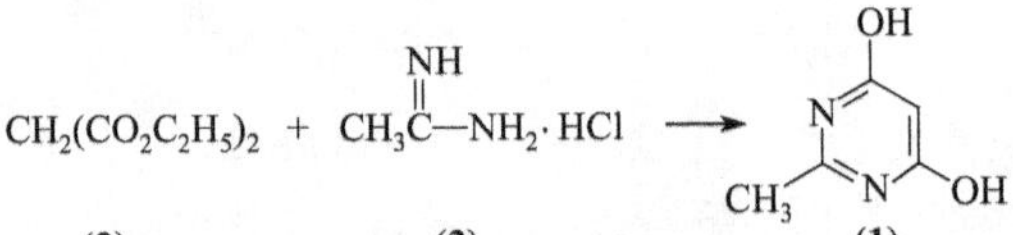

于安有搅拌器、回流冷凝器的反应瓶中，加入无水乙醇 200 mL，分批加入金属钠 7.5 g（0.33 mol），待钠全部反应完后，依次加入乙脒盐酸盐（**3**）10.7 g（0.11 mol），丙二酸二乙酯（**2**）17 mL（0.11 mol），搅拌回流反应 3 h。减压蒸出溶剂，冷后加水使产物溶解。用盐酸调至酸性，析出固体。抽滤，水洗，少量乙醇洗涤，干燥，得化合物（**1**）13 g，收率 90%，mp 339℃（分解）。

硝酸胍与丙二酸二乙酯在醇钠作用下可以生成 2-氨基-4,6-二羟基嘧啶。

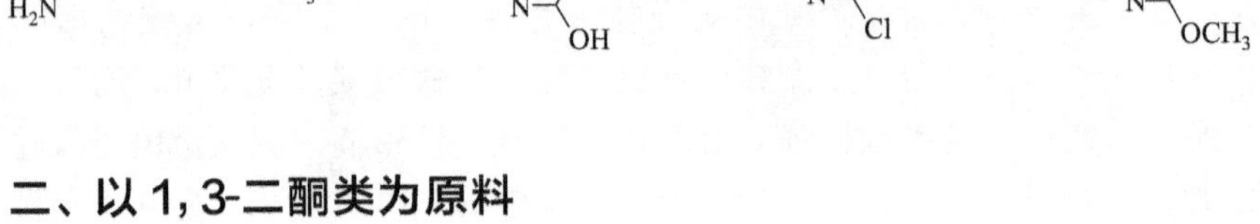

二、以 1, 3-二酮类为原料

利用 1,3-二酮类为原料与同碳上二氨基化合物反应，可以制备 2 位上不同取代基的 4,6-二烃基嘧啶。该方法应用较广。若使用不对称的 1,3-二酮，则生成

4,6 位不同取代基的嘧啶衍生物。

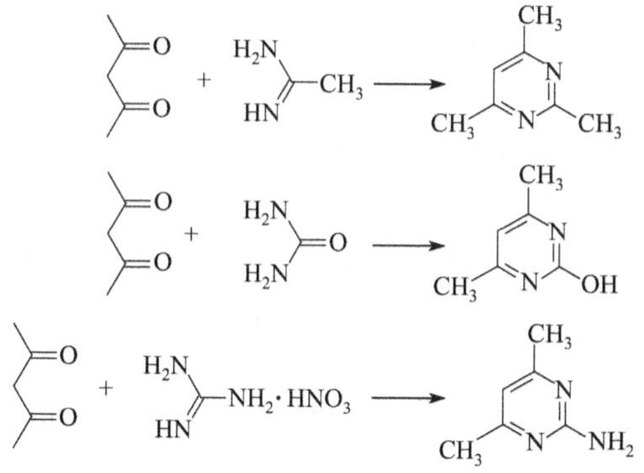

广谱抑菌药磺胺二甲嘧啶（**6**）就是由戊二酮与磺胺脒缩合而成的。

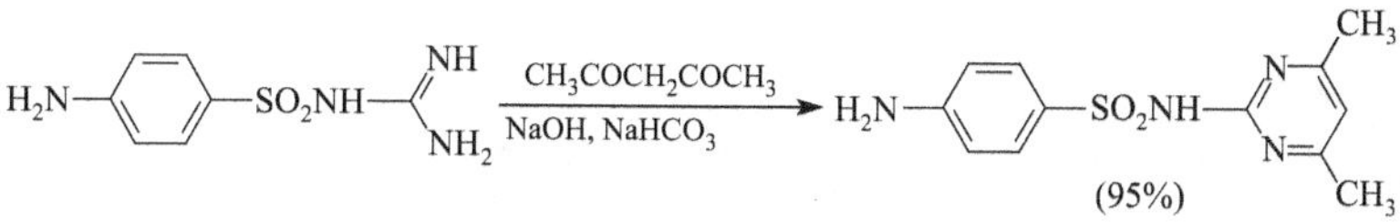

三、以 1,3-酮酯为原料

1,3-酮酯主要是乙酰乙酸乙酯类，以 1,3-酮酯为原料，可以合成 6 位取代的嘧啶衍生物。例如非甾体消炎镇痛药嘧吡唑以及哌醇啶等的中间体 4-羟基-2-巯基-6-甲基嘧啶（**7**）的合成。

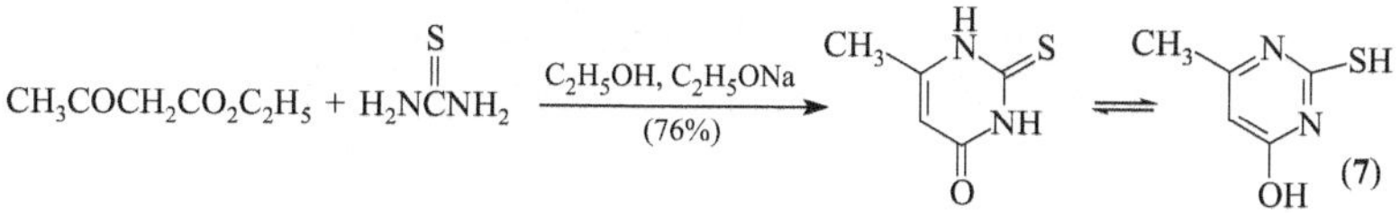

又如药物潘生丁、抗凝血药莫哌达醇（Mopidamol）等的中间体 6-甲基尿嘧啶的合成。

6-甲基尿嘧啶［6-Methyluracil，6-Methyl-2,4(1H,3H)-Pyrimidinedione］，$C_5H_6N_2O_2$，126.12。无色结晶。mp 311～313℃（270～280℃分解）。溶于水、热乙醇和碱溶液，微溶于乙醚。

制法　孙昌俊，曹晓冉，王秀菊.药物合成反应——理论与实践.北京：化学工业出版社，2007：448.

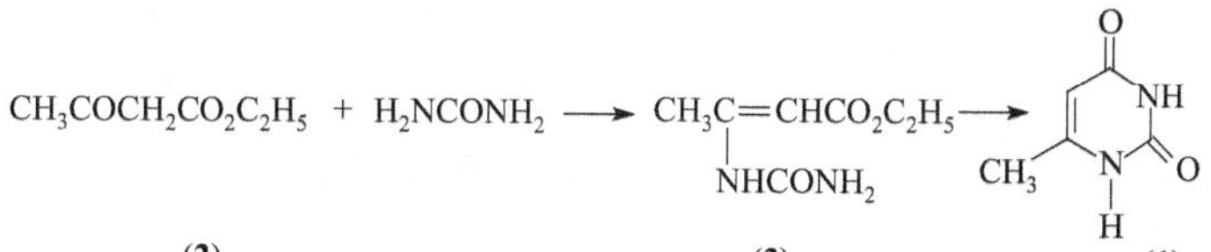

β-脲丁烯酸乙酯（**3**）：于一直径 15 cm 的培养皿中，加入研细的尿素 80 g（1.33 mol），乙酰乙酸乙酯（**2**）160 g（1.23 mol），乙醇 25 mL，浓盐酸 1 mL，充分搅拌混和均匀，用一个表面皿盖上，置于盛有浓硫酸的干燥器中，水流泵抽真空，直至化合物变干为止，约需 5～7 天。得化合物（**3**）约 200 g。

6-甲基尿嘧啶（**1**）：于安有搅拌器的 2 L 反应瓶中，加入 1.2 L 水，氢氧化钠 80 g（2.0 mol），搅拌溶解。加热到 95℃，加入化合物（**4**）约 200 g，搅拌至澄清。冷至 65℃，慢慢加入浓盐酸至 pH2，析出白色固体。冷至室温，抽滤，依次用冷水、乙醇洗涤，干燥，得化合物（**1**）115 g，收率 76%，冰醋酸中重结晶，mp 300℃ 以上。

这种方法应用较多，因为 1,3-酮酯的来源较容易，可以是脂肪族的酮酸酯，也可以是芳香族的酮酸酯，此外，分子中还可以连有其他取代基。例如农药抗蚜威中间体 2-二甲氨基-5,5-二甲基-4-羟基嘧啶的合成。

四、以 1,3-醛酯为原料

1,3-醛酯（酸）很容易发生烯醇式互变，所以，在碱性条件下常生成烯醇盐参加反应。例如抗癌药 5-氟尿嘧啶（**8**）的合成：

5-氟尿嘧啶本身是抗代谢类抗癌药物，也是抗癌药 FT-207 和抗菌药 5-氟胞嘧啶等的中间体。

五、以 1,3-醛腈为原料

采用此方法可合成 4-氨基嘧啶类衍生物，如药物中间体 2-羟基-4-氨基嘧啶（**9**）。氰基乙醛不稳定，常将其转化为缩醛来使用。

与之类似的反应如抗疟疾药物乙胺嘧啶（Pyrimethamine）中间体（**10**）的合成：

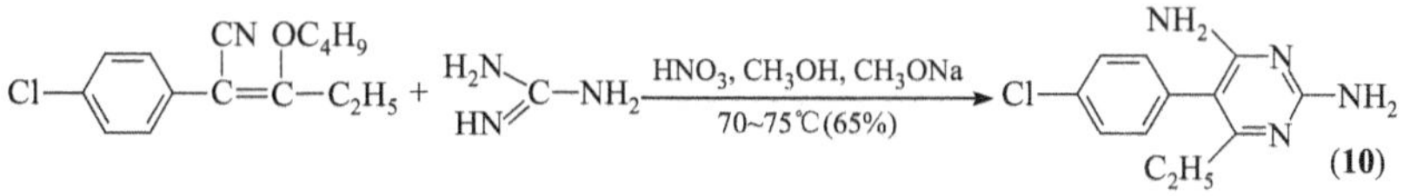

又如抗肿瘤药盐酸尼莫司汀（Nimustine hydrochloride）中间体 2-甲基-4-氨基-5-乙酰胺甲基嘧啶（**11**）的合成（陈芬儿. 有机药物合成法：第一卷. 北京：中国医药科技出版社，1999：866）：

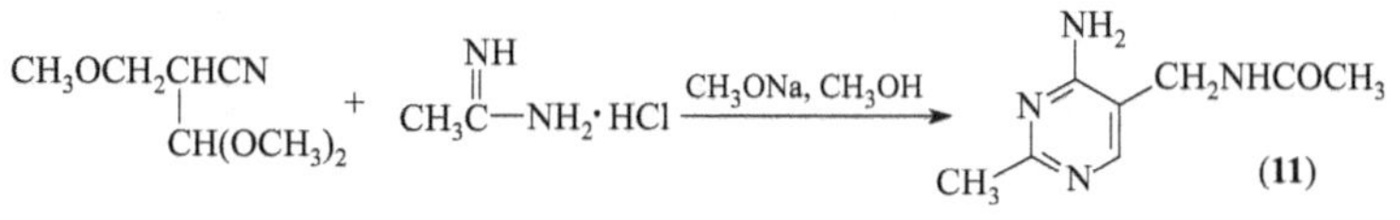

六、以氰基乙酸酯(酸)为原料

氰基乙酸酯与硫脲、尿素、胍等反应时，酯基首先胺解生成氰基乙酰胺类化合物，而后关环得到嘧啶类化合物。

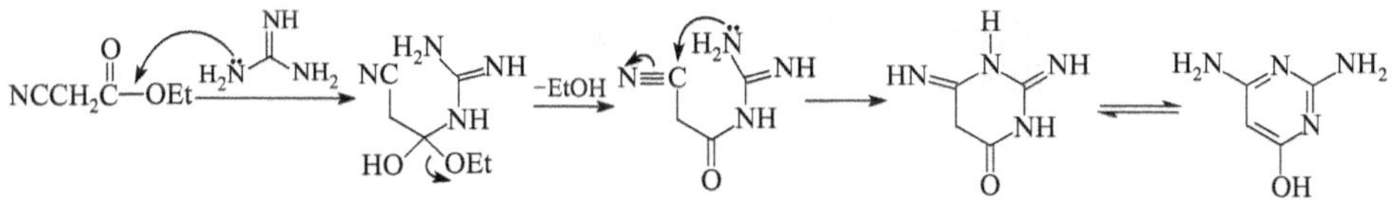

例如降压药乌拉地尔（Ebrantil）等的中间体 1,3-二甲基-6-氨基尿嘧啶的合成。

1,3-二甲基-6-氨基嘧啶（6-Amino-1,3-dimethyluracil），$C_6H_9N_3O_2$，155.14。白色或类白色固体。mp 294～296℃。

制法　孙昌俊，曹晓冉，王秀菊. 药物合成反应——理论与实践. 北京：化学工业出版社，2007：434.

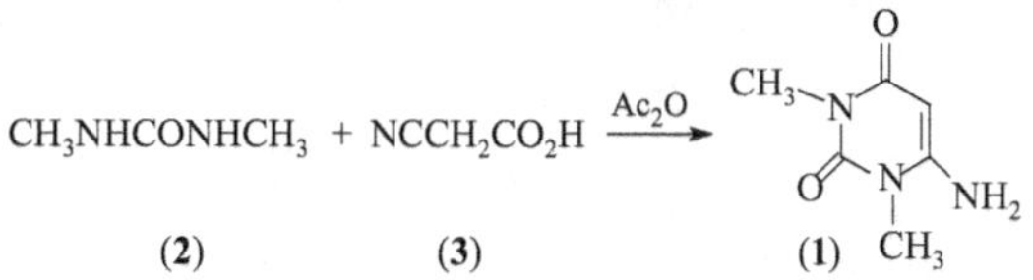

于安有搅拌器、回流冷凝器、温度计的反应瓶中，加入 N，N'-二甲基脲（**2**）234 g（2.66 mol），氰基乙酸（**3**）200 g（2.353 mol），乙酸酐 400 mL，搅拌下于 90～95℃反应 2.5 h。减压蒸出乙酸酐和生成的乙酸。剩余物加入水 800 mL，加热溶解，活性炭脱色后，用 10%的氢氧化钠调至 pH10，析出白色结晶。抽滤，水洗，干燥，得（**1**）335 g，收率 92%，mp 294～296℃。

又如降压药米诺地尔（Minoxidil）、叶酸等的中间体 2,6-二氨基-4-羟基嘧啶（**12**）的合成（孙昌俊，曹晓冉，王秀菊. 药物合成反应——理论与实践. 北京：

化学工业出版社，2007：442）。

$$NCCH_2CO_2CH_3 + H_2N-\overset{\overset{NH}{\|}}{C}NH_2 \cdot HNO_3 \xrightarrow[CH_3OH]{CH_3ONa} H_2N \underset{NH_2}{\overset{OH}{\text{嘧啶}}}$$

(80%) (12)

七、以丙二酸为原料

丙二酸在醋酸酐存在下可以与尿素等衍生物反应，生成嘧啶类化合物。反应中丙二酸先与醋酸酐反应生成混合酐，而后与尿素等反应生成酰胺，最后关环生成嘧啶类化合物。

例如抗心律失常药盐酸尼非卡兰（Nifekalant hydrochloride）等的中间体 6-氯-1,3-二甲基-2,4（1H，3H）-嘧啶二酮的合成。

6-氯-1,3-二甲基-2,4（1H，3H）-嘧啶二酮（6-Chloro-1,3-dimethyl-2,4（1H，3H）-pyrimidinedione），$C_6H_7ClN_2O_2$，174.59。浅黄色固体。mp 110~111℃。溶于氯仿、二氯甲烷、乙醇，可溶于热水，微溶于冷水。

制法　孙昌俊，曹晓冉，王秀菊.药物合成反应——理论与实践.北京：化学工业出版社，2007：435.

$$CH_2(CO_2H)_2 + CH_3HNCONHCH_3 \xrightarrow[AcOH]{Ac_2O} (3) \xrightarrow{POCl_3} (1)$$

(2) (3) (1)

于安有搅拌器、回流冷凝器、温度计、滴液漏斗的反应瓶中，加入 1,3-二甲基脲 37.6 g（0.42 mol），丙二酸（**2**）51.2 g（0.5 mol），冰醋酸 80 mL，搅拌下加热至 60~65℃，滴加醋酸酐 170 mL，约 1.5 h 加完。加完后升温至 90℃反应 4 h。减压浓缩蒸出溶剂。剩余物为化合物（**3**）。冷后滴加三氯氧磷 250 mL，加完后回流反应 40 min。减压回收三氯氧磷。趁热将反应物倒入冰水中，充分搅拌。用饱和碳酸钠溶液调至中性。用氯仿提取（100 mL×4）。氯仿层水洗，无水硫酸钠干燥。减压蒸出氯仿，得黄色固体。用水重结晶，活性炭脱色，得浅黄色固体（**1**）46.5 g，收率 63.5%，mp 111~113℃（文献值 110~111℃）。

八、以 1,3-二醛为原料

1,3-二醛类化合物与尿素等反应可以生成嘧啶类化合物。

但 1,3-二醛的稳定性差，在实际应用中，常常使用丙二醛的衍生物（等价物）为原料。丙二醛的衍生物主要有：1,3,3-三乙氧基丙烯、1,2-二氯-3,3-二甲氧基丙烷、乙酸（1-溴-3,3-二氯）丙酯、3-溴-1,3-二氯丙烯、3-苯氧基丙烯醛、丙炔醛等。

$$EtO-CH=CH-CH(OEt)_2 \qquad Cl_2CH-CH_2-CH(OMe)_2$$

$$Cl_2CH-CH_2-\overset{Br}{\underset{}{CH}}-\overset{O}{\underset{}{C}}-OCH_3 \qquad \overset{Cl}{\underset{Br}{CH}}-CH=CHCl$$

$$PhO-CH=CH-CHO \qquad HC\equiv C-CHO$$

这些丙二醛的衍生物可以在反应中起到丙二醛的作用。当然这些衍生物分子中还可以连有其他取代基，最终得到各种取代的嘧啶衍生物。例如农药、医药合成中间体 2-氨基嘧啶（**13**）的合成。

$$HCl.H_2NC\overset{NH}{\underset{NH_2}{\diagup}} + HC\equiv C-CHO \xrightarrow[(69\%)]{HCl} H_2N-\underset{N}{\overset{N}{\diagup}} \quad \textbf{(13)}$$

化合物（**13**）也可以采用如下路线来合成（朱文明，杨阿明. 应用化工，2005，34（6）：360）。

$$HCl.H_2NC\overset{NH}{\underset{NH_2}{\diagup}} + CH_2(CO_2C_2H_5)_2 \xrightarrow{EtONa} H_2N-\underset{OH}{\overset{OH}{\diagup}} \xrightarrow{POCl_3} H_2N-\underset{Cl}{\overset{Cl}{\diagup}} \xrightarrow{NaON, Zn} H_2N-\diagup$$

陈启凡［陈启凡，张惠东，宫胜臣. 应用化学，2011，28（4）：382］等采用如下路线合成了一系列 4-取代-2-氨基嘧啶衍生物。

$$R-\overset{O}{\underset{}{C}}-CH_3 \xrightarrow{(CH_3)_2NC(OMe)_2} R-\overset{O}{\underset{}{C}}-CH=CH-N\overset{CH_3}{\underset{CH_3}{\diagup}} \xrightarrow{H_2N-C(=NH)-NH_2 \cdot HCl} R-\underset{N}{\overset{N}{\diagup}}-NH_2$$

R = 吡啶基、苯基和取代苯基、呋喃基、噻吩基等

九、以丙醛酸为原料

丙醛酸与尿素反应可以生成尿嘧啶。但丙醛酸不稳定，可以采用以苹果酸为原料在浓硫酸存在下原位生成，再与尿素缩合得到尿嘧啶。

$$HOOCCH_2CHCOOH \xrightarrow{H_2SO_4} \overset{COOH}{\underset{CHO}{|}} + CO + H_2O$$

$$\xrightarrow{H_2NCONH_2} \text{（尿嘧啶结构）}$$

尿嘧啶［Uracil，2,4（1*H*,3*H*）-Pyrimidinedione］，$C_4H_4N_2O_2$，112.09。白

色或浅黄色针状结晶。mp 338℃（分解）。易溶于热水，微溶于冷水，不溶于乙醇、乙醚。

制法　孙昌俊，曹晓冉，王秀菊. 药物合成反应——理论与实践. 北京：化学工业出版社，2007：439.

$$HOOCCH_2\underset{\underset{(2)}{OH}}{CH}COOH + H_2NCONH_2 \xrightarrow{\text{发烟硫酸}} \text{尿嘧啶} + H_2O + CO \quad (1)$$

于安有搅拌器、温度计的 2 L 反应瓶中，加入 15％的发烟硫酸 400 mL，冰盐浴冷至 0℃，剧烈搅拌下分批加入尿素 100 g （1.67 mol），保持内温 10℃以下，加完后继续搅拌反应 10 min。加入苹果酸（2）100 g （0.75 mol），慢慢升温，在沸水浴中加热反应 1.5 h。冷却，将反应物倒入 1 kg 冰水中。滤出析出的固体，水洗，再用大约 1 L 水重结晶，活性炭脱色，冷后析出白色针状结晶。100℃干燥，得尿嘧啶（1）42～46 g，收率 50％～55％，mp 335～338℃。

尿嘧啶为抗癌药 5-氟尿嘧啶（5-Fluorouracil）等的中间体，也是 RNA 中特有的碱基。尿嘧啶可阻断抗癌药替加氟（Tegafur）的降解作用，提高氟尿嘧啶的浓度，而增强抗癌作用。

十、嘧啶类化合物的其他合成方法

邻氨基苯甲酸类化合物与异氰酸盐或尿素反应，可以生成 2,4-二羟基苯并嘧啶衍生物。例如消炎镇痛药甲氯芬那酸（Meclofenamic acid）中间体（14）的合成（陈芬儿. 有机药物合成法：第一卷. 北京：中国医药科技出版社，1999：305）：

邻氨基苯甲酸与氰基胍反应，也可以生成（14）。

又如抗凝血药莫哌达醇（Mopidamol）中间体（15）的合成。

抗癌药盐酸埃洛替尼（Erlotinib hydrochloride）等的中间体（**16**）的合成如下［李铭东，曹萌，吉民.中国医药工业杂志，2007，38（4）：257］。

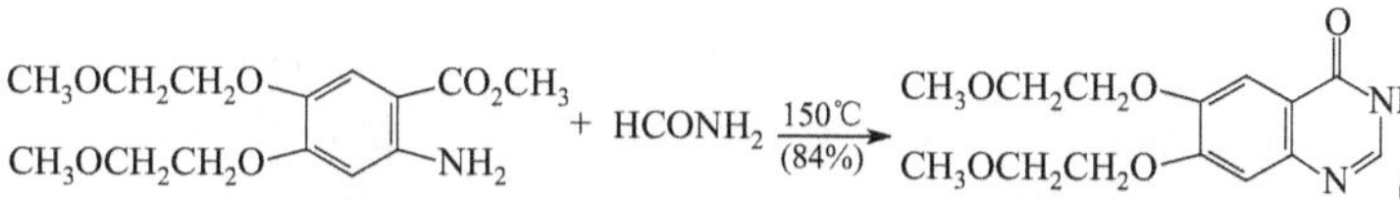

嘧啶类化合物的合成方法还有很多。

第二节　吡　　嗪

吡嗪分子中的两个氮原子处于六元环1，4位，因此，整个分子是对称的。

吡嗪的化学性质是由两个氮原子决定的，可以发生氮上的质子化和氧化。同时两个氮原子使得碳上的亲电取代反应难以进行，只有很少的亲电取代反应可以发生，例如卤化反应。给电子取代基可以提高环上的亲电取代活性，而且是邻、对位定向。例如2-氨基吡嗪溴化，生成2-氨基-3,5-二溴吡嗪。

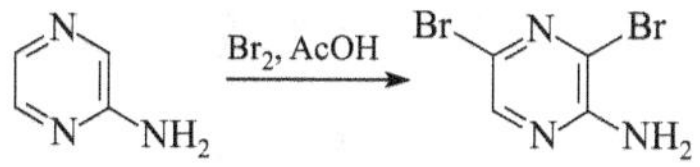

而在如下反应中，只能进行 N 上的氯代。

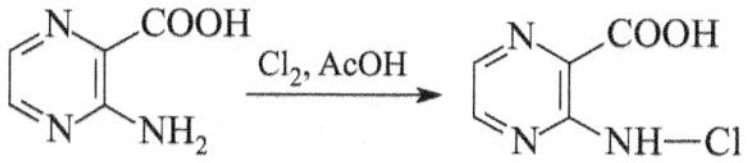

甲基吡嗪甲基上的氢容易被碱夺去生成碳负离子，并进而发生一系列反应。

吡嗪环上容易发生亲核取代反应。

吡嗪类化合物存在于自然界中，在药物开发中有重要应用。例如结核病治疗药物吡嗪酰胺（Pyrazinamide）（**17**）和抗精神病药物盐酸哌罗匹隆（Perospirone hydrochloride）（**18**）。

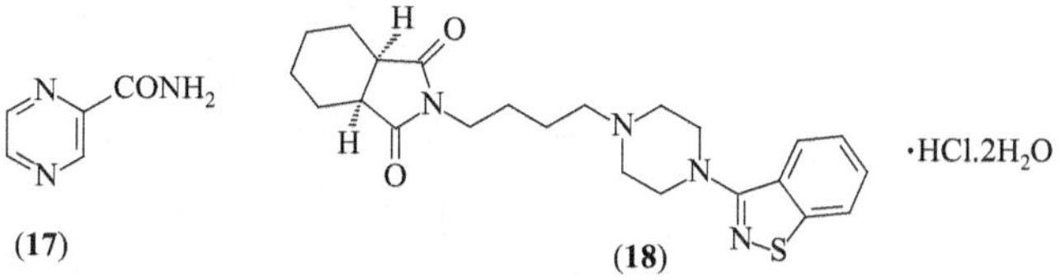

（**17**）　　　　　　　　　　（**18**）

吡嗪化合物的合成有多种方法。常见的有如下几种。

① α-氨基酮或 α-氨基醛的自身缩合　对称的吡嗪类化合物可以由 α-氨基酮或 α-氨基醛的自身缩合，而后氧化得到。

但 α-氨基羰基化合物通常是不稳定的，其盐的形式比较稳定。所以它们在合成中一般由 2-重氮基、肟基或叠氮基酮在反应中原位产生。缩合后得到的二氢吡嗪，空气中氧化可得到吡嗪衍生物。最简单的方法是进行加热。

② α-氨基酸酯的自身缩合　α-氨基酸酯比较稳定。自身缩合后生成吡嗪二酮类化合物，但其氧化反应却难以进行。可以先将其转化为二氯化物或二烷氧基二氢吡嗪，而后进行芳构化得到吡嗪衍生物。

③ 1,2-二羰基化合物与 1,2-二胺反应　1,2-二羰基化合物与 1,2-二胺缩合，而后氧化，生成吡嗪类化合物。这种方法更适合于合成对称的吡嗪。

例如治疗结核病药物吡嗪酰胺（Pyrazinamide）等的中间体苯并吡嗪的合成。

苯并吡嗪（Quinoxaline，Benzo [α] pyrazine），$C_8H_6N_2$，130.15。白色结晶。mp 28℃（29～30℃），bp 229℃，108～110℃/1.6 kPa。d_4^{40} 1.1334，n_D^{40} 1.6231。易溶于水、醇、苯。一水合物 mp 37℃。

制法　孙昌俊，曹晓冉，王秀菊. 药物合成反应——理论与实践. 北京：化学工业出版社，2007：452.

于安有搅拌器、回流冷凝器、滴液漏斗的反应瓶中，加入亚硫酸氢钠 120 g（1.15 mol），水 110 mL，搅拌成糊状，滴加 40%的乙二醛 80 g，温度升至 75～80℃，析出白色结晶，继续搅拌反应 10 min。加水 430 mL，慢慢加入邻苯二胺（**2**）54 g（0.5 mol），于 75～80℃反应 1 h。冷至 50℃，用碳酸钠中和至 pH8。加热至 60℃，静置后分出水层，冷冻，析出固体。抽滤，冷水洗涤，真空干燥，得（**1**）粗品，含量 80%以上，收率 90%。

苯并吡嗪用高锰酸钾氧化，可以生成吡嗪-2,3-二羧酸。

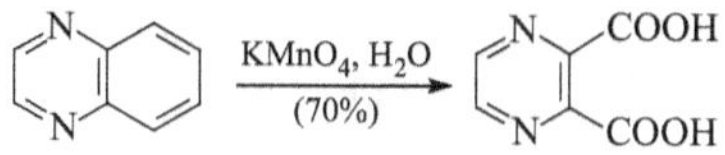

若用 1,2-二羰基化合物与 1,2-二烯胺反应，则直接生成吡嗪类化合物。例如吡嗪-2,3-二羧酸也可以用如下方法来合成［彭琼，王峰，赵钰红. 四川化工，2011，14（4）：18］。

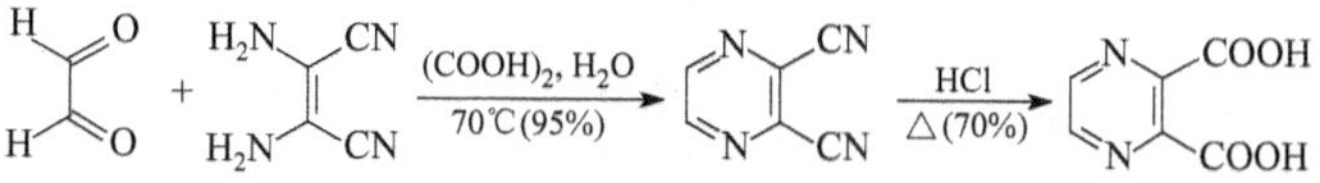

又如如下反应：

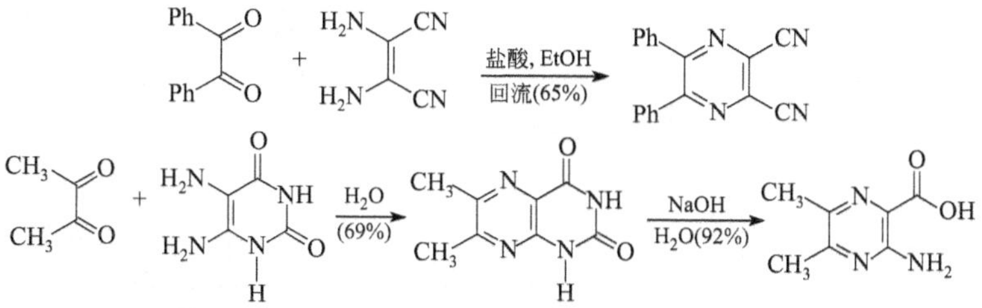

不对称的 1,2-二羰基化合物和不对称的 1,2-二胺反应，可能生成吡嗪的混合物。有时控制适当的反应条件可以使其中的一种为主要产物。例如：

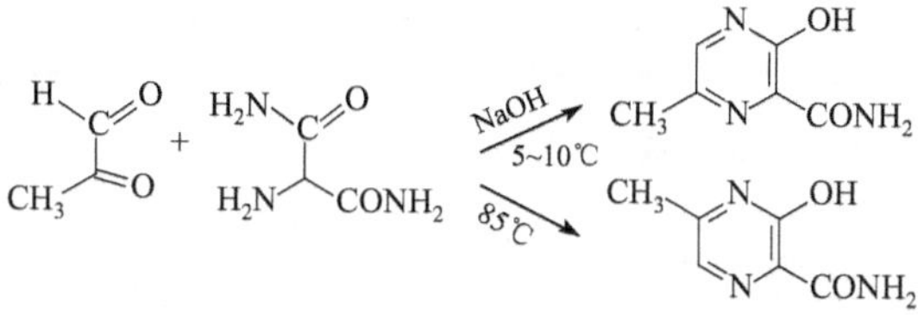

草酸二乙酯与 1,2-二胺反应，可以生成 2,3-二氧代哌嗪，为抗菌药他唑西林（Tazocillin）的中间体（**19**）(孙昌俊，曹晓冉，王秀菊. 药物合成反应——理论与实践. 北京：化学工业出版社，2007：446)。

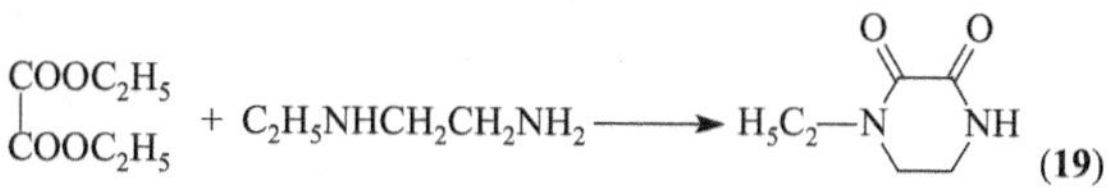

第三节　哒　　嗪

哒嗪分子中两个氮原子直接相连，在高温下可以异构化为嘧啶和吡嗪。哒嗪的化学反应与吡啶有相似性，在质子化、烷基化或者 N-氧化反应中，亲电试剂都是进攻氮原子。因为与吡啶相比多了一个氮原子，所以环上的亲电取代很难发生，但 N-氧化物可以促进反应的进行。哒嗪的亲核取代发生在 4 位碳上（如与 Grignard 试剂）或 3 位碳上（如与有机锂试剂）。

哒嗪类化合物具有良好的生物活性，在抗原虫、抗鞭毛虫及阿米巴等方面有多种药理活性。此外，在抗肿瘤、抗高血压、抗血小板聚集和抗菌等方面也具有潜在的生物活性。在农药方面，哒嗪酮类化合物也有广泛的应用，如具有杀虫、除草和调节植物生长活性等。因此，哒嗪类化合物在农药、医药研究等方面具有重要的用途，近年来已成为医药、农药研究的热门课题之一。强心和抗高血压药物盐酸匹莫苯（Pimobendan hydrochloride)(**20**) 和钙增敏剂左西孟坦（Levosimendan)(**21**) 分子中含有哒嗪环的结构单元。

哒嗪类化合物合成最方便的方法是 1,4-二羰基化合物与肼的反应。若使用不饱和的 1,4-二羰基化合物，环化后可直接得到哒嗪；若为饱和的，则先生成二氢哒嗪，氧化脱氢后得到哒嗪。

顺丁烯二酸酐与肼反应生成羟基哒嗪酮。

不饱和的 1,4-二羰基化合物可以由呋喃衍生物来制备，而后与肼反应得到哒嗪衍生物。例如：

若使用饱和的 1,4-二羰基化合物，可能会生成二氢哒嗪和 *N*-氨基吡咯的混合物。

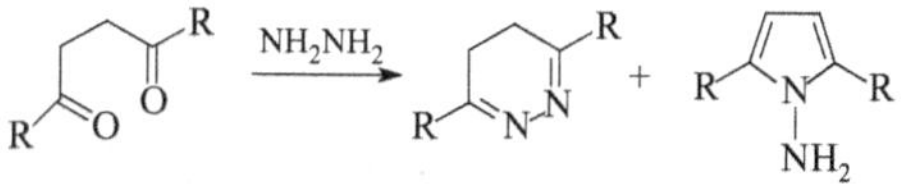

合成哒嗪酮的有效方法是使用 1,4-酮酸或 1,4-酮酯与肼反应，首先生成二氢哒嗪酮，后者脱氢生成哒嗪酮。脱氢常用的方法是用溴素，先生成 C-溴化物，而后消除溴化氢。用间硝基苯甲酸作氧化剂也可取得不错的结果。

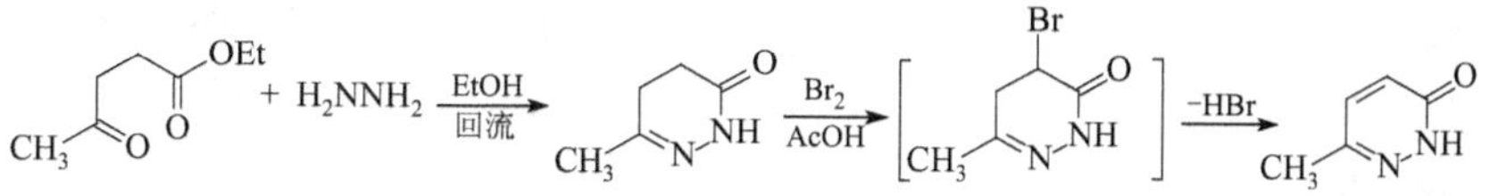

糠醛转化为粘氯酸（1,4-醛酸），后者与甲基肼反应，生成消炎镇痛药依莫法宗（Emorfazone）中间体（**22**）（陈芬儿.有机药物合成法：第一卷.北京：中国医药科技出版社，1999：955）。

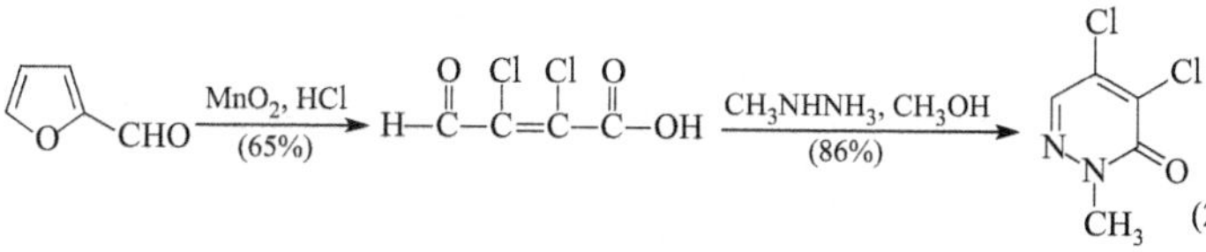

又如心脏刺激药甲硫阿美铵（Amezinium metilsulfate）的中间体（**23**）的合成（陈芬儿.有机药物合成法：第一卷.北京：中国医药科技出版社，1999：290）：

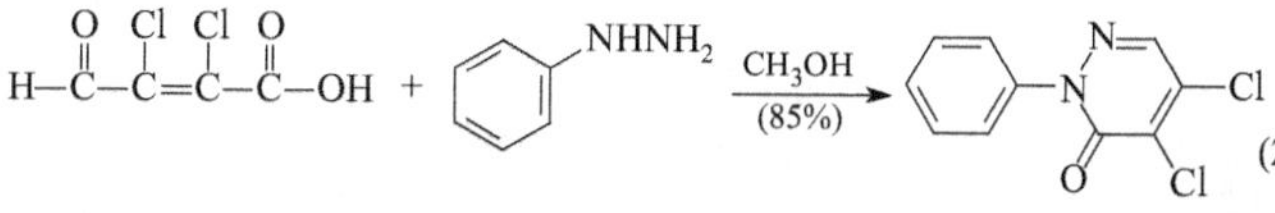

芳香族化合物与丁二酸酐进行 F-C 反应生成 1,4-酮酸，而后与肼进行缩合是合成 6-芳基哒嗪酮的一种方便方法。例如新药中间体化合物（**24**）的合成：

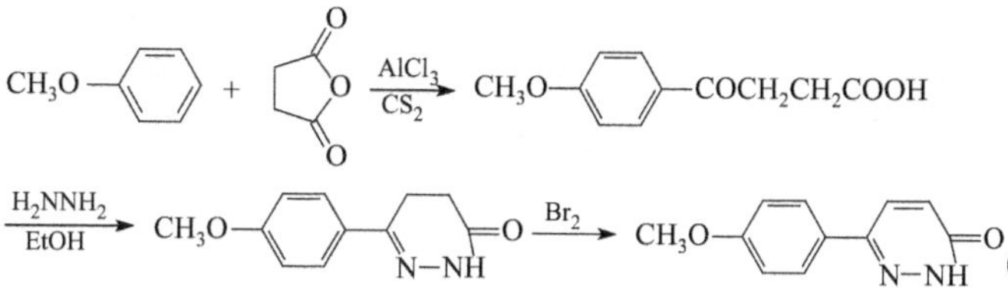

心脏病治疗药左西孟坦（Levosimendan）中间体 6-(4′-氨基苯基)-5-甲基-2,3,4,5-四氢哒嗪-3-酮的合成如下。

6-(4′-氨基苯基)-5-甲基-4,5-二氢哒嗪-3（2*H*）-酮 ［6-(4′-Aminophenyl)-5-methyl-4,5-dihydropyridazin-3（2*H*）one］，$C_{11}H_{13}N_3O$，203.22。白色固

体。mp 206～207℃。

制法　孙昌俊，曹晓冉，王秀菊. 药物合成反应——理论与实践. 北京：化学工业出版社，2007：456.

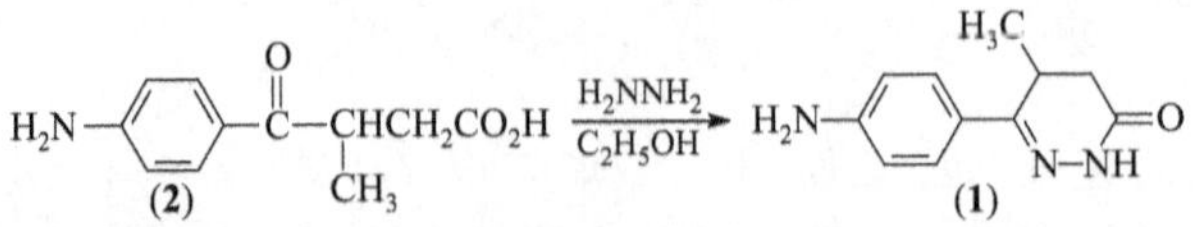

于安有搅拌器、回流冷凝器的反应瓶中，加入 95％的乙醇 700 mL，3-(4′-氨基苯甲酰基)-丁酸 (**2**) 62 g (0.3 mol)，加热使之溶解，生成橙黄色透明溶液。慢慢滴加 85％的水合肼 73.5 mL，回流条件下约 1 h 加完，而后继续回流反应 3.5 h。减压蒸出乙醇约蒸出一半时出现固体蒸至剩余约 100 mL 时，冷却，抽滤，少量乙醇洗涤，干燥，得 (**1**) 57 g，收率 93.4％，mp 201～205℃（文献值 206～207℃）。母液浓缩至干，用水洗涤，可回收少量产品，mp 195～200℃。

抗组胺药盐酸氮䓬斯汀（Azelastine hydrochloride）中间体 (**25**) 的合成如下。

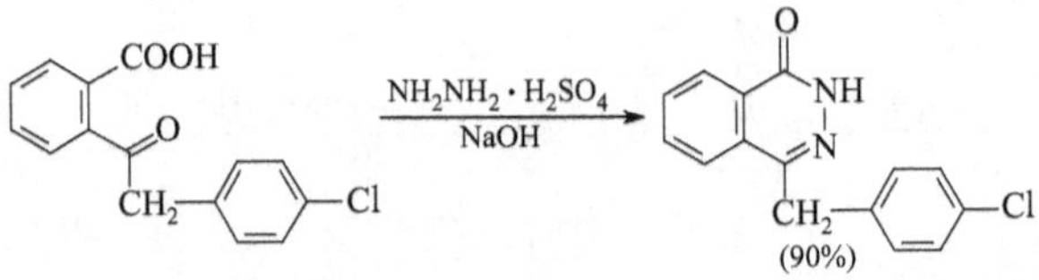

苯乙酮与乙醛酸在碱性条件下反应，生成 1,4-不饱和酮酸，而后再与肼反应可以生成哒嗪酮类化合物。

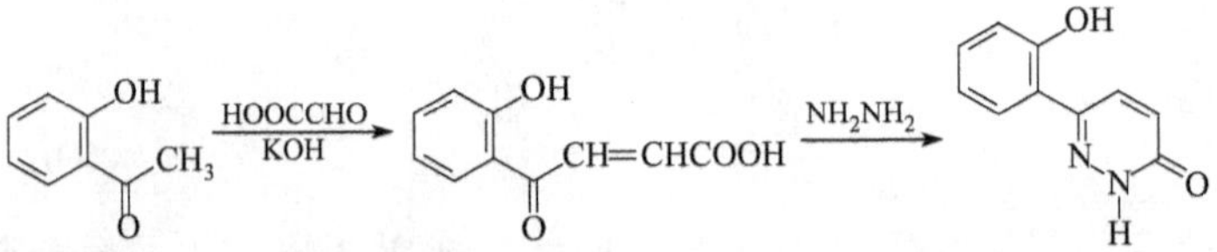

也可以使用三氯乙醛来代替乙醛酸。

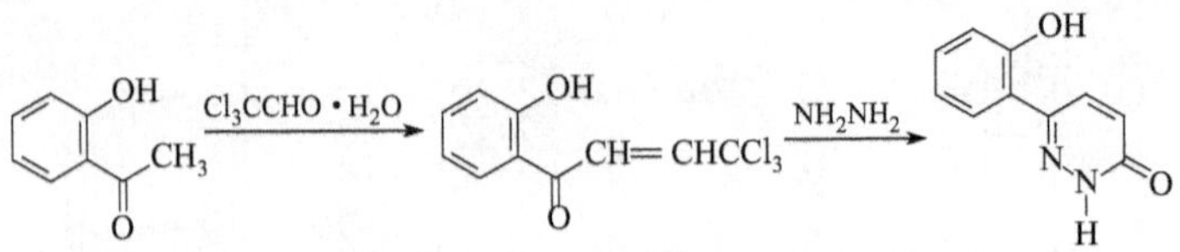

哒嗪类化合物的另一种合成方法是由硫化物转化而来。

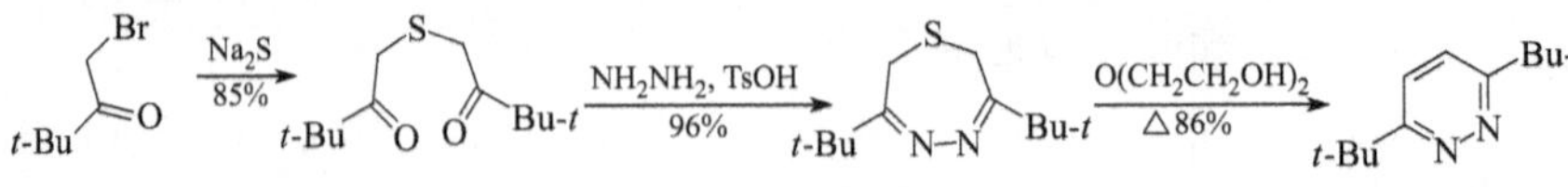

上述反应最后一步为挤出反应（详见《消除反应原理》一书第十一章）。

通过环加成反应可以得到哒嗪类化合物。例如 1,2,4,5-四嗪与炔（或等价物如烯醇酯、烯醇醚、烯酮缩酮等）进行环加成，而后失去一分子氮，生成哒嗪衍生物。

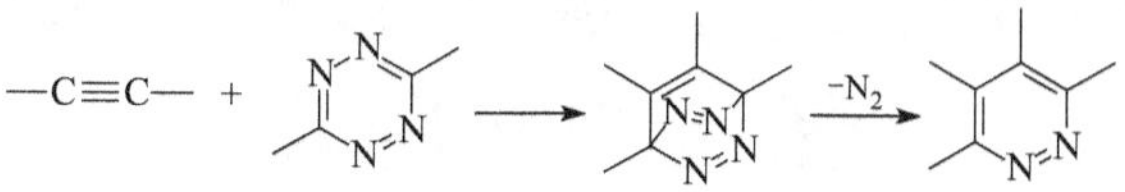

如下反应是 1,2,4,5-四嗪与醛或酮在碱性条件下反应，虽然不是环加成，但仍然可以得到哒嗪类化合物（Haddadin M J，Firsan S J，Nader B S. J Org Chem，1979，44：629）。

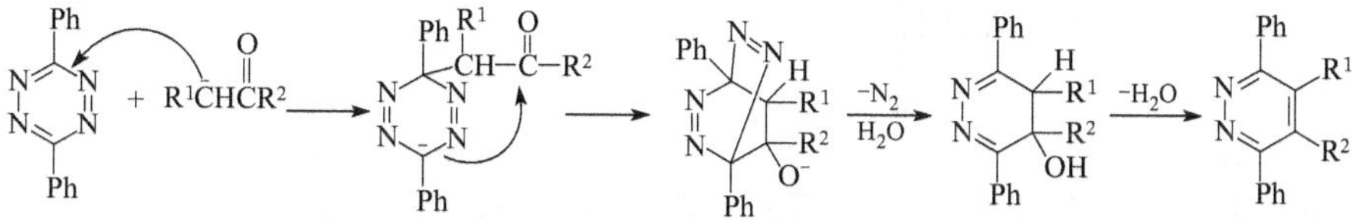

1,3-丁二烯类化合物与偶氮二羧酸酯进行环加成也可以生成哒嗪类化合物。

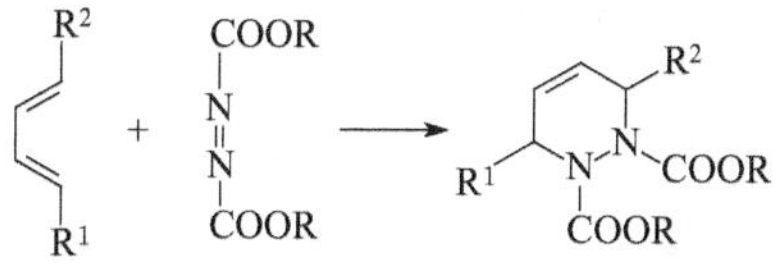

第七章　含三个氮原子的六元芳香杂环 化合物的合成

含多个杂原子在环状化合物还有很多、如三嗪、嘌呤等。以下只介绍三嗪类化合物。

三嗪类化合物有三种异构体：1,2,3-三嗪、1,2,4-三嗪和1,3,5-三嗪。它们都具有重要的生物学活性，在医药、农药等方面有较广泛的用途。另外，三嗪类化合物具有高密度、高正生成焓、热稳定性好等特点，可作为气体发生剂、固体推进剂燃料以及烟火剂，备受人们关注。

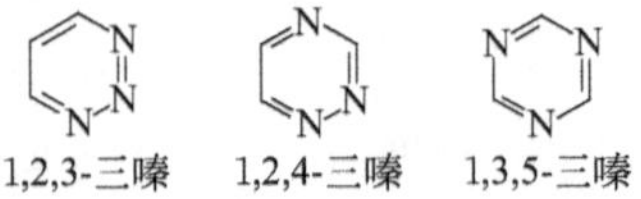

1,2,3-三嗪　　1,2,4-三嗪　　1,3,5-三嗪

一、1,2,3-三嗪

1,2,3-三嗪的母体化合物直到1981年才合成出来，自然界中尚未发现具有该结构的化合物。1,2,3-三嗪类化合物的主要合成方法是1-氨基吡唑类化合物的氧化。一般用四醋酸铅或过氧化镍作氧化剂。

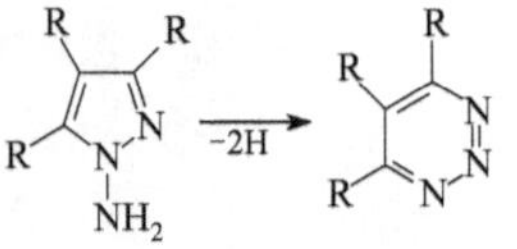

环丙烯正离子与叠氮钠反应生成环丙烯叠氮化物，后者加热重排生成1,2,3-三嗪类化合物。重排反应可以在温和的条件下进行。

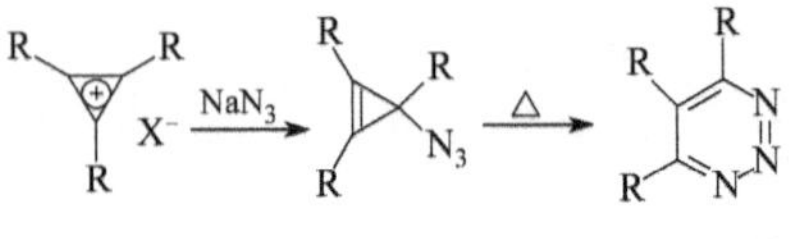

如下苯并连三嗪衍生物可以由邻氨基苯腈为起始原料来合成 [李亚男，常海波，王伯周等.含能材料，2013，21（1）：19]。

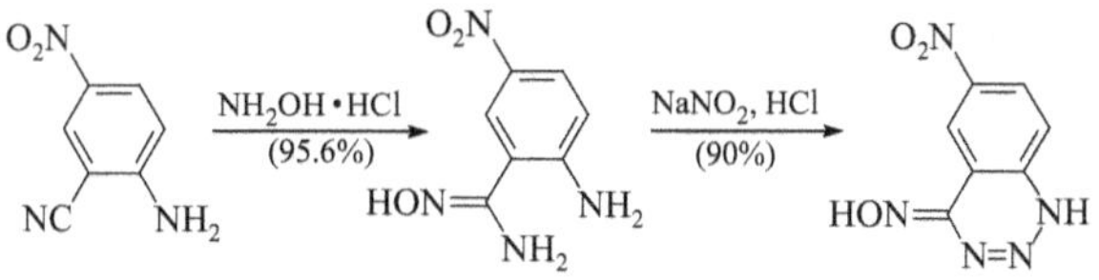

整个反应过程如下。

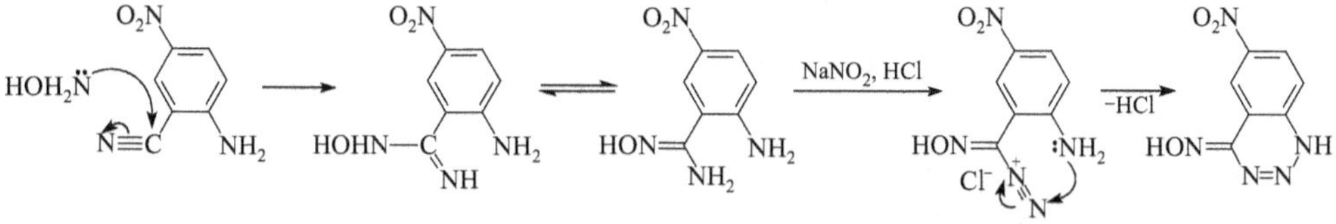

又如如下反应：

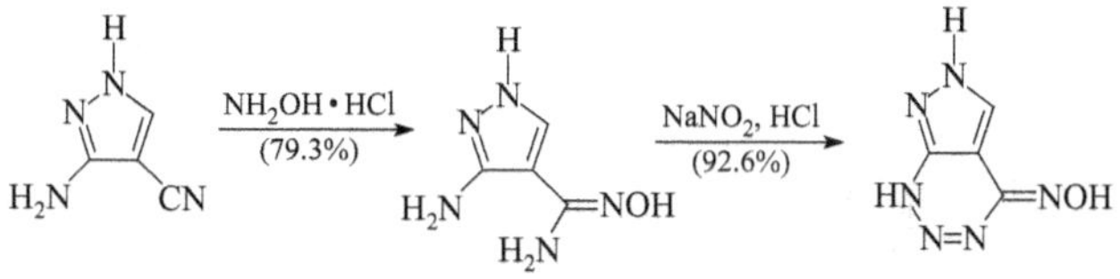

二、1,2,4-三嗪

1,2,4-三嗪（偏三嗪，unsym-Triazine）为淡黄色结晶，熔点 16～17.5℃，沸点 158℃，具碱性，其盐酸盐熔点 101℃（分解）。

1,2,4-三嗪类化合物的有多种合成方法。

① 以 1,2-二羰基化合物和酰肼为原料　以 1,2-二酮和酰肼为原料。在醋酸铵存在下于醋酸中回流，生成 1,2,4-三嗪。

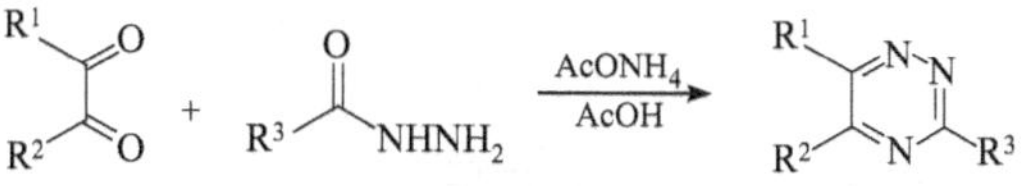

$$R^1 = Ph, Me, 4-CH_3OC_6H_4; \quad R^2, R^3 = Ph, Me, Et$$

反应也可以分步进行，先使二酮与酰肼反应生成腙，而后加入氨的醇溶液加热、加压反应，生成相应的 1,2,4-三嗪。

② 以酮和肼为原料　酮的 α 位亚硝基化，而后与肼反应，再与原酸酯反应并关环，生成 1,2,4-三嗪-N-氧化物，后者用亚磷酸酯处理生成 1,2,4-三嗪。

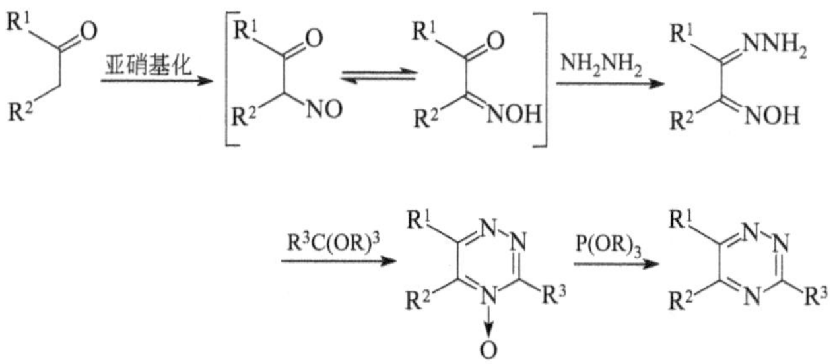

③ 以 1,2-二羰基化合物和氨基脲等为原料　1,2-二羰基化合物与氨基脲反应生成 1,2,4-三嗪-5（4H）-酮。

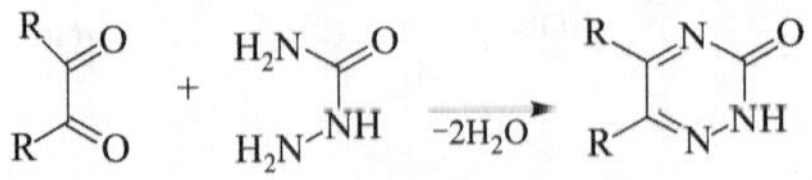

氨基硫脲与草酸二乙酯反应，生成巯基取代的 1,2,4-三嗪酮。例如抗生素头孢曲松钠（Ceftriaxone sodium）中间体 6-羟基-3-巯基-2-甲基-1,2,4-三嗪-5（2H）-酮的合成。

6-羟基-3-巯基-2-甲基-1,2,4-三嗪-5(2H)-酮〔6-Hydroxy-3-mercapto-2-methyl-1,2,4-triazin-5(2H)-one〕，$C_4H_5N_3O_2S$，159.16。浅黄色固体。

制法　陈芬儿. 有机药物合成法：第一卷. 北京：中国医药科技出版社，1999：636.

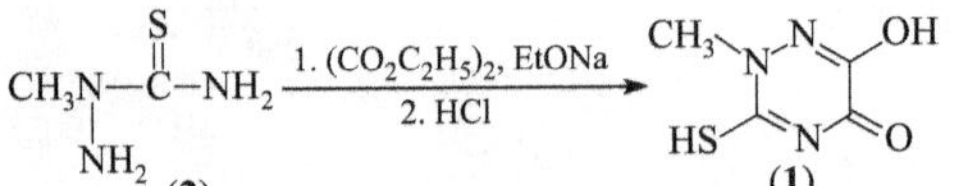

于反应瓶中加入无水乙醇 50 mL，金属钠 2.3 g（0.1 mol），待金属钠反应完后，加入化合物（**2**）5.25 g（0.05 mol），滴加草酸二乙酯 6.76 mL（0.05 mol），约 15 min 加完。加完后继续回流 3～4 h。冷却，加入 100 mL 水，冰浴冷却，用盐酸调至 pH2，乙酸乙酯提取数次。合并有机层，饱和盐水洗涤，无水硫酸钠干燥。过滤，减压浓缩，得化合物（**1**）4.45 g，收率 56%。

上述反应中的原料可以用如下方法来合成：

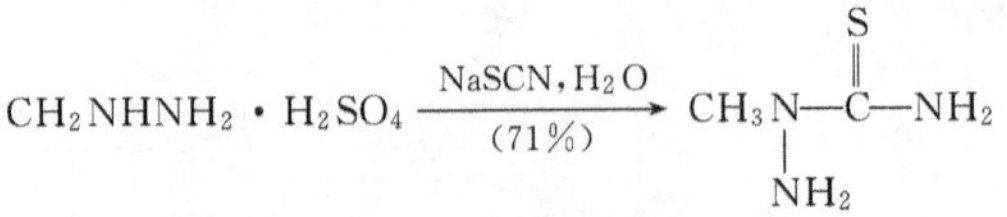

α-羰基酸与氨基脲也可以发生类似在反应。

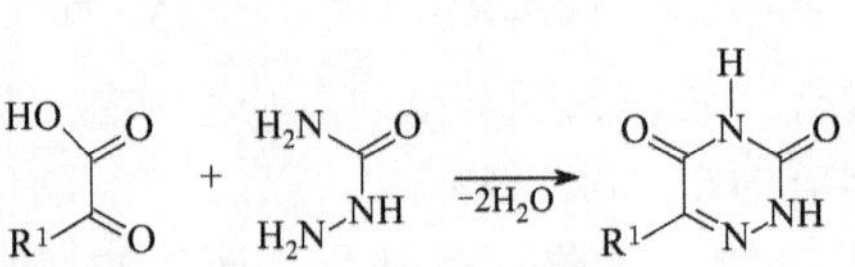

对称的 1,2-二羰基化合物与氨基脒发生成环缩合反应，生成 3,5,6-三取代-1,2,4-三嗪。

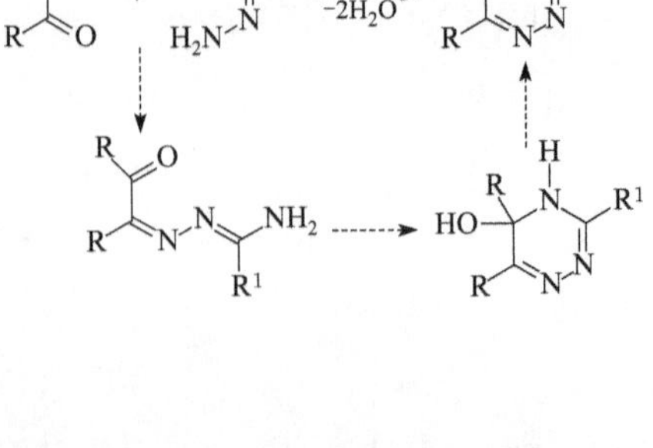

若使用不对称在 1,2-二羰基化合物为原料，则生成互为同分异构体的 3,5,6-三取代-1,2,4-三嗪的混合物。

若使用 1,2-醛酮，由于醛基的反应活性高，反应后生成 3,5-二取代 1,2,4-三嗪。

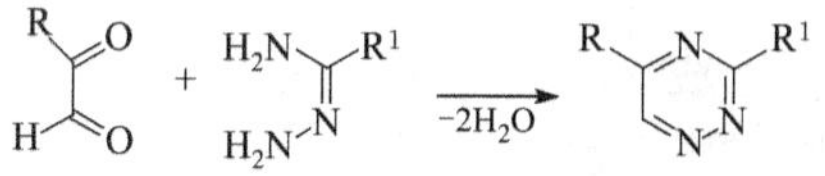

氨基硫代乙酸乙酯与肼反应可以生成氨基脲类化合物，后者与乙二醛反应生成 1,2,4-三嗪甲酸酯。

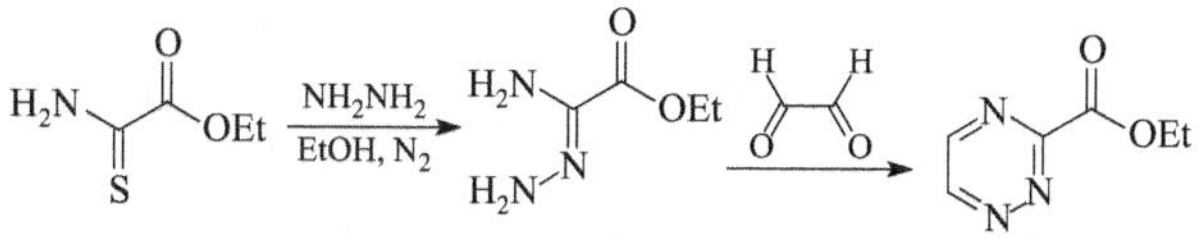

1,2-二羰基化合物与氨基胍反应也可以生成 1,2,4-三嗪类化合物。例如：

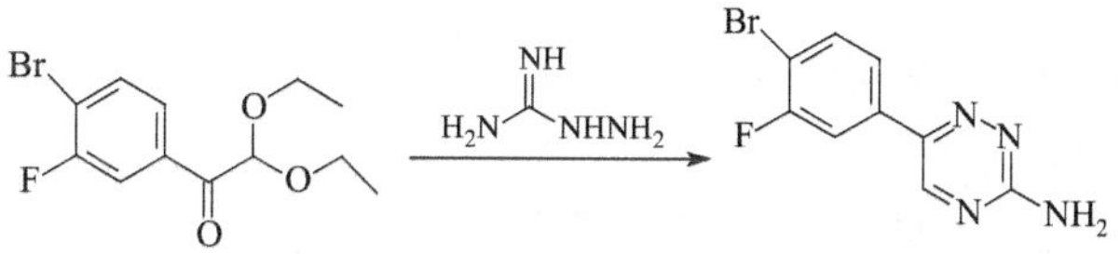

拉莫三嗪（Lamotrigin）是一种苯三嗪类的广谱抗癫痫和抗躁郁症药物，用于治疗癫痫局限性发作的辅助药物，也可以用于稳定躁郁症。其分子中含有 1,2,4-三嗪的结构单位，其一条合成路线如下 [邓洪，廖齐，林原斌.中国医药工业杂志，2006，37（10）：657]：

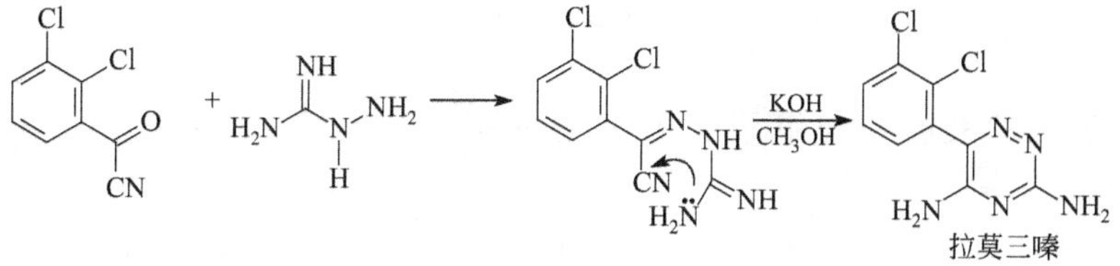

拉莫三嗪

④ 以 α-酰氨基酮和肼为原料　α-酰氨基酮与肼反应生成 4,5-二氢-1,2,4-三嗪类化合物，后者氧化脱氢生成 1,2,4-三嗪类化合物。

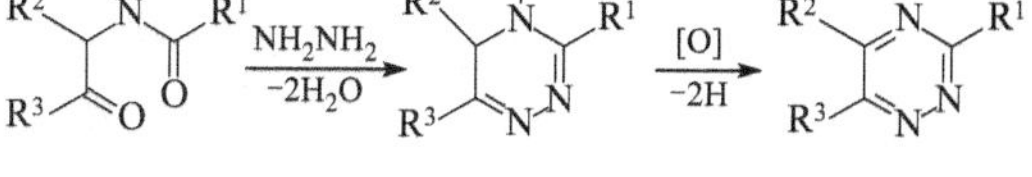

三、1,3,5-三嗪

1,3,5-三嗪又叫均三嗪（sym-Triazine），是无色结晶，熔点 86℃，沸点

114℃。可由氰化氢与氯化氢反应制取，其衍生物在染料和制药工业中极为重要。

1,3,5-三嗪可以由原甲酸乙酯与甲脒醋酸盐一起加热环合得到。

$$\underset{H}{\overset{\overset{+}{NH_2}}{\underset{NH_2}{\left|\right|}}} \cdot AcO^- \xrightarrow[135\sim140℃]{3HC(OEt)_3} \underset{(81\%)}{} \text{（均三嗪）} + 3EtOH + 3CH_3CO_2H$$

三分子的腈发生聚合生成 2,4,6-三取代在均三嗪。具有吸电子基团的芳香腈更容易聚合，烷基腈则需要高温、高压。

$$3R-C\equiv N \longrightarrow \text{（三嗪环）}$$

亚氨酸酯在酸性条件下通过消除醇环合生成 2,4,6-三取代在均三嗪。

$$3R-\overset{NH}{\underset{OR^1}{C}} \xrightarrow{H^+} \text{（三嗪环）} + 3R^1OH$$

亚氨酸酯可以由腈的醇解得到。例如：

$$CH_3CN + C_2H_5OH \xrightarrow[C_6H_6]{HCl} CH_3\overset{NH}{\underset{OC_2H_5}{C}} \cdot HCl$$

腈与双氰胺在碱性条件下反应生成 2,4-二氨基-6-取代均三嗪。例如：抗胃溃疡药马来酸伊索拉定（Irsogladine maleate） 中间体的合成（陈仲强，陈虹. 现代药物的制备与合成.北京：化学工业出版社，2007：466）：

$$\text{（苯甲腈）} + H_2N-\overset{NH}{\underset{}{C}}-NHCN \xrightarrow[(75\%\sim87\%)]{KOH} \text{（产物）}$$

双氰胺在醋酸酐中与甲酸反应生成 5-氮杂胞嘧啶，其为抗癌药阿扎胞苷（Azacitidine） 等的中间体。

5-氮杂胞嘧啶（5-Azacytosine），$C_3H_4N_4O$，112.09。白色固体。mp 350℃以上。

制法 冷宗康，严正兰，黄枕亚. 中国医药工业杂志，1978，11：15.

$$H_2N-\overset{NH}{\underset{(2)}{C}}-NHCN + HCOOH \xrightarrow{Ac_2O} \text{（产物）} (1)$$

于安有搅拌器、温度计、回流冷凝器的反应瓶中，加入 85% 的甲酸 80 mL，醋酸酐 80 mL，N-氰基胍（**2**）84 g（1.0 mol）。慢慢加热至 100℃，反应开始猛烈沸腾，固体物逐渐溶解，不久有白色沉淀生成。再于 140℃ 反应 2 h。冷却至室温，抽滤，得粗品。粗品用沸腾的乙醇提取三次，真空干燥，得白色粉末

5-氮杂胞嘧啶（**1**）27 g，收率 24%，mp 350℃以上。

2,4,6 位上连有不同取代基的均三嗪可以由酰基脒类化合物与脒反应来合成。

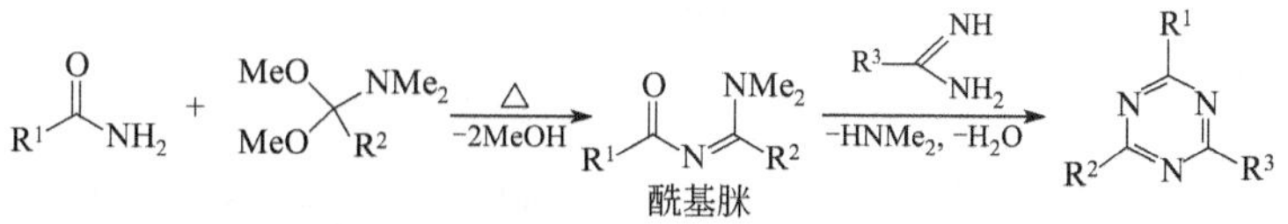

双胍与氯乙酸乙酯反应可以生成含氨基和氯甲基的均三嗪。例如：

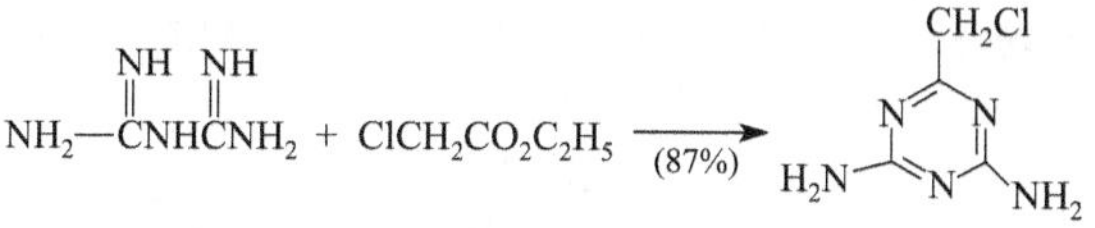

三聚氯氰是重要的有机原料，在医药、农药、染料、增白剂等行业应用广泛。利用其氯原子的活泼性，可以合成其他衍生物。例如三聚氯氰可以作为 F-C 反应的烃基化试剂与芳环反应，生成的产物具有吸收紫外线的功能。

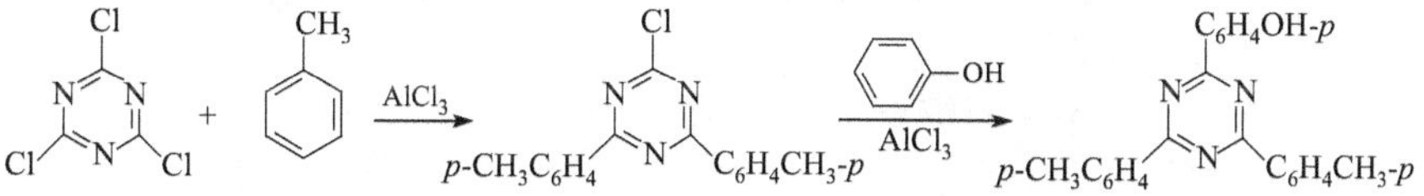

三聚氯氰的氯原子也可以被亲核试剂取代，生成对称或不对称的均三嗪的取代产物。

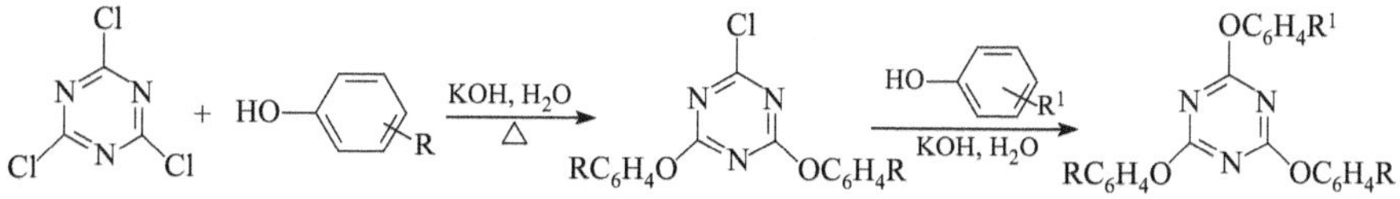

参考文献

［1］ 孙昌俊，刘少杰，李文保.有机环合反应原理与应用.北京：化学工业出版社，2016.

［2］ 孙昌俊，王秀菊，孙风云.有机化合物合成手册.北京：化学工业出版社，2011.

［3］ 孙昌俊，曹晓冉，王秀菊.药物合成反应——理论与实践.北京：化学工业出版社，2007.

［4］ 陈仲强，陈虹.现代药物的制备与合成：第一卷.北京：化学工业出版社，2008.

［5］ 陈芬儿.有机药物合成法：第一卷.北京：中国医药科技出版社，1999.

［6］ 闻韧.药物合成反应：第二版.北京：化学工业出版社，2003.

［7］ 胡跃飞，林国强.现代有机反应(1-10卷).北京：化学工业出版社，2008-2012.

［8］ T.艾歇尔，S.豪普特曼.杂环化学——结构、反应、合成与应用.李润涛，葛泽梅，王欣译.北京：化学工业出版社，2005.

［9］ A J 焦耳，K 米尔斯.杂环化学.由业诚，高大彬等译.北京：科学出版社，2002.

［10］ Michael B. Smith, Jerry March. March 高等有机化学——反应、机理与结构.李艳梅译.北京：化学工业出版社，2009.

［11］ 黄宪，王彦广，陈振初.新编有机合成化学.北京：化学工业出版社，2003.

［12］ 林原斌，刘展鹏，陈红飚.有机中间体的制备与合成.北京：科学出版社，2006.

［13］ Jie Jack Li. Name Reactions. A Collection of Detailed Mechanisms and Synthetic Applications. Fifth Edition. Springer Cham Heidelberg New York Dordrecht London. 2014.

化合物名称索引